建设工程施工技术与总承包管理系列丛书

城市更新工程
综合建造技术及总承包管理

Comprehensive Construction Technology and General Contract
Management for Urban Renewal

策划　邓伟华　马雪兵

主编　余地华　叶　建　姜经纬

中国建筑工业出版社

图书在版编目（CIP）数据

城市更新工程综合建造技术及总承包管理 ＝
Comprehensive Construction Technology and General
Contract Management for Urban Renewal / 余地华，叶
建，姜经纬主编. — 北京：中国建筑工业出版社，
2021. 9
（建设工程施工技术与总承包管理系列丛书）
ISBN 978-7-112-26645-6

Ⅰ. ①城… Ⅱ. ①余… ②叶… ③姜… Ⅲ. ①旧城改
造－建筑工程－工程管理 Ⅳ. ①TU984.11

中国版本图书馆 CIP 数据核字（2021）第 193389 号

　　本书总结了城市更新工程综合建造技术及总承包管理要点，全面地介绍了城市
更新工程实施的启动阶段管理、关键建造技术、总承包管理、竣工验收事项等内
容。主要包括七大部分：概述、城市街道更新、既有建筑改造、既有建筑功能提
升、废弃矿山环境修复、总承包管理、典型案例。从城市的街道、建筑立面等"外
在"与建筑物本身的功能提升等"内在"的融合，结合中建三局集团工程总承包公
司在城市更新工程实施的成功案例，理论联系实际进行重点阐述。

　　本书编写过程中，融合了中建三局集团工程总承包公司大量的城市更新工程方
面的建造及管理经验，是一部集城市更新工程理论技术与实践经验总结为一体的专
业参考书，可供城市更新工程施工人员、技术人员、管理人员、设计人员、工程监
理单位、建筑材料供应商、建筑设备供应商、各地城市更新中心，以及相关的研究
人员参考使用。

责任编辑：朱晓瑜
责任校对：姜小莲

建设工程施工技术与总承包管理系列丛书
城市更新工程综合建造技术及总承包管理
Comprehensive Construction Technology and General Contract
Management for Urban Renewal
策划　邓伟华　马雪兵
主编　余地华　叶　建　姜经纬

＊

中国建筑工业出版社出版、发行（北京海淀三里河路 9 号）
各地新华书店、建筑书店经销
北京红光制版公司制版
北京中科印刷有限公司印刷

＊

开本：787 毫米×1092 毫米　1/16　印张：28½　字数：637 千字
2021 年 11 月第一版　　2021 年 11 月第一次印刷
定价：**85.00** 元
ISBN 978-7-112-26645-6
（38501）

《城市更新工程综合建造技术及总承包管理》

本书编委会

策　　　划：邓伟华　马雪兵

主　　　编：余地华　叶　建　姜经纬

副　主　编：陈　浩　童伟猛　姜志浩

编　　　委：张和森　刘　玮　刘海东　毋　伟
　　　　　　杨华荣

执　　　笔：刘　玮　商栏柱　谢　曦　宋博伦
　　　　　　赵学全　廖万希　何　彬　李　武
　　　　　　李康远　龚兴勇　陈旭东　马　磊
　　　　　　李柔锋　陶云兵　司士城　罗　来
　　　　　　林华敏　蔡　涛　饶　亮　陈　鹏
　　　　　　唐　波　刘　通　吴云凯

审　　　定：叶　建

封 面 设 计：王芳君

前　言

城市更新工程不是全新名词，自 20 世纪初，伴随着城市的发展，城市更新的理念便逐步显现，20 世纪 60～70 年代，美国联邦政府补贴地方政府对贫民窟土地予以征收，然后以较低价格转售给开发商进行"城市更新"，意味着现代意义上大规模的城市更新运动兴起。随后，在最早的工业化国家英国，城市更新的任务更加突出也更倾向于使用城市再生这一概念，其内涵已不仅是城市环境的改善，而是具有更广泛的社会与经济复兴意义。

在国内，随着改革开放后城镇化的迅速发展，国家在 1980 年颁布《中华人民共和国城市规划法（草案）》，重视城市发展的总体规划；随后政府、企业陆续举办各类"旧城改建交流会""城市街道更新规划学会学术交流会"，各地政府颁布城市街道更新和城市更新的相关文件，促进了我国城市更新理念的快速形成和飞速发展；2019 年 12 月 12 日结束的中央经济工作会议明确提出，要加大城市困难群众住房保障工作，加强城市更新和存量住房改造提升，做好城镇老旧小区改造，标志着中国城市更新发展迈入新篇章。

城市更新的目的是对城市中某一衰落的区域进行拆迁、改造和建设，以全新的城市功能替换功能性衰败的物质空间，使之重新发展和繁荣。而城市更新工程的实施就是通过对客观实体（建筑物等硬件）的改造，实现功能、感官、生态、文化的重新焕发，并实现包括邻里的社会网络结构、心理定式、情感依恋等软件的延续与更新。

本书总结了城市更新工程综合建造技术及总承包管理要点，包括七大部分：概述、城市街道更新、既有建筑改造、既有建筑功能提升、废弃矿山环境修复、总承包管理、典型案例。从城市的街道、建筑立面等"外在"与建筑物本身的功能提升等"内在"的融合，结合中建三局集团工程总承包公司在城市更新工程中实施的成功案例，理论结合实际，全面介绍了城市更新工程实施的启动阶段管理、关键建造技术、总承包管理、竣工验收事项等内容。

本书编写过程中，融合了中建三局集团工程总承包公司大量的城市更新工程方面的建造及管理经验，具有相关经验的一线骨干技术人员也参与了相关章节的编写，是一部集城市更新工程理论技术与实践经验总结为一体的专业参考书，可供城市更新工程施工人员、技术人员、管理人员、设计人员、工程监理单位、建筑材料供应商、建筑设备供应商、各地城市更新中心，以及相关的研究人员参考使用。限于编者经验和学识，本书难免存在不当之处，真诚希望广大读者批评指正。

目　录

第 1 章　概述

1.1　城市更新的定义

改革开放以后，国内经济飞速发展，城镇化进程不断加快。由于过去城市建设速度过快，城市规划前瞻性不足，许多城镇老旧小区面临的功能结构衰退、生活环境衰败问题亟须解决。

何为城市更新？早在 1858 年，荷兰召开的研讨会上，就对城市更新做了说明："生活在城市中的人，对于自己居住的建筑物、周围的环境或出行、购物、娱乐有各种期望和不满。根据这些期望，小到房屋修理改造，大到街道、公园、绿地和住宅区改善，最终形成舒适的生活环境和美丽的市容。所有这些城市建设活动，都是城市更新。"

事实上，对于"城市更新"这一概念并没有确切的定义，这一概念随着时代的不同正在不断进行着改变并且内容也在不断地丰富，每一概念都包含丰厚的内涵和时代特征，并具有连续性。城市更新的过程，是综合分析各种因素的特点，并在现实的前提下，进行优化改进加以完善，达到更新发展的目标，而结合当下国内经济发展状况来看，城市更新的概念变得格外清晰和明确：从价值观来说，以公共利益为重、维护社会公平；从目标来说，提高城市的综合效益，寻求经济、物质环境、社会及自然环境的可持续发展；从工具来说，强调改造主体的多元性（政府、开发商及公众三方参与）以及改造手段的多样性（保护、整治或大规模拆建）。它是针对城市内现存环境，从社会发展和城市居民的生活需求出发，注重于对城市内物质环境和非物质环境的持续改善和提升。

1.2　城市更新的类别

城市更新的目的是对城市中某一衰落的区域进行拆迁、改造、投资和建设，以全新的城市功能替换功能性衰败的物质空间，使之重新发展和繁荣。它包括的范围很宽泛，主体有很多，可以是既有空间，也可以是既有建筑物，还可以是既有的公园绿化，更可以是任何的设施。本书限于编者经验和学识，仅对部分常见的城市更新项目，即城市街道更新、既有建筑改造与功能提升、废弃矿山环境修复进行论述。

1.2.1　城市街道更新

城市街道更新工程是对老旧城区进行的一次容貌提升，其改造内容、改造深度与被改造区段的现状、效果直接关联。结合各地不同现状及改造需求，城市街道更新可以分为四个类别，其中，全面提升改造这一类别占比较大，相关内容如表1-1所示。

城市街道更新类别划分表 表 1-1

序号	改造类别	改造范围	改造专业	适用类型	直观效果
1	外貌提升类	立面改造	建筑风格 建筑色彩 建筑质感 建筑亮化	一般用于平面布局规划较好，能够满足城市未来规划要求，但沿街建筑老旧或者规划不一致的地段或街道	
2	功能提升类	平面改造	道路交安 屋面改造	一般用于平面布局较差、视觉效果不佳的道路或平面街道	
3	整体提升类	立面＋平面改造	建筑风格 建筑色彩 建筑质感 建筑亮化 建筑屋面	一般用于平面布局规划较好，能够满足城市未来规划要求，但沿街建筑老旧或者规划不一致的城市主要干道	
4	全面提升类	立体空间改造	建筑风格、建筑色彩 建筑质感、建筑亮化 建筑屋面、慢行系统 非机动车道、机动车道 景观绿化、城市家具 交安工程、道路渠化 强电下地、排水设施	用于街道平面布局不能满足城市规划要求，且沿街建筑老旧或者规划不一致的地段或街道	

1.2.2　既有建筑改造与功能提升

既有建筑的更新是基于其特有的政治、经济、历史文化等背景，同时也包括个人情怀等因素来进行改造和功能提升，以满足人们对建筑的实用性、美观性、经济性和舒适性的各项需求。其改造内容主要包括内部空间整合、保留片段、立面重塑和改扩建四大类，相关内容如表 1-2 所示。

既有建筑改造与功能提升划分表　　　　　　　表 1-2

序号	主要操作方法类别		内容
1	内部空间整合		在保存原有主体结构和外立面的基础上，改变或优化原有内部功能及设施，使之符合现有的使用要求。当中可能会涉及局部结构构件的增减和加固、装修与设备材料的更新以及增加空调、智能化系统等工作内容
2	保留片段		指保留建筑中能反映一定时期历史文化的局部立面空间，使改造后的建筑能够焕发起人们对历史的追忆。保留部位应当是原建筑中具有代表性的部位和构件，对此部位进行加固、保护或材料上的翻新。而新建部分则宜与保留元素形成明显的协调或对比关系，体现新旧的辩证统一
3	立面重塑		普遍用于建筑主体结构还有利用价值，但外立面过于陈旧、平庸或无历史价值、节能标准不符合当前要求的情况。由于前期国情等因素，一般城市中大量的现存建筑都属于这一类型，因而具有广泛的应用。常用手法是经过适当改造后充分运用当代的材料和技术对建筑的形象进行重塑，提升其文化品质，赋予其新的生命力
4	改扩建	加固改建	加固改建主要是采取新加构件的方式加固钢筋混凝土梁、柱和楼板，目前使用较广的是采用轻钢结构加固，简称"外包加固法"。外包钢加固法是在钢筋混凝土梁、柱四周包以型钢的一种加固方法，外包型钢可用角钢、槽钢、钢板等，对于工程中常见的矩形构件大多在构件的四周包角钢，其横向用箍板连接，楼板用贴碳纤维的方法加固
		横向扩建	横向扩建是目前大部分项目多采用的一种方式。此种方式不仅能获得较大的扩建面积，而且扩建部分的结构体系、设备等还可以与旧建筑相对独立，因此操作性较强。同时这种扩建方式在不破坏原有建筑风格的前提下，易于与之形成较好的协调或对比关系。但当扩建部分在功能与形式上需要与原建筑融于一体时，则需要谨慎处理两者的交接部位
		纵向扩建	纵向扩建多用于建筑场地受限难以横向扩展的情况，其中分为两种加建形式。第一种是在承重荷载和抗震允许的条件下直接在原建筑上部加建，但受条件限制一般只能增加少量建筑面积。另外一种是在旧建筑上部采用完全脱开的结构体系进行加建，当原建筑高度不大时操作性较强。这种方式能够增加较多的建筑面积，但大跨的结构形式也导致造价相对较高

续表

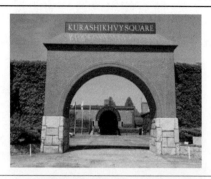

改造前：手表厂 改造后：双安商场	改造前：纺织厂 改造后：仓敷阿依比广场

改造前：巧克力工厂 改造后：雀巢公司	改造前：杜月笙粮仓 改造后：登琨艳工作室

1.2.3 废弃矿山环境修复

城市规划区内的废弃矿山是城市经济高速发展的产物，为社会经济发展做出了应有的贡献，但同时也对城市生态造成了破坏。在当前可持续发展战略的推动下，本着生态优先、可持续发展的原则，对废弃矿山加以利用改造，满足人民对于使用功能与环境美化的要求是当前的一个热点问题。其改造内容主要包括三个方面，如表 1-3 所示。

生态修复利用工程划分表

表 1-3

序号	更新方式	方法类别	更新改造内容
1	生态修复	土壤改良 水体改善 沙化治理 植被补植	针对不同的矿山破坏情况，通过各种技术手段，修复受损的生态系统，包括土壤与水体改良，通过重新补充土壤，增加补种植物，用生态手段改善已被污染的水体等，起到恢复生态的作用
2	矿山立面改造	立面加固 立面方案设计 立体绿化	从安全性角度出发，对矿山立面进行固化处理，防止出现自然滑坡落石坍塌的风险；从功能性与美观性角度对整个立面进行方案设计，重塑与生态环境的和谐共处；局部立面可采用立体绿化的手段丰富立面效果
3	景观提升	景观风格 景观色彩 景观亮化 景观绿化 历史印记 慢行系统 海绵措施	依据策划可研报告内容，对废弃矿山整体进行更新设计，包括从整体的风格打造、色彩的搭配、夜景亮化的处理、城市步行系统的构建、部分历史脉络的保留，以及运用海绵城市设计理念如雨水花园、生态草沟等手段，打造适宜市民生活的景观生态工程

1.3　发展历程

1.3.1　国外发展历程

城市更新在国外发展实践中经历了以下三个阶段。

第一阶段：大规模推倒重建

第二次世界大战期间，参战各国的城市遭受到了不同程度的破坏，加之战前各国在城市建设方面都存在许多共性问题，如城市生态环境的恶化、住房严重缺乏、贫民窟大量存在等现象。第二次世界大战以后，西方各国都拟定了雄心勃勃的城市重建计划，主要内容包括城市中心旧城改造与贫民窟清理。许多城市（包括伦敦、巴黎、慕尼黑等历史悠久的城市）都曾在城市中心拆除大量的老建筑，取而代之各种标榜为"国际"的高楼。然而，焕然一新的城市面貌却使人们觉得单调乏味、缺乏人性，而且还带来了大量的社会问题：大规模的推倒重建只是将原有居民迁走，在城市其他区域形成新的老城，更糟的是它破坏了现存的邻里和社会关系。

第二阶段：城市中心土地价值迅猛提升

20 世纪五六十年代是西方各国迅猛发展的时期，经济增长使得对城市土地的需求高涨，这一时期的旧城改造运动试图强化位于城市良好区位的土地利用价值，通过吸引高营业额的产业如金融保险业、大型商业设施、高档写字楼等来使土地增值，而原有的居民住宅和混杂其中的中小商业则被置换到城市的其他区域。这一举措在带来城市中心区的繁荣的同时也使得城市中心区的地价飞涨，并带动整个城市的地价上涨，助长了城市向郊区分散的倾向，由于居住人口大量外迁，一些大城市的中心区在夜晚和周末变成了所谓的"死城"，给社会治安、城市交通带来一系列问题，而大量被迫从城市中心区迁出的低收入居民在城市边缘形成了新的贫民区。

第三阶段：公共参与旧城规划

20 世纪 70 年代以后，一些主要的西方国家出现民主多元化的社会趋势。公共参与的规划思想作为一种"准直接民主"开始广泛地被居民接受。城市居民纷纷成立自己的组织，通过友好协商努力维护邻里和原有的生活方式，并利用法律手段同政府和房地产商进行谈判。

这个时期还出现了一种"自下而上"的"自愿式改造"。具体情况是在旧城社区里长大的第二、第三代人，接受教育以后社会地位有所提高，有一定的经济实力，渴望改善原有的居住条件，同时又希望保护旧城社区文化以获得个人认同。他们不再满足对规划提出修改意见，要求直接参与规划的全部过程，希望由自己来决策如何利用政府的补贴和金融机构的资金。"旧城社区规划"通常规模较小，以改善环境、创造就业机会、促进邻里和睦为主要目标，目前已经成为西方国家旧城改造的主要方式。

回顾西方城市更新的发展历程，可将其大致分为探索、发展和成熟三个阶段，每一阶段都有独特的发展背景和更新政策。虽然人们在不同的发展阶段对城市更新的称谓不太相同，但其基本内涵相同，均可以指土地的功能置换和循环利用。此外，基于城市发展空间背景及更新内容的不同，不同阶段的城市更新改造形式也不相同，总体上呈现从具有福利特色的政府主导，到公私合作的市场主导，再到以公、私、社区三方合作的多维度可持续更新，相关改造案例如图 1-1、图 1-2 所示。

图 1-1　第二次世界大战后西欧城市衰败　　　　图 1-2　波士顿昆西市场改造

1.3.2　国内发展历程

我国的城市更新不同于欧美国家，有着其自身的独特性。在我国，具有规模性的城市更新实践应从新中国成立后算起，这里我们将 1949 年至今，中国所经历的 70 多年的曲折漫长的城市更新过程分为以下几个阶段。

1. 新中国成立初期

新中国成立初期，中国大部分城市为旧城市，大多有近百年的历史，更甚者达到几百年。这些经历了连年战争，由半殖民地半封建的中国遗留下来的城市，经济基础薄弱，城市环境恶劣，日益衰败，因此，治理城市环境和改善居住条件成为城市时下最紧迫的任务。当时由于国家财力有限，城市的资金大多用于发展生产和城市新工业区的建设。大多数城市的旧城区建设只能按照"充分利用、逐步改造"的方针，利用原有的房屋、市政公用设施进行局部的改建、扩建。

2. "大跃进" 时期

"大跃进"时期，城市建设也出现了"大跃进"，由于当初建设制度不完善，缺少统一规划，于是出现了见缝插针，乱拆乱建，绿地，历史文化古迹遭到严重破坏，城市布局混乱，环境质量恶劣等情况，给以后的旧城改造设置了难以逾越的障碍。由于建设速度过快，规模过大，城市和城市人口出现膨胀，反而加重了旧城的负担，出现了城市住宅紧张、市政公用设施超负荷、环境恶化等问题，加速了旧城的衰败。

3. 改革开放以后

改革开放以后，城市经济迅速发展，城市建设日益增多，旧城改造规模空前，进入了一个全新的时期，这背后有着更深层次的各种原因。首先，大多数旧城区经历了几十年的风雨，建筑质量和环境质量都十分低下，城市人口不断增加，旧城区的设施已经不能适应城市经济、社会发展需要。其次，许多城市新区的开发潜力越来越小，人们的眼光又回到旧区。尤其是近几年，随着经济体制的改革，土地的有偿使用，房地产业的发展以及大量资金的引入，更进一步推进了旧城改造。目前各地的城市更新呈现出多种模式、多个层次推进的发展态势，不仅以改善居住环境为目标，而且充分发挥改造区的经济效益和社会效益、环境效益，实现旧区改造和城市现代化的多重目的。其中，比较典型的案例有成都宽窄巷子、长沙坡子街、南昌八一大道等。

1.4 应用趋势

城市更新的内涵是推动城市结构优化、功能完善和品质提升，转变城市开发建设模式；路径是开展城市体检，统筹城市规划建设管理；目标是建设宜居、绿色、韧性、智慧、人文的城市。2020 年，我国常住人口城镇化率超过 60%，已经步入城镇化较快发展的中后期，城市发展进入城市更新的重要时期。2020 年政府工作报告中再次提出，"十四五"时期要"实施城市更新行动，完善住房市场体系和住房保障体系，提升城镇化发展质量"，未来五年城市更新的力度将进一步加大。老旧小区改造作为城市更新的重要组成部分，2020 年全国新开工改造城镇老旧小区 4.03 万个，超额完成 2019 年政府工作报告中提出的 3.9 万个目标。2021 年，老旧小区改造数量进一步提升，新开工改造城镇老旧小区 5.3 万个，较 2020 年实际完成量增加约 1.3 万套，由此带来的社区服务规模也将进一步增加。

在世界发达国家，城市更新基本上都经历过三个阶段：大规模新建阶段、新建与存量更新改造同步阶段、重点转向存量更新改造阶段。目前，我国部分城市建设已逐步步入存量时代，主要处于第二阶段，它不再是简单的"棚改""旧改"，而是由大规模增量建设转为增量结构调整和存量提质改造并重，对激活城市存量土地、满足住房需求、提升城市的未来发展空间意义重大，三类改造项目的特点如表 1-4 所示。

三类改造项目特点

表 1-4

类别	对象	目的	案例
棚改	城镇中不符合整体居住水平的危旧住房（"危房改造"）	消除危旧住房，改善片区居住环境，兼顾完善城市功能、改善城市环境	

类别	对象	目的	案例
旧改	旧城镇、旧厂房、旧村庄等（"旧房改造"）	局部或整体地、有步骤地改造和更新老城市的全部物质生活环境	
城市更新	旧工业区、旧商业区、旧住宅区、城中村及旧屋村等（城市中已经不适应现代化城市的社会生活的地区）	完善城市功能，优化产业结构，改善人居环境，推进土地、能源、资源的节约集约利用，促进经济和社会可持续发展	

因此，我们不仅要看到城市更新的当下实践效果，也应关注其未来发展趋势。展望未来，我国城市更新将呈现以下趋势特点。

1.4.1　政策法规大力支持

面对城市化进程的快速发展、资源储量有限的情况下，"大拆大建、用后即弃"的粗放型建设方式和"拉链式"缝缝补补的改造方式，已不能适应新时代"高质量、绿色发展"的战略需求。"存量优化和新建提升并举"的新型建设方式是城市建设领域落实绿色发展、解决重大民生问题的重要途径。推进城市街道更新和既有建筑改造与功能提升将是城镇化与城市发展领域的重要发展方向。为此，国家发布了一系列政策法规进行大力支持，如表1-5所示。

城市更新政策部分列表（2014年3月～2021年3月）　　　　表1-5

序号	时间	名称	主要内容
1	2014年3月	中共中央　国务院《国家新型城镇化规划（2014—2020年）》	按照改造更新与保护修复并重的要求，健全旧城改造机制，优化提升旧城功能；有序推进旧住宅小区综合整治，危旧住房和非成套住房改造，全面改善人居环境
2	2015年12月	中共中央　国务院中央城市工作会议	有序推进老旧住宅小区综合整治；推进城市绿色发展，提高建筑标准和工程质量
3	2016年2月	中共中央　国务院《关于进一步加强城市规划建设管理工作的若干意见》	有序实施城市修补和有机更新，解决老城区环境品质下降、空间秩序混乱、历史文化遗产损毁等问题，促进建筑物、街道立面、天际线、色彩和环境更加协调、优美
4	2017年3月	住房和城乡建设部《关于印发建筑节能与绿色建筑发展"十三五"规划的通知》	持续推进既有居住建筑节能改造。积极探索以老旧小区建筑节能改造为重点，多层建筑加装电梯等适老设施改造、环境综合整治等同步实施的综合改造模式。鼓励有条件地区开展学校、医院节能及绿色化改造试点

序号	时间	名称	主要内容
5	2018 年 9 月	住房和城乡建设部《关于进一步做好城市既有建筑保留利用和更新改造工作的通知》	高度重视城市既有建筑保留利用和更新改造，提出要求建立健全城市既有建筑保留利用和更新改造工作机制，构建全社会共同重视既有建筑保留利用与更新改造的氛围
6	2019 年 3 月	《2019 年国务院政府工作报告》	2019 年政府工作任务之一即"提高新型城镇化质量"，推进城镇棚户区改造，大力进行老旧小区改造提升
7	2019 年 6 月	国务院常务会议	部署推进城镇老旧小区改造，顺应群众期盼改善居住条件呼声，包括明确改造标准和对象范围，开展试点探索，为进一步全面推进积累经验，重点改造小区水、电、气、路及光纤等配套设施，有条件的可加装电梯、配建停车设施，在小区改造基础上，引导发展社区养老、托幼、医疗、助餐、保洁等服务
8	2019 年 7 月	中共中央　政治局 2019 年 7 月 30 日会议	实施城镇老旧小区改造、城市停车场、城乡冷链物流设施建设等补短板工程，加快推进信息网络等新型基础设施建设
9	2019 年 9 月	《中央财政城镇保障性安居工程专项资金管理办法》	专项资金支持范围包括公租房保障和城镇棚户区改造，老旧小区改造，住房租赁市场发展。首次将老旧小区改造纳入支持范围
10	2019 年 12 月	2019 年中央经济工作会议	要加大城市困难群众住房保障工作，加强城市更新和存量住房改造提升，做好城镇老旧小区改造，大力发展租赁住房
11	2020 年 7 月	国务院办公厅《关于全面推进城镇老旧小区改造工作的指导意见》	到 2022 年，基本形成城镇老旧小区改造制度框架、政策体系和工作机制；到"十四五"期末，结合各地实际，力争基本完成 2000 年前建成的需改造的城镇老旧小区改造任务
12	2020 年 10 月	《中共中央关于制定国民经济和社会发展第十四个五年规划和二〇三五年远景目标的建议》	实施城市更新行动，推进城市生态修复、功能完善工程，统筹城市规划、建设、管理，合理确定城市规模、人口密度、空间结构，促进大中小城市和小城镇协调发展。强化历史文化保护、塑造城市风貌，加强城镇老旧小区改造和社区建设
13	2020 年 11 月	住房和城乡建设部官网刊登文章《实施城市更新行动》	加强城镇老旧小区改造，力争到"十四五"期末基本完成 2000 年前建成的需改造的城镇老旧小区改造任务。推进以县城为重要载体的城镇化建设。建立健全以县为单元统筹城乡的发展体系、服务体系、治理体系，促进一二三产业融合发展，统筹布局县城、中心镇、行政村基础设施和公共服务设施
14	2020 年 12 月	中央经济工作会议	提出坚持扩大内需这个战略基点，要实施城市更新行动，推进城镇老旧小区改造，建设现代化物流体系
15	2021 年 3 月	《2021 年国务院政府工作报告》	要实施城市更新行动，完善住房市场体系和住房保障体系，提升城镇化发展质量。新开工改造城镇老旧小区 5.3 万个，较 2020 年实际完成量增加约 1.3 万个
16	2021 年 3 月	《中华人民共和国国民经济和社会发展第十四个五年规划和 2035 年远景目标纲要》	提出要加快转变城市发展方式，统筹城市规划建设管理，实施城市更新行动，推动城市空间结构优化和品质提升。加快推进城市更新，改造提升老旧小区、老旧厂区、老旧街区和城中村等存量片区功能，推进老旧楼宇改造，积极扩建新建停车场、充电桩

1.4.2 国家科研项目持续关注

根据国务院发布的《国家中长期科学和技术发展规划纲要（2006—2020 年）》，建筑节能与绿色建筑为城镇化与城市发展的五个优先主题之一，"十一五""十二五""十三五"期间，科技部组织实施了一批城市既有建筑综合、绿色更新改造方面的重大项目和课题，引导、规范和促进了既有建筑综合改造技术在全国建筑工程中的推广应用，对我国城市更新相关技术的发展起到重大的推动作用。

"十一五"时期实施完成的国家科技支撑计划重大项目"既有建筑综合改造关键技术研究与示范"共设置了 10 个课题，从既有建筑相关标准、检测与评定、安全性、功能提升、节能、人居环境等方面开展研究，具体名称如表 1-6 所示。

"十一五"国家科技支撑计划重大项目　　　　　　　　　　表 1-6

项目名称	课题名称
既有建筑综合改造关键技术研究与示范	课题 1　既有建筑评定标准与改造规范研究
	课题 2　既有建筑检测与评定技术研究
	课题 3　既有建筑安全性改造关键技术研究
	课题 4　既有建筑功能提升改造关键技术研究
	课题 5　既有建筑设备改造关键技术研究
	课题 6　既有建筑供能系统升级改造关键技术研究
	课题 7　重点历史建筑可持续利用与综合改造技术研究
	课题 8　城市旧住宅区宜居更新技术研究
	课题 9　既有建筑改造专用材料和施工机械研究与开发
	课题 10　既有建筑综合改造技术集成示范工程

"十二五"时期，实施的国家科技支撑计划重大项目"既有建筑绿色化改造关键技术研究与工程示范"设置了 7 个课题，从不同类型的建筑出发，对既有建筑绿色化改造的综合评定与推广技术、绿色化改造关键技术展开了研究，课题名称如表 1-7 所示。

"十二五"国家科技支撑计划重大项目　　　　　　　　　　表 1-7

项目名称	课题名称
既有建筑绿色化改造关键技术研究与工程示范	课题 1　既有建筑绿色化改造综合检测评定技术与推广机制研究
	课题 2　典型气候地区既有居住建筑绿色化改造技术研究与工程示范
	课题 3　城市社区绿色化综合改造技术研究及工程示范
	课题 4　大型商业建筑绿色化改造技术研究与工程示范
	课题 5　办公建筑绿色化改造技术研究与工程示范
	课题 6　医院建筑绿色化改造技术研究与工程示范
	课题 7　工业建筑绿色化改造技术研究与工程示范

在"十一五"和"十二五"国家科技支撑计划重大项目的基础上，"十三五"期间，国

家加大了对既有建筑改造研究的科研投入。科技部组织实施了 5 项国家重点研发计划项目，分别是："既有公共建筑综合性能提升与改造关键技术""既有工业建筑结构诊治与性能提升关键技术研究与示范应用""既有居住建筑宜居改造及功能提升关键技术""既有城市住区功能提升与改造技术""既有城市工业区功能提升与改造技术"，5 个项目共设置了 39 个课题，分别针对既有公共建筑、居住建筑、工业建筑和住区的综合性能提升与改造技术展开研究，如表 1-8 所示。

"十三五"国家科技支撑计划重大项目　　　　　　　　表 1-8

项目名称	课题名称
既有公共建筑综合性能提升与改造关键技术	课题 1　既有公共建筑改造实施路线、标准体系与重点标准研究
	课题 2　既有公共建筑围护结构综合性能提升关键技术研究与示范
	课题 3　既有公共建筑机电系统能效提升关键技术研究与示范
	课题 4　降低既有大型公共交通场站运行能耗关键技术研究与示范
	课题 5　既有公共建筑室内物理环境改善关键技术研究与示范
	课题 6　既有公共建筑防灾性能与寿命提升关键技术研究与示范
	课题 7　既有大型公共建筑低成本调适及运营管理关键技术研究
	课题 8　基于性能导向的既有公共建筑监测技术研究及管理平台建设
	课题 9　既有公共建筑综合性能提升及改造技术集成与示范
既有工业建筑结构诊治与性能提升关键技术研究与示范应用	课题 1　既有工业建筑结构可靠度评定基础理论研究
	课题 2　既有工业建筑结构振动控制技术研究
	课题 3　既有工业建筑钢结构疲劳评估和加固技术研究
	课题 4　既有工业建筑混凝土结构耐久性评估及修复技术研究
	课题 5　既有工业建筑锈损钢结构安全评定与加固技术研究
	课题 6　既有工业建筑灾损评估及加固修复技术研究
	课题 7　既有工业建筑绿色高效围护结构体系及节能评价技术研究
	课题 8　既有工业建筑非工业化改造技术研究
	课题 9　既有工业建筑大数据平台建设及远程监控、智能诊断关键技术研究
既有居住建筑宜居改造及功能提升关键技术	课题 1　既有居住建筑改造实施路线、标准体系与重点标准研究
	课题 2　既有居住建筑综合防灾改造与寿命提升关键技术研究
	课题 3　既有居住建筑室内外环境宜居改善关键技术研究
	课题 4　既有居住建筑低能耗改造关键技术研究与示范
	课题 5　既有居住建筑适老化宜居改造关键技术研究与示范
	课题 6　既有居住建筑电梯增设与更新改造关键技术研究与示范
	课题 7　既有居住建筑公共设施功能提升关键技术研究
	课题 8　既有居住建筑改造用工业化部品与装备研发
	课题 9　既有居住建筑宜居改造及功能提升技术体系与集成示范

续表

项目名称	课题名称
既有城市住区功能提升与改造技术	课题 1 既有城市住区规划与美化更新、停车设施与浅层地下空间升级改造技术研究
	课题 2 既有城市住区历史建筑修缮保护技术研究
	课题 3 既有城市住区能源系统升级改造技术研究
	课题 4 既有城市住区管网升级换代技术研究
	课题 5 既有城市住区海绵化升级改造技术研究
	课题 6 既有城市住区功能设施的智慧化和健康化升级改造技术研究
既有城市工业区功能提升与改造技术	课题 1 既有城市工业区功能提升与改造指标体系与模式研究
	课题 2 既有城市工业区功能提升与改造诊断评估技术与策划评估研究
	课题 3 既有城市工业区功能提升与改造规划设计方法研究
	课题 4 既有城市工业区环境影响与低影响开发关键技术研究
	课题 5 既有城市工业区能源与废弃物资源利用技术研究
	课题 6 既有城市工业区绿色建造与运营技术研究

1.4.3　建设标准不断完善

通过项目研究,国内已经形成了一批标准规范、设计指南和图集等关键技术,为城市更新中居住、公建、工业等不同类型的既有建筑、既有城市住宅的改造以及功能提升,提供了全方位的技术支撑,如表 1-9 所示。

部分标准、规范、图集、文件列表 　　　　　　　表 1-9

序号	名称	编号
1	《既有建筑节能改造》	16J908—7
2	《既有建筑节能改造智能化技术要求》	GB/T 39583—2020
3	《既有建筑绿色改造评价标准》	GB/T 51141—2015
4	《既有建筑地基基础加固技术规范》	JGJ 123—2012
5	《混凝土结构加固设计规范》	GB 50367—2013
6	《建筑结构加固工程施工质量验收规范》	GB 50550—2010
7	《既有建筑幕墙改造技术规程》	T/CJBDA 30—2019
8	《既有建筑绿色改造技术规程》	T/CECS 465—2017
9	《既有建筑评定与改造技术规程》	T/CECS 497—2017
10	《既有建筑外墙外保温改造技术规程》	T/CECS 574—2019
11	《老旧小区有机更新改造技术导则》	1511230045
12	《深圳经济特区城市更新条例》	深圳地方政府文件
13	《广东省旧城镇旧厂房旧村庄改造管理办法》	广东省政府文件

为应对即将出现的各种城市更新项目问题,国家标准和行业规范仍需不断完善,为下一步发展指明前进方向。

1.4.4 城市更新特色发展

随着我国城市化进程进入中高发展阶段以及房地产业进入存量时代，城市更新是未来城市发展的新增长点。2020 年底的中央经济工作会、2021 年初"两会"国务院政府工作报告均强调"要实施城市更新行动"。城市更新政策红利显现，其功能定位日益重要，需解决的问题更加复杂，既要实现城市空间形态的优化，也要解决城市产业的升级、功能的升级以及历史文化的传承问题。

在这一背景下，我国城市更新将向空间扩大、老旧改造、工改发力、有机更新、治理升级、房企布局、政企协同、片区统筹、效益多元、门槛提升等特色发展，具体特点如表 1-10 所示。

我国城市更新发展趋势　　　　　　　　　　　　　　　　表 1-10

①空间广阔	②老旧改造	③工改发力	④有机更新	⑤治理升级
一二线城市进入存量更新阶段，对城市更新的依赖程度越来越高	棚改逐步收官，老旧小区改造成为下一轮城市更新重点	政策管制增加，逐渐回归产业升级本质，助力城市产业转型升级	围绕有机更新，综合整治、历史保护将成为城市更新的重要模式	机构更加健全，政策逐步完善，在不同时间、城市实施差异化管理
⑥房企布局	⑦政企协同	⑧片区统筹	⑨效益多元	⑩门槛提升
房企布局，逐步向城市运营服务商转型，集成资源优势日益明显	政府引导、市场运作、政企协同趋势日益明显	更加注重片区式系统更新，更加强调城市更新专项规划引领	更加强调综合效益，实现经济、社会、人文、生态效益的多重提升	实施主体需具备谈判、拆迁、"投融建营"立体化能力，人才紧缺将成为常态

1.4.5 尚需解决的问题

我国城市更新技术研究正处于全面起步阶段，发展迅速，尽管已取得了一些成果，但总体市场秩序比较乱，缺少统一的行为准则来规范人们的业务活动。与发达国家相比，目前我国在城市更新领域方面的总体水平还不高，主要有以下问题尚需解决：

1. 政策细节管理导向不够

近年来，国家各级政府加大推动发展"棚改""旧改"等城市更新政策，但大部分政策均是鼓励城市更新项目的发展，还未出台建立起相应完善的管理体系，对承担项目的单位缺少恰当的资质认证办法、标准和健全的监督约束机制，对操作人员缺少技能考核制度，对投入市场的新型修补材料、新技术、新方法缺少有效的工程检验或质量认证办法。因此，助长了一些人的投机行为，导致行业市场运行不规范。所以，想要大力推进城市更新，需要更加细微的顶层机制建设，完善更新标准、健全机构职能、建立专项规划体系，进行引导和鼓励。

2. 技术方面需要进一步完善

由于国外的城市更新技术要早于我国，因此，在发展的初期引入国外先进技术是在短时间内跟进国际先进水平的有效途径。然而，国外的先进技术是在特定的当地气候条件和生活习惯的基础上提出的，与我国的实际情况还存在着很大差异。因此，从科学的角度来看城市更新技术急需本土化，而这点我们做得还远远不够。

3. 资金方面存在的问题和障碍

对老旧街道、小区、城区等进行更新，可以降低建筑能耗、节约资源、提高舒适度及环境质量。我国城市更新的存量巨大，需要大量资金投入。资金问题成为项目开展的最大问题，是因为大部分的建筑都已经商品化，由谁出资来完成更新、绿色化改造，成为政府、专家、物业公司、业主等相关各方都关心的问题。目前，大多数城市还没有相关的政策来明确城市更新项目的资金分摊方式。因此，需要一个良好的激励机制促使经济成本和效益合理承担及分配，即制定一个合理的投融资模式。

第 2 章　城市街道更新

2.1　背景

从宏观上看，城市街道是城市的"血管"，连接着城市各功能区，"血管"的变化决定了城市形态的变化，左右城市的平面结构。在微观上，城市街道是城市中广泛存在的线形公共空间，其承载着城市生活，展现着城市风貌、城市特色与城市活力，反映着城市政治、经济、文化的发展水平，承担着城市各部分之间的交通联系。城市街道在长期发展过程中逐渐形成了自身的特色，但也出现了与城市发展及市民生活不相适应的地方，如设施老化、形象不佳、文脉断裂、交通混乱等。因此，街道作为城市的形态骨架和公共场所，其是否具有良好的形态和功能对于城市来说意义重大。

改革开放以来，国民经济快速发展，城市扩张规模逐渐向二三线城市转移，城市街道更新项目突增，城市街道更新建设受城市文化保存需求、经济投入性价比、老旧城区原住民拆迁等因素限制，拆除重建方案无法实施。在此背景下，在不破坏老旧城区既有建筑结构、城市架构的前提下，通过建筑美化、道路升级等手段，实现城市街道更新的工程应运而生。

经过长期的经验累积，目前我国的城市更新工程已经进入由"量"到"质"的转变过程，人们开始更加重视城市街道更新过程中"文化传承""功能升级"等理念的落实。何为城市街道更新？事实上，城市街道更新应涵盖三方面的内容：一是重塑城市街道文化；二是提升城市街道品质；三是提升城市街道功能。要实现这三大板块的有机结合，必须在维持现状建设格局基本不变的前提下，通过建筑局部拆建、保留修缮，以及整治改善、保护、活化、完善基础设施等方法实现"城市街道更新"，这也是本章内容的重点。

2.2　城市街道更新特点分析

1. 设计流程复杂，技术管理繁杂

（1）有别于传统新建项目的"先设计后施工""按图施工"等设计施工原则，城市街道更新类项目设计、施工的先后关系为：方案设计→初步设计图→现场施工→问题反馈→设计补充→施工推进→绘制竣工图→反推施工图，项目施工过程中无确切施工图纸，设计现场反馈的及时性对施工推进影响大，对现场管理人员技术水平要求高。

（2）城市街道更新工程兼具基础设施项目与房建项目的特点，具有基础设施类项目战线长、单体多的特点，内业技术人员无法对现场每栋单体情况详细掌握，传统房建项目技术人员管理方案、交底等方式无法取得技术指导生产的效果；同时，该类项目具有工艺种类多、工序复杂、立面工序交叉频繁等特点，常规管理模式下的一线施工人员推进现场管理工作较为困难。

2. 敞开式施工现场，全透明施工过程

（1）改造期间，施工场区内商户、医院、机关正常经营，高处作业与市民生活出行立体交叉进行，不可控风险因素多，安全管理难度大。

（2）老旧街区电线私搭乱接现象频繁，立面改造焊接过程中消防安全隐患极大。

（3）老旧街区交通拥堵严重且无围墙保护，物资进场及堆放困难，进场后物资被盗风险大。

（4）施工现场全透明，所有施工行为、安全管理情况均在市民监督下进行，应急救援预案极为关键。

3. 点多面广，外围协调量大

（1）城市街道更新类项目与沿街商户、居民、机关单位息息相关，外墙改造、门窗更换、店招统一、外架搭设等直接影响到施工区域内市民的利益，各项施工矛盾冲突点多，与施工区域内市民的协调工作量巨大。设计方案与施工全过程均需与住户单位一一对接，做好协调沟通工作，以解决住户阻工的问题。

（2）城市街道更新类项目涉及消防、宣传、管线迁改、交通导改等组织协调工作，与城管局、交警队、公安局、电力公司等多个部门存在交集，外围关系处理是项目顺利推进的关键要素。

4. 工期紧张

城市街道更新类项目施工期间，对市民的正常生活存在较大影响，通常项目施工周期较短，从项目设计方案确定至工程完工，工期通常只有 3～4 个月（包括设计出图、材料设备采购、现场施工及验收投入使用）；同时，该类项目存在启动突然、施工工期紧张、竣工日期锁死等特点。紧张的工期对项目管理资源的应激性，劳务、材料资源的短期集中投入提出了较高要求。

2.3 城市街道更新设计技术

城市街道更新工程点多面广，事关城市发展质量及人民生活幸福感，它是一项系统工程。根据城市街道更新的实际需求，目前城市街道更新设计技术主要包括泛光照明、屋面、

店招、外立面、城市道路、交通工程设施、城市人行道、城市家具、城市街道园林景观、街道艺术文化十大板块，其他受影响较小的小众专业本章暂不讨论。

2.3.1　泛光照明工程改造设计

泛光照明又称城市景观照明工程或环境照明工程，是一种使室外的目标或场地比周围环境明亮的照明，是在夜晚投光照射建筑物外部的一种照明方式。因其在夜间黑暗中展示，灯具照亮位置、亮度、颜色均可自行搭配，泛光照明可以选择性地展示具有良好观感的位置，自由地规避脏乱差区域，故泛光照明给予了比白天更为广阔的展示空间，赋予了城市另外一张容貌，使城市在时间空间上得到了延伸和扩展。

1. 现状分析

随着社会的快速发展，人们夜间活动时间增加，人们对夜间亮化的需求越来越强烈，让城市亮起来、美起来已成为社会各界的共识，目前我国城市亮化工程主要存在以下几类问题：

（1）部分城市仅单纯地追求"亮度"，光污染严重，美感缺失；

（2）缺乏总体规划与细节处理，城市整体泛光照明不成体系，各楼栋泛光照明设计理念独立，部分区域只注重节日的亮化，却忽略了平时的夜景照明；

（3）亮化质量参差不齐，维护保养不到位，存在大面积损坏，各楼栋泛光照明亮度明暗不一，呈现出衰败感。

2. 专业内容

泛光照明是一种立体照明的方案，主要用于建筑物外部的装饰性照明工作，主要原理是通过在距离建筑物一定距离的位置设置一个投光灯，然后将其作为立面照明的光源，在将光源打开后就可以将光线照向建筑物的外墙，经过这样处理的光线一般光色比较好，具有良好的立体感而且艺术效果比较强烈。

泛光照明主要专业内容包括设计方案的确定、色温选型、灯具选型、亮度选型、控制模式、安装工程等。

3. 改造手法

泛光照明工程需根据不同区位确定不同的设计亮化理念，在改造原则方面，遵循如下几点：

（1）确定方案；

（2）定好灯位；

（3）选好光源，丰富层次；

（4）确定照度；

（5）控制灵活，创造特色；

（6）经济合理，节约能源。

4. 设计要点

1）亮度、基调控制

严格控制单体照明的亮度、光色和照明方式，形成有序的夜间景观。以暖白和蓝色等淡雅的光色为基调，避免盲目攀比亮度与色彩。

2）突出关键节点

突出重要单体和关键节点，形成区域标识。对关键节点和重要单体予以高亮度或较为丰富的照明，突出街区的特色。

3）避免花哨、轻浮

在平日时段严禁采用大面积彩色泛光照明、彩色勾边照明、彩色内透照明或彩色装饰图案变化。

4）照明与自然结合

结构化照明是设计与实施的重要手法，根据实际景观布局选用特定的照明器具，减少对日间景观的破坏，做到"见光不见灯"。

5）领先时代前沿

未来城市是智慧、绿色、环保的，使用灯光和生态自然相结合的方式打造出具有未来特色的城市状态。

设计时主要遵循以下原则：

（1）把握"光与影""光与色""光与文化""光与艺术"巧妙结合的原则；

（2）体现特色美、和谐美、层次美、自然美、朦胧美和动感美的"六美"原则；

（3）强调重点：突出重点（标志性建筑），兼顾一般；

（4）安全原则：设置相应的安全防范措施；

（5）严格按照城市夜景照明有关技术规范的要求，对各功能区制定科学的照度分布标准，避免光污染。

常见亮化改造理念及常用亮化灯具如表 2-1、表 2-2 所示。

常见亮化改造理念一览表 表 2-1

序号	亮化区域	设计亮化理念	效果
1	商业街区	1）通过变幻的夜景照明体现商业街的繁华景象； 2）照明层次分明，阴暗分布合理，突出重点，突出每栋建筑自身的特点； 3）采用动静结合的照明方式将城市的风格特点及文化内涵融入街区进行宣扬	

序号	亮化区域	设计亮化理念	效果
2	金融区域	1）重点利用埋地射灯与洗墙灯（所谓的面）勾勒出建筑的整体轮廓； 2）充分利用楼栋自身内透光照明； 3）打造一种现代化办公都市的效果	
3	临江区域	1）运用多层次的照明景观； 2）建筑照明与沿线景观相协调； 3）打造一种时光流动、日夜更替的城市蓬勃发展的效果	
4	住宅区	1）重点使用暖色系轮廓照明的亮化手法； 2）打造一种温馨、宁静、舒适的安居环境效果	
5	生态保护区	采取瀑布、火山等自然风光的投影灯光形式，与生态环境相融合，打造一种自然、和谐的氛围	
6	历史文化风貌区	1）以简洁的暖色调勾勒历史景观轮廓线，营造宁静氛围，传递历史沧桑； 2）用灯光还原建筑的风貌，利用尺度做到真正的绿色照明，充分利用亮化照明来提高古建筑的吸引力，突出其背后的文化内涵	

常用亮化灯具一览表　　　　　　　　　　表 2-2

序号	灯具类型	特点	效果图
1	投光灯	1）使指定被照面上的照度高于周围环境的灯具； 2）能够瞄准任何方向，并不受气候条件的影响	
2	洗墙灯	1）光束亮度均匀； 2）洗墙灯照射出来的是一条形光，多条洗墙灯拼在一起就形成整个墙面被光洗过一样的效果	
3	窗台灯	1）散发的是三维空间光线（区别于洗墙灯的平面直投光）； 2）窗台灯是可以照亮一个面的边线（区别于洗墙灯的单面光照效果）	
4	RGB点光源	1）响应时间快； 2）色彩丰富、亮度可调节，可变化出各种图案、文字和动画、视频效果	

2.3.2　屋面工程改造设计

屋面工程改造是指对老旧建筑的屋面进行功能性的修复完善或者外观性的改造提升，它不仅解决了老旧房屋渗漏、保温隔热性能差的使用功能性问题，更具有风貌性美化的历史文化意义。

1. 现状分析

屋面现状问题如表 2-3 所示。

屋面现状问题一览表 　　　　　　　　　　　　　　　　表 2-3

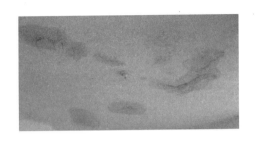

屋面漏水严重、保温失效	屋面违章建筑较多

斜屋面龙骨破损、锈蚀严重	屋面随意搭建彩钢棚

斜屋面造型色彩与建筑不协调	平屋面单一，影响城市改造效果

2. 专业内容

屋面改造工程较为常规，主要包括两大板块内容：

（1）常规的屋面防水保温改造工程；

（2）改变原有结构屋面造型，如平屋面改成坡屋面。

3. 改造手法

（1）通过成本及质量分析，确定采用常规防水保温做法还是新材料、新工艺做法。

（2）根据设计方案及协调性，确定是否在原有平屋面结构上增设坡屋面结构，坡屋面改造方式一般为钢结构檩条上挂瓦。

4. 设计要点

（1）根据现状结构形式及屋面工程防水状况，结合建筑外立面改造设计方案效果，确定屋面采用平面屋面或者坡屋面。

（2）在保证现有建筑结构不被破坏的前提下，设计采用契合老旧建筑屋面的防水材料及工艺做法。

（3）屋面工程设计重点考虑原有结构承载力，设计屋面做法时，综合考虑保温及保护层的荷载，平屋面改坡屋面时需重点复核结构承载力能否满足要求。

（4）原有老旧屋面排水系统保持原有排水孔，在满足排水的情况下尽量不要破坏现有结构。

2.3.3 店招改造工程设计

店招改造是指在保留原有商铺特色的前提下，对店招进行统一规划管理，以到达城市美化的效果。目前，因店招工程工程量少，工程造价占比低，国内无专业的店招设计单位进行设计，大多由广告公司、传媒公司进行设计及制作，是属于易被忽视，易出问题的小型、专项专业。

1. 现状分析

目前，我国城市店招普遍存在以下几类问题：

（1）老旧街道店招样式混乱、参差不齐，严重影响了街道形象及文化品位；

（2）老旧街道店招破损、污染严重，年久失修，安全性差；

（3）商家一味追求店招醒目惹眼，店招按照字体最大化、外凸最大化实施，缺乏统一管理，店招与建筑立面风格不匹配，影响建筑立面效果；

（4）前期店招提升过程中，由同一家单位按照统一样式进行规整，店招千篇一律，失去了店铺各自的特色。

店招现状问题如表 2-4 所示。

店招现状问题一览表　　　　　　　　　　　　　　　　　　　　　　表 2-4

店招样式混乱，缺乏统一框架约束	新旧店招共存，对比强烈；设计单调，无层次感、文化感

续表

老旧店招破损、污染严重	店招造型过于单一，缺乏特色

2. 专业内容

店招通常是我们所说的门面招牌，店招的广告形式经过时代变迁有着丰富多样的发展，主要形成了四种形式：声响广告、实物广告、文字广告、标志广告。随着现代工业的发展，店招材质也多种多样，每种不同质地的材料都有其各自的特点。店招常用材质如表 2-5 所示。

店招常用材质使用一览表　　　　　　　　　　　　　　表 2-5

铝塑板	亚克力

真石漆	石材

续表

马赛克	防腐木

3. 改造手法

店招的改造方法较为简单，大多大同小异，主要改造重点落在设计风格的确定上。店招标牌的设计涵盖造型设计、色彩设计、灯光设计、材料选用、文字设计、施工工艺选用等，需结合当地区位环境、项目概况等进行设计。

4. 设计要点

设计要点如表 2-6、表 2-7 所示。

店招设计要点　　　　　　　　　　　　　表 2-6

设计原则	店招牌匾与广告橱窗相结合，突出商业氛围
	店招牌匾强调竖向分隔，避免"腰带式"风格
	店招牌匾尽量选择内凹橱窗式，提升整体品位

规范户外广告的点位设置、尺寸大小与材质，重点节点重点设计，提升城市形象，突出街道特色。店招牌匾统一规格、材料与形式，整齐整洁

续表

安装位置：建筑物一层，牌匾底部与建筑首层门楣上底齐平，顶部不超出二层窗台或阳台下底

材料色系：采用多种背板形式组合搭配，可更换背板设计；安装不锈钢包边发光字（字体为隶书或其他艺术字体）；背板颜色与建筑色彩协调统一，字体颜色可根据不同商户的经营特色做出调整，有 Logo 的安装 Logo

| 不锈钢包边发光字 | 水晶背发光字 |

背板：牌匾背板除干挂石材墙面单体字上墙无背板，其他牌匾均设计为可更换的铝单板背板或其他牌匾专项方案推荐背板

字体：牌匾字体高度应控制在牌匾总高度的 1/2，每栋楼的牌匾字颜色应和谐统一；若商家有 Logo 及字体的统一标准，可适当改变字体及字体颜色

尺寸要求：同一栋建筑牌匾整体高度尽量统一，控制在 1.5～1.8m 为宜

常用店招及字体形式一览表　　　　　　　　　　　　　　表 2-7

序号	店招类型	特点	实体图
1	铝板雕刻双层夹丝玻璃背板	钢结构骨架、玻璃背板水晶字，上下部扣边为铝板雕刻镂空，内置光源，在视觉上展示了一种古典风格	
2	弧形铝塑板背板	热镀锌钢架结构，基板为建筑外檐专用铝塑板，铝扣板封底，商户门头部分衬板使用铝单板压弧形，字号为双面发光字	

序号	店招类型	特点	实体图
3	背漆玻璃内光灯箱	钢化玻璃背板，背喷遮光漆，镂空字形，板面背面粘贴透光有机片，背衬光源，主要应用于高档商业建筑底商	
4	双层铝塑板牌匾	热镀锌方管后支架，双铝塑板层叠固定，内外不锈钢包角，主要适合镶嵌安装于商铺门楣上方空间	
5	铝板遮阳罩式灯箱	钢架结构塑形，外包铝单板，夜间字型与封底部分透光，适用于小型欧式建筑底商	
6	铝塑板背板填心牌匾	钢结构骨架，檐口用彩钢板做装饰线，镶嵌香槟色铝塑板，多用于居住区底商或主干道沿街商铺	

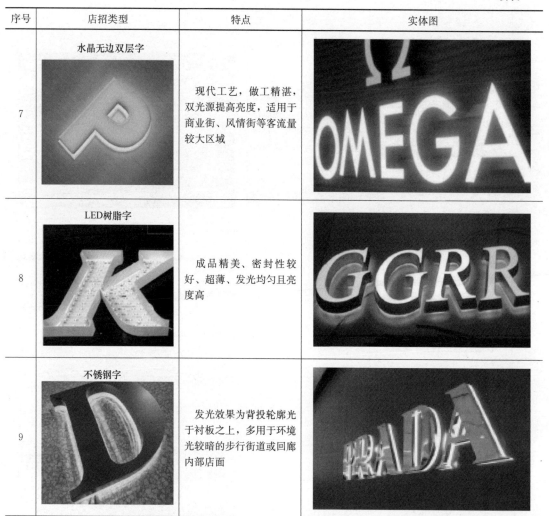

序号	店招类型	特点	实体图
7	水晶无边双层字	现代工艺，做工精湛，双光源提高亮度，适用于商业街、风情街等客流量较大区域	
8	LED树脂字	成品精美、密封性较好、超薄、发光均匀且亮度高	
9	不锈钢字	发光效果为背投轮廓光于衬板之上，多用于环境光较暗的步行街道或回廊内部店面	

2.3.4　外立面工程改造设计

现代化建筑，既是城市文化的载体，也是公共空间的主要载体之一。外立面改造广义上是指对城市风貌整体地梳理和塑造，狭义上是指在建筑主体结构不变的情况下，对建筑立面进行表面的修复、装饰和重塑。

实现建筑外立面改造，必须要以建筑立面的全面分析与精准定位为前提，确定改造手段与方法，确保建筑立面可以体现出符合自身所处环境的特点，实现建筑立面形态、色彩与周围环境的协调、统一。

1. 现状分析

随着我国城市化的加速发展，城市建筑面貌突显以下问题：

（1）老旧建筑风格无法满足现代审美；

（2）老旧建筑原有外墙装饰杂乱、单薄及脱落严重，且违章搭盖的建筑物较多；

（3）街道缺乏统一规划，新建筑与老旧建筑的建筑风格不协调，新老建筑共存形成强烈对比；

（4）初期外立面改造遵循着"低造价、低技术、工期短"的特点，建筑立面在使用过程中建筑表皮被损坏、原有风格特点被埋没。

建筑外立面现状问题如表 2-8 所示。

建筑外立面现状问题一览表　　　　　　　　　　　　　　　　表 2-8

| 沿街建筑外立面广告杂乱无章 | 沿街建筑外立面缺乏整体设计 |

| 沿街建筑质量参差不齐 | 许多老旧建筑几乎不做任何装饰，与沿街建筑立面华丽形成鲜明对比 |

| 沿街立面凌乱 | 建筑立面过于老旧且污染严重 |

| 原建筑立面文化特色体现不足 | 原建筑立面色彩规划不足 |

2. 专业内容

沿街立面的改造内容较为繁杂，从大面来讲，主要为外立面修复、外立面颜色替换、外立面线条设计优化等，从小面来讲，主要为空调罩、晾衣架、防盗窗拆除替换、管线迁改等局部工程。

3. 改造手法

外立面改造通常以建筑物外立面改造为出发点，以设计策划为主导原则，根据当地特色、风土人情及当地业主需求制定设计方案，最后根据最终版设计方案进行改造施工。通常，外立面改造施工有以下几种方式：

1) 大面改造：

（1）真石漆施工；

（2）铝板及石材幕墙施工；

（3）玻璃幕墙施工。

2) 小面改造：

（1）空调罩拆改；

（2）晾衣架拆改；

（3）防盗窗拆改；

（4）雨篷拆改。

4. 设计要点

建筑立面整治在充分尊重原有街道的历史积淀、色彩、风格、城市记忆的前提下，着重完善建筑立面存在的各种功能性缺失。对承载历史记忆的核心路段及重点建筑，通过"提炼、创新"的方式进行核心节点建筑风貌的打造。同时，改造中尊重原有结构整体，避免大量地重新拆改。注重街道改造的整体性、协调性，延续历史、提高品质、体现特色、突出文化。

1）建筑风格

同一道路应有统一的设计风格，在特殊路段和个别节点，如街角、桥头、道路对景位置的建筑或局部应进行重点设计，强化街道空间的识别性、引导性与美学品质。沿街建筑界面应注重形成丰富的形象，迎合步行速度形成丰富的视觉体验，如图 2-1 所示。

图 2-1　局部沿街建筑界面效果

2）建筑色彩

尊重现状地域色彩的基础上，提出街道的主色调和辅助色，达到整体协调的效果，如图 2-2所示。

图 2-2　街道整体协调效果

2.3.5　市政道路工程改造设计

近年来，随着我国城市化进程不断推进，城市扩张迅速，城市流量不断提升。同时，由于城市建设中引入的大型施工车辆较多，加剧了路面破损程度，这些都加重了城市道路的拥堵情况。因此，城市道路改造一方面有助于城市基础设施的完善，另一方面也有助于提高城市交通通行效率。

1. 现状分析

机动车道现状问题如表 2-9 所示。

机动车道现状问题一览表   表 2-9

道路病害问题严重，出现路面裂缝、龟裂、车辙、沉降、拥包、修补不良等情况	道路路段通行能力低，与道路功能及交通需求不匹配、不协调

交叉口未进行展宽设计，交叉口通行能力低，路口与路段通行能力不匹配	个别公交车停靠位置未设置港湾停靠站

人行道上设置停车位，降低了城市空间舒适感，且影响行人交通的便捷性	井盖破损、下沉严重，且横坡系统失效

2. 专业内容

城市道路改造工程一般包括路面破除修复、交通标识标线工程、各类井盖替换、天网系统更新调试等。

3. 改造手法

城市道路提升改造方法一般较为常规，通常为裂缝修补、沥青摊铺或相关新材料、新工艺等的应用。

4. 设计要点

（1）统筹兼顾，全面设计，充分发挥建设项目的社会效益、环境效益和经济效益。

（2）运用合理的技术与理念，坚持高品位、高起点，与区域的总体环境、区域形象相匹配。

（3）为保证道路排水安全，对现状雨水口重新进行布置，充分利用现状雨水管道，对排水井盖及井座进行更换。

（4）针对不同的道路病害类型及破坏程度，设计制定经济可行的方案，解决当前道路所存在的病害问题。

（5）重塑道路断面功能，改善城市交通拥堵与停车困难问题，解决人车、机非混行的混乱交通难题，缓解老旧街道交通压力。

在对市政道路进行改造和扩建的过程中需要与实际情况相结合，采用合理的方式进行科学设计，设计者的设计思路、设计水平以及设计的合理性，对市政道路改造后的效果具有直接影响。常用市政道路改造设计技术如表 2-10 所示。

常用市政道路改造设计技术　　　　　　　　　　表 2-10

老路类型	处理方案	方案简述	适用类型
水泥混凝土路面	"白加黑"处理	原水泥面板拉毛处理后，再加铺沥青面层并设置玻纤格栅防止反射裂缝	适用于路面轻微损害的地段，根据经验，麻面、磨光、浅表面裂缝等面层病害深度范围较浅路段
	碎石化加铺	将旧水泥混凝土路面破碎成上层相互嵌挤、下层相互嵌锁的水泥混凝土碎石粒料层，形成相互嵌挤的稳定结构，消除了原有板块裂缝向上反射的应力	适用于老路水泥混凝土路面损坏较严重路段，碎石化后，加铺水稳层和沥青面层
	挖除新建	老路路面破损严重，局部缺失水泥面板。或因管道新建等对老路进行挖除，新建沥青混凝土路面结构	适用于路面损害严重、沉陷的路段

续表

老路类型	处理方案	方案简述	适用类型
沥青路面	维修加铺	对沥青面层病害进行维修后，直接加铺沥青面层	路面轻微损害的路段，主要病害为纵横裂缝处理，对裂缝进行灌封处理
	再生处理	老路沥青面层就地温拌再生或铣刨路面厂拌再生沥青稳定碎石或沥青混凝土，其上加铺沥青面层	适用于老路沥青面层路面损坏较严重路段、大面积坑槽、裂缝集中路段，车辙、网裂等损坏严重、影响深度较大，下面面层沥青松散，部分基层出现损坏的路段
	挖除新建	挖除老路路面结构层，新建基层、面层，同时对路基进行处理	适用于局部损害严重、路面沉陷的路段，对于出现严重沉陷及龟裂等道路承载力严重不足的路段，挖除老路路面后若发现基层破损严重，应对老路基层进行挖除新建

2.3.6 交通工程设施改造设计

1. 现状分析

现状概况：现状信号灯、电子警察及全景监控存在样式不统一、指标不符合规范要求、使用时间较长、有损坏、灯杆林立等情况，如表 2-11 所示。

老旧街道交通工程现状概况　　　　　　　　表 2-11

现状问题：信号灯样式不统一、不符合规范要求，或已损坏

现状问题：灯杆林立，重复建设

标示及护栏划分不清晰，机非混行，严重影响交通安全

2. 专业内容

交通工程设施改造涉及交通信号灯、交通标示标牌、交通护栏、电子警察、智能交通处理系统等多项内容，特别是现代信息化大数据处理技术的应用，能有效缓解城市交通压力。

3. 改造手法

（1）交通信号灯、交通标示标牌、电子警察等同路灯同时改造设计，设计多杆合一改造方案，消除道路各类杆件林立的情况。

（2）街道交通工程设施统一设计，结合当地特色，设计符合当地交通习惯的样式。

（3）针对交通拥堵严重的路口或行人通行量大的路口，进行路口布局重新设计，对路口进行扩宽或增设交通岛。

4. 设计要点

交通安全设施是道路的重要组成部分，它对提高道路的效能和服务水平起着非常重要的作用。根据全线道路特点和途经路段的地理、气候、环境、交通流量、周边市民交通出行需求，以及在"以人为本"的指导思想下，设计工作主要包括以下内容：交通标志、交通标线、隔离护栏、其他安全设施、智能交通设施等。

交通工程设施改造设计整体原则如下：

（1）统筹兼顾，全面设计，充分发挥建设项目的社会效益、环境效益和经济效益。

（2）设施布局合理、功能合理，管理方便、可靠。

（3）交通工程设施：根据当地交管局要求及相关规范对沿线交通设施进行设置。统一标志版面尺寸及版面风格。

2.3.7 人行道工程改造设计

人行道指服务于步行和骑行的道路部分，包括各等级道路的路侧人行道和非机动车道。人行道是街道界面中人活动的主要场所，是人感知城市的重要媒介。一个良好的慢行环境，更易于行人和骑行者舒适使用及驻足停留，激发他们欣赏城市风景、体验城市生活、感受城市文化的热情。

1. 现状分析

随着城市的不断更新发展，人行道现状主要问题如表 2-12 所示。

人行道现状问题一览表　　　　　　　　　　　　　　　　表 2-12

| 人行道狭窄，且行道树、电线杆、公交站牌等布置混乱 | 人行道被商贩、违章停车占用 |

人行道铺装破损严重，路面不平整、积水

无障碍设施欠缺或者设计不合理

路缘石破损、歪斜

树穴池风格混乱，且长出杂草

2. 专业内容

老旧街道人行道改造一般包括人行道的铺装、人行道障碍物移除、路面清洁美化等。

3. 改造手法

此类工程改造重点一般在人行道铺装板块，重在设计风格的确定，需结合当地文化特色确定。

4. 设计要点

（1）街道人行道主要以方便周边市民出行为基本功能，人行道设计应串联起周边城市公园或商业段，如定位为"文化·旅游·休闲一条街"。

（2）街道人行道两侧主要为底商，局部路段为公园，整体设计可以芝麻灰浅色铺装为主色调，打造干净、大气、休闲的道路效果。

2.3.8 城市家具工程改造设计

城市家具作为城市的名片，是一个城市人文面貌的象征，它的设计研究是一个复杂而庞大的工程，需以整体的视角，将城市家具置于城市大环境下，在设计过程中融入地域文化传统元素，挖掘城市中最具深刻内涵的城市记忆，体现城市家具设计与环境的协调、对人文的关怀、对城市形象的塑造。

1. 现状分析

城市家具系统存在以下四个方面的问题：
(1) 户外设施不健全；
(2) 缺乏地域特色及文化底蕴；
(3) 材质差、整体水平低；
(4) 布局差且缺乏互动性。

2. 专业内容

城市家具主要包含日常出行及交通服务的设施，如路灯、公交车站等；也有为行人基本需求设置的设施，如电话亭、休息座椅等；还有为创造宜居环境和提升环境美学价值而设置的设施，如艺术铺地、雕塑等，以及为满足商业宣传而设立的宣传牌及广告标识。

3. 改造手法

城市家具包含类别较多，其重点在设计方案的确定方面，需从性价比、社会效益等多方面思考，施工方法较为常规简单，其中稍显复杂的施工表现在需要做土建施工的板块，如城市家具基础施工等。

4. 设计要点

城市家具改造设计要点如表 2-13～表 2-18 所示。

城市家具分类表　　　　　　　　　　　　　　　　　　　　　　　　　表 2-13

项目	系统分类	具体项目
城市家具系统	公共休闲服务设施	休息座椅、健身娱乐设施、电话亭、公共饮水器、邮筒、售报亭、照明灯具等
	交通服务设施	路灯、交通指示灯、交通指示牌、路标、人行天桥、候车亭、路障、护栏、自行车停放设施、加油站、无障碍设施等
	公共卫生服务设施	垃圾桶（烟灰缸）和公共厕所
	信息服务设施	户外广告、信息张贴栏、布告栏、导向牌等
	美化丰富空间设施	花坛、雕塑、喷泉、瀑布、地面艺术铺装、装饰照明、景观小品等

公共休闲服务类城市家具一览表　　　　　表 2-14

序号	类型	效果图
1	移动书屋	
2	公共座椅	
3	景观灯	
4	花坛	
5	配电箱	

常见交通类城市家具一览表 表 2-15

序号	类型	效果图
1	隔离护栏	
2	公交站台	
3	交通岗亭	
4	交警指挥亭	
5	机动车停车位	

公共卫生服务类城市家具一览表　　表 2-16

序号	类型	效果图
1	垃圾桶	
2	自行车停靠点	

信息服务设施类城市家具一览表　　表 2-17

序号	类型	效果图
1	无线信号箱	
2	信息导视牌	

序号	类型	效果图
3	宣传栏	

美化丰富空间设施类城市家具一览表　　　　　表 2-18

序号	类型	效果图
1	雕塑景观	
2	壁画类	
3	装置类	

续表

序号	类型	效果图
4	艺术景观小品类	

2.3.9 街道园林景观工程改造设计

随着城市居民生活水平的提高，市民越来越注重精神层面的享受，作为居民生活的一部分，城市园林景观的景观欣赏性与舒适性也受到了居民的重视，对有关城市园林的规划和设计的要求也越来越高，这一点在老旧街道改造方面显得尤为突出。城市园林景观的规划建设中要在科学合理舒适的基础上做到“宜赏”，即将艺术元素融入设计规划建设中，争取在良好园林景观的影响之下，提高老旧街道改造的质量，让居民的精神面貌更佳。

1. 现状分析

街道园林景观工程现状分析如表 2-19 所示。

老旧街道园林绿化现状问题一览表　　表 2-19

绿化建设滞后，绿地率低	绿化设计缺乏立体感，植物品种单一、群落较为单一

绿化景观长势不佳，设计理念无法表现	景观绿化与城市规划脱节，不能体现自然和城市文化特色

交通环岛种植空间过密，对行车视线形成遮挡，存在安全隐患	重要节点处种植形式不丰富，未形成特色的植物景观

中央隔离带绿植稀松，十地裸露	行道树大小不一，局部区域占用人行道，造成行人不便且影响美观

2. 专业内容

老旧街道园林绿化工程较为纯粹单一，和普通园林绿化工程的主要区别为老旧街道园林绿化工程施工场地已经提前确定。

3. 改造手法

老旧街道园林绿化工程改造手法主要为园林植物的选用及色彩搭配，空间层次感的设计和文化植入等。

4. 设计要点

（1）优化道路功能：景观设计首先考虑功能性，如隔离带设计中应充分考虑路口视线问题，避免交通事故的发生，梳理交通流线，衔接开放空间，通过对沿路两侧人行道交通流线梳理，区分交通、游憩、城市。

（2）丰富道路景观：自然景观具有自然美的形象、绚丽的色彩、悦耳的声响、变幻的动态、诱人的嗅味觉及文化寓意美等多种美学特征，具有特殊的美学价值和较高的美感质量。

（3）提升城市活力：增加开放空间实用性，从市民的生活需求出发，营造"舒适""实用""有趣"的公共开放空间。结合城市绿道慢行系统，引入必要的商业和服务设施，提供聚集和活动的场地。

（4）展现特色形象：塑造个性，挖掘城市特色，依据分区功能及周边建筑环境条件，有针对性地提出改善城市园林景观风貌的设计建议。同时通过标志性节点空间的打造，以及特色城镇元素的提炼，展现城镇特色及魅力。

5. 设计目标

城市园林景观本身是一个集休闲、娱乐、文化于一体的公共场所，为游人营造一种轻松的、怡人的、安全的心理感受是建设城市园林景观的主要目的。园林绿化常见改造手法如表 2-20 所示。

园林绿化常见改造手法一览表　　　　　　　　　表 2-20

序号	问题	改造内容	效果图
1	机非隔离带以常绿树种为主，缺乏彩色效果	增加开花乔木、色叶树种	
2	中央分隔带物种过于单一，且缺乏层次感	增加高大乔木、花镜打造疏林草地、简洁大气的迎宾感	
3	交通环岛植物过密，种植高度过高	清除过密树种、梳理物种、确保控制物种种植高度	

序号	问题	改造内容	效果图
4	丹霞地貌	保留特色石头，用草地进行衬托	
5	桥下绿化不足	栽植层次丰富的植物，也可设置具有山水文化意味的小品	
6	交叉口无特色	采用精品物种进行组团设计，突出节点品质	

2.3.10 街道艺术文化工程改造设计

1. 现状分析

街道艺术文化工程要求设计方案既能保持原有历史文脉，又能满足新时代的使用要求，对设计方案中文化、艺术品质的要求极高。文化、艺术理念融入城市街道更新设计，是城市街道更新项目内涵提升、品质升华的必要手段，是设计方案能否通过后期评审的重要考察点。

在立面及平面空间设计过程中，引入专业艺术、民俗团队负责艺术文化设计，结合改造区位进行系统的文化、艺术策划，实现文化、艺术与功能性有机融合，极大地提升设计方案的文化内涵、设计品质，加快设计方案审批效率，是助推高效设计的重要方式。

2. 专业内容

街道文化艺术工程需与其他专业工程相结合才能予以实践，是一项"虚工程"，主要包括人行道地雕文化植入、艺术化设计城市家具和公共艺术品与城市空间节点融合等。

3. 改造手法

艺术文化工程改造主要手法是设计当地文化元素，融入地面人行道石材、城市家具、景观雕塑等部位。

4. 设计要点

（1）文化构件作为装饰品嵌入人行道、围墙等实体，实现文化植入，如表 2-21 所示。

文化构件植入 表 2-21

规格：1350mm×200mm
材质：黑色黄岗岩
工艺：石材阴雕，金色为填色

实例：南昌八一大道改造项目，人行道铺装中间隔 12m 放置 600mm×200mm 宽主题地雕，地雕以弘扬八一精神和八一军魂为主题，以模块化的构成与人行道铺装有机融合

实例：南昌八一大道改造项目，选取八一广场－江西省委党校区域围墙设置八一文化浮雕，追溯南昌起义历史足迹，纪念红色革命征程，既反映了较好的纪念意义，也丰富了城市景观的精神和文化魅力

（2）艺术化设计城市家具。城市家具按照艺术品的标准进行设计和制作，以代表文化历史的字体作为形象 Logo 镶嵌入花箱、座椅等城市家具，实现文化植入，如表 2-22 所示。

城市家具植入　　　　　　　　　　　　　　　　　　　　　表 2-22

续表

| 垃圾箱 | 变电箱罩 |

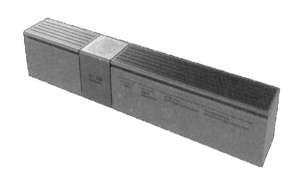

公共座椅

| 空调罩 | 隔离护栏 |

（3）公共艺术品与城市空间节点融合。通过公共艺术品与城市空间节点融合的手段突显城市特色，唤醒文化记忆。沿街设置公共艺术品，实现艺术与空间环境的高度融合，通过雕塑、壁画、艺术性景观小品等艺术构件创意地表现地方文化特色，沿街打造一条隐性的艺术长廊，重塑街道历史文脉，提升城市内涵，如表 2-23 所示。

公共艺术品与城市空间融合 表 2-23

2.4 城市街道更新施工技术

城市街道更新工程点多面广，事关现代城市发展质量及人民生活幸福感，它是一项系统工程。根据城市街道更新的实际需求，目前城市街道更新施工技术主要涉及泛光照明、屋面、防雷避雷、店招、外立面改造、市政道路工程、交通工程设施、人行道改造、城市家具改造、街道绿化改造十大板块，其他受影响较小的小众专业本章暂不讨论。

2.4.1 泛光照明改造施工技术

1. 概述

泛光照明又称城市景观照明工程或环境照明工程，是在夜晚投光照射建筑物外部的一种照明方式，因其在夜间黑暗中展示，灯具照亮位置、亮度、颜色均可自行搭配，泛光照明可以选择性地展示具有良好观感的位置，自由地规避脏乱差区域，故泛光照明给予了比白天更为广阔的展示空间，赋予了城市另外一张容貌，它使城市在时间空间上得到了延伸和扩展。泛光照明改造重难点分析如表 2-24 所示。

改造重难点分析 表 2-24

序号	重难点	应对措施
1	方案确定	方案应着重反映出泛光照明的灯光效果，因为所有的配电管线都必须安装在钢结构内，所以还需与幕墙专业配合进行深化设计，深化设计图纸包括：幕墙制作预留孔洞图、灯具安装大样图、钢结构配管大样图
2	确定等位，优化效果	在周边环境及立面层次较为平淡时，选择远投方式；要尽量做到灯具隐蔽；选择与建筑外墙装饰相协调的灯具，有美化艺术效果
3	选好光源，丰富层次	不同光源具有不同的特性，可用不同光源反映建筑物的内涵
4	控制灵活，创造特色	泛光照明的设计主题应结合当地历史文化进行，使其文化内涵能够得到充分展示
5	经济合理，节约能源	坚持可持续发展、绿色环保的原则，使其泛光照明改造工程具备性价比

2. 关键技术

1）工艺流程

泛光照明改造施工技术施工流程如图 2-3 所示。

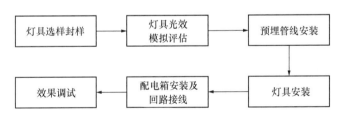

图 2-3 工艺流程

2）施工控制要点

（1）灯具选样封样

灯具选样灯型不宜过多，避免排产周期过长。选样时考虑灯具灯体颜色与外墙面相近，达到安装的隐蔽效果。灯具 IP 等级不小于 65，确保户外使用的稳定性。灯具芯片采用一线产品，确保使用寿命及灯光效果，如图 2-4 所示。

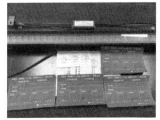

图 2-4 灯具选样

（2）灯具效果模拟评估

灯具排产前，选择几种不同类型立面材质作为受光面，对灯具参数进行光效模拟。确保灯光打在不同材质、不同颜色、不同造型的受光面时，效果有所保障，如图 2-5 所示。

图 2-5　灯具效果模拟

（3）预埋线管安装

线路优化及隐蔽敷设。施工前需进行线路优化设计，针对不同楼栋情况进行分析。铝板及石材楼栋施工重点为线路优化及板面开孔预留线头。真石漆楼栋施工重点为隐蔽敷设，管线尽可能沿边角敷设，立面真石漆同步喷涂。针对清洗楼栋，除管线刷漆处理，尽可能减少临街面线路敷设，通过增加线管管径，多线共管，减少线管覆盖面积。穿线过程中，铝板楼栋以线头预留处防水处理为重点。真石漆及清洗楼栋，因线管明装，重点考虑电线接头处保护措施，如图 2-6 所示。

图 2-6　预埋管线安装

（4）灯具安装

以隐蔽安装、美观安装、防水、固定为主。隐蔽安装及美观安装过程中，考虑边角位置优化，利用建筑物结构进行遮挡。同时，厂家以立面颜色为准喷涂灯体颜色。灯具固定时，固定螺栓处用防水胶处理，同时灯具安装后底层涂结构胶进行二次固定处理。如有特殊防水处理要求，可在灯具螺栓处加橡胶垫片进行处理，如表 2-25 所示。

灯具安装 表 2-25

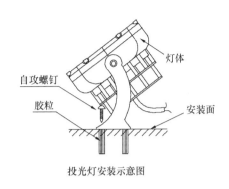

投光灯安装示意图

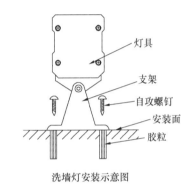

洗墙灯安装示意图

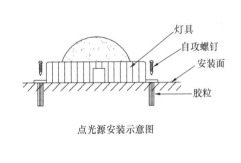

点光源安装示意图

（5）配电箱及开关电源安装

要求隐蔽、安全、操作方便。开关设备及配电箱安装考虑位置最宜为屋面，流动人员较少，利于保护，同时做好防水处理，统一上锁进行保护，如表 2-26 所示。

配电箱及开关电源安装　　　　　表 2-26

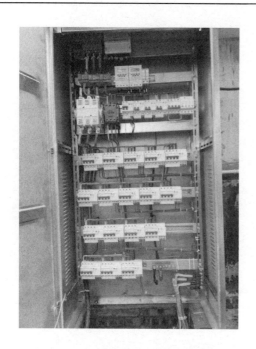

（6）系统调试

　　调试方案多样化、多选择，过程注重颜色搭配，不同材质墙面反光效果不同，确保亮化效果，如表 2-27 所示。

系统调试　　　　　　　　　　　　　　　　　　　表 2-27

3. 验收标准

具体检验标准参照《灯具　第 1 部分：一般要求与试验》GB 7000.1—2015，并符合现行国家标准《建筑工程施工质量验收统一标准》GB 50300—2013 的规定。

2.4.2　屋面工程改造施工技术

1. 概述

老旧建筑屋面防水材料大多为 APP 或 SBS 防水卷材，大多数屋面存在多层防水卷材，且屋面防水卷材大多风化失效。现有屋面改造常规设计做法有以下三种：

（1）将屋面防水彻底清除至结构层后进行新的防水保温层铺设，这种做法影响原结构，渗漏水问题无法及时解决。

（2）直接加铺防水卷材，这对于防水基层的依赖性较大，老旧建筑屋面由于老化等原因难以保持良好的防水基面。

（3）改变原有屋面结构形式，增设坡屋面，既能起到防水保温作用，又能起到美化作用。

总体来说，施工重难点如表 2-28 所示。

施工重难点　　　　　　　　　　　　　　　　　表 2-28

序号	重难点	应对措施
1	原有防水层剔凿困难，剔凿后施工期间易对居民生活造成不利影响	1）沟通协调住户：提前与住户沟通，屋面发生渗漏后及时为住户解决问题，妥善处理赔偿事宜。 2）合理安排施工工期：积极组织资源，工序穿插合理，避免造成窝工现象，尽量缩短对居民生活影响的工期。 3）防水层剔凿后做好病害处理：原有防水层拆除后，需进行裂缝等病害排查并做好病害处理，避免产生新的渗漏隐患

序号	重难点	应对措施
2	防水卷材对屋面基层依赖性较大，常规卷材难以实施	材质上选用新型轻质防火卷材，实施前对屋面结构进行结构鉴定，确保旧屋面满足承载力需求
3	隔热层拆除后影响原有屋面的保温性能，重新施工保温层工序繁杂	1）施工前做好住户的沟通协调工作，隔热层拆除后尽快予以恢复，减少对居民生活的影响。 2）尽量选用节能、环保的保温材料，避免污染生态环境

以下就老旧屋面的改造介绍两种较为适用的施工技术。

2. 高性能防水隔热轻质屋面关键技术

1）技术简介

长期以来，我国屋面建筑材料一直存在使用寿命短、防水效果差、不防热还吸热，且有毒有害，易造成城市污染及能源的极大浪费等现象，因此，采用无毒、无害的高性能防水隔热化学原料制成产品，具有广阔的市场前景、良好的经济效益和社会效益。

2）关键技术

（1）工艺流程

高性能防水隔热轻质屋面施工流程如图 2-7 所示。

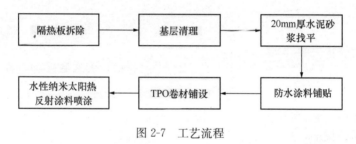

图 2-7 工艺流程

（2）材料的选用

① 成型非固化橡胶沥青涂料

由于在原屋面防水系统上直接加铺新的防水隔热系统，对基层的平整性有极高的要求，因此，采用成型非固化橡胶沥青涂料对基面进行处理，可降低对平整性的要求，避免凿除原防水层。

成型非固化橡胶沥青防水涂料是由沥青、高分子材料、废橡胶粉、特殊添加剂、液体填料、粉填料等组成。主要有两种类型：一种是高固体含量的产品，可达 99%，主要采用热熔喷涂施工方式；一种是含有高沸点溶剂的产品，固体含量在 80% 以上，可以常温施工。

该材料不同于水性涂料和溶剂型涂料，是一种非固化、不成膜的蠕变性材料。在其使用寿命期内，始终保持蠕变性、自愈性、压敏性和粘结性。可以与基层始终保持黏附性、不剥离，不会产生界面蹿水现象；防水层的机械破损可自行修复，维持完整的防水体系；同时，不会将基层变形产生的应力传递给卷材，从而有效避免卷材因结构沉降变形所产生的高应力变形状态下的老化和破损，有效延长防水层的使用寿命。

② 高分子自黏性 TPO 卷材

由于增加细石混凝土防水保护层会对原建筑结构产生额外荷载，采用自黏性 TPO 卷材进行铺设，能够达到免打保护层的效果，有利于结构安全。

TPO 防水卷材是一种新型的高分子自黏防水卷材，采用高分子自黏胶层与 TPO 片材复合而成。这种卷材耐高温，低温柔性好，抗老化性能好，同时具备较好的粘结性能及很好的自愈合能力，施工方法简单，阻燃性能也较好。

该材料能够实现与下层结构永久粘结，消除层间水渗漏风险，形成较好的防水体系，大大提高防水层的可靠性。该卷材无需找平层，对基层要求较低，施工不受天气及基层潮湿影响，同时自带防水保护层，对原建筑结构不产生额外荷载，增加安全系数。

③ 水性纳米太阳热反射材料

拆除隔热层后需增加一道隔热层施工，传统隔热方法无法满足现有居民需要且可靠性较差，因此，选用水性纳米太阳热反射材料，此种材料由高性能水性树脂、金红石型钛白粉、纳米 SiO_2 气凝胶、空心玻璃微珠、红外粉、冷颜料等材料构成，具有较高的太阳反射率和热辐射率，可大幅度降低外墙表面温度和室内温度，其优势有以下几个方面：

a. 具有柔韧性、防水性、耐老化性、耐沾污性。

b. 具有反射、阻隔、防辐射综合隔热功能，对光热具有高反射率、高阻隔率、高辐射率。

c. 具有低导热系数、低蓄热系数、高热阻值、高热稳定性等热工性能。$100\mu m$ 厚的太阳热反射隔热涂料热阻相当于 10mm 厚挤塑聚苯板的热阻值。

（3）施工要点

① 基层清理、找平

将老旧建筑屋面隔热层拆除，清理屋面杂物、垃圾以及废旧物品，对破损位置做好标记，使用水泥砂浆进行补齐。要求防水基层应坚实、平整、干燥、无灰尘、无油垢、无明水，凹凸不平和裂缝处应用砂浆补平，施工前清理、清扫干净，必要时用吸尘器或高压吹尘机吹净，清理完成后采用 20mm 厚 1：2.5 水泥砂浆进行找平。

② 成型非固化橡胶沥青涂料铺贴

采用压辊铺贴进行铺贴，把成卷的成型非固化橡胶沥青防水涂料抬至施工部位，展开对好长短边，附加层施工用料按需求裁成相应的条和块，将下部的离型纸撕掉然后缓慢贴在相应的部位后再用手持压辊排气，使成型非固化橡胶沥青防水涂料粘在基层上，保证搭接长度在 8cm 以上。表面的保护膜暂不撕除，待 TPO 施工时同步进行撕除，如图 2-8 所示。

③ 自黏性 TPO 卷材铺设

采用热风焊接法对 TPO 搭接部位进行处理。先将成卷 TPO 卷材完全展开晾于屋面 2h 左右，待卷材收缩性达到自然舒张状态，边撕除成型非固化橡胶沥青防水涂料表面保护膜边铺设 TPO 防水卷材，搭接部位使用热风机进行搭接，如图 2-9 所示。

图 2-8 成型非固化橡胶沥青防水涂料

图 2-9 自黏性 TPO 防水卷材搭接部位处理

④ 水性纳米太阳热反射材料喷涂

TPO 自黏性防水卷材施工完毕，待基面干燥后，将太阳热反射材料按照重量比加水 10％稀释，并根据设计效果调配颜色，使用喷枪均匀喷涂在施工面上，共喷涂两道，喷涂过程不得加水。水性纳米太阳热反射材料用量：$0.3kg/m^2$，施工完成后自然晾干，具体施工如图 2-10、图 2-11 所示。

3）验收标准

具体检验标准参照《屋面工程质量验收规范》GB 50207—2012，并符合现行国家标准《建筑工程施工质量验收统一标准》GB 50300—2013 的规定。

图 2-10　水性纳米太阳热反射材料

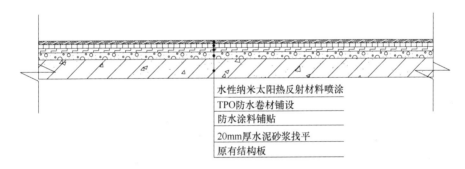

图 2-11　防水节点大样图

3. 平屋面改钢结构坡屋面关键技术

1）技术简介

屋面平改坡是一种旧有建筑物屋面改造方式，在现有房屋的平屋面上增设钢结构坡屋面，达到改善建筑物使用功能、美化建筑外观造型的效果。大量住宅建筑及公共建筑建成使用均已 20 余年，屋面、墙面雨季渗漏水问题十分严重，给广大人民的工作生活带来了很大的不便，采用轻钢结构的屋面平改坡，一方面能卓有成效地解决屋面渗漏问题，另一方面又能起到良好的保温隔热作用。同时，通过对建筑物顶部空间形态重新设计，能够创造丰富多彩的坡屋面形式，起到美化人民生活环境的作用。

2）关键技术

（1）工艺流程

平屋面改钢结构坡屋面施工流程如图 2-12 所示。

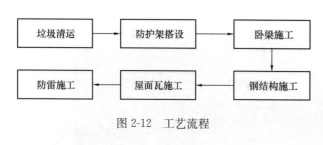

图 2-12　工艺流程

（2）施工要点

① 垃圾清运

a. 为保证施工质量，需要将原屋面违建拆除装袋，再将屋面其他垃圾收集装袋，统一安排人工配合机械吊运出场。

b. 因屋面后续需要进行卧梁施工，因此，在垃圾清运的同时需要将卧梁范围内原防水卷材撕除，并将混凝土屋面凿毛。要求将凿毛部位的混凝土渣、卷材等垃圾清理，并用水冲洗干净，凿毛深度不小于 10mm，同时需一直保持凿毛部位为潮湿状态，直至新混凝土浇筑。

② 防护搭设

因平改坡屋面外围女儿墙高度较低甚至无女儿墙，为保证施工安全，在屋面外圈搭设钢管防护脚手架。防护架搭设要求及参数如下：

a. 架体间距 1500mm；

b. 架体外挑长度 400mm；

c. 架体防护高度 1200mm；

d. 架体外挑部位满铺钢跳板；

e. 架体防护部位满挂全新阻燃安全网；

f. 所有钢管使用间距为 300mm 的红白油漆交替涂刷；

g. 防护架全部采用 $\phi 48.3 \text{mm} \times 3.6 \text{mm}$ 的钢管搭设；

h. 钢管穿卧梁部位提前预埋 $\phi 75$ PVC 管；

i. 钢管末端及距离末端 200mm 位置使用化学螺栓（锚固深度 $10d$）＋后置锚固件进行锚固，防护架搭设如图 2-13 所示。

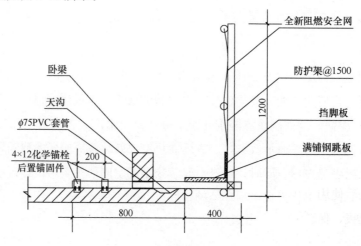

图 2-13　防护架搭设示意图

③ 卧梁施工

a. 施工步骤

材料运输→植筋→梁筋绑扎→模板支设→预埋锚栓→混凝土浇筑→混凝土养护及拆模。

b. 材料运输

现场卧梁材料到场后采用人工配合 150t 汽车式起重机吊运至屋面。汽车式起重机作业时外圈拉设警戒线，并安排两名专职安全员现场监督。

c. 植筋

植筋尚应满足《混凝土结构后锚固技术规程》JGJ 145—2013 的相关规定，并按《砌体结构工程施工质量验收规范》GB 50203—2011 的要求进行实体检测。

钢筋植入混凝土墙柱深度为 15d。

d. 梁筋绑扎

根据图纸要求，对卧梁主筋、箍筋进行绑扎。

e. 模板支设

模板采用 18mm 厚胶合板，背楞采用 50×100 木方背楞，每隔 600mm 设置 M14 对拉螺杆固定（外套 A16PVC 管），所有模板均涂刷脱模剂。

梁筋绑扎完成后，先将梁侧模竖直安装在屋面板，再使用斜撑进行侧模加固，如图 2-14 所示。

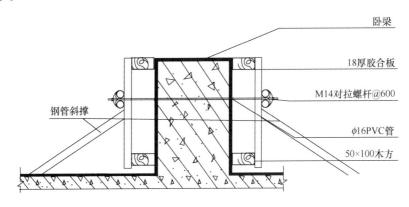

图 2-14　卧梁模板示意图

f. 预埋锚栓

根据图纸要求在每个钢架/钢柱位置预埋 4 个 M20 锚栓，预埋深度 300mm，如图 2-15 所示。

g. 混凝土浇筑

混凝土到场后使用天泵进行混凝土浇筑，浇筑过程中使用小型振捣棒进行振捣密实，振捣棒要求快插慢拔，保证振捣棒下插深度和混凝土有充分的时间振捣密实。振捣点的间距按照振捣棒作用半径的 1.5 倍，一般以 400～500mm 进行控制。振捣时间控制，具体以混凝土不再下沉并无气泡产生为准。振捣应随下料进度均匀，有序地进行，不可漏振，亦不可过

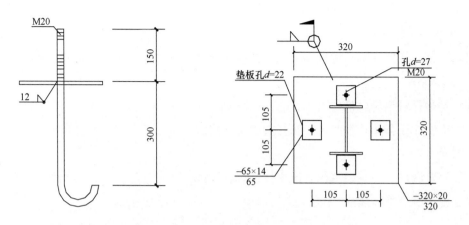

图 2-15　锚栓预埋示意图

振，每一次振点的延续时间一般为 20~30s，以表面呈现浮浆和不再沉落为准。应确保混凝土振捣密实；在预埋件和钢筋交错密集区域，需用粗钢筋棒辅以人工插捣；混凝土表面水分散失，接近初凝时会在表面形成不规则裂缝，应及时用磨光机或人工压抹予以消除。

距离道路较远无法进行天泵浇筑的区域均进行人工转运混凝土，如图 2-16 所示。

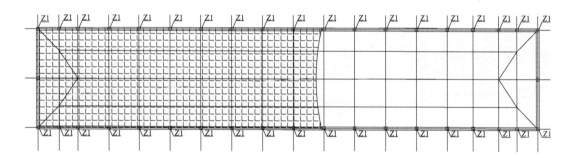

图 2-16　人工转运混凝土区域示意图

天泵作业周围拉设警戒线，并安排两名专职巡视员进行巡视。

h. 混凝土养护及拆模

在混凝土浇筑完毕后，12h 内加以覆盖并保湿养护；在混凝土收光后及时覆盖薄膜，覆盖薄膜养护 1d 后采用浇水养护，浇水次数要能保证混凝土处于湿润状态，混凝土养护期不少于 14d。侧模拆模刷养护液养护。

拆模时不要用力太猛，如发现有影响结构安全问题时，应立即停止拆除，经处理或采取有效措施后方可继续拆除；拆模时严禁使用大锤，应使用撬棍等工具，模板拆除时不得随意乱放，防止模板变形或受损。

④ 钢结构施工

a. 施工步骤

埋板、钢架及钢梁安装→檩条安装→老虎窗安装→喷涂防锈漆→涂刷防火涂料。

b. 埋板、钢架及钢梁安装

根据图纸要求在钢结构车间将埋板与加工成型的钢架焊接牢固，钢架运输至场地后使用 150t 汽车式起重机将钢架吊运至距离卧梁以上 500mm 位置，安排工人手动调整钢架位置，使钢架埋板四个螺栓孔与预埋锚栓对齐，缓缓将钢架放置在卧梁锚栓上，先对高强度螺栓进行初拧，待定位可靠后再将高强度螺栓拧紧牢固。

待两排钢架安装稳定后，再安装钢架之间的钢梁（系杆），吊装及安装方法与钢架相同。

钢结构吊装及安装过程需安排一名专职指挥人员在屋面对吊装作业进行指挥。

钢结构安装完成后按照图纸要求安装水平支撑，具体如图 2-17 所示。

钢结构安装完成后按照图纸要求在每个钢架之间安装张紧螺栓，具体如图 2-18 所示。

图 2-17　水平支撑示意图

c. 檩条安装

现场檩条通常设置为 60×40×3 的镀锌钢管。

檩条与钢架接触位置需设置檩托，具体如图 2-19 所示。

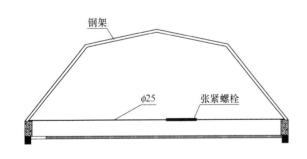

图 2-18　张紧螺栓示意图

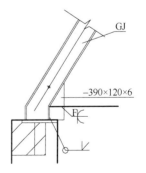

d. 老虎窗安装

根据图纸要求，在钢结构车间将老虎窗钢架结构加工成型。

将成型的老虎窗钢架结构吊运至相应位置进行焊接，要求所有焊接均为满焊。

e. 喷涂防锈漆

钢结构施工完成后，需在焊接部位涂刷三遍氟碳闪银漆（哑光）做防锈处理。

f. 涂刷防火涂料

屋面钢结构涂刷 SB（B）-1 室内薄型钢结构防火涂料。

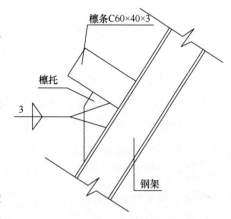

图 2-19　钢架与檩条连接大样

施工前基层表面的灰尘、污物应清理干净，确保涂料的附着力及防火能力。

第一遍涂刷厚度不得大于 1mm，待第一道干透后再涂刷第二道，以此类推，最终涂刷厚度为 2.3mm，耐火极限为 1.5h。

施工温度 5℃以上，湿度应不大于 85%；外露作业时遇到雨雾、大风或钢结构表面结雾时不宜施工。

⑤ 屋面瓦施工

使用专用防水自攻钉对屋面瓦进行固定；老虎窗阴角位置使用硅酮密封胶进行密封处理；作业时工人应规范佩戴安全帽，正确使用安全绳。

⑥ 防雷施工

a. 待屋面瓦全部施工完成后，按照图纸及规范要求在树脂瓦上钻孔安装防雷接闪带、引下线等防雷设施，钻孔部位使用硅酮密封胶密封处理。

b. 接闪器：在屋顶采用 ϕ10 镀锌圆钢作避雷带，屋顶避雷连接线网格不应大于 20m×20m 或 24m×16m。

c. 引下线：采用 ϕ16 镀锌圆钢作为防雷引下线，引下线上端与避雷带焊接，下端与人工接地极可靠焊接。外墙引下线在室外地面下 1m 引出一根－40×4 热镀锌扁钢，扁钢伸出室外，距外墙皮的距离不应小于 1m。

d. 接地极：接地极接地电阻不应大于 10Ω。

e. 建筑物四角的外墙引下线在距室外地面上 0.5m 处设测试卡子或接地体连接板。

f. 在易受机械损伤之处，地面上 1.7m 至地面下 0.3m 的一段接地线应采用暗敷或采用镀锌角钢、改性塑料管或橡胶管等加以保护。

g. 凡突出屋面的所有金属构件，如卫星天线基座、电视天线金属杆、金属通风管、屋顶风机、金属屋面、金属屋架等均应与避雷带可靠焊接。

h. 避雷带连接线凡焊接处均应刷丹油两道及氟碳闪银漆（哑光）两道以防腐。

3）验收标准

具体检验标准参照《钢结构焊接规范》GB 50661—2011，混凝土浇筑质量应符合《混凝土结构工程施工质量验收规范》GB 50204—2015。

2.4.3　防雷避雷改造施工技术

1. 概述

城市街道更新项目施工过程中，会破坏原建筑防雷接地系统，致使建筑防雷接地功效遭到破坏，容易导致雷击事件发生。同时，建筑物整体外包幕墙，建筑防雷体系发生重大变化，原有防雷体系无法实现新增幕墙防侧击雷等功能，雷击事件隐患较大。建筑立面改造实施中，防雷接地体系造价占比低、施工难度大，是易被忽略、易出问题的又一关键点。总体来说，其改造重难点具体如表 2-29 所示。

施工重难点　　　　　　　　　　　　　　表 2-29

序号	重难点	应对措施
1	幕墙施工过程中破坏原有防避雷系统，防雷接地恢复困难	1）幕墙改造施工过程中需保证幕墙自身防雷系统连接完好，从而发挥幕墙防雷作用。 2）老旧建筑立面幕墙改造对原有防雷系统的破坏主要体现在屋顶幕墙包边收口时对顶部防雷接入系统的拆除，幕墙改造完成后应对接闪带予以恢复
2	新增幕墙系统与原建筑防雷系统连接困难	幕墙改造时按照规范要求需考虑 30m 以上位置防侧击雷作用，通过设置均压环并连接建筑物和幕墙的防雷系统，从而形成等电位连接，通过降低雷电电流产生的电位差，避免造成跨步电压，以达到防侧击雷的作用
3	原建筑无防雷接地装置的实施	防雷施工时需将幕墙自身防雷系统与原建筑避雷主筋有效连接：所有引下线连接至均压环上，幕墙防雷系统与原建筑避雷主筋焊接牢固，焊缝搭接长度不小于 100mm，从而实现幕墙防雷接地的效果

2. 关键技术

1）工艺流程

老旧建筑物新增防雷接地主要施工流程如图 2-20 所示。

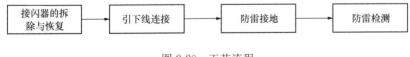

图 2-20　工艺流程

2）施工控制要点

（1）接闪器拆除与恢复

有别于新建幕墙系统可对屋顶接闪器进行预留，幕墙改造需对原建筑物接闪器进行拆除，待幕墙安装完成后，将接闪器进行恢复并与引下线进行连接，其一般做法大致分为两种：

① 通过调整幕墙分隔位置，保证避雷带引出线正好处于两块幕墙面板胶缝位置，此种情况下原建筑物接闪器可不予以拆除。待幕墙安装完成后，用密封胶对接闪器及两侧幕墙之间区域填充密封即可，具体如图 2-21 所示。

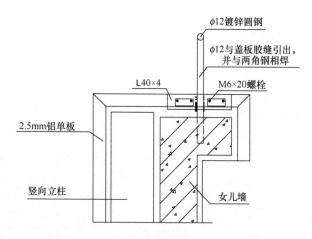

图 2-21 幕墙改造接闪器恢复后示意图

② 将原有接闪器于不影响幕墙收口位置进行切割，幕墙安装时，制作新接闪器与原切割位置进行焊接后封口，焊接搭接长度需满足焊接要求，具体如图 2-22、表 2-30 所示。

图 2-22 幕墙改造接闪器恢复后示意图

防雷装置钢材焊接要求 　　　　　　　　　　　　　　　　　表 2-30

焊接材料	搭接长度	焊接方法
扁钢与扁钢	不应少于扁钢宽度的 2 倍	两个大面不应少于 3 个棱边焊接
圆钢与圆钢	不应少于圆钢直径的 6 倍	双面焊接
圆钢与扁钢	不应少于圆钢直径的 6 倍	双面焊接

（2）引下线连接

① 整体连接

幕墙竖向避雷带由上下电气连通的竖骨料构成，其水平距离不大于 10m，幕墙在位于与主体防雷引下线可靠连接的均压环处的预埋件均以小于 10m 的间隔与均压环电气连通，竖骨料再通过钢质连接件和不锈钢防雷垫片与预埋件连通，在不大于 $100m^2$ 的范围内，上下连通的竖骨料和均压环构成的避雷网格与主体防雷引下线连通的幕墙避雷网，使幕墙形成统一的避雷系统，具体如图 2-23 所示。

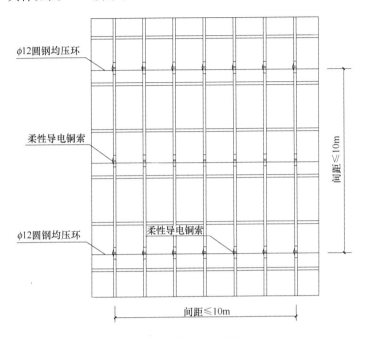

图 2-23　防雷装置钢材焊接要求

② 防雷铜索设置

为防止幕墙龙骨通过芯柱无法形成有效的防雷连接，应在主龙骨连接处增设防雷铜索进行引下线连接，具体如图 2-24、图 2-25 所示。

图 2-24　防雷铜索示意图

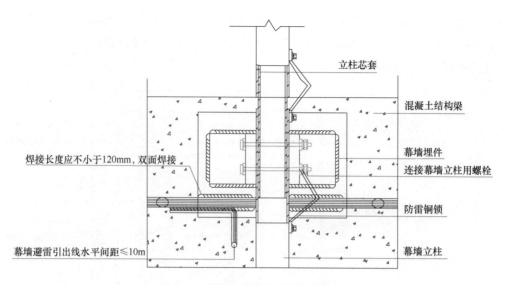

图 2-25　幕墙龙骨部位引下线节点图

③ 均压环设置

幕墙改造完成后建筑物还应具备防侧击雷的条件，所以在主体结构有均压环的楼层，对应导电通路立柱的预埋件或固定件应采用圆钢或扁钢与水平均压环焊接连通，从而形成防雷系统通路。焊缝和连线应涂刷防锈漆，扁钢截面不宜小于 5mm×40mm，圆钢直径不宜小于 12mm。第一类防雷建筑物超过 30m 的高度每 6m 布设一道均压环，第二、三类防雷建筑物一般分别在超过 45m、60m 高度每三层布设一道。

④ 防雷垫片设置

螺栓与龙骨连接处需增设不锈钢垫片，避免不同材质材料雷击过程中发生电化学腐蚀问题，进而影响防雷效果，具体如图 2-26 所示。

图 2-26　均压环设置示意图

（3）防雷接地

改造幕墙的防雷接地，应根据原有建筑物防雷接地情况进行施工，分为以下几种情况：

①利用原建筑钢筋混凝土基础作为防雷自然接地，此时需保证幕墙防雷与结构主筋的有效连接，通过均压环与原建筑物防雷引下线引出钢筋连接，从而达到防雷接地效果。

②原建筑物引出钢筋发生破坏的，需通过钻孔穿过混凝土保护层并找到结构主筋位置，使用圆钢将均压环与结构主筋连接。每步均压环与结构主筋连接点间隔不超过 10m，焊接长度应不小于 120mm 且采用双面焊接。

③因建筑物防雷等级设计而无须设置均压环的情况，通过增设接地极作为幕墙的自身防雷接地系统。此种情况下幕墙改造防雷系统施工需自下而上进行。接地装置容易发生土壤腐蚀，关乎接地装置的正常运行，在实施接地装置的防腐蚀措施时，应当优先考虑接地极的选材、埋深及施工工艺。建议从地下与水平接地体连接处开始涂刷沥青漆或防锈漆，直到地上与引下线连接处，并定期进行维护。

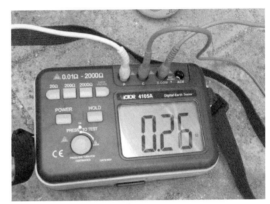

（4）防雷检测

改造幕墙防雷接地系统建设完备后应进行防雷检测，通过实地的接地电阻测试检验防雷系统是否具备防雷效果。该测试须在晴天天气下或雨过天晴后一周进行，具体如图 2-27 所示。

图 2-27　防雷检测仪器示意图

3. 验收标准

具体检验标准参照《建筑物防雷工程施工与质量验收规范》GB 50601—2010 和现行国家标准《建筑工程施工质量验收统一标准》GB 50300—2013 的规定，并应符合施工所依据的工程技术文件的要求。

2.4.4　店招改造施工技术

1. 概述

一座城市给人们最直接的感受就是来自街道，店招作为城市建筑立面和街道的重要元素之一，在城市街道的整体形象中也占据着重要的地位，店招是店铺的标识，和商标一样是不可替代的，是街区的门面，是城市街景不可或缺的重要组成部分，它的基本功能有三条：一是广告宣传作用；二是引导消费作用；三是装饰性。其设计风格、样式乃至色彩及位置，都直接影响到市容市貌。在某种意义上，店招代表着一座城市的物质文化水平，是衡量城市品位和文明程度的一个标准。店招改造施工技术重难点如表 2-31 所示。

改造重难点 表 2-31

序号	重难点	应对措施
1	店招设计是重难点：设计风格匹配城市及街道整体风格及品位	1）从当地的人文历史、科技建筑、自然遗产、地理环境等方面出发提取记忆元素，创造简洁创新并具有记忆性符号融入店招设计中； 2）可采取民意调查等方式征集大众意见，群策群力推进设计方案
2	部分店招龙骨无法安装	发现现场问题及时沟通设计及深化单位，协商处理意见

2. 关键技术

1）工艺流程

店招改造施工技术的主要施工流程如图 2-28 所示。

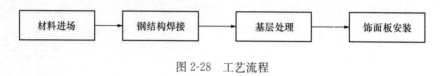

图 2-28 工艺流程

2）施工控制要点

（1）钢结构的制作方法及技术要求

① 检材

首先，对供应部门提供的各种钢材进行检查验收，材料符合图纸要求与质量要求，检查质量保证书或合格证。钢构件存放场地应平整、坚实、无积水。相同型号的钢构件叠放时，各层钢构件的支点应在同一垂直线上，并应防止钢构件被压坏和变形。

② 钢构件的安装

钢构件安装就位前，应对钢构件的质量进行检查。钢构件的变形、缺陷超过允许偏差时，应进行处理。钢构件安装就位后应立即进行校正、固定，当天安装的钢构件应形成稳定的空间体系，安装时要做好轴线和标高的控制，各支承面的允许偏差：标高为 $\pm 3.0 \mathrm{mm}$，水平度为 $L/1000$。

③ 铝塑板加工

板材在加工过程中，要保持操作间清洁。加工过程中，每切割一道缝或开一道槽，都要对平台表面进行清扫，保持平台平滑、干净。板材的截割精度要求较高，故不同形式、不同规格的板材要选用不同的截割锯。在整个运输过程中，操作工人必须戴棉布手套，以防止过多手指印留在板的表面。

a. 桌锯

边长在 100mm 以下板材的切割，适于用桌锯。其最大切割转速每分钟 5000 转，锯片角度 5°～25°，齿角 10°～30°，齿间距 4～25mm，以合金钢或钨合金锯片为宜。

b. 直线锯

切除角及进行复杂切割，适于用直线锯，圆形锯齿、交错齿牙，间距 2～6mm，锯片由高合金钢制成，切割速度不超过 100mm/s。

c. 板材切割锯

切割大数量板材通常采用效率最高的板材切割锯，能最好地保证切割平行度、方整度，锯片以合金钢或钨合金锯片为宜，角度 5°～25°，齿角 10°～30°，齿间距 4～25mm，切割速度控制在 4500mm/s 以下。

d. 板材打磨

板材截割边的打磨，板材按正确尺寸切割成型后，一定要对切割边进行打磨，打磨方向沿着切割方向，速度控制在 4500mm/s 以下。

e. 板材开槽

采用的板材进行折边前必须先开槽，开槽时用开槽机及特殊的切割头，开 V 形槽时，切割复合板芯层剩余厚度保持 0.5mm，与铝表面层厚度一致，以保证折边有平滑一致的折边半径。为了保证切槽位置的精确度，现场自制不同的制尺进行控制。

f. 板材角切除

板材四周开槽完成后即可切除板的角，以便进行竖向折边，使用上述直线锯切除板角，重复步骤 b. 进行打磨。

g. 成品保护措施

材料搬运应轻拿轻放，施工当中注意保护铝板面，防止意外碰撞划伤、污染。

（2）钢结构焊接技术要求

① 焊接应在组装质量检查合格后进行，构件焊接应符合焊接工艺规程。

② 焊接时应制定合理的焊接顺序，采取防止和减少焊接应力与变形的可靠措施。

③ 焊前需将焊条、焊剂烘干，自动焊丝应清理油、锈，保持干燥。

④ 碱性焊条应使用直流焊机反接（焊条按正极）施焊。

⑤ 多层焊接中各遍焊缝应连续完成，每层焊缝为 4～6mm，其中每一层焊道焊完后应及时清理，发现有影响焊接质量的缺陷，必须清除后再焊。

⑥ 焊接时严禁在焊缝区以外的母线上打火引弧，在坡口起弧的局部面积应熔焊一次，不得留下弧坑。对接的焊缝应在焊件的两端配置引入和引出板，其宽度不小于 80mm，长度不小于 100mm，其材质和坡口形式应与焊件相同。焊接完毕用气割切除，并修磨整平，不得用锤击落。对接的反平面均应用碳弧刨清根后再焊。对接焊口焊完后要磨平，要求其余高小于 1mm，焊缝要求焊透。

⑦ 钢结构焊接完毕后再安装基层，安装基层要求按照设计要求进行施工。

⑧ 饰面板安装首先检查材料的品牌和质量，再检查基层安装是否符合要求。

⑨ 饰面板按照设计图纸的要求裁切成块。

（3）铝塑板饰面压条施工

① 铝塑板饰面工程主要为店牌压条部分工程，要求较高。在加工过程中须保持操作间的清洁，且截割精度要求较高，宜用桌锯，其最大切割速度控制在 450mm/s 以下。

② 板材按正确尺寸切割成型后，对切割边进行打磨，打磨方向沿着切割方向。

③ 采用的板材进行折边前必须先开槽，开槽时用开槽机及特殊的切割头，为了保证切槽位置的精确度，现场应自制不同的制尺进行控制。

3. 验收标准

具体检验标准参照《钢结构工程施工质量验收标准》GB 50205—2020。

2.4.5 外立面改造施工技术

1. 概述

根据所选改造材料的不同，外立面改造施工技术通常分为真石漆施工、铝板及石材幕墙施工和玻璃幕墙施工，总体来说，其施工重难点如表 2-32 所示。

施工重难点 表 2-32

序号	重难点	应对措施
1	立面改造楼栋多，分布沿线长，管理力度不易集中，且涉及专业较多	设置现场办公室，挖掘劳务队伍管理力量
2	工程体量大，工期紧	成立计划管理部，以业主工期节点倒排进度计划，汇总专业分包施工计划及各部门工作计划，形成项目整体运营计划；分解形成月、周计划，每日统计计划执行情况，约定奖惩措施，第一时间暴露延误情况并纠偏
3	位于城市中心街区，敞开式管理，施工过程中存在大量高空作业，安全防护措施是重难点	① 平面封闭：搭设围挡分隔及安全通道，设置交通疏导标志； ② 垂直封闭：通道顶部及架体与建筑物间隙采用硬质封闭； ③ 安全体系：严格落实一岗双责及分包一体化制度，并建立安全底线原则，过程落实隐患销项制度； ④ 建立项目安全事故应急机制，遇事故快速适当解决
4	场区内人流量及车流量大，商铺多、路口多，且后期施工包含路面改造，交通疏导管控难度大	① 提前编制交通疏导方案，并到交管局进行报备，协调交警提前介入； ② 提前进行公告发布、绕行路线解读等宣传，对受影响较大区域进行上门宣传； ③ 选取流量较小时段进行路面施工，提高施工效率，并合理安排倒边施工； ④ 设置协勤小组，协助交警进行交通疏解
5	沿线建筑物违建较多，且大量违建存在时间长，违建拆除难度大	提前对沿线建筑违建进行调查统计，按影响效果、影响施工分类统计并制定相应拆除方案，提交城管委进行协调；确保拆除劳动力，加快拆除速度；拆除过程做好安全防护及文明施工
6	工程涉及大量主材、石材、铝板、真石漆，加工及货运周期长	编制专项主材进场计划，收集队伍主材下料单，借助快递物流订单系统，实时监控主材排产及货运信息，掌握主材第一手资料

下面对几种不同的外立面改造技术进行详细介绍。

2. 真石漆施工

1）技术简介

真石漆因其喷涂效果类似于大理石、文化石等天然矿石的样式，近年来常常被选择作为建筑物外墙的喷涂材料。真石漆的主要成分是高分子聚合物、天然彩石砂以及相关助剂，在喷涂晾干后会在建筑的外面形成一层较为坚硬的涂层，常常也被称为软性石。真石漆具有防火、防水、耐腐蚀、耐污染、有效隔断外界有害物质对建筑体的侵蚀等优点，喷涂过后的建筑物兼具美观与耐用的特点。在城市街道更新工程中，部分老旧建筑由于年久失修，涂料墙面大面积脱落、掉皮，通常选用喷涂真石漆的改造方案进行处理。

2）关键技术

（1）真石漆施工工艺流程如图 2-29 所示。

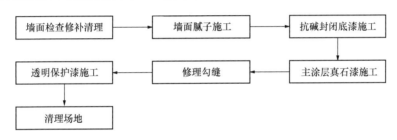

图 2-29　工艺流程

（2）施工准备

① 墙面要求平整、干燥（有 10d 以上养护期），无浮尘、油脂及沥青等油污，满足施工条件。

② 编制专项施工方案，对作业人员进行交底。

③ 人员和机械准备到位。

④ 样板引路，样板验收合格后方可大面积施工。

（3）主要机械设备

主要包括：油灰刀、钢丝刷、腻子刮刀或刮板、腻子托板、砂纸、滚筒、毛刷砂壁状涂料、专用喷枪空压机、薄膜胶带、遮挡板、遮盖纸、塑料防护眼镜、口罩、手套、工作服、手提式电动搅拌机、过滤筛、塑料桶、匀料板、钢卷尺、粉线包。

（4）施工要点

① 基层处理

老旧建筑的基层墙面由于年久失修，其现状多为：瓷砖墙面灰尘覆盖严重，表面无光泽；涂料墙面大面积脱落、掉皮；外挂空调凌乱摆放，空调外架锈迹斑斑；各种电缆电线敷设外墙，空间秩序混乱。基层处理是否恰当直接关系到真石漆的观感效果，一般基层表面要求平整、干燥，无浮尘及油污，同时针对不同种类的墙面，宜采用不同的方式进行基层处理，具体做法如表 2-33 所示。

基层处理做法表 表 2-33

序号	原有墙面	基层处理方法
1	常规红砖面层	1）风化面层：涂刷界面剂；脱皮：剔凿、水泥砂浆修补、涂刷界面剂；缺损：水泥砂浆修补、刷界面剂；干码砖：不挂网。 2）满挂钢丝网（电焊网 4015，材质冷镀锌钢丝，丝径 0.4mm，孔径 15mm×15mm，网宽 90cm），水泥钉间距 800mm，绑扎固定、梅花形布置，钢丝网搭接长度不小于 100mm。 3）20mm 厚 DPM20 预拌砂浆整体找平
2	常规小瓷砖饰面	1）剔凿瓷砖空鼓面层，DPM20 预拌砂浆修补破损部位。 2）整面采用瓷砖专用腻子涂刷一道。 3）压入一层纤维网格布
3	水刷石饰面、抹灰饰面	1）墙面整体打磨，剔凿空鼓面层，DPM20 预拌砂浆修补破损部位。 2）7mm 厚抗裂砂浆，压入一层纤维网格布
4	涂料面层 1	1）墙面整体剔凿至瓷砖层，剔凿空鼓部分，清理干净，刷素水泥浆结合层，DPM20 预拌砂浆修补破损部位。 2）7mm 厚抗裂砂浆掺 7% 的 108 胶，压入一层纤维网格布
5	原平整度较差漆面饰面	1）饰面整体剔凿至水泥砂浆粉刷层。剔凿空鼓至烧结普通砖，涂刷界面剂，DPM20 预拌砂浆修补破损部位。 2）7mm 厚抗裂砂浆，压入一层纤维网格布
6	瓷砖面层（大面积空鼓）	1）饰面整体剔凿水泥砂浆粉刷层，剔凿空鼓部分，涂刷界面剂，DPM20 预拌砂浆修补破损部位。 2）满挂钢丝网（电焊网 4015，材质冷镀锌钢丝，丝径 0.4mm，孔径 15mm×15mm，网宽 90cm），水泥钉间距 800mm，绑扎固定、梅花形布置，钢丝网搭接长度不小于 100mm。 3）20mm 厚 DPM20 预拌砂浆整体找平
7	涂料面层 2	1）饰面整体剔凿至水刷石层；剔凿空鼓部分，清理干净，刷素水泥浆结合层，涂刷界面剂，DPM20 预拌砂浆修补破损部位。 2）2mm 厚 JS 聚合物水泥防水涂料（性能：Ⅰ型）。 3）满挂钢丝网（电焊网 4015，材质冷镀锌钢丝，丝径 0.4mm，孔径 15mm×15mm，网宽 90cm），水泥钉间距 800mm，绑扎固定、梅花形布置，钢丝网搭接长度不小于 100mm。 4）20mm 厚 DPM20 预拌砂浆整体找平

② 墙面腻子施工

应采用外墙专用腻子对墙面进行批刮，首先对局部不平整的墙面进行施工，后对整体墙面进行批刮并用砂纸打磨，直至墙面平整为止。

③ 抗碱封闭漆施工

待上述工作完成后，采用抗碱封闭底漆进行施工，应先滚涂，再用排刷刷一遍，防止漏刷，增强墙体与面涂的粘合强度及防水功能，底漆用量宜为 $0.1\sim0.15kg/m^2$。

④ 主涂层真石漆施工

待底漆干燥后（25℃/12h），方可采用真石漆进行涂刮施工。根据装饰的要求，应先用胶带纸将基面分割成所需图形（每个分割面不应大于 $1.5m^2$），施工应采用专用工具进行涂刮施工，调节涂刮时的厚度及平整度达到所需效果即可。其用量宜为 $5\sim6kg/m^2$。施工效果如图 2-30 所示。

图 2-30　主涂层真石漆施工效果图

⑤ 勾缝修整施工

在施工结束后，应对不良的墙面及时修整，对分割线进行勾缝，勾缝要求匀直，确保墙面整体美观。

⑥ 透明保护漆施工

待上述工作全部结束后，采用专用罩面漆进行施工，用辊筒在金属漆表面均匀涂布即可，提高整体墙面的抗污自洁能力及抗水功能，增强整体效果。

3）验收标准

具体检验标准参照《合成树脂乳液砂壁状建筑涂料》JG/T 24—2018 第五节。

3. 铝板及石材幕墙施工

1）技术简介

铝板幕墙作为幕墙材料的一种，具有质轻、塑性强、加工方便、外表美观、节能环保等优点，一般适用于原有铝板幕墙更换或结构鉴定可行的重点公用建筑。而天然石材幕墙具有坚硬永久、高贵典雅、抗压强度高等优点，但由于其自重较大，一般应用于商业密集区沿街底部商铺。

2）关键技术

（1）幕墙施工工艺流程如图 2-31 所示。

（2）施工准备

① 技术准备

全面熟悉和掌握施工图的全部内容，领会设计意图。

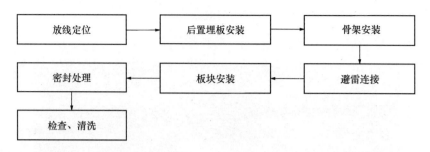

图 2-31 工艺流程

在施工前对施工人员、质检人员、安全人员、班组长进行技术及措施交底，针对施工的关键部位、施工难点以及质量安全要求、操作要点及注意事项等进行全面交底，然后由班组长向操作工人进行全面交底，认真按照交底内容施工。

②现场准备

现场施工吊篮安装完成并经验收合格，施工落地式脚手架搭设完成并经验收合格。

向业主提供材料样品，其生产厂家、质量标准、参数经业主确认后进行封样，根据封样样品订购原材料，材料进场有产品出厂合格证，并按国家和地方有关规定送检。

清理施工现场，疏通施工道路，准备好施工作业面。

③ 劳动力准备

幕墙施工应由专业施工队伍来完成，施工队需提前准备好充足的劳动力，并将相应专业工种的操作证书上交项目部归档；同时，向项目部提交施工人员名单一份，便于项目部进行入场教育以及其他管理工作。

④ 材料准备

材料准备包含材料下单、排产、运输及堆码等全过程。

材料下单：材料下单应根据深化设计图纸分格尺寸要求，结合现场实际尺寸进行量尺下料，防止材料尺寸下错导致材料浪费。同时，材料下单还应综合考虑排产及运输所需时间，提前下单，确保提前到达现场，避免出现材料进场不及时的情况。

材料排产：材料排产在生产厂家进行。为保证材料生产进度满足现场要求，在材料排产期间安排专职人员到生产厂家进行跟踪管理。在材料生产过程中，严格做好材料排产进度、材料质量的监督管理。

材料运输：材料运输包含平面运输和垂直运输，包含材料装车、平面运输、卸车及垂直运输等一系列过程，为保证材料运输顺利进行，将单独编制材料运输专项施工方案用于指导施工生产。

材料堆码：现场设置专门材料堆场，分区、分类进行材料堆码。石材、铝板、型钢等材料应采用木枋垫起至少 100mm 高；其余各类材料分类堆码。

（3）施工要点

①墙面清理

采用小型电动锤铲、砂轮、切割锯等工具清除待施工墙面空鼓、开裂墙面、窗台栏杆、废旧灯具和电线、广告箱、电子屏等杂物。然后，派专业人员对墙面空调外机及支架进行拆卸并妥善就近存放。

②后置埋板放线与安装

放线，根据建筑物待整治墙体外立面形状，结合图纸主体轴线位置确定幕墙基准线，并以其为基准确定幕墙分格线。采用水准仪进行标高测量，同时应采用激光水平仪进行精准红外线投线，在建筑阴阳角位置用尼龙线挂线的方法确定纵向和水平基准线，用墨斗在锚板位置弹出定位十字线，然后再对 4 个锚栓孔定位放样并进行标记。

植栓，按孔位标记采用手持电钻钻制 M12 化学锚栓锚固孔，孔深 140mm。钻后用毛刷或压缩气体清除孔内杂质。检查孔径、孔深、定位偏差、锚固胶、化学锚栓合格后，将锚固胶玻璃管圆头朝内放入锚固孔并推至孔底，用专用安装夹具将螺杆强力旋转插入至孔底，击碎玻璃管并强力混合锚固药剂。当旋至孔底或螺栓上标志位置时，立刻停止旋转，取下安装夹具，凝胶后至完全固化前避免扰动。

图 2-32　现场抗拉拔试验

试验，植栓完成后应进行外观检查，锚固胶固化是否正常，待 24h 后对该部位锚栓进行现场抗拔试验，检验其锚固力是否满足设计要求，具体如图 2-32 所示。

安装热浸镀锌埋板、垫片并拧紧螺母，螺杆丝外露 2～3 扣即为合格，后置锚板安装如图 2-33 所示。

特殊节点的处理，为保证各类外墙上无法移动水管、燃气管道、电线、通信光纤等管线的检查与维修，应在其两侧 250mm 位置增加锚板。

③ 连接件安装

a. 放线定位

虽然预埋铁件时已控制水平高度，但由于施工误差影响，安装连接时仍要拉水平线控制其水平及进深的位置以保证连件的安装准确无误。

b. 连接件临时固定

对初步固定的连接件按层次逐个检查施工质量，主要检查三维空间误差，应将误差控制在允许范围内。施工控制范围为垂直误差小于 2mm，水平误差小于 2mm，进深误差小于 3mm。

c. 加焊正式固定

对验收合格的连接件进行固定，即正式烧焊。烧焊操作时应按照焊接的规格及操作规定进行，一般情况下连接件的两边都必须满焊。

d. 验收

对烧焊好的连接件，现场管理人员应对其进行逐个检查验收，对不合格处进行返工处理，直到达到要求为止。

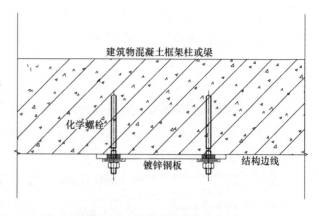

图 2-33　后置埋板安装示意图

e. 防腐处理

后埋铁件在埋置后，由于焊接对防腐层的破坏仍需进行防腐处理，具体处理方法为：清理焊渣→高富锌防锈漆两道。

④ 主次龙骨制作与安装

骨架安装顺序从下往上进行，骨架安装主要分为两个步骤：立柱安装→横梁安装。具体如图 2-34 所示。

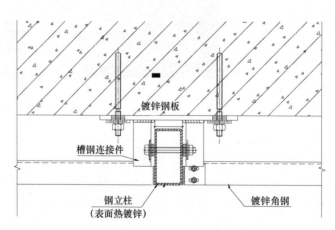

图 2-34　主次龙骨与连接件、埋板连接

a. 主龙骨下料

采用电锯锯切方法按加工图尺寸进行切割，切割后应及时清除切割部位的飞边、毛刺等杂物，长度允许偏差±1mm。

b. 主龙骨节点钻孔

主龙骨下料检查合格，号孔划线并采用台式钻床进行螺栓孔钻制，孔径符合设计要求。

c. 主龙骨附件拼焊

主龙骨附件拼焊包括与横向次龙骨、锚板连接的两个节点。首先，与横向次龙骨连接件

（角钢）定位拼焊，一肢通过钻孔固定，另一肢与主龙骨按图纸定位尺寸拼焊，拼装位置尺寸偏差±1mm。然后将与锚板连接节点的两个角码采用长杆螺栓与主龙骨临时连接固定。

d. 主龙骨安装

将主龙骨角码组件与锚板通过螺栓临时固定，调整主龙骨组件平行度、垂直度偏差及与墙体表面之间的距离，确保主龙骨拼装位置尺寸正确，偏差在规范要求之内。然后，拧紧角码与锚板的固定螺母，最后焊接角码与锚板的连接焊缝，三面围焊。

e. 安装次龙骨

将次龙骨铰接端与主龙骨上的定位角码用螺栓固定，调整与主龙骨外表面平齐并拧紧螺母。次龙骨另一侧按位置线拼装，与主龙骨外面平齐，点焊固定牢靠。

f. 节点补漆

主次龙骨焊接完成后，铲除药皮，清除杂物，并采用防腐油漆进行补涂，漆膜厚度不应低于 80μm。另外，其余部位镀锌层被破坏的，必须按上述要求进行油漆补涂防腐，主次龙骨安装如图 2-35 所示。

图 2-35　主次龙骨安装

⑤ 层间防火安装

为防止烟道效应，建筑物幕墙结构应采取隔层防火措施。采用 δ＝1.5mm 镀锌钢板做成防火槽，外刷防火漆三遍，内填 100mm 厚防火岩棉，接缝处应采用防火胶密封。幕墙层间防火墙高度应≥1200mm，耐火极限不小于 1h。层间防火装置布置如图 2-36 所示。

⑥ 石材面板安装

弹线定位：根据控制网，弹出每块板的位置线和每个挂件的具体位置。

安装挂件：挂件通过不锈钢螺栓固定在横梁上，注意调节挂件，保证安装牢固。

石材开槽：安装石材前用匀石机在石材的侧面开槽，开槽深度依照挂件的尺寸进行，一

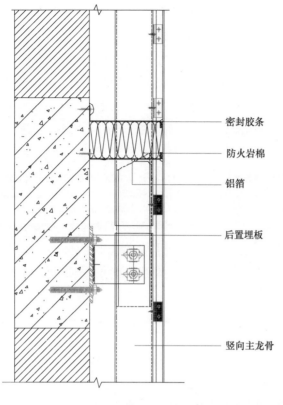

图 2-36　层间防火装置布置图

密封胶条

防火岩棉

铝箔

后置埋板

竖向主龙骨

般要求不小于 1cm 并且在板材后侧边中心，为了保证开槽不崩边，开槽距边缘距离为 1/4 边长且不小于 50mm，并将槽内的石灰清理干净以保证灌胶粘结牢固。

石材安装：石材安装应从底层开始，吊好垂直线，然后依次向上安装。必须对石材的材质、颜色、纹路、加工尺寸进行检查，按照石材编号将石材轻放在不锈钢挂件上，按线就位后调整准确位置，并立即清孔，槽内注入环氧树脂胶粘剂，要求锚固胶保证有 4～8h 的凝固时间，以避免过早凝固而脆裂，过慢凝固而松动，板材垂直度、平整度、拉线校正后扳紧螺栓。安装时注意各种石材的交接和接口，保证石材安装交圈。安装效果如图 2-37 所示。

⑦ 铝板安装

安装时应先对清图号、面板号，以确认其安装位置，检查密封胶条、铝合金挂件等是否齐全。

固定面板组件的上下左右折边，侧面采用铝机制平头螺钉将面板折边固定在立柱上，上下两边采用通长铝条固定折边并用铝机制平头螺钉固定于横龙骨上。

面板安装完成后，撕除表面保护膜，安装效果如图 2-38 所示。

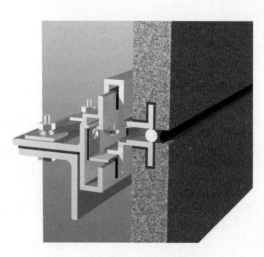

图 2-37　石材安装

图 2-38　铝板安装

⑧ 密封处理

缝隙清理：充分清洁板材间隙，不应有水、油渍、灰尘等杂物，应充分清洁粘结面，加以干燥。可用甲苯或甲基二乙酮作清洁剂。

贴胶带纸：在注胶槽两侧粘贴胶带纸，在贴胶带纸时要沿勾缝的两侧严实地封上，不要将胶带纸粘到勾缝内，使用适应接缝大小的刷子，要做到涂抹均匀，以防打耐候胶时将胶沾到板面上。

注耐候密封胶：硅酮耐候密封胶的施工厚度要控制在 4～6mm，如果注胶太薄，对保证密封质量及防止雨水渗漏不利。但也不能注胶太厚，当胶受拉力时，太厚的胶容易被拉断，导致密封性受到破坏，防渗漏失效。硅酮耐候密封胶的施工宽度不小于厚度的 2 倍或根据实际接缝宽度而定。

垂直注胶时，应自下而上注。注胶后，在胶固化以前，应将节点胶层压平，不能有气泡和空洞，以免影响胶和基材的粘结。注胶应连续，胶缝应均匀饱满，不能断断续续。

为调整缝的深度，避免三边粘胶，注胶前缝内应充填聚氯乙烯发泡材料（小圆棒）。打胶的厚度应大于 4mm，小于胶缝宽度。而且，胶体表面应平整、光滑、美观、不渗水。密封胶表面的处理是幕墙外观质量的主要衡量标准。

⑨ 面层清洗

整体外装工程施工完毕后，应用专用清洗剂对幕墙表面进行一次全面彻底的清洗工作。

清洗顺序要按照由上至下的原则，专用清洗剂清洗干净后宜用干布擦干。整体安装效果如图 2-39 所示。

图 2-39 幕墙安装整体效果

3）验收标准

具体检验标准参照《金属与石材幕墙工程技术规范》JGJ 133—2001 第八节。

4. 玻璃幕墙施工

1）技术简介

玻璃幕墙一般用于建设规模较大的公共建筑项目，具有良好的保温隔热与防水性能，并且随阳光、月色、灯光的变化给人以动态美，能将天空和周围环境的景色映入其中，使建筑完美地融入周边生态环境中，一般适用于老旧玻璃幕墙的更新工程。完成效果如图 2-40 所示。

图 2-40　玻璃幕墙整体效果

2）关键技术

（1）玻璃幕墙工艺流程如图 2-41 所示。

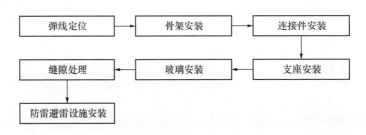

图 2-41　工艺流程

（2）施工准备

① 结构鉴定：旧城空间改造项目建筑楼栋年代久远，原有结构受损程度不一，承载能力已无法根据图纸核算，需采取有效结构鉴定对建筑结构可靠性及适修性进行评估。

② 弹线定位：要求施工单位安排专业的技术人员到现场对建筑面板长度、楼层标高等重要数据进行准确测量；然后，根据测量的数据，在建筑主体结构上弹出玻璃幕墙骨架进行轴线和水平线的安装，以此明确玻璃幕墙连接件的安装方向。需要注意的是，在进行弹线定位作业时，应反复进行定位测量，保证测量数据的精度能够满足设计标准，将测量误差控制

在允许的范围内，以便后续相关构件有效安装。

③ 人员与机械准备就位。

（3）施工设备

主要包括：AME 单头锯、电锤、运输车、汽车起重机、交流焊机、冲击钻、光谱仪、手提式韦氏硬度计、直流氩弧焊机、铝材切割机、双头锯、斜切割机、铝材切割机、八吸盘玻璃吊盘等。

（4）施工要点

① 骨架安装：在骨架接头部位，需留出相应的缝隙，避免材料因温度变化而产生较大变形。待确定好玻璃幕墙的尺寸之后，应合理选择骨架尺寸，待吊装的骨架吊装到相应位置之后，可从垂直、水平等方面入手，对骨架安装方向进行科学调整。

② 连接件安装：在进行钢板安装的过程中，要求施工作业人员采用主体结构预埋施工作业方法进行施工，如果工程项目施工环境过于复杂，可以采用膨胀螺栓施工方法进行施工。无论采用何种施工工法，均需要提前进行承载力试验与拉拔试验。

③ 玻璃安装：安装玻璃时，对于玻璃接头位置应谨慎处理，不仅要确保接头分开，同时也要对接缝位置进行密封紧密；最后，在玻璃安装施工中，对于橡胶条等密封材料应合理选择，同时隔离开玻璃主副框，确保玻璃密封效果能够满足设计要求。

④ 缝隙处理：应选择合适的密封材料，保证玻璃幕墙与建筑主体结构之间的有效连接，保证缝隙的密封性符合设计要求。另外，在缝隙处理时也要涂上一层防火涂料，确保玻璃幕墙缝隙的防火性能。

⑤ 防雷设施安装：在安装防雷设施时，要保证防雷装置的材料与工程实际情况相符，通常情况下是采用圆钢或者扁钢等防雷材料，并且采用预埋及焊接方式进行安装，以此保证玻璃幕墙结构的安全性。安装效果如图 2-42 所示。

图 2-42　玻璃幕墙效果图

3）验收标准

具体检验标准参照《玻璃幕墙工程质量检验标准》JGJ/T 139—2020。

2.4.6　市政道路工程改造施工技术

1. 概述

城市道路的状况，可以在一定维度上展现城市风貌，也是便捷民众出行、促使经济进步的基本项目。近几年，我国城市化进程不断推进，城市扩张迅速，尤其是私家车爆发式增长，城市流量不断提升。同时，城市建设中，引入的大型施工车辆较多，加剧了路面破损程度，这些都加重了城市道路的拥堵情况。并且，城市空间有限，主城区内难以新增道路的建设空间。因此，对既有城市道路进行提升改造，一方面有助于城市基础设施的完善，另一方面也有助于提高城市交通通行效率。

道路施工重难点的产生背景及应对措施如下：

1）道路改造施工前需对道路进行封闭，因此，城市交通会受到影响；

2）道路工程的一些关键工序受天气影响较大，雨天无法作业；

3）主路施工涵盖专业较多，专业间协调难度大。

市政道路改造重难点分析如表 2-34 所示。

市政道路改造重难点分析
表 2-34

序号	重难点	应对措施
1	确保施工全过程的交通畅通，交通导改方案设计要求高	编制专项交通疏导方案
2	施工跨越雨季	① 调整项目施工部署，尽量避开雨期施工。 ② 备足雨期施工物资。 ③ 土方施工前，时刻关注天气预报。 ④ 加快工序报验，及时进入下道工序
3	环境保护要求高	① 编制科学、合理的文明施工及环境保护方案。 ② 严格控制夜间施工作业，减少扰民。 ③ 采用先进的低噪声设备，减少噪声污染。 ④ 采用密闭的运输车辆，进出现场车辆要清洗，减少路面污染。 ⑤ 降尘措施、设备到位
4	主干道施工，协调难度大	① 提前沟通，做好宣传工作。 ② 加强 CI 宣传、提示牌。 ③ 借助城管局、街办等力量
5	涉及专业众多，接口管理难度大	① 提前与相关单位沟通改造事宜。 ② 建立调度会议制度，定期解决协调事宜

2. 旧道路挖除重建

1）技术简介

在市政道路的改造设计中，路基设计是极为关键的一环。旧有道路因为近年来交通量的增加以及接近设计年限的原因，其路基的强度、稳定性等均遭到了严重的破坏，导致路面也随之破坏。继而路面雨水通过破坏的路面渗入路基，进一步对路基产生破坏，通常对于此类道路采用挖除重建的方式进行改造。

2）关键技术

（1）旧道路挖除重建施工工艺流程

工艺流程如图 2-43 所示。

图 2-43　工艺流程

（2）施工准备

① 施工测量：施工前，对照设计图纸，对原地面、地形、平面位置、宽度、标高等进行复核，同时形成测量资料。与设计方案有冲突的应及时对接设计进行修改。

② 交通疏导：正式施工前向有关政府部门上报交通疏解方案，发出相关告示，提醒市民避免造成交通秩序混乱。

③ 施工机械、人员准备就位。

（3）主要施工设备（表 2-35）

主要机械设备表　　　　　　　　　　　　　表 2-35

序号	设备名称	型号	单位	数量
1	挖掘机	XP-30	台	
2	钢轮压路机	BW20R	台	
3	洒水车（带雾炮）	东风 D9	辆	
4	自卸汽车	环保车	辆	
5	摊铺机	戴纳派克	台	根据现场情况确定
6	双钢轮振动压路机	戴纳派克	台	
7	胶轮压路机	XP261	台	
8	铣刨机	WR2100	台	
9	破碎机	PS360	台	

（4）施工要点

① 沥青铣刨：对于原有路面为沥青的道路结构，在铣刨过程中必须控制好三个关键阶段以确保铣刨拉毛效果：第一阶段是开始铣刨过渡段，铣刨机铣刨深度要从零缓慢调整到计算的铣刨深度；第二阶段是铣刨过程中铣刨深度调整段，在进入连续的下一个铣刨区间时，无论是增大还是减小铣刨深度，都要从原铣刨深度逐渐调整到新的铣刨深度，严禁突变，要求在划定铣刨区间时标定好调整过渡段的位置；第三阶段是结束铣刨过渡段，铣刨机也要将原铣刨深度缓慢降低到零。铣刨完成后及时采用清扫车或人工进行遗留铣刨料的清扫。施工现场如图 2-44 所示。

图 2-44　原有道路沥青铣刨

② 破除旧水泥路面面板

划分破除和非破除区域，采用切割机对道路进行切割。

采用炮机将混凝土路面及水泥稳定结构层破碎。

采用挖机对路面上的碎裂混凝土分幅进行清理，装车外运。

对原有雨、污水管道进行加固处理。

③ 水泥稳定碎石基层施工

材料集中厂拌，施工时结合现场配合比试验采用合理且满足规范要求的配合比；施工采用摊铺机摊铺，一次摊铺碾压成型；摊铺碾压完成后压实度达到设计要求；水泥稳定碎石基层成型养生期不宜小于 7d，在施工期和养生期禁止施工车辆通行。施工现场如图 2-45所示。

④ 路缘石安装

水泥稳定碎石养护期间进行路缘石安装，安装时注意保证安装线性，安装完成后注意做好成品保护，防止沥青摊铺期间污染路缘石。

图 2-45　水泥稳定碎石碾压并养生

⑤ 沥青混凝土面层施工

a. 黏层施工：在面层铺筑的前 1 天进行黏层油的洒布，选择适宜的喷嘴、洒布速度和喷洒量，且洒布速度和喷洒量保持稳定，不得有洒花漏空或成条状，也不得有堆积。喷洒的黏层油必须成均匀雾状，在路面全宽度内均匀分布成一薄层。洒布量为 $1.5\mathrm{kg/m^2}$。刮大风、浓雾或下雨时不得喷洒黏层油。洒布时黏层油温度为 $40\sim70℃$，纵横向搭接宽度为 $1\sim5\mathrm{cm}$。洒布现场如图 2-46 所示。

图 2-46　黏层油洒布

b. 沥青混合料的摊铺：摊铺速度控制在 $2\sim4\mathrm{m/min}$。沥青下面层摊铺采用拉钢丝绳控制标高及平整度，上面层摊铺采用平衡梁装置，以保证摊铺厚度及平整度。摊铺速度按设置速度均衡行驶，并不得随意变换速度及停机，松铺系数根据试验段确定。正常摊铺温度应在

140～160℃。摊铺现场如图 2-47 所示。

图 2-47　沥青混合料的摊铺

c. 沥青混合料的碾压：应选择合理的压路机组合方式及碾压步骤，以达到最佳结果。沥青混合料压实采用钢筒式静态压路机及轮胎压路机或振动压路机组合的方式。压路机的数量根据生产现场决定。压实按初压、复压和终压（包括成型）三个阶段进行，压路机以慢而均匀的速度碾压，压实后的沥青混合料符合压实度及平整度的要求。压实现场如图 2-48 所示。

图 2-48　沥青混合料压实

⑥ 调井

在市政道路中，检查井的质量保证也对道路安全和美观问题格外重要。一般在沥青摊铺前安装好防沉降井盖，摊铺过程中采用沥青混凝土调整井盖标高，沥青分层压实后再使用人工打夯机夯实平整。

3）验收标准

具体检验标准参照《城市道路工程施工与质量验收规范》CJJ 1—2008。

3. 旧水泥道路材料再生利用改造

1）技术简介

水泥混凝土路面具有强度高、刚性大、耐久性、稳定性好等优点，早期在我国城市道路建设与公路建设中应用广泛，随着经济的发展，汽车成为人们出行必不可少的交通工具，这导致交通流量的急剧增加，混凝土道路路面破损日益严重、承载力下降，严重影响了道路的使用功能。共振碎石化是一种旧水泥混凝土道路改造技术，利用该技术可实现旧水泥道路混凝土路面原位破碎，直接碾压作为道路水稳层，达到施工速度快、节材环保、减轻甚至杜绝道路病害问题的效果。

2）关键技术

（1）旧水泥道路材料再生利用工艺流程如图 2-49 所示。

（2）施工准备

查明道路地质情况以及管线分布情况，对所有管线所在线位进行标注，与其管养单位进行沟通，协商保护措施。

查明道路沿线房屋建筑情况，评估碎石化技术施工是否会影响周边建筑。

对旧混凝土路面进行纵向切割，为混凝土破碎后向四周扩张预留伸缩空间。

查明沿线桥涵分布状况，桥涵两侧至少预留10m 范围不能共振破碎，以免影响桥涵的结构安全性。

（3）主要施工设备

共振破碎宜采用梁式共振设备破碎。碾压可选择轮胎压路机和单钢轮振动压路机，轮胎压路机吨位不宜小于 20t。并协调好洒水车，及时做好洒水降尘、碾压、养生等后续工作。

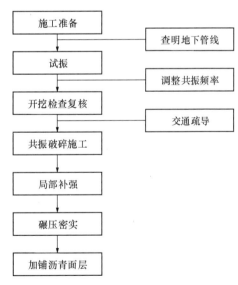

图 2-49　工艺流程

（4）施工要点

① 试振及开挖要点检查

旧水泥混凝土板块的破碎程度、粒径大小排列和形成的破裂面方向主要受破碎机的施工速度、振幅、振动频率、破碎顺序、破碎施工方向等因素的影响，故施工前需进行试振，开挖样坑，检查破碎粒径分布情况以及均匀程度，确定破碎机施工参数及施工组织措施。试振过程中，由试振设备上的计算机自动确认共振值（不同厚度的水泥板路面，共振值有微小不同），调整好共振值后固定该频率，确认共振值后即可进行共振碎石化施工。共振破碎车试振施工如图 2-50 所示。

图 2-50   共振破碎车试振施工

② 共振碎石化施工

共振破碎施工顺序一般由外侧车道开始，顺着车道方向进行共振。每一遍破碎宽度约0.2m。破碎一遍会对相邻约 5cm 区域造成一定的碎裂，为了提高破碎效率以节省时间，可在破碎第二遍时与第一遍区域间隔 2~4cm。共振破碎后的水泥混凝土路面如图 2-51 所示。

③ 碎石化后的路面处理

路面破碎后，应清除旧路面接缝之间松散填料及较大粒径的碎石块，采用级配碎石回填，并对破碎层采取保护措施。

④ 加铺沥青

碎石化碾压后，必须在 48h 内进行摊铺沥青层，以减少车辆交通对破碎层的损坏；对于碎石化路段及其他处理方式的路段衔接处，为防止应力集中产生反射裂缝，可采用加铺土工材料的方式进行处理。面层沥青摊铺完成后的路面如图 2-52 所示。

3）验收标准

具体检验标准参照《公路水泥混凝土路面再生利用技术细则》JTG/T F31—2014，多省（市）也发布了地方标准，一般要求共振破碎路面碎石化施工的质量控制以破碎粒径为控制

图 2-51　共振破碎后的水泥混凝土路面

图 2-52　面层沥青摊铺完成后的路面

指标，以路面沉降为校核，以路面弯沉值及回弹模量控制碎石化基层是否满足承载力要求。

4. 沥青道路热再生改造

1）技术简介

随着公路通车运营时间的不断增加，沥青路面往往会出现大量早期病害，例如裂缝、坑槽等。沥青道路热再生技术因其施工周期短、造价较低，且能一定程度上延长路面的使用寿命而得到广泛应用。

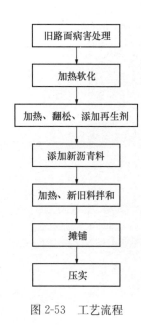

图 2-53 工艺流程

2）关键技术

（1）沥青道路热再生工艺流程如图 2-53 所示。

（2）施工准备

施工前，先清理干净路表，并做好路面病害处理工作，然后进行沥青材料拌合。在拌合施工中，要做好水、乳化沥青等材料用量的控制，保证严格按照配合比设计要求进行材料用量控制。同时，应控制好拌合时间，如果搅拌不均匀、不充分，则不得用于施工。要保证混合料搅拌均匀，无花白、离析等现象。

向交管部门提前报备，发出施工告示，做好交通组织，有序施工。

（3）主要施工设备

主要包括：HM16 加热机、RM6800 再生机、EM6500 提升复拌机、摊铺机、钢轮压路机、胶轮压路机等，具体机械数量根据现场实际确定。

（4）施工要点

① 加热处理

在原路面清理干净的前提下，需及时加热原路面，所选设备为加热机，采用热风循环和红外线加热机组合方式进行加热处理。可以按照路面实际情况合理确定加热机的行驶速度，各加热设备匀速、缓慢行驶，且做好相邻两车间距离的合理控制，防止散失太多热量。此外，也可将保温板设于车辆底部与车辆之间，从而确保加热温度满足设计需求。路面加热处理如图 2-54 所示。

图 2-54 路面加热处理

② 摊铺施工

当路面加热处理之后，通过复拌机再生利用原路面。施工时，应准确计量再生剂喷洒量，保证能够均匀喷洒。此外，喷洒速度应与复拌机的行驶速度匹配，保证喷洒用量准确。在整个喷洒过程中，要确保喷洒顺畅，避免堵塞喷洒口。

摊铺是整个施工的重要环节，应始终以连续、匀速、缓慢的原则进行施工，严禁中途停机。若在摊铺过程中，出现混合料离析或摊铺不均匀等情况，需及时进行处理。再生沥青摊铺如图 2-55 所示。

图 2-55 再生沥青摊铺

③ 碾压施工

可采用钢轮压路机与胶轮压路机组合施工，紧随摊铺机后即可进行碾压施工，按照施工要求，一般需分 3 个阶段完成施工，初压时，可采用双钢轮压路机进行 2～3 遍静压施工。在此阶段，压路机与摊铺机之间的距离不宜太远，可采用跟进摊铺碾压法，防止路面热量散失过快，温度下降较快。复压时，同样可选择振动压路机进行 4～5 遍碾压，并配合胶轮压路机进行 3～4 遍施工，速度控制在 3～3.5km/h。终压时，采用双钢轮压路机进行 2～4 遍碾压即可，速度为 2.5～3.5km/h。沥青碾压如图 2-56 所示。

3）验收标准

具体检验标准参照《城市道路工程施工与质量验收规范》CJJ 1—2008。

5. 旧沥青铣刨摊铺

1）技术简介

随着公路使用年限的增加和交通规模的不断扩大，沥青路面部分路段出现裂缝、沥青老化、渗水、坑槽等病害，引发沥青路面结构性损坏。沥青路面铣刨摊铺施工技术属于传统的

图 2-56 沥青碾压

路面修补技术，其对于路面面层修补及结构层翻修均适用，能有效解决沥青路面运行过程中出现的网裂、龟裂、坑槽、孔洞、沉陷、车辙、桥头跳车等病害，在路面修补方面十分常见。

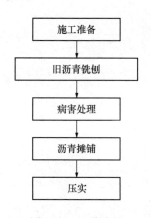

图 2-57 工艺流程

2）关键技术

（1）旧沥青铣刨摊铺工艺流程如图 2-57 所示。

（2）施工准备

① 材料准备：对乳化沥青、沥青混合料及其他所用材料等，均应根据现场实际施工情况做好计划，分批进场，保证工程的正常施工。

② 交通组织：对道路封闭所需的标志标牌、锥筒等交通安全设施准备齐全。

（3）施工设备

主要包括：XM120F 铣刨机、V2.2D-0.25/7 空压机、TI-TAN423 摊铺机、东风 D9 沥青洒布车、CLG6212E 双轮缸筒式压路机、XP303KS 轮胎压路机、STR130-5H 双钢轮振动压路机、G6 风镐、切割机、清扫车等，具体机械数量以实际需求为准。

（4）施工要点

① 铣刨施工

铣刨机就位后，施工人员根据铣刨范围从路肩侧或中分带侧开始铣刨施工，测量人员实时测量铣刨面的尺寸，同时检查铣刨施工工作面状况及铣刨刀头磨损情况，若发现铣刨工作面高低不平，应及时通知操作人员更换刀头。

严格控制铣刨机用水量，铣刨后渣料潮而不湿、工作面无水迹，这样可减少刀头磨损程度并便于清渣。在铣刨机前放置一辆自卸车等待接装铣刨料并派专人指挥，防止落料及溢料。铣刨结束后第一遍清扫，等待约 20min 铣刨路面风干后进行第二遍清扫。清扫结束后由质检人员对铣刨底面进行检查，合格后再用空压机向铣刨底面吹风，使地面彻底清洁，保证铣刨底面干燥、清洁、平整、坚实后，在地面铺设玻纤土工格栅。铣刨施工如图 2-58 所示。

图 2-58　铣刨施工

② 病害处理

沥青路面表面层铣刨完成后，应进行中下面层病害情况检测，对于中面层裂缝应进行开槽处理，对于重度网状裂缝、重度龟裂、重度纵横裂缝及坑槽等病害必须进行挖补处理。如果中面层病害影响铣刨处理范围及深度，则应进行中面层及基层分层铣刨，并重新确定铣刨施工技术参数，分层铣刨施工纵横向台阶必须垂直切割。病害处理如图 2-59 所示。

图 2-59　病害处理

③ 沥青摊铺及碾压

在摊铺作业前，进行摊铺机熨平板的预热，使预热温度至少达到 100℃，在没有其他要求的情况下，必须使摊铺机保持 2～3m/min 的速度连续作业，确保摊铺行进路线平直顺畅。

振动压路机按照紧跟、慢压、高频、低幅原则紧跟摊铺机进行碾压施工，应从低边开始，按照与道路中线平行的线路进行碾压，双轮振动压路机每幅碾压重叠宽度 20cm。沥青混合料分初压、复压和终压三个环节进行。

3）验收标准

具体检验标准参照《城市道路工程施工与质量验收规范》CJJ 1—2008。

2.4.7 交通工程设施改造施工技术

城市交通工程设施旨在通过对驾驶员适时、准确地指引，充分发挥道路安全、快速、舒适的效能。道路交通设计主要以完全不熟悉设计周围路网系统的司机为使用对象，适时、适量地提供交通信息，使司机能够正确选择路线及方向，顺利、快捷地抵达目的地。同时，通过禁令、警告、指示等标志保证必要的行车安全，使道路发挥最大的作用。交通设施通常可以划分为以下几种内容：

（1）标线工程；

（2）标志标牌工程；

（3）交通护栏工程；

（4）信号灯工程；

（5）监控设施；

（6）智慧交通工程。

一般交通改造工程施工重难点如表 2-36 所示。

施工重难点　　　　　　　　　　　　　　　　表 2-36

序号	重难点	应对措施
1	设备采购管控	交通设施的工程质量主要取决于所采购的器材和设备的质量，因此，设备采购管控是交通改造工程施工的重点，应选择信誉良好和较高质量保证的供应商
2	交通工程设施往往与其他工程交叉施工，需进行协调配合	制定合理的施工计划，同时一些设备的调试技术较为复杂，需进行详细的准备，提前做好方案、提前策划
3	落实资源	施工前落实施工人员与施工材料及设备

1. 交通标线施工

1）技术简介

公路标线是由标划于路面上的各种线条、箭头、文字、标记、突起路标和轮廓标等所构成的交通安全设施。路面标线形式有车行道中心线，车行道边缘线、车道分界线、停止线、人行横道线、减速让行线、导流标线、平面交叉口中心圈、车行道宽度渐变段标线、停车位标线、停靠站标线、出入口标线、导向箭头以及路面文字或图形标记等。路面标线的画法应符合现行的《道路交通标志和标线》GB 5768 规定。突起路标是固定于路面上突起的标记块，应做成定向反射型。一般路段反光玻璃珠为白色，危险路段为红色或黄色。突起路标高出路面的高度、间距、设置方式等应符合现行《道路交通标志和标线》GB 5768 的规定。立面标记可设在跨线桥、渡槽等的墩柱或侧墙断面上以及隧道洞口和安全岛等的壁面上。

根据涂料种类不同，道路标线主要分为以下几种：

（1）常温溶剂型道路标线涂料

传统标线涂料，该涂料干燥慢，使用寿命短，成本低，在我国城市道路及一般道路中仍广泛使用。

（2）加热溶剂型道路标线涂料

固体含量高，溶剂量少，干燥快，反光效果好，在国外高等级公路中普遍使用。

（3）热熔型道路标线涂料

干燥快，涂膜厚，使用寿命长，反光持续性好，目前在我国高等级公路中占统治地位。

（4）热熔振动型道路标线涂料

在热熔的基础上发展而来，可用作减速、振动、警示、雨线等用途，形式有排骨式、圆点式、雨槽式。目前，在高速公路上的减速线、边线中广泛应用。

（5）水性道路标线涂料

较环保，干燥快，涂膜厚，目前，存在的问题是对沥青路面的粘结力及耐水性差。我国有关厂商引进的国外水性标线涂料，在应用过程中均未得到满意的效果。所以水性涂料在国内还处于开发和试应用阶段。

（6）防滑道路标线涂料（彩色路面）

一般运用耐候性和机械性能较好的醇酸树脂、氯化橡胶、酚醛树脂或改性环氧树脂，并掺入石英砂等硬而大的粒子，产生的摩擦力比较大、防滑效果良好，也被称为彩色路面。

（7）耐磨标线涂膜涂料

涂膜的韧性对其耐磨性能的影响大于涂膜的硬度对其耐磨性的影响。涂膜的耐磨性能指标是其抵抗摩擦、擦伤、侵蚀的能力表现。

（8）双组分标线涂料

涂料的基料一般由无溶剂的双组分体系构成，但成膜树脂中存在部分残留单体，对环境污染较小。成膜树脂主要为丙烯酸、环氧树脂等类型，与基层附着力好，与路面结合牢固，耐磨性、耐久性好，但成本稍高。在常温下，将双组分基料混合铺涂在路面上，然后立即洒布防滑骨料，所洒布骨料为非彩色防滑骨料，应加涂一层彩色面层。

2）关键技术

（1）施工工艺

标线施工工艺流程如图 2-60 所示。

图 2-60　工艺流程

（2）施工准备

应考虑路面的宽度、交通量等因素，充分运用安全警示牌、隔离路锥等安全设施，配备交通管理员，管理好行人和交通，尽量防止事故的发生。所有的安全设施应能让驾驶员和行人清楚地识别，尽理方便车辆通行，确保操作人员的安全，并根据标线施工的推进随时适应新的变化。

在标线材料运往工地前，应向监理工程师提供所采用的涂料、底油及玻璃珠的样品及出厂检验合格证书供监理工程师审查批准，所有运往工地的热熔涂料、底油及玻璃珠的质量均应符合有关技术标准。

（3）机械设备

主要包括：热熔釜、划线车、手推车、放样车、扫帚、板刷、干燥器等工具。

（4）施工要点

设置标线的路面表面应清洁干燥，无松散颗粒、灰尘、沥青、油污或其他有害杂质。

旧的沥青路面施划标线需预涂底油时，应先喷涂热熔底油下涂剂，按试验决定的间隔时间喷涂热熔涂料，以提高其粘结力。

所有标线规格必须符合国家规范以及设计图纸要求。

标线应顺直、平顺、光洁、均匀及美观，湿膜厚度符合图纸要求。

有缺陷、施工不当、尺寸不正确或位置错误的标线均应清除，路面应修补，材料应进行更换。

涂料在热熔釜内加热时，温度应当控制在涂料生产商的使用说明规定值内，不得超过最高限制温度，树胶树脂类材料，保持在熔融状态的时间不宜大于 4h。

喷涂标线前应做好交通安全防护，设置警告标志，阻止车辆及行人在作业区内通行，防止涂料带出或形成车辙，直至标线充分干燥。标线施工如图 2-61 所示。

3）验收标准

具体检验标准参照《道路交通标志和标线　第2部分：道路交通标志》GB 5768.2—2009。

图 2-61　标线施工

2. 交通标牌施工

1）技术简介

交通标志分为主标志和辅助标志两大类。主标志分为警告标志、禁令标志、指示标志、指路标志、旅游区标志及道路施工安全标志。警告标志是警告车辆、行人注意危险地点的标志，禁令标志是禁止或限制车辆、行人交通行为的标志，指示标志是指示车辆、行人行进的标志，指路标志是传递道路方向、地点、距离信息的标志，而辅助标志是附设在主标志之下，起辅助说明作用的标志，分为表示时间、车辆种类、区域或距离、警告、禁令理由等类型。标志标牌的设置形式有单柱式、双柱式、单悬式、双悬式、门架式及附着式等。

2）关键技术

（1）交通标牌施工工艺流程（图 2-62）

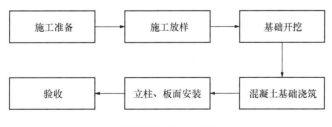

图 2-62　工艺流程

（2）施工准备

进场后要认真熟悉设计文件、图纸及技术规范，认真勘察施工现场，做到每一个标志标牌的施工数据都有据可依，详实且准确。

（3）施工要点

① 施工放样：根据图纸，由本工程专业测量放样小组负责放样。以桥梁、通道、中央分隔带开口、立交等结构物为横向控制点，以道路中心线为纵向控制线。采用水平仪、全站仪、卷尺、工字尺及其他必要工具准确测距定位（如遇结构物、路下管道、通信电缆等时，应做适当处理或移位）。

② 基础开挖：放样定位后，按图纸要求进行开挖，基坑大小、深度要符合图纸要求。

③ 混凝土基础浇筑：施工时所使用的混凝土严格遵照图纸要求的强度等级，使用商品混凝土。模板采用钢模板，浇筑振捣时要用振动棒振捣密实，拆模后不得有蜂窝麻面现象，面层要一次性抹平、压光，施工中不得损坏沿线设施，注意环境保护，基础浇筑时不得污染路面。

④ 立柱、板面安装：基础混凝土强度达 80％ 以上，可以安装立柱及标志板。小型标志立柱及标志板采用人工直接安装，大型标志采用汽车式起重机统一安装，起吊安装时，吊臂下严禁站人，捆绑要牢固，不能破坏标志板边角，板面净空高度符合设计要求。

3）验收标准

具体检验标准参照《道路交通标志和标线 第 2 部分：道路交通标志》GB 5768.2—2009。

3. 交通护栏施工

1）技术简介

在整个公路施工中，护栏通常于工程结尾进行设置，其同时也属于公路外观质量的一个基本内容。护栏按设置位置可分为路侧护栏和中央分隔带护栏。路侧护栏，是指设置于高速套路路肩上的护栏，目的是防止失控车辆越出路外，避免碰撞路边其他设施和车辆翻出路外。中央分隔带护栏，是指设置于公路中央分隔带内的护栏，目的是防止失控车辆穿越中央分隔带闯入对面车道，并保护分隔带内的构造物。

2）关键技术

（1）交通护栏施工工艺流程见图 2-63。

图 2-63 工艺流程

（2）施工要点

① 护栏基础放线定位：立柱的放线定位对防撞护栏的外观质量影响最大，掌握好立柱定位放线的正确方法至关重要，可以根据道路标线来确定护栏立柱的位置，确保护栏线形顺直。

② 机械设备选择和组合：打入立柱的效率及准确性与打桩机型号种类有关，应根据现

场实际情况选用合适的打桩机。立柱定位以后开始打入时，最初几锤要重，然后停下来用水平尺测其立柱是否垂直，如不垂直，可通过打桩机调整，调整后可用重锤继续打，快到位时停下来，再用水平尺测垂直度，再用轻锤击打，最后几锤要特别小心，防止立柱打入过深，立柱过深或不垂直，也会影响护栏线形。

③安装工程施工：护栏板目前有镀锌和涂塑两种，镀锌层与一般钢铁相比，硬度较低，易受机械损伤，因此在施工中要小心，要轻拿轻放，镀锌层受损后，在 24h 内用高浓度锌涂补，必要时予以更换。安装时，首先把托架装到立柱上，固定螺栓不要拧太紧，然后用连接螺栓将护栏固定在托架上，护栏板与板之间用拼接螺栓相互拼接。如果拼接方向相反，即使是轻微的碰撞，也会造成较大损失。防撞护栏在安装过程中应不断调整，因此，连接螺栓和拼接螺栓不要过早拧紧，要利用护栏板上的长圆孔及时调整线形，使线形平顺，避免局部凹凸，待护栏的顶面线形认为比较满意时，再把所有螺栓拧紧。根据经验，安装护栏板以 3人、5 人、7 人为一组最合格，安装方向与行车方向相反时比较容易安装。隔离护栏安装如图 2-64 所示。

图 2-64　隔离护栏安装

3）验收标准

具体检验标准参照《城市道路交通设施设计规范》GB 50688—2011。

4. 交通信号灯施工

1）技术简介

城市化进程的扩张和加快，推动着道路交通的快速发展。交通信号灯正确设计和设置是保证公路和道路交通畅通和安全的一个基础。交通信号灯设施已成为一项日益重要的交通安全设施技术，尤其是在复杂路口和交通流量较大的路口，交通信号灯主要功能是提高路口的通行能力，主要表现在通过对车辆、行人发出行进或停止的指令，用于道路平面交叉路口的各方向同时到达的人、车交通流，使其尽可能减少相互干扰，以此来保障路口畅通和安全，正确合理地设立信号灯，真正使人、车、路和谐统一，不仅可以减少道路交通的安全隐患，还可以增强道路的通行能力，在有序行驶合理分配道路使用者的路权方面起到十分有利的作用。

2）关键技术

（1）交通信号灯施工工艺流程见图 2-65。

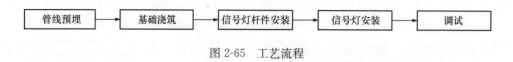

图 2-65 工艺流程

（2）施工准备

① 技术准备：由技术负责人组织有关人员认真熟悉图纸和技术文件，并进行图纸会审，充分理解设计意图及施工质量标准、技术难点和质量控制关键点，编制施工技术方案，以便正确无误地完成工程施工。

② 劳动力准备：施工前对班组进行技术交底和安全教育，遵守有关施工和安全的技术法规；特殊专业工种（焊工、电工）需经过特殊培训并持证上岗。

（3）机械设备

主要包括：挖机、自卸车、混凝土振动棒、登高车等。

（4）施工要点

施工时要与管理部门统一协调，注意要预埋电子警察等相关管线，防止第二次开挖破坏道路。

因电源的保护地线与设备的接地线的接地电阻值要求不同，当实测接地装置的接地电阻值不能达到要求时，必须根据当时当地的实际情况采用各种可能的降低接地电阻的方式和措施来降低接地电阻，为防止干扰并保证设备的正常运作，尽量不要将电源的保护地线与设备的接地线相连接，并且实测接地装置的接地电阻值一定要满足<4Ω 的标准。这里值得注意的是接地体形式的要求，通常都是采用水平接地体、垂直接地体和混合接地体这三种方式。

灯杆安装时底座上平面用水平尺校平，安装立杆垂直，横臂对准车道；拧紧螺母保持立杆垂直。伸向道路上方时离地面高度>6.5m，路口电源不在180～246V 波动范围内时应加装稳压器，另外，值得一提的是调试人员在作业时，一定要注意在固定好梯子的基础上用绳索捆在电线杆上以确保安全，当遇到从空中走线的情况时，应先把电缆绕在钢绳或铁钉上，然后再进行下一步的架空作业。

3）验收标准

具体检验标准参照《城市道路交通设施设计规范》GB 50688—2011。

5. 智慧交通施工

1）技术简介

智慧交通是指以交通信息中心为核心，连接城市公共汽车系统、城市出租车系统、城市高速公路监控系统、城市电子收费系统、城市道路信息管理系统、城市交通信号系统、汽车电子系统、停车场管理系统等的综合性协同运作，让人、车、路和交通系统融为一体，为出行者和交通监管部门提供实时交通信息，有效缓解交通拥堵，快速响应突发状况，为城市大动脉的良性运转提供科学决策。智慧交通以信息的收集、处理、发布、交换、分析、利用为主线，为交通参与者提供多样性的服务。诸如动态导航，可提供多模式的城市动态交通信息，帮助驾驶员主动避开拥堵路段，合理利用道路资源，从而达到省时、节能、环保的目的。智慧交通系统如图 2-66 所示。

图 2-66　智慧交通系统

2）关键技术

（1）车辆综合管理和调度系统，及北斗、GPS、GIS、无线通信等信息手段，通过建立私有或公共信息应用平台，能够为监管部门和企业实现定位管理，实现对运输工具、货物、人员的状态监控，提高运行效率，避免出现危险隐患，提高应急处理能力。

（2）通过对城市道路、公路等交通网络的实时数据采集，交通管理部门能够实时发布交通信息，合理进行交通疏导，提高道路交通的通行效率和使用率。

（3）对突发事件能够及时、快速处理，并充分利用现有的交通基础设施和彻底分析道路交通拥堵情况，制定交通建设规划和应对措施。

智慧交通涵盖了所有的运输方式并考虑运输系统动态的、相互作用的所有要素——人、车、路以及环境。据预测，应用智慧交通后，可有效提高交通运输效率，使交通拥挤降低20％，延误损失减少10％～25％，车祸降低50％～80％，油料消耗减少30％。智慧交通设施介绍如表2-37所示。

智慧交通设施   表2-37

序号	类型	完成效果	使用功能介绍
1	智慧道钉		对机动车驾驶员来说，智慧发光斑马线的作用在于：在夜间、阴雨天、雾霾天等恶劣天气，让驾驶员不受视线的影响，仍能清晰地看到斑马线或停车线；对行人来说，有效提醒老人、小孩及低头族，注意红绿灯信号，文明交通，减少事故发生
2	智慧停车系统		人工智能共享停车解决方案包括智慧路内停车、智慧停车场、立体停车库、共享停车、新能源充电桩等子系统。可自动储存用户路内停车视频和图像记录，为处理违章停车，追缴逃费、漏费提供了完整的证据链，解决了传统停车管理效率低、依赖人工、操作繁琐、用户体验感差等问题。
3	交通信号控制系统		1）可根据需求一天内设置不同信号周期，满足不同时段不同信号周期的需求； 2）根据路口情况，多个路口实现绿波带控制，提高主流向通行效率； 3）远期系统可根据区域交通流量自动生成区域协调控制方案，提供区域通行效率
4	电子警察系统功能		闯红灯抓拍、违反禁令标线行驶抓拍、远光灯抓拍、违规停车抓拍、违规鸣笛抓拍等，通过视频流采集功能将信息传递至后台管理系统帮助维护交通秩序

3）验收标准

（1）一般规定

系统的工程验收应由工程的设计、施工、建设单位和本地区的系统管理部门的代表组成验收小组，按竣工图进行。验收对应做好记录，签署验收证书，并应立卷、归档。

各工程项目验收合格后，方可交付使用。

当验收不合格时，应由设计、施工单位返修直到合格后，再行验收。系统的工程验收包括下列内容：

① 系统工程的施工质量；

② 系统质量的主观评价；

③ 系统质量的客观测试；

④ 图纸、资料的移交。

（2）系统的工程施工质量

系统的工程施工质量按施工要求进行验收，检查的项目和内容符合规定。建设单位应对隐蔽工程进行随工验收，凡经过检验合格的办理验收签证，在进行竣工验收时，可不再进行检验。

（3）系统的质量主观评价

系统的质量主观评价应符合下列规定：

① 图像质量的主观评价可采用五级损伤制评定；

② 五级损伤制评分分级应符合表 2-38、表 2-39 的规定。

五级损伤制评分分级表　　　　　　　　　　　　　　　　表 2-38

图像质量损伤的主观评价	评分分级
图像上不觉察有损伤或干扰存在	5
图像上稍有可觉察的损伤或干扰，但并不令人讨厌	4
图像上有明显的损伤或干扰，令人感到讨厌	3
图像上损伤或干扰较严重，令人相当讨厌	2
图像上损伤或干扰极严重，不能观看	1

主观评价项目表　　　　　　　　　　　　　　　　表 2-39

主观评价表脉冲干扰	图像中不规则的闪烁	
验收结果：	黑白麻点或"跳动"	

验收人：　　　　　　　　　　　　　　　　　　　　　　　　验收日期

系统质量的主观评价方法和要求应符合下列规定：

① 主观评价应在摄像机标准照度下进行。观看距离应为荧光屏面高度的 6 倍，光线柔和。

② 评价人员不应少于 5 名，并应包括专业人员和非专业人员。评价人员应独立评价打分，取算术平均值为评价结果。

③ 各主观评价项目的得分值均不应低于 4 分。

（4）系统的质量客观测试

系统的质量客观测试应在摄像机标准照度下进行，测试所用的仪器应有计量合格证书。对系统的各项功能应进行检测，其功能指标应符合设计要求。

（5）竣工验收文件

① 在系统的工程竣工验收前，按要求编制竣工验收文件一式三份交建设单位，其中一份由建设单位签收盖章后，退还施工单位存档。

② 竣工验收文件应保证质量，做到内容齐全、标记详细、缮写清楚、数据准确、互相对应。

③ 系统工程验收合格后，验收小组应签署验收证书。

2.4.8　人行道改造施工技术

1. 概述

人行道是城市道路中很重要的一部分，随着经济和社会的不断发展，人行道功能也逐渐被人们重视。老旧街区由于其特殊的政治、经济、历史原因，其人行道铺装往往出现了破损严重、铺装材料杂乱无章、缺乏整体风格等现象，同时绝大多数人行道缺少无障碍设施（或无障碍设置不规范）等问题亟须进行综合改造提升。

人行道改造是指将原有道路人行道进行重新铺装改造，能够较好地美化城区环境、整洁市容市貌、提升城市整体形象，是城市街道更新工程中一种常见的改造方法。通常人行道改造根据所选材料的不同分为以下几种：

（1）花岗石人行道；

（2）透水砖人行道；

（3）透水混凝土人行道；

（4）彩色沥青人行道；

（5）混凝土高强彩砖等。

一般来说，人行道改造施工重难点如表 2-40 所示。

施工重难点　　　　　　　　　　　　　表 2-40

序号	重难点	应对措施
1	环保压力大	1）编制科学、合理的文明施工及环境保护方案。 2）严格控制夜间施工作业，减少扰民。 3）采用密闭的运输车辆，进出现场车辆要清洗，减少路面污染。 4）降尘措施、设备到位
2	涉及管线迁改、预埋，协调难度大	1）提前与相关单位沟通改造事宜。 2）建立调度会议制度，定期解决协调事宜

续表

序号	重难点	应对措施
3	对周边商户、居民生活造成不利影响，投诉多	1）提前沟通，做好宣传工作。 2）借助城管局、街办等力量
4	人行道下方管线复杂，施工过程易挖断管线	提前进行探沟开挖，管线密集的区域采用人工开挖的形式

2. 关键技术

1）人行道改造工艺流程如图 2-67 所示。

2）施工准备

（1）技术准备：

① 项目技术负责人负责组织编制、报审人行道铺装施工方案，并根据施工合同、施工图纸、设计交底、图纸会审记录及施工组织设计、施工方案对现场施工管理人员进行技术交底。

② 施工前各相关工长、质检员、技术员及施工队伍要仔细看图，充分理解设计意图，掌握施工图中的细部构造及有关技术要求，清楚人行道铺装设计做法。

③ 施工前各部门要以书面形式做好详尽的施工质量、技术、安全交底，确保到达参与施工的每一位工人，并做好相关记录，及时解决施工队伍中间存在的疑问，确保对施工图纸以及设计要求有足够的掌握，保证施工质量和进度。

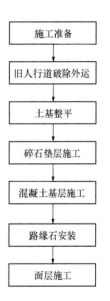

图 2-67　工艺流程

（2）材料准备：

材料准备包含材料下单、排产、运输及堆码等全过程。

① 材料下单：材料下单应根据设计图纸要求，结合现场实际尺寸进行量尺下料，防止材料尺寸下错导致材料浪费。同时材料下单还应综合考虑排产及运输所需时间，提前下单，确保提前到达现场，避免出现现场等材料的情况；透水混凝土原材根据已确定的配合比下单。

② 材料排产：材料排产在生产厂家进行。为保证材料生产进度满足现场生产要求，在材料排产期间安排专职人员到生产厂家进行跟踪管理。在材料生产过程中严格做好材料排产进度、材料质量的监督管理。

③ 材料运输：运输过程中，应注意保护材料成品，避免损坏。

④ 材料堆码：现场设置专门材料堆场，材料分类堆码整齐；材料不得堆放在人行道和车行道上。透水混凝土原材堆放应尽量靠近搅拌地，避免多次转运。

3）机械设备

主要包括：挖掘机（CAT320C）、自卸汽车（RD030）、振动压路机（YZ18C）、发电机、蛙式打夯机、插入式振捣器、混凝土搅拌机、平头铁锹、手锤、手推车、铁镐、撬棍、钢尺、坡度尺、小线或 20 号铅丝等，具体根据现场实际情况选用。

4）施工要点

（1）原有人行道破除：原人行道板材及混凝土采用小型炮机梅花布点破碎成块，靠近既有建、构筑物 1m 范围内采用人工破除，再用环保自卸汽车外运至指定地点统一处理。破除前，沿人行道横向挖探沟，每 20m 一道，探明地下管线的埋深及位置，及时对探明的地下管线施作保护措施，避免损坏既有管线。

（2）土基清理及压实：土基清理完成后，正式压实作业前必须先做压实试验，试验面积不应少于 400m²，应通过压实试验确认压实机具选择、压实遍数、压实方式、虚铺厚度、预沉量值等参数，宜选用 12t 钢筒压路机。

（3）碎石基层施工：根据设计要求选用合适的基层材料，碎石压实宜选用 12t 钢筒压路机，压实速度不应超过 4km/h，压实遍数不少于 2 遍，虚铺厚度应由试验确定；场地无条件进行大型压实设备压实作业时，应选用 2～4t 座驾式小型钢筒压路机，压实时钢筒重叠宽度≥1/4 倍钢筒宽度；边角位置宜采用手扶夯机夯实，夯实重叠面积≥1/3 倍夯锤作用面积。

（4）混凝土基层：混凝土施工前，模板支立牢固。采用混凝土磨光机保证表面坚实耐磨。混凝土浇筑完成的第二天，应进行洒水养护。养护期通常为 2～3 个星期，在混凝土满足规定强度后方可实施拆模。混凝土基层施工如图 2-68 所示。

图 2-68　混凝土基层施工

（5）路缘石安装：混凝土浇筑完成后进行路缘石安装，安装过程应拉通线控制好路缘石走向，保证线形通顺流畅。路缘石安装如图 2-69 所示。

（6）人行道铺装：

① 清理基层，弹线放样：正式铺装前应对混凝土基层进行清理（遗留砂浆等），保证基层平整，为精确排版，可以在四周墙面上弹出标高控制线或安放标准块，在基层上弹出排版线。基层清理如图 2-70 所示。

图 2-69 路缘石安装

图 2-70 基层清理

② 摊铺砂浆结合层：摊铺 3～4cm 厚水泥砂浆结合层，混合比 1：3～1：2 为宜。水泥与中粗砂比例 1：3～1：2 为宜，干湿度控制标准是"手捏成团、手松不散、落地开花"。具体如图 2-71 所示。

③ 面板铺贴：大面积铺贴时，拉十字控制线，纵横各铺一行，作为大面积铺贴的标准线，在十字控制线交点开始铺贴，向两侧或后退方向顺序铺贴。面层铺装完成 2～3d 后，应对开缝不齐的部位进行修整，切割出一致的宽度。如做六面防护则需在切割后作二次防护。面层铺装缝宽控制如图 2-72 所示。

④ 勾缝、清缝：使用专用勾缝工具将填缝剂压实，要求均匀饱满，待填缝剂稍收浆后，用海绵擦净，清理其他铺装面污染，用海绵擦拭（海绵略带水分，使水自然渗入缝中），勾缝施工具体如图 2-73 所示。

图 2-71　砂浆干湿度标准

图 2-72　面层铺装缝宽控制

图 2-73　勾缝施工

⑤ 成品保护：石材成品保护意识应贯穿于整个施工过程，包括材料的二次搬运，铺贴完成后采用塑料薄膜、彩条布或者土工布进行覆盖。成品保护如图 2-74 所示。

图 2-74　成品保护

（7）透水混凝土面层施工

① 搅拌：施工现场必须专人负责物料的配合比，在现场进行搅拌，配备相应的物料，完善供电供水措施。先将集料、水泥、透水混凝土增强剂加入搅拌机中拌 30s，加入 50% 水拌和 60s，之后再将剩余水加入搅拌 120s。严格控制配合比，控制水的加入量，水在搅拌中分 2～3 次加入，不允许一次性加入。从投料搅拌到出料，一般情况下，500 型强制搅拌机为 3.5min。

② 摊铺：透水混凝土属于干性混凝土料，其初凝快，混合料拌和均匀后必须及时摊铺。人行道大面积施工采用分块隔仓式进行摊铺物料，其松铺系数在 1.1～1.15 之间。采用人工摊铺的方式，将混合料均匀摊铺在工作面上，用刮尺找准平整度和控制一定的泛水度，然后由人工捣实，并用抹合拍平，抹合不能明水。透水混凝土摊铺如图 2-75 所示。

图 2-75　透水混凝土摊铺

③ 振捣压实：振动捣实时，振动时间不宜过长，避免出现离析现象。采用低频平板夯夯实，辅以人工配合找平，夯实后表面应符合设计高度，以保证面层的施工厚度。留置的胀缝应采用挤塑板类的回弹性好的材料填充。

④ 养护：透水混凝土浇筑成型后的养护工作，是透水混凝土施工过程中的重要环节，由于透水混凝土内添加了无机胶结材料，混凝土的早期强度增长较快，水泥硬化会产生水化热，需要充足水分降温。宜采取的养护方法是塑料薄膜全覆盖保护，即面层周边的塑料薄膜要大于面层 50cm 以上，塑料薄膜的搭接宽度满足 30cm 以上，并在覆盖好的薄膜上洒水湿润，使薄膜均匀地贴在面层石子上。做到密闭完好、不留缝隙。薄膜不得损坏，养护周期为两周，每天浇水养护保证两次以上，养护的最佳效果是薄膜内有大量露珠浮在面层石子表面。薄膜必须压牢，防止风吹造成薄膜飘起，避免局部透水混凝土因养护不当造成损坏。透水混凝土覆膜养护如图 2-76 所示。

图 2-76　透水混凝土覆膜养护

⑤ 面层喷漆：喷漆时应对周边的前道工序材料予以保护，采用胶带等材料粘贴遮挡。调漆时保证配比统一，防止发生色差现象，喷漆时搭接度一致。透水混凝土喷漆如图 2-77 所示。

⑥ 成品保护：透水混凝土在施工和养护过程中，必须注重成品保护，未开放前，严格禁止人和动物行走、车辆行驶。产品保护一直坚持到竣工验收交付使用后方能结束。

3. 验收标准

具体检验标准参照《建筑装饰装修工程质量验收标准》GB 50210—2018。

图 2-77　透水混凝土喷漆

2.4.9　城市家具改造施工技术

1. 概述

城市家具是散布于城市街道、广场、公园等城市公共环境空间为市民提供公共服务功能、展现城市形象的所有器具和设施的统称。从宏观角度来讲城市家具包含了城市公共空间中以产品要素为特点的视觉物质存在，从微观上讲是指街道空间的公共服务设施。作为构成街道公共空间的一种"城市元素"，虽然城市家具在整个城市公共空间体系中处于最末端的位置，但这些毫不起眼的人工构筑物却承担起了城市视觉中心的作用，长凳、信息牌、街灯和巴士站等点缀般的存在很大程度上塑造了街区、广场、公园等城市公共空间的环境气质，间接反映出城市的形象特征和独特意向。因此，城市家具是街道空间构成和景观组织中不可缺少的元素，是体现城市特色与文化内涵、展现城市风貌的重要因素。

城市家具按其使用功能大体可分为 5 类，分别为公共休闲服务设施、交通服务设施、公共卫生服务设施、信息服务设施、美化丰富空间设施。

一般来说，城市家具改造施工重难点如表 2-41 所示。

施工重难点　　　　　　　　　　　　　　　　　　　表 2-41

序号	重难点	应对措施
1	方案的确定	方案的确定往往是制约其排产周期的重要因素，应选择适合当地风俗习惯的设计理念融入城市家具中，满足大众审美
2	成品保护	城市家具施工完成后应做好成品保护措施

2. 关键技术

1）工艺流程

城市家具包含种类繁杂，下面以需要进行土建施工的城市家具为例，总体施工流程如图 2-78 所示。

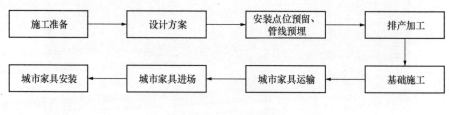

图 2-78　工艺流程

2）施工控制要点

（1）设计方案

城市家具工程和店招改造工程类似，设计工作乃重中之重，需提前策划好设计方案，让设计融入当地文化，重点体现在以下几个方面：

① 城市家具设计的主题性

主题性是设计最核心的内容，能直接反映设计的中心思想。它通常将主题赋予城市家具中来体现城市的精神文化风貌，往往具有一定的现实意义。如南昌城市的红色文化精神，对于革命主题的宣扬，表明对革命人士的赞颂和敬仰。城市家具通常将这种主题性通过设计实践以各种语言符号和抽象形式赋予到作品中，从而营造出具有主题文化和思想的公共空间场所。

② 城市家具设计的比例尺度

在公共空间中，对于城市家具比例尺度的设定，应与公共空间场所面积、周围建筑物和空间中的人等内容相协调。其中最重要的一点是城市家具与公共空间环境和植被形成一定的比例关系，是体现艺术设施所表达的美的最直接因素。

③城市家具设计的色彩与材料

在城市家具设计中的色彩，一种是作品本身材质的色彩，另一种是赋予它彰显主题和文化寓意的色彩。在公共空间中，色彩更能突出艺术作品所传达的思想，增强艺术的表现能力。但是在当前的城市建设中，色彩问题重视度不够，城市家具设计的色彩与公共空间联系不够紧密，随意性较大，导致城市公共空间中的色彩混乱。不能很好地融入公共空间，无法彰显和突出作品的个性与内涵。西方国家对城市色彩设计是在城市历史保护基础上进行的，它们更多的强调与周围环境、文化及人的联系，从而塑造特色的公共空间。对城市家具设计中关于色彩的设计，应该相应地搜集场所周围的色系，并进行统计分类。其次再考虑对艺术作品色彩的规划设计，使其能够与周围场所和建筑物相互协调。

　　早期的城市家具作品多以石材为主，因其置于室外空间，考虑到室外环境因素且石材造价低又具有厚重感，所以常被用来做造型艺术。随着技术的发展和成熟，材料的种类也逐渐多样化，如金属、玻璃、不锈钢、铜、树脂合成材料、纤维材料等。随着时代的发展，城市公共空间中对于城市家具样式的需求也逐渐多样化和多元化。不同材料的肌理所表现出的艺术效果给人们的视觉和心理感受多有不同。如不锈钢材料的圆滑，具有光泽感，能反射出周围的景物；铜著作品带给人们一种历史的沧桑感和厚重感；玻璃带给人们一种通透感，同样也能折射出周围的环境。在表现不同主题的内容时，对于具有纪念性的主题，通常采用石材、铜著材料，彰显其历史的深厚底蕴。对于表现日常生活化的主题内容时，对于材料的运用则较为灵活，可根据实际环境选择，但要充分考虑到经济实用性原则。对于材料的加工与技术，设计者也要充分了解市场，避免因技术不成熟，造成经济上的损失。

　　色彩与材料是塑造一件成功的城市家具作品的必备条件。它能够通过色彩的传递吸引大众的视线，通过材料让大众感知其所表达的主题内容的深层涵义。理应将该问题与城市建设规划、城市景观设计相联系，从而促成一个整体，为城市的发展做出整体性规划。

　　④ 城市家具设计的人文关怀

　　在对城市家具设计内容时，应该根植于当地的公共空间环境，以访谈对话和问卷调研形式与城市市民进行交流。比如，可以从他们对城市文化的认知程度、对城市家具设置位置、期待城市公共空间中出现的艺术设施类型等内容考虑。综合考察后，取得市民真实的需求，为设计师的定位和设计提供丰富的资料来源。进而使其公共空间更好地服务大众群体，让人们从艺术和环境中得到幸福体验感，从而感受到文化精神价值。在城市家具人文关怀营造中，注重与周围空间场所的联系。对于长期生活在城市的市民来讲，对城市的感情是深厚的，所以营造具有地域特色的场所，更能引起大众情感上的共鸣。

　　（2）安装点位预留、管线预埋

　　① 探槽：对现场进行测量放线，确认管线的走向。发现位于树木、绿化，以及地铁站施工范围内的可以考虑绕行，具体以地下管网参考图为准，确认探槽开挖点。

　　② 安装点位预留：现场管线主要有煤气、电信、电力、供水管线以及原有排水管线等，对于现场不确定是否为废弃的管线，但地下管线图上未明确标示的管线，需组织人员立即对管线进行必要的标示和保护措施，并上报监理部门，联系业主单位和相关的管线部门，对现场管线进行确认。若确为废弃管线，可当场处理，不明确管线可以作为相应的管线进行保护处理。

　　③ 电路敷设：电缆保护管敷设时一端从地笼法兰中心孔中穿出（外露 250mm），另一端经地笼中心进入井内（外露 200mm）。在浇筑基础时，注意保护电缆保护管不被挤压变形，以免引线不能通过波纹管。

　　（3）基础施工

　　基础施工基本流程为：深化设计图纸及技术交底→垫层捣制→钢筋成型→立模→浇筑混凝土→自检→验收。

前期准备工作：基础开挖完成后会同有关部门对地基土进行鉴别和隐蔽工程验收，如果基础的土质出现淤泥或流沙现象，必须及时上报，会同甲方及设计进行处理。随即施工混凝土垫层，待混凝土垫层达到一定强度（至少高于初凝强度）后进行底板及侧板的钢筋绑扎和安放工作、模板安装、混凝土捣制、防水防腐施工。

混凝土施工：施工过程中及时与混凝土供应站保持联系，控制好混凝土的配合比，每台班至少要进行 2 次坍落度抽验，如超过质量标准，要马上找出原因进行修正。在混凝土施工阶段应掌握天气的变化情况，特别是在雷雨台风季节更应注意，准备好在浇筑过程中所必需的防雨物资，保证混凝土连续浇筑的顺利进行。混凝土捣制除水平板采用平板式振动器外，其余结构均采用插入式振动器。每一振点的振捣延续时间应使表面呈现浮浆和不再沉落；插入式振捣器的移动间距不宜大于其作用半径的 1.5 倍，振捣器与模板的距离不应大于其作用半径的 0.5 倍，并应避免碰撞钢筋、模板等，注意要"快插慢拔，直上直下，不漏点"，上下层搭接不少于 50mm，平板振动器移动间距应保证振动器的平板能覆盖振实部分的边缘。混凝土应在浇筑完毕后的 12h 以内对其进行覆盖和浇水养护，水养护时间不得小于 7d，在拆模之前均应连续保持湿润。

3. 验收标准

具体检验标准参照《建筑工程施工质量验收统一标准》GB 50300—2013 的规定。

2.4.10 街道园林景观改造施工技术

1. 概述

满足城区居民的基本生存需要不再是园林景观绿化设计的唯一要求，还需要顺应时代的发展，在设计中融入时代元素，体现艺术美感，实现人们对高层次精神的需求，基于现代艺术的角度深层探究园林景观的设计，使园林绿地不仅具有实用性，还具有艺术性，结合老城区的特点和原有的优势，为广大市民创造一个空气新鲜、环境优美的居住条件，全面提高老城区改造的质量，使城区居民保持一个愉快的心情，实现居住环境和大自然的和谐统一，落实人与自然、人与环境、人与社会的可持续发展的目标。

一般来说，城市绿化改造重难点如表 2-42 所示。

施工重难点 表 2-42

序号	重难点	应对措施
1	苗木的选定	严把材料验收关，对苗木质量进行源头控制，苗木入场前必须经过业主、监理、设计、施工方共同确认
2	苗木的移栽	苗木移栽过程中做好保护措施，不得损坏土球
3	苗木的养护	施工完成后按照养护计划进行养护，确保苗木存活率及良好的长势

2. 关键技术

1）工艺流程

城市绿化改造施工的工艺流程如图 2-79 所示。

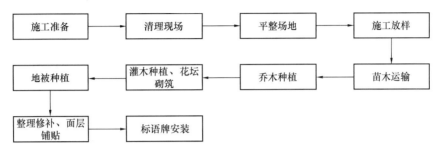

图 2-79　工艺流程

2）施工控制要点

（1）施工准备

① 绿化工程必须按照批准的绿化工程设计及有关文件进行工程准备。施工前设计单位应同施工单位进行设计交底，施工人员应按设计图进行现场核对。

② 根据绿化设计要求，选定的种植材料应符合其中产品标准的规定。

③ 应对施工现场进行调查，主要包括：施工现场的土质情况、标高，以确定所需容土量；施工现场的交通状况；施工现场的供电、供水；对原地上遗留物的保留和处理，如有地下管线，需详细了解地下各种电缆及管线情况，以免施工时造成事故。

（2）清理现场

① 现场内的渣土、废料、杂草、树根及其有害污染物应清除干净。

② 场地标高及清理程度符合设计要求。

③ 有管线敷设的区域，应待管线验收合格后进行下一步施工。

具体如图 2-80 所示。

（3）平整场地

① 有靠路边或道牙沿线内的绿地应低于路边或道牙 3cm，并在地面处理时将地面水引至市政排水管井。

② 地形处理除满足景观要求外，还应考虑将地面水最终集水至市政管网排走。

③ 有地形要求时，应使整个地形的坡面曲线保持排水通畅，堆筑地形时，根据放样标高，由里向外施工，边造型，边压实，施工过程中始终把握地形骨架，翻松碾压板结土，机械设备不得在栽植表层土上施工。

具体如图 2-81 所示。

（4）施工放样

① 由施工负责人、组织施工队负责人到已平整好的工程场地，对照施工图纸，用锄头、

图 2-80　清理现场

图 2-81　平整场地

铲、石灰、竹子、皮尺等工具，采用方格法对乔灌木进行定点放线；以路侧石或以道路中心线为基准线，用皮尺量出行位，再按设计株距定出单株穴位。

②定点后，宜采用白灰打点或打桩。具体有以下两种放线方法：

坐标定点法：根据植物配置的疏密度先按一定的比例在设计图及现场分别打好方格，在图上用尺量出树木在某方格的纵横坐标尺寸，再按此位置用皮尺量在现场相应的方格内。

目测法：对于设计图上没固定点的乔、灌木，如树群、灌木丛等可用上述两种方法划出栽植的位置并注意自然美观。

苗木施工放样如图 2-82 所示。

图 2-82　苗木施工放样

（5）苗木运输

苗木准备工作应指派专人负责，从育苗基地中挑选形态良好、树体健壮的苗木，按设计要求预订足够的苗木，以备工程使用。运输进场后要求按照不同种类、不同大小分级分批排放。注意保持树苗土球完整、树干树皮不受损伤。苗木运输如图 2-83 所示。

图 2-83　苗木运输

① 根据甲方、质监、设计及监理人员认可的苗木进行起苗，苗木运到现场后应及时栽植；1 天内种不完的植物，应存放在阴凉潮湿处，以防日晒风吹。

② 苗木在装卸车时应轻放，以免损伤造成土球松散，当日不能种植的应喷水保持土球

湿润；裸根树种应将包打开，放在沟内，根部覆土，并保持湿润；带有土球及草袋包扎的植物，应用稻草或其他适当材料加以保护，并喷水保持土球湿润。

（6）乔木种植

① 所有苗木的种植均应大体上垂直竖立，并比原来生长的苗圃或采集地的种植深度深2～3cm。

② 带土团树木的栽种，应先将土团的上半部割掉或松开翻起包土团的麻袋布，然后回填土团上部的填土。

③ 植穴回填土应夯实，并使每棵树木的回填土处形成一个碟形或聚水盆，再给树木充分浇水。

④ 种植前和种植后，应进行修剪，去掉有病的、损坏的或枯萎的、过密的及不平衡的细枝和枝干，以减少水分蒸发，并使树木外形美观。乔木种植施工如图2-84所示。

图 2-84　乔木种植施工

（7）灌木种植

① 种植前要进行场地初平，然后挖坑、挖槽，有必要时进行局部换土，得到一个质地疏松、适气、平整、排水良好、适于灌木生长的坪床。调整土壤酸度，使pH值在适宜苗木生长的范围内。

② 新植的较大灌木应予以支撑固定，以防人为或风吹摇晃或倒伏而影响成活。支撑一般多采用三角支撑，即用三根木棍或三根铁丝将苗木撑拉固定，在支撑过程中，要用草绳或彩条布保护好捆扎处的树皮。

灌木种植如图2-85所示。

（8）花坛砌筑

① 要根据毛石砖规格弹出水平及垂直控制线，分段、分格弹线，保证线形平顺。

图 2-85　灌木种植

② 墙面铺贴原则自上而下施工，以减少污染，并根据预排铺贴弹出的线，做到横平、竖直、平整。

③ 铺贴完成后，对凸回不平的面层毛石边进行机械打磨，以做到面层平整、美观。

花坛砌筑如图 2-86 所示。

图 2-86　花坛砌筑

（9）地被种植

栽植前根据设计图纸确定种植范围，并用熟石灰定出轮廓线；地被材料应根系发达，无病害，符合设计要求；合理控制种植密度保证"叶搭叶"的紧密效果。地被种植如图 2-87 所示。

（10）标识牌安装

① 支柱安装并校正好后，即可安装标志牌。滑动螺栓通过加强筋中的滑槽穿入，通过

图 2-87　地被种植

抱箍把标志板固定在支柱上。

　　② 标志板安装完成后应进行板面平整度调整和安装角度调整。

　　标识标牌安装如图 2-88 所示。

图 2-88　标识标牌安装

3. 验收标准

具体检验标准参照《园林绿化工程施工及验收规范》CJJ 82—2012。

第3章 既有建筑改造

3.1 背景

1. 既有建筑的现状改造需求

改革开放以来，商品经济的快速发展和社会主义市场经济的逐渐形成，推动社会生活的各个方面发生着翻天覆地的变化。当前城乡建筑业发展迅速，城镇新区建筑规模不断扩大，伴随而来的是旧城建筑老化问题日益突出。按照建筑设计使用年限规定，很多在 20 世纪七八十年代甚至是 90 年代的房屋建筑都已经进入了老化期，相比现代建筑，这些老化建筑都存在着不同程度的问题，主要表现有以下现状特点：

（1）存量大。截至 2018 年，我国既有建筑面积总量已达 601 亿 m^2，其中城镇住宅建筑面积为 244 亿 m^2，公共建筑面积为 128 亿 m^2。既有建筑改造和功能提升的潜在对象为 1981～2005 年期间建成的，不满足现代设计标准要求的建筑，也是推进我国既有建筑改造工作的重点和难点。

（2）能耗高。由于受当时的建造时代、经济条件、设计标准所限，过去的建筑能耗普遍比当前标准高。据统计，我国建筑能耗占社会总能耗的 30％以上，《建筑节能与绿色建筑发展"十三五"规划》中指出，我国城镇既有建筑中有约 60％的不节能建筑，能源利用效率低。

（3）寿命短。因规划不合理、建设标准低等问题，我国建筑平均寿命约为 30 年，与美国的 74 年、英国的 132 年等其他国家的建筑平均寿命相比，可谓是"短命"建筑。对尚可利用的建筑拆除重建，不仅会对生态环境造成破坏，也是对资源的极大浪费。

（4）问题突出。除能耗外，我国既有建筑还存在外立面老旧，结构安全功能退化，管网老化，停车、雨水、电信等基础设施缺乏，绿地率不达标、绿化管理差，室内环境质量差等突出问题。

当前我国逐渐进入老龄化社会阶段，这对我国本来就存在诸多问题的既有建筑、既有老旧小区提出了更高的要求，以此适应我国老龄化社会现状。对于存在以上问题的既有建筑来说，如果不实施改造，将会浪费更多的能源、资源，同时严重影响其使用效果，不能满足我国人民群众日益增长的生活需求。因此，我国的既有建筑亟须进行改造和功能提升。

2. 既有建筑改造的意义

对既有建筑进行大规模的拆除重建投资很大，拆除后将产生大量的建筑垃圾，严重污染城市周边环境，而且建筑物新建需要的时间较长，人民群众的日常生活会受到影响。因此，对于存在问题的既有建筑全部拆除重建是不现实的，也将造成极大的资源浪费、环境问题和社会矛盾。也因此，既有建筑改造已成为我国建筑业可持续发展的一项重要举措，同时对我国推进新型城镇化建设、促进建筑业转型升级具有以下重要意义：

（1）节约能源。通过对既有建筑的改造，可以减少拆除旧建筑消耗的大量人力物力，比如运输建筑垃圾、处理建筑垃圾等。在改造的过程中可以将质量较差以及腐化严重的建筑构件进行改造加固，保留坚实的墙体，增加最新节能技术的外墙体系，这样就可以最大限度地保留旧建筑的价值，达到节约能源的目的。

（2）为旧建筑重新注入活力。对既有建筑的外部形态进行修整或者更新，将会提升建筑的吸引力，增加旧建筑的活力。一个适宜的既有建筑改造，不仅是对社会物质资源的充分利用，也是对社会历史及文化资源的延续和传承。对旧建筑的改造利用，大多出于能源意识、环境意识、历史保护和人文思想等因素的影响，例如原来的废旧建筑被改造成企业的图书馆或者社会的图书馆，尤其是在城市中心地区的旧建筑，这种改造非常符合城市和社会发展的需要。

（3）改善城市建设环境。在既有建筑改造的过程中，改造设计手法的运用，一方面受到原有建筑自身条件的制约。另一方面受到周围环境的制约。在改造过程中，需要结合原有建筑的特点，留住对过往的纪念。同时，既有墙体与少量装饰恰到好处的结合，所产生的视觉效果会让人耳目一新，能够达到与周围新建筑浑然一体的感觉，从而实现城市建设中的环境改善。

3. 城市更新政策风口

当前，在我国要加快形成以国内大循环为主体、国内国际双循环相互促进的新发展格局背景下，中央政策不断升级，城市更新上升为国家战略。

从棚户区改造到老旧小区改造，再到提出实施城市更新，中央层面对于城市更新的认识与推动正在不断深入。

2013年，国务院印发《国务院关于加快棚户区改造工作的意见》（国发〔2013〕25号），提出"棚户区改造是重大的民生工程和发展工程，要重点推进资源枯竭型城市及独立工矿棚户区、三线企业集中地区的棚户区改造，稳步实施城中村改造"。2014年，《国家新型城镇化规划（2014—2020年）》明确提出"要按照改造更新与保护修复并重的要求，健全城市街道更新机制，优化提升旧城功能，加快城区老工业区搬迁改造"。2015年，《国务院关于进一步做好城镇棚户区和城乡危房改造及配套基础设施建设有关工作的意见》（国发〔2015〕37号）提出制定城镇棚户区和城乡危房改造及配套基础设施建设三年计划，全国改造包括城市危房、城中村在内的各类棚户区住房1800万套。2017年，国务院常务会议决定，2018～2020年再改造各类棚户区1500万套任务，是棚户区改造的第二个三年计划。从实际情况来看，2019年棚改计划大幅缩减，由2018年的580万套缩减至289万套。中央多次提到实施老旧小区改造，进一步激发老城区发展活力。中国城市更新之路正逐步从棚改的大拆大建向老旧小区改造的综合整治转型。

2019 年，我国的城市更新进入大力推进老旧小区改造的阶段。2019 年 7 月，中央政治局会议提出实施城镇老旧小区改造等补短板工程，加快推进信息网络等新型基础设施建设。2019 年 9 月，中央财政城镇保障性安居工程专项资金首次将老旧小区改造纳入支持范围。2019 年 12 月，中央经济工作会议首次强调了"城市更新"这一概念，会议提出"要加大城市困难群众住房保障工作，加强城市更新和存量住房改造提升，做好城镇老旧小区改造，大力发展租赁住房"。会议奠定了 2020 年的工作重点，存量房屋的提升改造将成为政策新风口。

2021 年，城市更新的重要地位再次升级。2021 年 3 月 4～5 日，全国政协十三届四次会议和十三届全国人大四次会议相继召开，李克强在会议中作政府工作报告时提出，"十四五"时期要"实施城市更新行动，完善住房市场体系和住房保障体系，提升城镇化发展质量"，未来五年城市更新的力度将进一步加大。

2021 年 2 月，住房和城乡建设部确定杭州、亳州、湘潭、柳州、深圳、郑州、内蒙古乌海、青岛、徐州、四川遂宁 10 个城市为 2020 年棚户区改造工作拟激励支持的城市，棚户区改造仍在持续推进，只是力度在减弱。

整体来看，"十四五"期间，在中央政策的支持下，将全面推进城镇老旧小区改造工作，也进一步体现了城市更新在未来发展中的重要地位。

3.2　既有建筑改造设计技术

3.2.1　设计流程

既有建筑改造设计技术是当代建设行业中的新兴学科，因社会发展的需求应运而生，随着此类工程的迅速增多，从业队伍也在不断壮大，并有望形成一项新兴产业。做好既有建筑改造、加固设计，是时代赋予我们工程技术人员的历史责任。

既有建筑改造工作程序通常为：可靠性检测与鉴定→改造和功能提升方案选择→改造和功能提升设计→改造和功能提升施工组织→改造和功能提升施工→竣工验收。前三项应为设计技术工作关注的主要内容。

3.2.2　设计原则

既有建筑的改造设计技术工作，一般应遵循"先鉴定，后加固"的原则、"专业设计资质和资深专业人员从业并重"的原则、"先整体，后构件"及与抗震加固并重的原则、绿色建筑优先和尽量利用的原则、合理确定设计使用年限及安全等级的原则。主要设计技术及设计思路如下：

1. 遵循 "先鉴定，后加固" 的原则

就像一个人在做某项手术前，需做一些必要的体检一样，在对既有建筑实施改造、加固前，也必须对既有建筑当前的质量状态作出一个科学的判断，包括既有的质量缺陷情况，使用或受灾受损情况等。鉴定报告既可以作为设计人员进行改造设计、功能提升的技术依据，也可有效地避免由于对隐蔽质量缺陷的失察而导致工程事故及"二次改造设计"的产生，还可作为建设业主对改造、功能提升投资决策的参考。技术鉴定工作应当委托具有专门资质的房屋鉴定机构进行，其鉴定结果应提供给设计人员使用。

2. 遵循 "专业设计资质和资深专业人员从业并重" 的原则

由于每一栋建筑都有其固有的结构体系，特定的使用环境，以及不同建造年代的历史印迹，其受损程度、老化程度、可利用程度等，都会有所不同。因此，既有建筑的改造设计和功能提升优化，要比新建房屋的设计复杂得多。除了设计单位应具有的设计资质以外，主持设计的专业人员也必须具有丰富的工作经验，这一点至关重要。必须选派具有改造、加固设计和熟悉施工的资深工程师，针对工程的具体情况，考虑各种复杂的因素，包括技术方面的、安全方面的、经济方面的、材料方面的、施工程序和施工速度方面的，以及工程经验方面的，还要充分考虑到施工过程可能对周围环境造成的影响等等，从而为完成一项良好的改造、加固设计，提供了可靠的技术资源性保障。

3. 遵循 "先整体，后构件" 及与抗震加固并重的原则

虽然改造、加固的措施一般均落实在具体的结构构件上，但由于构件数量或截面的变化，必然会导致结构整体性指标的变化。如不合理的构件刚度的增减有可能使结构产生新的抗震薄弱或软弱部位，也可能使结构产生扭转增量等等，造成结构体系的抗震安全隐患。因此，只有在规定结构体系下各项安全性指标基本满足现行规范要求的情况下，完成的局部构件的改造、加固设计才是安全有效的。

4. 遵循绿色建筑优先和尽量利用的原则

首先，多数既有建筑都不具有绿色建筑的设计理念，而绿色环保、低碳减排、充分利用资源，是当今发展绿色建筑的核心内容，不轻易废弃尚可利用的建筑资源，也是改造、加固工作的重要内涵。因此，在酝酿功能性改造的同时，若能结合当今绿色建筑的发展，将节水、节电、节地、节材、节能、降噪、减排等融入其中，改造成功能适宜、绿色生态的绿色建筑，将是一举多得、利国利民的大好事。其次，既有建筑改造、加固的原因各异，其设计方案可以有多种选择，应根据具体的设计对象，在结构可靠、施工简便、工程量小、经济性好的多个方案中，确定最适合的方案，"适合的才是最好的"。最后，某些加固、修复工程，原本的结构体系已无法恢复，为尽量利用，避免过早拆除，可通过改变结构体系，辅以针对

性的构件加固，以尽可能小的代价恢复其使用功能。这样，既能延长建筑物的使用寿命，还能节约大量的加固、修复费用。

5. 遵循合理确定设计使用年限及安全等级的原则

《混凝土结构加固设计规范》GB 50367—2013 规定，混凝土结构加固设计后的使用年限，应由业主和设计单位共同商定。由于要求的年限越长则投入越多，其合理性应根据原有建筑的可利用价值和企业的发展状况等因素作综合分析，一般情况下宜按 30 年考虑。加固工程的安全等级，目前尚无明确的定论，但可根据该工程使用性质的重要性、破坏后果的严重性以及人员的密集程度等，由建设业主与设计人员结合未来的使用目标共同商定，重要性系数一般不应小于 1.0。

6. 满足设计规范标准

改造设计需满足国家设计规范要求及地方相关改造技术规定。

7. 应符合设计审批流程

涉及建筑高度、层数、面积、功能等改变需满足规划部门关于建筑改造工程的审批文件，涉及结构改造设计，应由具有相应资质的单位进行结构安全鉴定与加固设计，施工图设计需经具备资质的专业审图机构出具审图意见书，并作相应修改后，才能用于指导施工。

8. 达到设计提资深度

复杂项目需采取设计总承包的模式，设计文件相互关联处的提资深度应当满足各分包设计单位的需求；需要深化设计的改造工程，深化设计文件应经改造设计单位确认。

9. 便于采购施工需求

设计文件需满足设备材料采购、替换构件以及非标准设备制作和施工的需要。

3.2.3　设计技术

1. 结构体系设计

既有建筑往往占据城市核心地段的土地资源，功能提升基本分为内部空间使用功能改造和外部空间改造两大类。内部空间升级改造主要有内部功能划分调整、内部插层、内部新开中庭或边庭、内部增加楼梯或电梯、建筑物地下空间开发等。外部空间升级改造主要有外部造型升级、建筑物向上加层和建筑物向外周边扩展等。

2. 加层结构体系的设计

对于既有建筑增加楼层，首先需要确定的是加层结构采用混凝土结构还是钢结构。从结构体系设计而言，采用混凝土结构加层与原结构体系统一，不存在上下体系混合，只是采用混凝土结构加层重量大，大大增加了下部结构和基础的承载，在下部结构和基础本身就比较薄弱时，增加楼层较多的情况下就不是很合适。而采用钢结构体系加层，则大大减轻下部结构和基础的负担，但会存在上下体系混合的问题。

在加楼层的改造设计时，首先要进行综合比选，针对不同部位选择更合适的结构体系。比如加层体系采用了以钢框架为主的体系，同时将原结构楼梯、电梯部位的剪力墙筒体向上延伸到加层部位，那么加层结构体系即为钢框架—剪力墙体系，原结构通过对剪力墙进行加固，由板柱体系改造为板柱—剪力墙体系；由于剪力墙提供了结构主要的抗侧刚度，保证了结构在加层上下刚度比较一致，那么上下体系混合带来的问题得到解决；并且因采用了钢结构，结构总重增加较少。

3. 基础加固的设计

既有建筑有些已建成多年，且改造时可能会增加多个楼层，或是改变具体使用功能，那么改造设计时就需要考虑适当提高原地基承载力。若地基土质较差，原地基无法满足改造需要，基础就必须进行加固；如原基础采用的是短桩基础，加固方法可以采用锚杆静压桩进行补桩，也能满足既有建筑补桩施工需要在室内进行，而常规大型桩机无法施工的条件限制，减少对现场环境的影响。

4. 增层结构与固有结构的连接设计

增加楼层的关键问题之一就是加层部分的结构怎样能够与原有结构更好地结合。部分加层改造设计时，新增结构柱、墙可以在原屋顶层结构上进行锚固；但对于增加层数较多的，上下结构体系又是混合体系时，则需要设置过渡层。过渡层为原有顶层结构拆除后，将新增钢柱在该层进行锚固的楼层，同时将下部混凝土延伸到该层，从而形成型钢混凝土柱过渡层。

5. 构件加固的设计

既有建筑改造不仅仅是结构体系的变化，有些结构构件的受力情况发生了变化，或是达不到现有抗震设计标准要求，需要对这些构件进行加固设计；主要的加固方法有加大截面、碳纤维加固、体外预应力法、缠绕钢丝加固法、包钢/粘钢加固等。加固方法选择需要看构件承载力相差的幅度，相差幅度大的构件需要考虑加大截面进行加固；反之，优先采用包钢、粘钢加固，或者碳纤维加固，这样对结构构件尺寸影响较小，占用使用空间更少。

6. 插层结构改造设计

插层结构与原结构的连接关系处理有两种思路：

一种是两种结构脱开为两个独立结构。新增插层结构通常采用独立的框架结构，与原结构框架不连接。这样的方式有利于保持既有建筑的风貌，避免较为复杂的连接构造，但会带来结构布置不够灵活、分隔缝不便处理等困难，插层后结构体系整体性不够。

另一种是新增插层结构与原结构连接成整体。新增插层结构一般采用框架结构，边跨与排架柱相连接，有助于提高建筑结构的整体性，边跨布置也相对灵活，避免了分隔缝处理难度，但会增加结构连接构造的复杂程度，对建筑风貌也会有一定影响。

3.2.4　设计控制要点

每一项改造设计的工程，均有其自身固有的特点，对于情况各异的既有建筑，因其改造、加固的规模、性质和复杂程度的不同，所应考虑的问题，以及应采取的措施都应有所不同，尤其需要重视现场实际情况与原有图纸的出入，主要设计要点如下：

（1）对于改建的区域，应复核结构设计图纸中的墙、柱构件尺寸及定位是否与建筑设计构件尺寸存在冲突。对于需加固的部位，应复核加固设计图纸的构件是否与现场实际构件一致。

（2）对于需增大截面加固的墙、柱、梁，应复核增大截面加固完成后，是否导致功能房间最小净空尺寸不足（包括开间、进深、净高）。

（3）对于需粘钢的墙、柱、梁、板，应复核其使用的扁钢、压条、锚栓的规格尺寸、布置间距，若同一部位有多道钢板，应考虑每一道钢板的顺序。

（4）对于需植筋连接的部位，应复核图纸设计的不同构件需达到的植筋深度，且应复核设计的植筋深度是否超过构件尺寸。

（5）对于需包钢加固的部位，应复核其钢板焊接的焊缝等级。

（6）对于需贯穿结构的加固部位，应复核此构件实际可达到贯穿的条件，若无法实现，应及时与设计单位变更此处做法。

（7）对于需包碳纤维布的部位，应复核是否有其他构件与此部位相连，导致碳纤维布无法环包。

（8）对于改建的区域，应复核板在梁的锚固方式、板在墙上的锚固方式、次梁在主梁的锚固方式、梁在柱上的锚固方式、梁在墙上的锚固方式。

（9）对于植筋的部位，应复核其所用的植筋胶的性能参数要求。

（10）对于粘钢的部位，应复核其所用的结构胶的性能参数要求。

（11）对于加固完成表面为钢板的部位，应明确其防锈、防腐蚀的防护做法。

（12）对于因增大截面加固导致功能房间最小净空尺寸不足的部位，可以将增大截面调整为粘钢或包碳纤维布加固。

（13）由于既有建筑的构件的钢筋较密，大直径钢筋的植筋施工难度较大，且一般难以达到设计要求的植筋深度，可采用等面积代换，将大直径钢筋调整为小直径钢筋，减小植筋深度，降低植筋难度。

（14）若加大截面使用的浇筑材料为细石混凝土，则可变更为高强度的灌浆料，灌浆料无须振捣，可提高浇筑质量。

（15）对于无法实现贯穿构件的部位，可采用与原有构件钢筋焊接。

（16）对于需包碳纤维布的部位，若因此部位存在其他构件与之相连，导致无法环包碳纤维布的，可变更为粘钢加固。

（17）对于加固钢板表面使用喷砂及挂网抹灰的部位，由于抹灰完成面容易空鼓、开裂，可调整为抹灰石膏喷涂做法。

3.3 既有建筑改造项目实施特点

3.3.1 结构拆除及加固

1. 主要特点

1）改造过程中设计变更量大，调整多

既有建筑改造和功能提升项目典型特点是工期紧、节奏快，正常设计周期无法满足现场需要，存在设计赶图的情况。同时，由于原有竣工图经常缺失，导致设计施工图与实际偏差较大，改造过程调整变更量大，存在二次设计返工的可能。

在建筑立面、室内装修改造过程中，部分业主往往会提出各种新的诉求，导致现场设计协调量巨大，不确定因素较多，设计变更量大。

2）紧邻主干道

既有建筑改造项目一般处于繁华地段，周边多有主要交通干道，行人车辆较多。

3）周边环境复杂

既有建筑改造项目周边多有较多的建筑群体，包括住宅、商业街区等，且距离施工现场较近。

4）行业主管部门关注力度大

既有建筑改造项目多为所在区域的重点项目，各级部门关注力度大，各项安全文明均要超过常规的施工规范要求。

5）垃圾清运困难

既有建筑改造项目大多存在较多的建筑垃圾，且受限于周边环境，垃圾清运较为困难，拆除垃圾清运的速度，直接影响项目整体工期。

6）垂直运输难以保证

常规项目垂直运输工具多为塔吊，但因塔吊覆盖区域较大，且存在坠物风险，既有建筑改造项目设置塔吊存在较多阻力。

7）安全文明措施要求高

拆改项目一般都存在一定的危险性，且拆改施工极易产生大量扬尘，项目安全文明施工要求较高。

2. 应对措施

1）应具备详细的施工组织设计、加固检测方案、拆除构件流程，并经过设计和监理审核；

2）每个区域应具备监测方案，监理、甲方和设计审核，并由各方书面确认后才可施工；

3）加固改造前，应根据现场情况对相关梁板支顶卸载，对转换梁加固，尤其要注意这点，加固改造应由专业人员施工；

4）在原结构钻孔前，应先探明原有结构的钢筋情况，避免钻孔对原结构钢筋的损害；

5）打凿原梁板时，应注意预留胡子筋，以便锚入新加构件以及与新加板筋连接；

6）拆柱方案应增加预应力张拉配合拆柱的施工技术措施，包括监测控制托换梁位移、支顶力传感器等设施，以防预应力张拉不足或超张拉等情况出现。

3.3.2　装饰拆除改造施工

1. 施工重难点

既有建筑改造项目的装饰拆除大多出于对原有功能的提升需求，因此，装饰品位要求高，材料多，主要有以下重难点：

（1）材料种类多，采购时间长；

（2）檐口、儿童卫生间、特殊涂料、墙面特殊部位等工艺复杂；

（3）各工种交叉施工导致质量风险大。

2. 应对措施

（1）多渠道搜集，充分利用上级机构的材料商资源，专人快速推进材料采购；

（2）快速推进招标采购流程；

（3）施工样板先行，深化施工节点，调配高水平工人；

（4）多标段、多加班、多加人，及时跟踪、及时纠偏、及时沟通；

（5）注意成品保护，加强技术交底和质量监督。

3.3.3　安装拆除改造施工

1. 施工重难点

（1）配合加固，管线拆除恢复施工零星繁琐，地点分散，窝工现象频繁；

（2）空调风机、电箱、电缆、扶梯等设备二次利用，其拆除、调试、恢复难度大；

（3）消防喷淋、消火栓需多次泄水，并且需要 24h 注水；

（4）拆除过程中常出现报警故障点位，故障排除困难；

（5）由于设备品牌和更新，新旧系统调试困难；

（6）需保留过路桥架管线导致机电标高难以控制及过路管线清理和规整困难。

2. 应对措施

（1）根据现场情况调整方案，制定市场零星采购方案；

（2）分专业、分区域针对对象安排人员；制定专项措施方案，调整消防报警、水系统回路；

（3）风管场外加工，封闭空间、靠近室外空间加工；

（4）尽量使用原品牌设备，请原厂家调试；

（5）根据现场深化综合管线图纸；

（6）新增桥架保护。

3.3.4 幕墙拆除改造施工

1. 施工重难点

（1）需搭设脚手架进行封闭拆除，脚手架连墙件设置困难；

（2）考虑拆除残值的成品保护，对场地堆放要求较高；

（3）大板面玻璃、石材拆除安装困难，若存在利旧部分，改造后易存在色差。

2. 应对措施

（1）拆除前对现状做好调研，应充分考虑架体的稳固方式；

（2）做好场地规划，优化整体部署，尽量在幕墙改造过程中，减少其他占用场地的工序；

（3）细化石材排版，对新旧交界的部分单独选样，减少色差或形成色差渐变。

3.3.5 屋面抗渗工程

1. 施工重难点

由于使用年限较长，且原结构施工时相关规范不全，原结构施工质量缺陷通常较大，结构自防水以及建筑防水施工大多不能达到现行规范的要求。因此，对于屋面改造施工，最大的困难在于屋面防水防渗漏施工。

2. 应对措施

（1）屋面局部破除时，必须要求采用静力切割的方法，减少对周围屋面结构造成振荡裂缝，形成漏点。

（2）对于屋面新开洞口，必须在洞口四周砌筑挡水坎；

（3）做防水卷材施工，新旧结合搭接保护不低于 300mm，保温前后共两遍卷材，并在此前混凝土基层上涂刷防水涂料；

（4）对于改造型风井、新建风井都要进行不少于 30min 的淋水实验并且做好防水附加层的施工。

3.4　既有建筑改造施工技术

3.4.1　拆除工艺技术

1. 人工破碎

人工破碎主要利用风镐与电锤进行结构强行破除，若混凝土强度等级较高，电锤力度有限，为提高工作效率，此时宜采用风镐进行破除。人工破碎产生的灰尘较大，须做好扬尘防控措施。人工破碎适用于以下区域：

（1）需保留钢筋梁板区域；

（2）需拆除结构梁板与保留墙柱的梁柱、梁墙、板柱等接头区域（为避免绳锯切割过程中金刚绳偏移对结构柱造成损伤，需拆除结构与保留结构梁柱、梁墙、板柱等接头区域保留 5cm，结构梁拆除后使用风镐进行剩余 5cm 区域的拆除）；

（3）坡道区域结构板：由于坡道区域为斜板，易造成碟式切割机、墙锯等锯盘卡死，坡道结构板采用风镐破除，具体如图 3-1、图 3-2 所示。

图 3-1　风镐破碎　　　　　　　　　　　　　图 3-2　破碎效果图

2. 静力切割

钢筋混凝土静力切割技术是指采用液压墙锯机、电动碟锯机、水钻或者马路切割机等工具对混凝土构件、墙体、路面等进行切割的施工技术，它具有切割能力强、静力无损、对结构无影响、效率高、采用水冷却、无施工粉尘等特点，绳锯切除及水锯切除效果如图 3-3、图 3-4 所示。

图 3-3　绳锯切除　　　　　　　　　　　　图 3-4　水锯切除

3. 静力爆破

1）静力爆破工艺原理

人工造孔后，在静力爆破剂的作用下使岩石胀裂、产生裂缝，再用风镐将碎块破除，达到拆除的目的。因此，静爆产品的性能直接影响爆破拆除效果。

2）静力破碎药破碎机理

一是静力爆破剂进行破碎的机理与炸药破碎机理不同，它主要是靠破碎剂在被破碎体内发生缓慢的化学反应和物理变化而使晶粒变形、温度升高、体积膨胀，以致逐渐增大对孔壁的静膨胀压力作用，使介质产生龟裂而解体，静力膨胀破碎法也称静力迫裂和静力破碎技术。二是岩石或混凝土等脆性介质的抗拉强度远小于其抗压强度，岩石的抗拉强度约为 $5\sim10\text{MPa}$，混凝土的抗拉强度约为 $20\sim60\text{MPa}$。通常无声破碎剂的膨胀压力可达 $30\sim50\text{MPa}$，当炮孔中的静力爆破剂发挥作用时，炮孔周围介质产生周向拉应力，当拉应力值超过介质的抗拉强度时，炮孔之间便产生裂隙，随着膨胀压力的增加，裂隙逐步扩展成裂缝，继而导致介质破坏。三是静力爆破剂是以特殊硅酸盐、氧化钙为主要原料，配合其他有机、无机添加剂而制成的粉状物质，典型的化学反应式为：

$$CaO + H_2O \rightarrow Ca(OH)_2 + 6.5 \times 10^4 J$$

式中：CaO 为氧化钙；H_2O 为水；$Ca(OH)_2$ 为氢氧化钙；J 为焦（热量单位）。

当氧化钙变成氢氧化钙时，其晶体由立方晶体转变为复三方偏三角面体，这种晶体的转化，会引起晶体体积的膨胀。根据测定，在自由膨胀的前提下，反应后的体积可增长 $3\sim4$

倍，其表面积也增大近 100 倍，同时每摩还释放出 6.5×10^4 J 的热量。如果将它注入炮孔内，这种膨胀受到孔壁的约束，压力可上升到 50MPa，介质在这种压力作用下会产生径向压缩应力和切向拉伸应力，静力爆破拆除如图 3-5 所示。

图 3-5　静力爆破拆除

4. 降层拆除法

"降层拆除法"是以小型挖掘机配备液压锤吊至高层建筑楼面进行机械拆除为主、人工风镐拆除为辅的高层建筑楼体拆除方法。待楼体拆除至机械能够在地面上进行作业后，再将小型挖掘机移走，采用大型挖掘机配备长臂液压剪为主、液压锤辅助在地面进行解体拆除。此方法适用于场地狭窄、周边环境比较复杂，且对爆破拆除有限制的高层建筑楼体拆除工程项目。

5. 机械拆除

拆除原理：利用建筑拆除机械对建筑物做功，破坏建筑物的结构体系，以实现对建筑物的拆除。

如今先进的机械拆除技术及方法主要有共振拆除法、气切法、破碎机拆除法、"TECOREP"系统拆除法、"削底施工法"、日立高空拆除机、智能机械拆除机器人的运用等。

1)"TECOREP"系统

"TECOREP"系统使用现有建筑的顶层，通过搭建脚手架建立一个"帽子"，在"帽子"中进行拆除作业，通过千斤顶控制"帽子"升降，来实现安全、环保、经济的拆除作业。日本大成建设开发的"TECOREP"系统，在拆除日本王子大饭店的时候得到了运用。首先在建筑的最顶层安装相应的围护结构，以保证屋顶结构的完整性，然后再向下搭设脚手架和隔声板，将王子饭店建立成一个类似于"帽子"的形状，通过调节下部的千斤顶以此控制"帽子"的高度，其中隔声板采用透光的材质做成，这样有利于拆除施工。"TECOREP"

系统在拆除过程中处于封闭状态，可以很好地控制拆除过程中产生的粉尘，并且还可以降低施工的噪声；其次，这套系统还拥有电力再生的优势，将下降产生的重力势能转换成电能进行储存，随着重量的增加，产生的电力也会越多，日本赤坂王子大饭店"TECOREP"系统拆除前后如图 3-6 所示。

图 3-6   日本赤坂王子大饭店"TECOREP"系统拆除前后对比图

2）"削底施工法"

"Cut Down（削底）施工法"又叫"鹿岛拆除工法"，利用建筑底层建立施工区域，在地面完成高层建筑拆除工作，人员和废料无需上下移动，安全性高。这种机械拆除施工的基本理念是先从建筑物底部开始进行拆除，首先，是对一层建筑物周围搭设脚手架和隔声板，将首层除承重柱以外的其他构件进行拆除，然后用千斤顶依次替换拆除掉一层柱子，如此重复作业。这种拆除方式同样可以很好地避免粉尘的产生，一定程度上降低施工噪声，同时由于是在地面上进行作业，不会有废旧垃圾从高层抛下的现象，"鹿岛拆除工法"流程如图 3-7 所示。

图 3-7   "鹿岛拆除工法"流程效果图

3）智能机械拆除机器人的运用

智能机器人技术目前已被广泛应用于生产和生活的许多领域，按其拥有智能的水平可以分为三个层次：工业机器人、初级智能机器人、高级智能机械拆除机器人。智能拆除机器人较一般的机械拆除优势在于可以从事高危拆除作业，降低人员伤亡。同时，还可以很大程度上提高拆除的效率，降低拆除带来的粉尘污染。

4）共振法应用于机械拆除

共振法是兰州理工大学防震减灾研究所开发的一种应用于建筑物机械拆除的新技术。主要原理是采用共振的方法，在待拆除墙体上安装共振器，测出墙体的自振频率，然后利用共振器使墙体振动，当施加的外荷载频率与墙体达到一致时，引起墙体的共振，破坏墙体，导致墙体脱落。共振法相对于传统的机械拆除和爆破拆除有很大的优势：共振法不会产生粉尘，也不会产生噪声，因为墙体的自振频率不在人耳能分辨的范围内；系统达到共振时，输入机械系统的能量最大，墙体达到最大的位移变化，能够充分利用共振器释放的能量，即能量的利用效率达到最高。

此技术还处于研发试验阶段，还需要进行大量改进。如采用共振法拆除墙体时，墙体只能分块拆除，且共振器架设比较麻烦。钢筋混凝土柱、梁，不能采用共振法拆除，只能拆除少量非承重或者少量承重结构，使用中还有不小的局限性。

5）气切法用于机械拆除

气切法原理是采用氧-乙炔燃烧产生的高温进行切割和拆除。这种方法目前主要应用于切割金属行业，对于拆除行业应用还相对较小。

其特点主要是：采用的气体为市场上常见的纯氧和乙炔气体，方便购买，气体是通过气瓶供给割矩或者焊炬，较为方便；切口较小，线性切割缝，拆除时可以根据业主要求进行切割；对于框架结构的楼房拆除，常见构件，如板、墙、梁、柱都可以用气切的方式进行切割；钢结构下的高层建筑，采用气切法能够灵活地拆除；保护性拆除时适用性强，不需要整层拆除建筑物，部分拆除与大型机械相比灵活性强。

这种拆除方法主要是采用高温熔化切割，不会产生噪声，也不会有爆破法产生的烟尘，属于可持续发展的拆除工艺。但是目前这种技术只是在小范围内应用。

6. 爆破拆除

拆除原理：利用爆炸物爆炸时产生的巨大冲击波对建筑物进行做功，破坏建筑物的原有结构受力体系以实现拆除。

与机械拆除技术发展类似，爆破拆除技术同样于第二次世界大战后清除战争遗留建筑物的大背景下兴起。1945 年，第二次世界大战结束后，由于战争原因造成大量被破坏的建筑物需要被拆除，德国、日本以及苏联等国家将本用于战争打击的爆破技术，加以控制和改进后应用于建筑物的拆除中。20 世纪 60 年代，瑞典、美国、日本、丹麦等国家对爆破拆除技术进行改进提高，成功将爆破拆除技术应用于较高的建筑物拆除中，爆破拆除相较于人工拆除和机械拆除，效率极高、成本较低，展示了其巨大的社会效益和经济效益。20 世纪 70 年代，随着对爆破拆除技术、爆破机理、爆破器具的进一步研究，人们相继研制出了可靠、易控制的炸药、导爆和装药器材。进入 20 世纪 80 年代以来，随着计算机模拟技术在爆破拆除中的应用，以及国内外大量爆破拆除实践对工程经验的充实，人们对爆破拆除技术的认识进一步加深。如今，主要的爆破拆除技术有定向倒塌、双向折叠、三向折叠、原地坍塌、逐跨坍塌、内折倒塌等，爆破拆除已然成为建筑行业中极其重要的方法之一，爆破拆除效果如图 3-8 所示。

图 3-8 爆破拆除效果图

3.4.2 常用拆除工艺分析

随着国家法律法规的不断完善，各地对环保要求的不断提高，各类拆除工艺越来越趋向于绿色、环保等方向。限于篇幅，本书仅选取几类常见的拆除工艺进行详细分析。

1. 静力切割拆除工艺分析

1）拆除程序工艺要求

为确保受保护的主体结构混凝土在拆除过程中不因悬臂受力而破坏，除遵循自上而下、先板后梁的拆除顺序之外，还要严格遵循以下拆除原则：

（1）楼板拆除之后，先拆除楼板次梁再拆楼板主梁；

（2）楼板主梁截面尺寸较大，必须在支撑脚手架搭设完成后方可进行主梁切割拆除；

（3）框架梁拆除必须在楼板主梁拆除完成后进行施工，这样即使脚手架扰度弯曲后，也可形成同一排柱、梁共同受力，不会因单个独立柱悬臂受力而导致混凝土柱拉裂；

（4）多跨框架梁、柱拆除时遵循由中间向两边或者两边向中间的顺序切割拆除，可保证切割梁块相邻柱有其他柱梁联合受力体；

（5）为保证切割混凝土块起吊安全，楼面混凝土主梁沿截面 45°方向切割，其余梁可垂直截面切割拆除；

（6）混凝土梁拆除之前，必须做好相应支撑加固措施，严禁切割后框架柱悬臂受力。

2）主要拆除施工工艺及措施

（1）拆除工艺流程

施工准备→设备定位→试锯→女儿墙结构拆除→楼面拆除→楼面次梁拆除→支撑平台搭设→楼面主梁拆除→框架梁拆除→砌体墙拆除→构造柱圈梁、过梁拆除→框架柱拆除→验收。

（2）梁、板、柱钢筋混凝土拆除

构件切割之前需做好切割体吊孔钻孔，采用吊车小幅度起吊施加预应力。钻孔可采用水钻。采用两孔或者四孔对称起吊，使吊起物起吊平衡。

① 楼板

混凝土楼板采用金刚石碟锯对称切割，25t 汽车式起重机直接吊装至地面。

② 主、次梁

主、次梁切割施工不再搭设支撑脚手架，吊车提前收紧钢丝绳进行预受力，然后采用绳锯对称直接切割作业。当梁跨度较大时需分段切割。

③ 多跨框架梁拆除

多跨框架梁拆除在主梁拆除完成后进行，这样可以保证即使脚手架扰度弯曲后，也可形成同一排柱、梁共同受力，不会因单个独立柱悬臂受力而导致混凝土柱拉裂。同一轴线梁拆除遵循由中间向两边或者两边向中间的顺序用两台绳锯对称切割拆除，可保证切割梁块相邻柱有其他柱梁联合受力。施工工艺同主梁，调运视吊车站位情况采用 25t 或 50t 吊车。

④ 框架柱拆除

采用绳锯分段自上向下进行切割，切割作业前钻设起吊孔、安装起吊钢丝绳，采用汽车式起重机配合。切割作业过程中采用搭设脚手架施工平台。

（3）静力切割注意事项

① 确保施工现场水通、电通。在切割过程中不断用水，具有对切割设备本身进行降温及避免扬尘的作用。

② 切割设备固定采用在混凝土实体上钻孔，用膨胀螺栓紧固设备底座的方法。

③ 启动后，应空载运转，检查并确认锯片运转方向正确，升降机构灵活，运转中无异常、异响，一切正常后，方可作业。

④ 混凝土切割操作人员，在操作切割机时，不得强行进刀。

⑤ 混凝土切割时应注意被切割钢筋混凝土实体的受力变化，避免卡住锯片、绳锯等。

⑥ 混凝土切割作业中，当工件发生冲击、跳动及异常音响时，应立即停机检查，排除故障后，方可继续作业。

⑦ 金刚石绳锯切割机进行作业时，半径 6m 区域内不得有人员进入，防止绳锯断裂溅

伤人员。

⑧ 吊车吊装时，检查支腿基础是否稳固，钢丝绳是否完好，所吊装重量是否与设备匹配等。

⑨ 切割作业严格按照切割标线进行施工，禁止切割受保护的结构混凝土。

⑩ 梁板切割时，一定要对称切割，做到两台设备同步进行，避免夹锯现象。

2. 静力爆破拆除工艺分析

1）施工工艺流程及操作要点

（1）工艺流程

施工前准备工作→设计布孔→测量定位→钻孔→进入下一循环→药剂反应、清渣→装药。

（2）操作要点

① 设计布眼

布眼前首先要确定有一个以上临空面，钻孔方向应尽可能做到与临空面平行，临空面（自由面）越多，单位破石量就越大，经济效益也越高。切割岩石（或混凝土）时同一排钻孔应尽可能保持在一个平面上。孔距与排距的大小与岩石硬度、混凝土强度及布筋有直接关系，硬度越大、混凝土强度越高、布筋密钢筋粗时，孔距与排距越小，反之则大。

② 钻孔

钻孔直径与破碎效果有直接关系，钻孔过小，不利于药剂充分发挥效力；钻孔太大，孔口难以堵塞。推荐用直径为 38～42mm 的钻头。钻孔内余水和余渣应用高压风吹洗干净，孔口旁应干净无土石渣。

③ 钻孔深度和装药深度。孤立的岩石（或混凝土块）钻孔深度为目标破碎体 80%～90%；矿山荒料开采钻孔深度可达到 6m 左右，大体积需要分步破碎的岩石（或混凝土块），钻孔深度可根据施工要求选择，一般在 1～2m 较好，装药深度为孔深的 100%。

④ 装药。第一，向下和向下倾斜的眼孔，可在药剂中加入 22%～32%（重量比）左右的水（具体加水量由颗粒大小决定）拌成流质状态后，迅速倒入孔内并确保药剂在孔内处于密实状态。用药卷装填钻孔时，应逐条捅实。粗颗粒药剂水灰比调节到 0.22～0.25 时静力破碎剂的流动性较好，细粉末药剂水灰比在 32% 左右时流动性较好，也可以不通过捅实过程。向下灌装捣实较方便，如施工条件允许，推荐采用"由上到下，分层破碎"的施工方式，方便工人操作。第二，水平方向和向上方向的钻孔，可用比钻孔直径略小的高强长纤维纸袋装入药剂，按一个操作循环所需要的药卷数量，放在盆中，倒入洁净水完全浸泡，30～50s 左右药卷充分湿润、完全不冒气泡时，取出药卷从孔底开始逐条装入并捅紧，密实地装填到孔口。即"集中浸泡，充分浸透，逐条装入，分别捣实"。也可将药剂拌合后用灰浆泵压入，孔口留 5cm 用黄泥封堵保证水分药剂不流出。第三，岩石刚开裂后，可向裂缝中加水，支持药剂持续反应，可获得更好效果。第四，每次装填药剂，都要观察确定岩石、药

剂、拌合水的温度是不是符合要求。灌装过程中，已经开始发生化学反应的药剂（表现开始冒气和温度快速上升）不允许装入孔内。从药剂加入拌合水到灌装结束，这个过程的时间不能超过 5min。

2）注意事项

（1）药剂反应时间的控制。药剂反应的快慢与温度有直接的关系，温度越高，反应时间越快，反之则慢。实际操作中，控制药剂反应时间太快的方法有两种：一种是在拌合水中加入抑制剂；另一种方法是严格控制拌合水、干粉药剂和岩石（或混凝土）的温度。夏季气温较高，破碎前应对被破碎物遮挡，药剂存放低温中，避免暴晒。将拌合水温度控制在 15℃以下。药剂（卷）反应时间过快易发生冲孔伤人事故，可用延缓反应时间的抑制剂。抑制剂入浸泡药剂（卷）的拌合水中。加入量为拌合水的 0.5%～6%。冬季加入促发剂和提高拌合水温度。拌合水温最高不可超过 50℃。反应时间一般控制在 30～60min 较好，条件较好的施工现场可根据实际情况缩短反应时间，以利于施工。

（2）质量控制。第一，静力爆破剂的质量控制。对进场材料必须进行检验，确保其符合《无声破碎剂》JC 506—2008 强制性行业标准，不合格产品不得使用；第二，打孔质量控制。根据调查情况，编写实施性施工方案，按方案中的设计孔位布置图进行测量放线，严格控制孔深、角度等技术参数。钻孔直径宜采用 38～42mm。孔距与排距的大小与岩石硬度、混凝土强度及布筋有直接关系，硬度越大、混凝土强度越高、布筋密钢筋粗时，孔距与棒距越小，反之则大。根据此原则结合现场试验进行孔距与排距调整。第四，装药的质量控制。根据当地企稳情况选择破碎剂型号。禁止边打孔边装药，打孔要一次完成，装药要一次完成。禁止打孔完成后立即装药，应用高压风将孔清洗完成后，待孔壁温度降到常温后方可装药。灌装过程中，已经开始发生化学反应的药剂不允许装入孔内。第五，药剂反应时间控制。药剂反应时间一般控制在 30～60min，控制参数可根据现场的施工条件试验测定相关的施工参数。

（3）安全措施。无关人员不得进入施工现场；采用具有腐蚀性的静力破碎剂作业时，灌浆人员必须戴防护手套和防护眼镜。孔内注入破碎剂后，作业人员应保持安全距离，严禁在注孔区域行走。在相邻的两孔之间，严禁钻孔与注入破碎剂同步进行施工。静力破碎时，发生异常情况，必须停止作业，查清原因并采取相应措施确保安全后，方可继续施工。在药剂灌入钻孔到岩石或混凝土开裂前，不可将面部直接近距离面对已装药的钻孔。药剂灌装完成后，盖上麻袋或棕垫，远离装灌点。观察裂隙发展情况时应更加小心。此外施工现场应专门备好清水和毛巾，冲孔时如药剂溅入眼内和皮肤上，应立即用清水冲洗。情况严重者立即送医院清洗治疗。在破碎工程施工中需要改变和控制反应时间，必须依照规定加入抑制剂和促发剂，并按要求配制使用，严禁擅自加入其他任何化学物品。严禁将破碎剂加入水后装入小孔容器内（如玻璃杯、啤酒瓶等）。刚钻完孔和刚冲孔的钻孔，孔壁温度较高。应确定温度正常、符合要求，并清洗干净后才能继续装药。破碎剂运输和存放中应防潮，开封后请立即使用。如一次未使用完，应立即紧扎袋口，需用时开封。静力破碎剂严禁与其他材料混放。

使用破碎剂前请确认操作人员对说明书已仔细阅读并理解。

3. 降层拆除法工艺分析

1）施工工艺流程及操作要点

（1）工艺流程

施工准备→搭设双排防护架→4层及以上结构机械降层拆除→1～3层机械解体拆除→地下部分拆除。

（2）操作要点

① 施工准备

在拆除作业前，施工单位应检查建筑内各类管线情况，确认全部切断后方可施工。

楼内附属设施主要包括门窗、吊顶、管线等，拆除流程为：拆除楼内门窗与吊顶→拆除线缆桥架和各种管线→及时外运。

a. 门窗拆除主要采用大锤、撬棍等手持工具，直接拆除其四角的固定点，再将门窗整樘卸下，及时搬运至楼外空地。

b. 拆除吊顶使用撬棍等工具，直接将吊顶及龙骨拆除。

c. 各种线缆拆除时，直接采用手钳、虎钳等将线缆分段剪断，缠裹后直接搬运至楼外空地。

d. 消防、空调、上下水等各种管道直接使用割炬分段切割拆除。

e. 楼内附属设施拆除后及时清运出现场。

② 搭设双排防护架

拆除前沿建筑物周边搭设封闭型双排防护架，脚手架外立面高于拆除作业层1.5m。当拆除外边柱时，脚手架连墙件拆除后应在脚手架的四角加设双杆水平斜撑，以增加脚手架的整体稳定性。另外，安排专人巡查脚手架，确认架体安全后方可进行拆除作业，双排防护架搭设如图3-9所示。

③ 4层及以上机械降层拆除

a. 吊装机械的选择。采用两台小松PC200挖掘机并配备液压锤，用大型汽车式起重机或塔吊吊卸至屋面进行降层拆除。

b. 卸料口的选择。利用大厦原有电梯井、清洁间作为渣土倾倒通道，并拆除该区域1～2层剪力墙的两侧墙体，形成一个开放式倾斜口，满足渣土掏、挖、转的施工需要。在首层安置一辆小松PC300反铲挖掘机，随时掏运倾泻下的渣土碎块，将渣土平移至楼体空地。

c. 拆除期间作业人员以楼梯作为上下通道，楼梯栏杆随楼层拆除，不得提前拆除。

d. 机械拆除的顺序依次为：玻璃幕墙→楼板开洞口→内墙→板→梁→柱→剪力墙。

e. 主要施工工艺如下。

ⓐ 外墙的拆除：主楼的外墙采用的是玻璃幕墙，先拆除玻璃卡扣，将玻璃整块卸下，再分段切割幕墙框体。

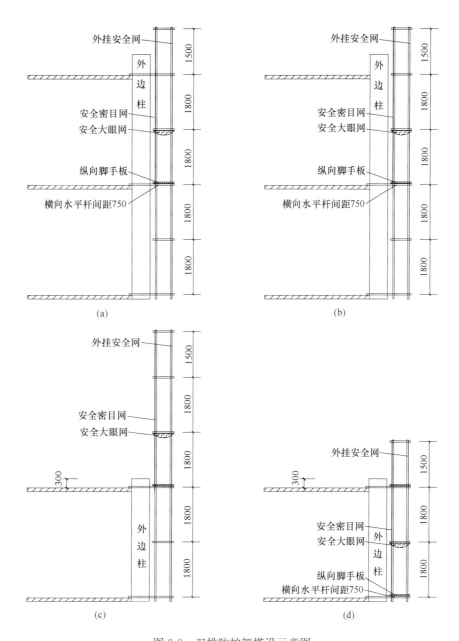

图 3-9　双排防护架搭设示意图

（a）拆除顶板、梁、内柱；（b）拆除本层连墙件；（c）拆除外边柱；（d）拆除本层脚手架和防护网

ⓑ 每层顶板的拆除：首先拆除主楼中部的梁、板。将拆除的剪力墙和轻质隔墙铺设在走廊，形成 25°夹角的坡道。施工机械从坡道驶入下层楼板上，然后向四周逐步拆除。

ⓒ 施工机械作业及移动时，两条履带应行驶在柱和梁上，2 台施工机械应放置在不同的柱跨内，避免直接坐落在楼板上。

ⓓ 内部隔断墙的机械拆除：使用液压锤由上至下逐区域拆除，严禁整体放倒。

ⓔ 柱体拆除顺序为先中间、再四周。先拆除中间区域的柱体，最后拆除四周最外侧的柱体，四周最外侧的柱体倾倒方向必须由外向内。

ⓕ 柱体破碎拆除时，首先确定倾倒方向，然后使用液压剪将柱体的倾倒方向和两侧的保护层混凝土剔除，区域大小：距底板 500mm，高度 200mm。裸露出钢筋后，使用割炬切断该区域的主筋和箍筋，保留背部主筋，接着使用小松 PC200 强大的液压力将柱体缓缓按倒，最后使用割炬切断背部主筋。

ⓖ 各楼层除去板厚及剔凿区域，严格控制拆倒后的柱体长度在 1.0m 以下，以防止其向下倾落时卡挂在下部楼层。

ⓗ 拆除电梯井剪力墙，墙体以每 3.0m×3.0m 为一个单元拆除，施工方法同拆除柱体类似。

ⓘ 上部渣块倾落前严格控制渣块儿的大小，板、梁的渣块控制在 300mm×300mm 以下，柱控制在 1.0m/段以下，最大限度减少倾落造成的振动影响。

④ 1~3 层机械解体拆除

降层施工完后，拆除所有外脚手架，改用加长臂液压剪按由上至下，先拆板、梁，再拆柱的顺序破碎拆除剩余楼体。

⑤ 拆除地下部分

地下部分拆除分为地下室结构和混凝土基础拆除，主要采用反铲挖掘机配备液压锤进行施工。

2）注意事项

拆除施工在建筑工程中属于特殊工艺，因此，整个拆除过程对安全、消防、扬尘、噪声控制要求相当严格。

（1）施工时在施工区域的周边设置警戒线，降层拆除时，搭设高于建筑物 1.5m 的全封闭脚手架。拆除作业施工时，安排专人巡查脚手架。

（2）在作业层及上部防护脚手架（1.5m 高）的内侧再增加 1 道密目网和 1 道大眼网，防止渣块外溅。

（3）前期拆除时（建筑物内部附属物拆除），作业层设置 1 个专职安全保卫人员，全天候 24h 值班、警戒，严禁工程无关人员进入施工区域。

（4）渣土倾倒口、电梯井洞口等洞口处应设置安全护栏，被拆除层施工作业时，在该层提前做安全护栏，使用 48mm×3.5mm 的钢管，护栏高度不低于 1.2m。

（5）施工作业期间随拆除随洒水降尘，先将渣土浇湿、浇透，再倒入倾泻口。现场设置 3 个洒水点，其中 2 个分别紧随机械随拆除随洒水，另一个使用洒水车移动洒水，以将粉尘污染降到最低。

（6）禁止数层同时拆除。建筑物的承重柱、梁，要等待其所承担的全部结构和荷载拆除后方可进行拆除。

（7）先拆板、次梁，再拆主梁，严禁顺序颠倒。独立柱、墙、附墙柱拆除时，应从上至下基本同步进行。

（8）拆除梁和楼梯板时，必须从中间往两端基本对称进行，绝不允许先拆两端或一端后，而让梁和楼板下坠。

3.4.3　加固工艺技术

1. 增大截面法

1）方法简介

增大截面法，又称外包混凝土法，它通过在构件外围增大配筋和截面面积的方式来提高建筑构件的刚度和承载能力。

2）特点

施工周期长，加固后建筑自重加大，易形成建筑薄弱层；应用范围广泛、技术成熟、工艺简单；加固后房间使用面积减少，外观改变；钢筋、模板、混凝土施工量大且零散，对周边环境影响较大；加固效果好，施工质量有保证，后期不需另行维护；新旧建筑间存在应力滞后现象，即新增加部分建筑应力应变滞后于原建筑。

3）适用范围

此施工方法主要适用于受压、受弯、压弯构件，如梁、柱、剪力墙、基础等。

2. 外粘钢板加固法

1）方法简介

粘贴钢板加固法即采用专用建筑胶将钢板粘贴到建筑构件需加固的部位，继而提高构件承载能力。此方法既可以提高构件配筋率，改善原建筑构件配筋率不足的问题，也可以有效阻止和限制混凝土裂缝的出现和发展，提高构件的整体性。

2）特点

施工工艺简便，施工场地及空间要求小；使用 2～6mm 钢板进行加固，不侵占房间使用面积，对建筑自重影响不大；施工周期较短，成本较低；适用性较强，灵活多样，建筑类型和形式不受限制，基本可以应用于绝大部分钢筋混凝土建筑；间接提高了建筑抗震性能；但是钢板及建筑胶若暴露在空气中耐久性较差，极易锈蚀，若增加保护措施，则维护成本较高；施工中需对建筑构件进行处理，会产生粉尘污染及噪声污染。

3）适用范围

适用于绝大部分钢筋混凝土建筑的梁、板、柱等构件及受弯、大偏心受压和受拉构件，可以显著提高其承载能力及抗震能力；不适用于素混凝土构件，包括纵向钢筋配筋率低于国家标准《混凝土结构设计规范》GB 50010—2010 规定的最小配筋率的构件的加固。

4）说明

此方法所用结构胶为环氧树脂胶，加固完成后需对钢板及建筑胶进行防腐处理，防止因腐蚀降低构件耐久性；由于梁为底部受拉，因此，一般在梁底部进行钢板粘贴，要求构件本身强度足够，至少达到 15MPa，且梁端抗剪强度较高，构件完整性较好，无较大裂缝出现，剪力墙增大截面做法如图 3-10、图 3-11 所示。

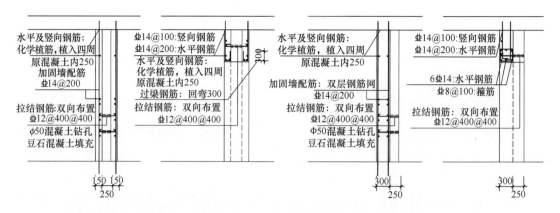

图 3-10 剪力墙增大截面示意图

图 3-11 梁增大截面

3. 粘贴碳纤维加固法

1）方法简介

粘贴碳纤维加固法即采用专用结构胶粘剂将碳纤维织物粘贴到梁、柱等建筑构件表面，使其与建筑形成一体共同工作，由于碳纤维具有很高的抗拉强度，因而可以提高建筑整体承载能力。

2）特点

施工简便、快捷，现场几乎无湿作业，加固后建筑构件截面尺寸基本无变化，几乎不增加建筑自重；碳纤维强度高，抗拉强度可以达到钢筋抗拉强度的十几倍，弹性模量也高于钢筋，因而加固效果理想、灵活度较高，可以广泛适用于各类建筑构件及部位；施工前原建筑表面需进行打磨处理，会产生粉尘污染及噪声污染；碳纤维为脆性材料，抗冲击韧性及剪切强度较低，耐火、耐高温性能较差，需再进行防火处理。

3）适用范围

此方法可广泛应用于钢筋混凝土各类建筑形式的梁、板、柱及特殊构件的加固，不适用于素混凝土建筑的加固，板底、梁底、梁侧碳纤维加固示意如图 3-12 所示。

图 3-12 板底、梁底、梁侧碳纤维加固示意

4. 外包角钢加固法

1）施工方法简介

外包角钢加固法即通过缀板、缀条、钢筋或角钢等把角钢固定到梁、柱等构件的四角，从而提高梁、柱构件承载力，继而达到加固的目的。外包角钢分为干式外包加固及湿式外包加固两种形式，干式外包加固即外包角钢和构件间无粘结，两者分别受力，整体工作性能不能保证；湿式外包加固即外包角钢和构件之间通过环氧树脂、乳胶水泥等粘结在一起，可保证共同受力、整体工作。两种加固方法对比而言，湿式受力性能更好，提高承载力效果更明显，而干式施工更为简单，框架柱外包型钢加固示意如图 3-13 所示，框架梁外包型钢加固

图 3-13 框架柱外包型钢加固示意图

示意如图 3-14 所示。

图 3-14　框架梁外包型钢加固示意图

2）特点

加固后构件截面尺寸增加不多，但建筑承载能力大幅提高；施工简便、速度快；受周围环境影响大，加固费用较高；加固材料需进行防腐处理。

3）适用范围

此方法适用于需大幅度提高承载力同时截面不允许过分增大的梁、柱等构件的加固。

5. 增设支撑加固法

1）施工方法简介

增设支撑加固即通过设置弹性支撑或刚性支撑等减少建筑构件的跨度或挠度，从而保证建筑的安全性能，并且间接提高了建筑的承载力。选用支撑时应尽量选用带有预加应力的支撑，预加应力的大小应以使构件端部钢筋不加密和构件表面不出现裂缝为原则，同时支撑选用材料应根据周围环境具体确定。

2）特点

施工简便，进度较快，成本低廉，但是占用较大建筑内部空间。

3）适用范围

在大多数场合均可使用，特别适用于抢险救灾工程。

6. 增设剪力墙加固法

1）施工方法简介

增大截面加固法即在建筑的某些位置增设一定数量的剪力墙，使原来的框架建筑变为框架剪力墙建筑，从而使建筑更好地抵抗地震作用，增强建筑的抗震性能。运用该法进行加固时务必注意剪力墙的布置位置的选择和剪力墙与原有建筑的连接方式。该法可以显著提高建筑的侧向刚度，减小建筑的侧向位移，在很大程度上增加建筑的抗震性能。

2）特点

可避免对梁柱进行普遍加固，但在一定程度上占用建筑内部空间。

3）适用范围

适用于较低层数框架建筑的加固。

7. 置换混凝土加固法

1）施工方法简介

置换法就是要把原有的缺陷部位局部清除并用新的混凝土替代。置换混凝土常配合粘钢加固或碳纤维加固。

2）特点

其优点主要表现为构件加固后能恢复原貌，且不改变原有空间和建筑结构布置（建筑净空不受影响），但该方法也存在缺点和不适用性，主要表现为施工的湿作业时间长、清除旧混凝土的工作量大，并需对周边有影响的原有结构进行必要的支撑和临时性加固。

3）适用范围

该方法适用于受压区混凝土存在强度偏低或密实度达不到要求的具有严重质量缺陷的混凝土梁、柱等承重构件的加固，同一部位置换混凝土加固示意如图 3-15 所示。

3.4.4 常用加固工艺分析

随着施工技术的不断发展，各类新型的加固工艺也不断涌现。限于篇幅，本书仅选取几类常见的加固工艺进行具体分析。

1. 增大截面法

1）工艺流程

清理、修整原结构、构件→安装新增钢筋（包括种植箍筋）并与原钢筋、箍筋连接→界面处理→安装模板→浇筑混凝土→养护及拆模→施工质量检验。

2）操作要点

（1）隐蔽验收

浇筑混凝土前，应对下列项目按隐蔽工程要求进行验收：

① 界面处理及涂刷结构界面胶（剂）的质量；

② 新增钢筋（包括植筋）的品种、规格、数量和位置；

③ 新增钢筋或植筋与原构件钢筋的连接构造及焊接质量；

④ 植筋质量；

⑤ 预埋件的规格、位置。

（2）截面处理

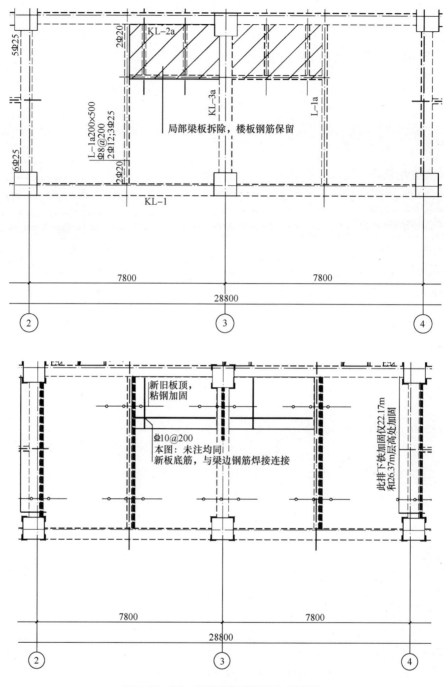

图 3-15　同一部位置换混凝土加固示意

原构件混凝土界面（粘合面）经修整露出骨料新面后，尚应采用花锤、砂轮机或高压水射流进行打毛；必要时，也可凿成沟槽。其做法如下：

① 花锤打毛：宜用 1.5～2.5kg 的尖头整石花锤，在混凝土粘合面上整出麻点，形成点深约 3mm、点数为 600～800 点/m² 的均匀分布；也可整成点深 4～5mm、间距约 30mm 的梅花形分布。

② 砂轮机或高压水射流打毛：宜采用输出功率不小于 340W 的粗砂轮机或压力水射流，在混凝土粘合面上打出方向垂直于构件轴线、纹深为 3～4mm、间距约 50mm 的横向纹路。

③ 人工凿沟槽：宜用尖锐、锋利凿子，在坚实混凝土粘合面上凿出方向垂直于构件轴线、槽深约 6mm、间距为 100～150mm 的横向沟槽。

当采用三面或四面新浇混凝土层外包梁、柱时，尚应在打毛的同时，凿除截面的棱角。

在完成上述加工后，应用钢丝刷等工具清除原构件混凝土表面松动的骨料、砂砾、浮渣和粉尘，并用清洁的压力水冲洗干净。

④ 原构件混凝土的界面，应按设计文件的要求涂刷结构界面胶，涂刷结构界面胶（剂）前，应对原构件表面界面处理质量进行复查，不得有漏剔除的松动石子、浮砂以及漏补的裂缝和漏清除的其他污垢等。

（3）新增截面施工

新增受力钢筋、箍筋及各种锚固件、预埋件与原构件的连接和安装，应满足相关规范要求及设计要求。

新增混凝土的强度等级必须符合设计要求。用于检查结构构件新增混凝土强度的试块，应在监理工程师见证下，在混凝土的浇筑地点随机抽取。

（4）新增混凝土的浇筑质量缺陷

新增混凝土浇筑质量缺陷如表 3-1 所示。

新增混凝土浇筑质量缺陷　　　　　　　　　　　　　表 3-1

序号	名称	现象	严重缺陷	一般缺陷
1	露筋	构件内钢筋未被混凝土包裹而外露	发生在纵向受力钢筋中	发生在其他钢筋中，且外露不多
2	蜂窝	混凝土表面缺少水泥砂浆致使石子外露	出现在构件主要受力部位	出现在其他部位且范围小
3	孔洞	混凝土的孔洞深度和长度均超过保护层厚度	发生在构件主要受力部位	发生在其他部位且为小孔洞
4	夹杂异物	混凝土中夹有异物且深度超过保护层厚度	出现在构件主要受力部位	出现在其他部位
5	内部疏松或分离	混凝土局部不密实或新旧混凝土之间分离	发生在构件主要受力部位	发生在其他部位，且范围小
6	新浇筑混凝土出现裂缝	缝隙从新增混凝土表面延伸至其内部	构件主要受力部位有影响结构性能或使用功能的裂缝	其他部位有少量不影响结构性能或使用功能的裂缝
7	连接部位缺陷	构件连接处混凝土有缺陷，连接钢筋、连接件、后锚固件有松动	连接部位有松动，或有影响结构传力性能的缺陷	连接部位有尚不影响结构传力性能的缺陷
8	表面缺陷	因材料或施工原因引起的构件表面起砂、掉皮	用刮板检查，其深度大于 5mm	仅有深度不大于 5mm 的局部凹陷

2. 外包型钢加固法

1）工艺流程

清理、修整原结构、构件并画线定位→制作型钢骨架→界面处理→型钢骨架安装及焊接→注胶施工（包括注胶前准备工作）→养护→施工质量检验→防护面层施工。

对干式外包钢，注胶工序应改为填塞砂浆或灌注水泥基注浆料的注浆工序。

2）操作要点

（1）施工环境要求

① 现场的温湿度应符合灌注型结构胶粘剂产品使用说明书的规定；若未做规定，应按不低于15℃进行控制。操作场地应无粉尘且不受日晒、雨淋和化学介质污染。

② 干式外包钢工程施工场地的气温不得低于10℃，且严禁在雨雪、大风天气条件下进行露天施工。

（2）界面处理

① 外粘型钢的构件，其原混凝土界面（粘合面）应打毛，打毛要求同增大截面法。

② 原构件混凝土截面的棱角应进行圆化打磨，圆化半径应不小于20mm，磨圆的混凝土表面应无松动的骨料和粉尘。

③ 外粘型钢时，其原构件混凝土表面的含水率不宜大于4％，且不应大于6％。若混凝土表面含水率降不到6％，应改用高潮湿面专用的结构胶进行粘合。

（3）注胶施工

① 灌注用结构胶粘剂应经试配，并测定其初黏度；对结构构造复杂的工程和夏季施工工程还应测定其适用期（可操作时间）。若初黏度超出本规范及产品使用说明书规定的上限，应查明其原因；若属胶粘剂的质量问题，应予以更换，不得勉强使用。

② 对加压注胶（或注浆）全过程应进行实时控制。压力应保持稳定，且应始终处于设计规定的区间内。当排气孔冒出浆液时，应停止加压，并以环氧胶泥堵孔。然后再以较低压力维持10min，方可停止注胶（或注浆）。

③ 注胶（或注浆）施工结束后，应静置72h进行固化过程的养护。养护期间，被加固部位不得受到任何撞击和振动的影响。

3. 外粘钢板加固法

1）工艺流程

清理、修整原结构、构件→加工钢板、箍板、压条及预钻孔→界面处理→粘贴钢板施工（或注胶施工）→固定、加压、养护→施工质量检验→防护面层施工。

2）操作要点

（1）注意事项

① 当采用压力注胶法粘钢时，应采用锚栓固定钢板，固定时，应加设钢垫片，使钢板

与原构件表面之间留有约 2mm 的畅通缝隙，以备压注胶液。

② 固定钢板的锚栓，应采用化学锚栓，不得采用膨胀锚栓。锚栓直径不应大于 M10；锚栓埋深可取为 60mm；锚栓边距和间距应分别不小于 60mm 和 250mm。锚栓仅用于施工过程中固定钢板。在任何情况下，均不得考虑锚栓参与胶层的受力。

（2）施工环境

现场的环境温度应符合胶粘剂产品使用说明书的规定。若未做具体规定，应按不低于 15℃进行控制。作业场地应无粉尘，且不受日晒、雨淋和化学介质污染。

（3）界面处理

同外粘型钢要求。

（4）钢板粘贴

① 粘贴钢板专用的结构胶粘剂，其配制和使用应按产品使用说明书的规定进行。拌合胶粘剂时，应采用低速搅拌机充分搅拌。拌好的胶液色泽应均匀、无气泡，并应采取措施防止水、油、灰尘等杂质混入。严禁在室外和尘土飞扬的室内拌合胶液。胶液应在规定的时间内使用完毕。严禁使用超过规定适用期（可操作时间）的胶液。

② 拌好的胶液应同时涂刷在钢板和混凝土粘合面上，经检查无漏刷后即可将钢板与原构件混凝土粘贴；粘贴后的胶层平均厚度应控制在 2～3mm。敷贴时，胶层宜中间厚、边缘薄，钢板粘贴时表面应平整，段差过渡应平滑，不得有折角；竖贴时，胶层宜上厚下薄；仰贴时，胶液的垂流度应不大于 3mm。

③ 钢板粘贴时表面应平整，段差过渡应平滑，不得有折角。钢板粘贴后应均匀布点加压固定。其加压顺序应从钢板的一端向另一端逐点加压，或由钢板中间向两端逐点加压，不得由钢板两端向中间加压。

4. 碳纤维加固法

1）工艺流程

测量定位、放样→检测粘贴部位混凝土含水率、环境温度→混凝土基面处理→涂底胶→修正找平层→粘贴碳纤维布→碳纤维表面防护层处理。

2）操作要点

（1）环境要求

施工宜在 5℃以上环境温度条件下进行，并应符合配套树脂的施工使用温度。环境温度低于 5℃时，应使用适用于低温环境的配套树脂或采用升温处理措施。

（2）表面处理

应清除被加固构件表面的剥落、疏松、蜂窝、腐蚀等劣化混凝土，露出混凝土结构层，并用修复材料将表面修复平整。

应按设计要求对裂缝进行灌缝或封闭处理。

被粘贴混凝土表面应打磨平整，除去表层浮浆、油污等杂质，直至完全露出混凝土结构新面。转角粘贴处要进行导角处理并打磨成圆弧状，圆弧半径应不小于 20mm。

（3）涂底胶

应按产品供应商提供的工艺规定配制底层树脂。用滚筒刷将底层树脂均匀涂抹于混凝土表面，在树脂表面指触干燥后立即进行下一步工序施工。

（4）找平处理

应按产品供应商提供的工艺规定配制找平材料。

应对混凝土表面凹陷部位用找干材料填补平整，且不应有棱角。

转角处应用找平材料修复为光滑的圆弧，半径应不小于 20mm。

应在找平材料表面指触干燥后立即进行下一步工序施工。

（5）粘贴碳纤维

① 碳纤维布

按设计要求的尺寸裁剪碳纤维布；

按产品供应商提供的工艺规定配制漫渍树脂并均匀涂抹于所要粘贴的部位；

用专用的滚筒顺纤维方向多次滚压，挤除气泡，使浸渍树脂充分浸透碳纤维布。滚压时不得损伤碳纤维布；

多层粘贴重复上述步骤，应在纤维表面浸渍树脂指触干燥后立即进行下一层的粘贴；

在最后一层碳纤维布的表面均匀涂抹浸渍树脂。

② 碳纤维板

应按设计要求的尺寸裁剪碳纤维板，按产品供应商提供的工艺规定配制粘结树脂。

将碳纤维板表面擦拭干净至无粉尘。如需粘贴两层时，对底层碳纤维板两面均应擦拭干净。

擦拭干净的碳纤维板应立即涂刷粘结树脂，胶层应呈突起状，平均厚度不小于 2mm，将涂有粘结树脂的碳纤维板用手轻压贴于需粘贴的位置。用橡皮滚筒顺纤维方向均匀平稳压实，使树脂从两边溢出，保证密实无空洞。当平行粘贴多条碳纤维板时，两板之间空隙应不小于 5mm。

需粘贴两层碳纤维板时，应连续粘贴。如不能立即粘贴，在开始粘贴前应对底层碳纤维板重新做好清洁工作。

3）注意事项

（1）碳纤维片材为导电材料，施工碳纤维片材时应远离电气设备及电源，或采取可靠的防护措施。

（2）施工过程中应避免碳纤维片材的弯折。

（3）碳纤维片材配套树脂的原料应密封储存，远离火源，避免阳光直接照射。

3.4.5　主要施工工艺对比分析

1. 拆除工艺对比分析

拆除工艺对比分析如表 3-2 所示。

拆除工艺对比分析表　　　　　　　　　　　　　　　　　　表 3-2

序号	施工工艺名称	优点	缺点
1	人工破除	操作简便，是一种较好的作为拆除施工的辅助性措施	振动大，对原结构破坏性大；现场施工环境差，施工噪声及粉尘较大。 现场需人员和设备较多，管理较难；作业效率低，工期难以保证
2	机械拆除	施工简便，速度快	振动大，对原结构破坏性大；现场施工环境差，施工噪声及粉尘较大；对场地空间要求较高
3	定向爆破	费用低，拆除较快	审批手续复杂；与周边单位及居民协调难度大；后期清理出渣难度大；因应力突然释放，对周围结构不利
4	静力爆破	施工简单环保，无噪声、无振动、无粉尘，安全性高	不适合寒冷时施工。 可能对保留结构造成破坏
5	静力切割	设备装拆就位快，切割能力强，作业效率高，切口平直。施工过程效率高，无振动，无粉尘，噪声低，杜绝了传统施工方法给整体结构造成破坏及对周围环境造成的各种污染	无法保留原结构钢筋，切割混凝土结构时会连同钢筋一起被切除。 存在切割污水污染

2. 加固工艺对比分析

加固工艺对比分析如表 3-3 所示。

加固工艺对比分析　　　　　　　　　　　　　　　　　　表 3-3

序号	施工工艺名称	优点	缺点
1	增大截面加固法	该法施工工艺简单、适应性强，具有成熟的设计和施工经验	现场施工的湿作业时间长，对生产和生活有一定的影响，且加固后的建筑物净空有一定的减小
2	外粘型钢加固法	施工简便、现场工作量较小	用钢量较大，且不宜在无防护的情况下用于60℃以上的高温场所
3	预应力加固法	降低被加固构件的应力水平，大幅度提高结构整体承载力	加固后对原结构外观有一定影响，对长期使用条件下的环境温度有限制
4	增设支点加固法	直观、简单、可靠，易于拆卸	易损害建筑物的原貌和使用功能，可能减小使用空间

序号	施工工艺名称	优点	缺点
5	粘贴钢板和纤维复合材料	施工简便、现场工作量较小，耐腐浊、耐潮湿，几乎不增加结构自重，耐用，维护费用较低	加固效果在很大程度上取决于胶粘工艺与操作水平，需要专门的防火处理
6	置换混凝土加固法	该法施工工艺简单、适应性强，具有成熟的设计和施工经验，且加固后不影响建筑物的净空	现场施工的湿作业时间长

第4章　既有建筑功能提升

4.1　背景

4.1.1　既有建筑功能提升的类别

根据改造方式的不同，既有建筑功能提升类别的划分如表 4-1 所示。

既有建筑功能提升划分表　　　　　　　　　　　　　　　　表 4-1

分类方式	类别	描述
按原建筑使用功能分类	既有住宅建筑	老旧居住社区、小区整体改造提升。 住宅功能升级，扩建改建增加民宿、公寓功能
	既有公共建筑	商业楼、办公楼、图书馆、体育场馆、医院、学校等公共建筑的翻新、功能改造等
	既有工业建筑	原工业区转型升级，建设高新技术产业园区。 原工业建筑改造为公寓、办公楼、商业楼、博物馆、艺术品展馆等建筑
按功能提升方式分类	建筑使用功能提升	既有建筑不能满足现代化的生产、生活需要，不改变用地性质，对原有建筑使用功能进行提升、完善
	建筑使用功能转变	既有建筑功能不再适合城市发展需要，转变用地性质和建筑物使用功能。比如工业改为居住、商业、办公等
按功能提升内容分类	建筑节能改造	包括建筑围护结构的保温改造、中央空调系统节能改造、可再生能源综合节能改造
	外立面效果提升	外立面更新、新建建筑幕墙
	机电设备升级	包括建筑智能化改造、电梯加装升级、管线综合排布等
	消防设施提升	自动报警系统、自动喷淋系统等消防设施完善提升

4.1.2　既有建筑功能提升的时代背景

1. 公共建筑的存量时代

我国既有公共建筑存量大，截至 2017 年，公共建筑面积达 124 亿 m^2，占总建筑面积的 21%。由于建造技术条件、标准与建筑年代的不同，部分既有商业建筑已无法满足当前城市发展提档升级的需求，在使用功能、使用空间、建筑能耗以及综合防灾等方面存在很大的提升空间。传统的推倒重建模式在当前的存量规划时代将造成资源、能源的极大浪费，控制增量、盘活存量成为城市空间增长的新常态。因此，如何提升既有商业建筑的使用功能以及攻克改造关键技术难点，是既有公共建筑改造中亟待解决的重要问题之一。

与此同时，我国围绕既有建筑改造展开了相关的研究工作与政策支持，2014年3月，《国家新型城镇化规划（2014—2020年)》提出按照改造更新与保护修复并重的要求，优化提升旧城功能。

2015年12月颁布的《既有建筑绿色改造评价标准》GB/T 51141—2015要求统筹考虑绿色化改造的经济可行性、技术可行性和地域适用性。2016年2月颁发的《中共中央　国务院关于进一步加强城市规划建设管理工作的若干意见》要求有序实施城市修补和有机更新，解决老城区环境品质下降、空间秩序混乱等问题，恢复老城区功能和活力。

2018年9月《关于进一步做好城市既有建筑保留利用和更新改造工作的通知》鼓励按照绿色、节能要求，对既有建筑进行改造，增强既有建筑的实用性和舒适性，提高建筑能效。对确实不适宜继续使用的建筑，通过更新改造加以持续利用。既有商业建筑改造作为城市更新与既有建筑改造的重要组成部分，对旧城区的综合性能提升起到重要作用。

2. 存量时代背景下建设开发模式的转变

改革开放以来，住宅产业快速发展。伴随住房的商品化进程，住区建筑在量的积累上长期保持高速跃进的势头，这样的结果使住房市场处于供过于求的饱和状态。统计数据表明，自2012年起，房地产企业的住宅开发量开始呈现下降趋势，进入了低速增长阶段。"去库存"成为各地房产的主题。虽然对于未来住宅的开发建设量无法做精准预测，但是可以肯定的是，今后的住宅开发已无法重现昔日的繁荣局面。步伐放缓与存量积累是今后的大势所趋，我国已逐渐步入住宅的存量时代。

在存量时代的背景下，反复拆建的开发模式将逐步失去竞争优势，拓展既有住区及建筑的内在价值功能提升是潜在的发展方向。

3. 快速发展背景下对住区建筑功能提升的需求

据统计，自1979年以来的30多年间，我国建造了规模庞大的城市住区建筑。但因发展过快，住区及住宅建设的外部环境、技术水平及标准要求经历了快速而复杂的更新演变历程。住区建筑的建造设计条件与今日之标准需求间的矛盾日渐显著。由于20世纪八九十年代的存量住宅构成了今日城市住区建筑的主体，使得上述问题更具有普遍性与典型性。设计建造的低标准以及使用过程中的功能劣化，加剧了问题的严重性。虽然建筑的物理寿命还远未达到设计年限，但在居住的功能性方面却已显得捉襟见肘，对功能提升的需求日渐迫切。

4.2　既有建筑功能提升设计技术

4.2.1　设计的目的

1. 完善城市功能，增强街道活力

城市发展过程中，部分地区如工业区、老旧街区的建筑原有功能不再适合当前需要，城市空间发生衰落。通过功能置换，提供商业、办公、居住、文化教育等功能，完善城市配套功能的同时吸引居民聚集，增强街道活力。

2. 增加建筑寿命，改善人居环境

既有建筑年久失修，建筑构件、设备等出现不同程度的老化、损坏，经过功能提升改造后，能增加建筑使用年限，提升结构安全性，改善城市人居环境。

3. 降低城市能耗，资源节约利用

与建筑拆除重建相比，既有建筑改造提升可以节省人力物力资源，减少建筑垃圾产生，节约施工工期。经过建筑节能改造后，能有效降低能源消耗，实现节能减排。

4. 盘活土地价值，挖掘城市服务空间

通过既有建筑功能再提升，对城市土地价值二次开发利用，丰富完善城市区域功能、产业及用地结构，缓解交通压力，改善居住环境，并发挥利用商业的运营服务能力，激发空间活力。

4.2.2　设计的难点

1. 原始设计资料不足

既有建筑功能改造与新建建筑"从无到有"不同，必须根据建筑具体实际情况进行改造设计，部分建筑由于建设年代久远，原始设计图纸资料可能缺失；或是建筑建成后经过装修改造，原始图纸与实际建筑出入较大。虽然通过现场调查、测绘可以获得一定的建筑现状资料，但建筑内部结构、管线排布等设计资料，获取难度大，为改造设计增加了困难。

2. 部分内容难以满足现行规范要求

既有建筑建设时期参照的规范、标准与现行标准差别较大，可能存在一些与现行规范及标准不符且难以改造的问题。诸如建筑间距、建筑结构耐火等级、消防疏散条件等受建设条

件限制，改造设计时很难完全满足现行规范要求。

而且既有建筑更新改造缺少相应的审查流程及标准，造成改造项目设计质量难以有效控制。

3. 改造设计协调难度大

既有建筑改造项目业主众多，各有不同的利益诉求，设计过程中需要与各业主及时沟通，并根据业主意见及时调整方案，协调难度大。例如老旧小区改造项目，加装电梯会损害一层业主利益，楼层意见不一使工作推进困难；改造设计占用小区公共空间时，容易引发业主异议。

4. "新"与"旧"难协调

设计过程中要处理好"新"与"旧"的关系。被认定为文物保护单位的建筑，改造时需要遵守"原真性""可逆性"原则。修缮应采用与原建筑相同的建筑材料、建筑工艺；新建构件宜采用易于拆卸、组合的连接方式，保证其改造的可逆性，方便建筑的二次改造。

建筑新建部分可以采用新材料与旧建筑形成对比，突出建筑更新；也可以仿造既有建筑，保持和谐一致的风格，营造整体氛围。

5. 建筑空间形态调整

新建建筑设计可根据使用功能来组织建筑形态及空间，但既有建筑改造更新需要按照新功能来调整原有的空间形态，所以在设计过程中将受到许多条件因素的影响，如新的建筑技术与原建筑结构的匹配、新材料和现有建筑材料之间的协调。

4.2.3　设计原则

1. 可持续发展原则

首先，改造设计时要节约建设资源，避免大拆大改，要充分利用既有场地、设备、结构及设施等，避免产生大量的建筑垃圾，使得废弃的既有建筑获得重生。其次，在环境资源上，通过合理设计要大大减少成本投入，并缩短施工工期。最后是改造设计需要考虑既有建筑对周边环境和社会的影响，使得提升后的建筑促进社会健康发展。

2. 绿色创新原则

既有建筑改造大多都是老旧建筑，建筑整体未考虑绿色节能、设备老旧，导致既有建筑成为高能耗建筑，加剧了社会能源消耗，对城市发展构成巨大挑战。随着国家和地方绿色建筑评价标准的不断完善，新建建筑和改造建筑都将面临全面执行绿色建筑评价标准的严格要求。

因此，在既有建筑功能提升改造设计时秉着节能减排、绿色低碳、灵活创新的原则是非常有必要的，是优化人居环境、提升城市品质、展示城市形象的重要内容。改造设计要从安全性、节能性、舒适性方面着手，运用创新性的技术、设备、系统和管理措施来提高建筑的绿色性能，探索一条既有建筑绿色创新改造的新路径。

3. 经济性原则

既有建筑改造的经济效益是一个必须考虑的重要因素。建筑改造不一定都有经济能力实现所有的升级改造措施，设计时要秉持功能提升与合理节约并重的经济性思维开展。

改造设计经济性主要考虑两个方面：一是在投入资金有限的情况下，如何选择性价比最高的策略提升改造效果；二是在资金较充裕的条件下，如何选择最佳的组合策略实现最优的改造方案。

4.2.4　设计技术

1. 绿色节能改造设计

既有建筑功能提升的一项重难点工作就是绿色节能改造，它既关系到建筑室内热环境的改善和建筑整体性能的提升，又关系到降低建筑采暖和空调能耗，也是城市更新实施的重要意义之一。既有建筑的节能改造设计需要最大限度地发挥各种技术、材料、产品的作用，在节省造价的同时达到节能改造的目的。

既有建筑节能改造设计前，需要对改造建筑的安全质量进行现场勘查和初步评价；然后进行节能改造综合预评估，对既有建筑围护结构热工性能、用能设备及系统的运行状况进行检测、评估，比选节能设计方案；最后根据节能设计方案进行造价、施工技术方面的分析，最终敲定节能改造实施方案；按照确定的节能实施方案完成节能改造施工图设计，由审查单位完成图审，便可组织节能改造的施工。

外墙保温改造：外墙保温是通过提高外墙热工性能从而达到建筑节能的技术，主要分为外墙外保温和外墙内保温两种形式。常见采用的保温材料有挤塑聚苯保温板、聚氨酯硬泡保温板、无机保温砂浆、硬质岩棉保温板等。

屋面保温改造：屋面保温按保温层所在位置一般分为常规保温和倒置式保温系统，倒置式保温的保温板厚度需在节能计算基础上再增加 25% 的厚度；常用的保温材料有聚苯板、硬泡聚氨酯保温板等。

外门窗改造：既有建筑的外门窗热工性能达不到现行的节能技术规范和标准的要求时，可根据实际情况更换外门、窗的门扇、窗扇或玻璃；当无法继续利用原有框体时，可根据节能计算结果进行整体拆除更换改造；当外窗无法移动或调整，但窗台有足够宽度时可采用加窗改造。窗框材料常见的有塑料、断热铝合金、塑钢、铝塑、木塑复合材料等；节能玻璃常见的有普通中空玻璃、Low-E 中空玻璃、填充惰性气体中空玻璃等。若不改动窗户和玻璃，也可在原玻璃上内贴热反射薄膜。为提高建筑外窗气密性，可在外窗缝隙处加设密封条。

遮阳改造：外遮阳对降低建筑能耗，提高室内舒适性有显著的效果，建筑外遮阳的种类有外窗遮阳、屋面遮阳、墙体遮阳、绿化遮阳等形式，其中外窗遮阳是节能改造中最重要的内容。

设备改造：在既有建筑节能改造中，设备改造主要侧重于设备能耗降低，提高设备采暖或制冷的效率，降低照明系统的耗电量等。

2. 外立面效果提升设计

随着城市建设的要求不断提高，城市建筑风格不断优化，城市气质不断提升，很多老旧建筑显得格格不入，需要对这些既有建筑进行较大规模的外立面改造，来达到城市形象上的统一。通过对既有建筑外部立面效果的更新，不仅美化城市环境、增强城市魅力，同时也延续了城市文化，保留了社会历史资源。

1）既有建筑外立面改造设计的主要制约因素

首先是外立面改造设计必须遵从其内部功能性需求，同时体现其围护结构自身的功能性，比如实现建筑的节能保温、隔声降噪等；其次是外立面改造会受到其结构因素的制约，通常情况下，既有建筑改造是不会对其结构进行大规模调整的，因此，立面改造设计时要兼顾其建筑结构，在原有建筑结构形式的基础上进行改造设计；再则外立面改造会受到设计风格的影响，既有建筑改造通常是为了配合周边环境和建筑功能提升而进行的改造，因此在改造中需保持设计初衷，尊重周边文化，使之与周围建筑群落和谐融洽；最后外立面改造设计本身还受到投入资金和施工技术水平的制约。

2）既有建筑外立面提升设计的常见方式

墙体饰面材料更换：这种方式是外立面提升最为常用的一种方式，因为它对原有立面的形象改变幅度最小，且不需要对墙体、门窗、装饰构件位置进行调整；并且施工造价低、工期较短、施工管理也比较方便，同时对原立面与内部空间之间的平衡不会被破坏，对既有建筑的结构稳定性不会造成影响，外立面墙体饰面材料更换效果如图 4-1 所示。

图 4-1　外立面墙体饰面材料更换

建筑立面整体改造：既有建筑立面整体改造处理通常要在建筑本身的支撑结构与其相应外立面之间联系较少的情况下才能运用。对于旧有建筑的外立面为幕墙等形式时就可以使用这种改造方式，这种形式必须保证建筑支撑结构不受损伤，并对外立面进行功能与形式的再设计，上海港汇恒隆广场外立面改造如图 4-2 所示。

图 4-2　上海港汇恒隆广场外立面改造

建筑立面局部外包改造：这种改造形式相对简单，即在既有建筑立面之外再加一层立面来遮挡原有立面，是一种常见的建筑视觉形象提升的改造方法。采用局部外包改造的方法对建筑功能与空间结构也不会造成影响，但外包立面不应随意设计，应根据建筑原有立面的实际情况进行设计。比如，根据原有墙体自然采光的要求进行外包立面开窗设计。但总的来说，外包立面设计仍有很大的发挥空间，如尺寸大小、色彩构成、材质肌理等方面，这些改造设计虽然在视觉效果上对既有建筑进行了修饰，但也会遮盖了建筑本身结构的逻辑，可能会让外包立面与结构本身不能很好地融合，建筑立面外包改造如图 4-3 所示。

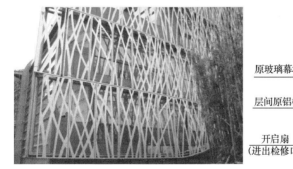

图 4-3　建筑立面外包改造

3）既有建筑外立面改造的设计手法

既有建筑外立面改造设计时，重构是一种比较常用的设计手法，通过重新设计、重新组合，使既有建筑重获新颜。主要包括以下几个方面：

外立面色彩重构：色彩是建筑立面最突出的表达元素，真实反映着新旧表皮之间的相互关系，建筑外立面的色彩重构是改造项目采用得比较多的处理方式，造价较低、施工方便，且容易达到改造的效果，所以立面提升改造时应注重立面色彩优化，使之与周边区域建筑色彩相协调。具体如图 4-4 所示。

图 4-4　复旦附中博学楼外立面色彩重构

外立面材质重构：立面改造时，引入新材质是一种形态重构的手法，立面材质是表现建筑丰富性和个性的重要体现，建筑材质的多样性使得建筑立面改造拥有了更多的可能性和选择。一些新的饰面材料被大量地运用在老旧建筑立面的改造设计中，通过这些材料本身的质感和视觉效果组合构成与对比，可以获得更好的建筑表现力，使既有建筑变得更加时尚，更好地融入现代城市环境之中，日本兵库 Mary Tierra 餐厅外立面材质重构如图 4-5 所示。

图 4-5　日本兵库 Mary Tierra 餐厅外立面材质重构

外立面构件尺度重构：尺度重构是较为常用的设计手法，当将建筑的功能提升为另一种全新性质的功能时，根据其新功能的要求，重新组合外部形态的开口方式，改变其尺度感，使其形式能反映其功能，上海巴黎春天长宁店改造为创新办公空间案例，如图 4-6 所示。

图 4-6　上海巴黎春天长宁店改造为创新办公空间

外立面层次的重构：为确保建筑结构的完好性，不影响建筑的使用寿命，通常做法是对建筑围护结构进行凹凸结构、肌理等方面的改造设计，使之呈现一种体量交叉的视觉效果，改造时通过梳理老旧建筑外立面的层次，重塑外墙材质，统一门窗材质及样式，序列化空调机位，统一设计外部雨篷，增强建筑空间与城市空间的相互渗透，提高改造后建筑的形象及功能氛围，杭州蓝孔雀化纤厂员工宿舍改造案例如图 4-7 所示。

图 4-7　杭州蓝孔雀化纤厂员工宿舍改造

3. 建筑使用功能提升设计

既有建筑功能提升改造设计应包括功能空间的设置、交通组织、防火、防水、保温、隔热、遮阳、通风、能源的消耗和环境品质等的维护、提升及更新设计。改造设计应根据改造勘查的结果，通过合理规划与布局，尽可能保留既有建筑中具有再利用价值的结构与空间体系。

建筑功能改造方案应明确改造项目的范围、内容和相关技术指标。具有较高历史文化价值的既有建筑，其改造设计宜保留、延续和强化既有建筑的人文及环境特征，改造部分的建筑风貌宜与既有建筑协调共生。

空间改造设计需分析原有空间层高、交通组织、结构形式、空间尺度、遮阳采光通风等条件，使改造功能与原有空间特点相匹配，以充分利用既有空间，避免过度改造，广州·悦汇城——批发市场改造为购物中心案例如图 4-8 所示。

4. 机电设备升级设计

既有建筑机电及系统升级改造设计，应根据改造后设备需求和现行标准核算给水排水、电气、智能化、暖通等专业容量配置，当容量不足时应向当地相关主管部门申请增加，同步进行必要的设备系统及管线改造，并与相关市政管网做好接口衔接工作。

机电系统及设备改造设计的关键技术：

（1）系统及设备改造，需充分考虑改造施工过程中对未改造区域使用功能的影响，并应

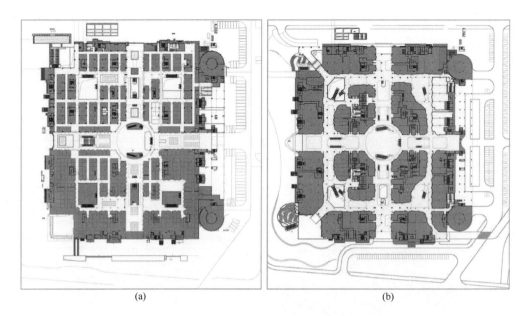

(a)   (b)

图 4-8　广州·悦汇城——批发市场改造为购物中心

(a) 原始一层平面；(b) 改造后一层平面

配套相应的临时措施。

（2）改造设计需注重系统和设备节能、减振、降噪。

（3）冷热源系统、输配系统、末端系统进行改造时，各系统的配置应相互匹配。

（4）设备改造设计时，对于适合保留使用的原有机电系统和设备应进行再利用。

（5）电气改造设计包括照明、动力、配电干线、变配电、备用电源、防雷与接地、火灾自动报警、建筑智能化全部或部分子系统的改造更新等内容。改造设计范围与内容应结合建筑物的功能调整和电气设备的更新换代进行。

（6）全面改造时，其消防给水和消防设施的设置应根据改造后建筑的用途、火灾危险性、火灾特性和环境条件等因素综合确定，并应满足现行相关标准的要求；局部改造设计时，局部改造部位的消防设施的设置应满足现行相关标准的要求。

5. 消防设施提升设计

相对于新建项目，既有建筑功能改造项目情况复杂，面临诸多限制条件，消防设计往往难以满足现行标准要求。所以在消防设施提升设计时，需从维持现状、满足原标准、性能补偿三个维度进行，按照"处方式"规范和"性能化"设计相结合的理念开展消防设计。

1）消防设施提升的设计路径

一是开展改造项目既有消防设施评估。建设单位、设计单位在既有建筑改造设计实施前，对既有建筑的消防系统、消防条件、消防设施进行充分的消防安全综合评估，重点围绕既有建筑的消防安全性能、消防安全隐患、执行新规范难点、改造经济性以及施工技术合理性等方面进行研究论证，避免改造方向不明确、界面不合理、成本不经济等情况的发生，规避改造风险。

二是制定合适的消防改造设计方案。在对既有建筑消防设施进行充分评估的情况下，在维持现状、满足原规范和改造升级三个维度的基础上归纳和研究消防改造设计技术问题，制定合适的设计方案和解决办法。对于无法解决的一些消防技术问题，建设单位可组织消防专家与设计单位、施工单位一起进行论证，提出解决方案。

三是消防改造设计与施工相结合。既有建筑的情况较复杂，制定消防设施改造设计时由于设计单位缺少施工拆改经验，设计方案难免会存在一些问题，尤其是设计时未考虑施工的措施或现状条件限制改造施工的条件，导致设计难以全面实施。所以在消防改造设计时提前引入施工单位同步参与改造设计，更有利于消防设施提升设计与建造的推进。

2）消防设施提升设计的分类

维持现状类：主要是指受到周围环境和建筑自身条件限制，无法改造但可维持现状的消防设施，如建筑防火间距、消防车道、消防扑救场地、消防水池及泵房等。

满足原规范类：主要是对建筑使用功能不改变、使用人员不增加、火灾危险性不加大的情况，原标准有规定，但按照现行标准改造确有困难的，可按原标准执行。如消防电梯部分设置要求、自然排烟窗的有效面积、消防救援窗的洞口面积、消防给水设施位置等。

消防设施提升类：主要是对既有建筑使用功能发生改变、使用人员增加及火灾危险性加大的情况，在某些方面按照现在的规范及标准执行有困难，但可以在其他方面采取相应的技术或管理措施进行消防安全性能补偿。如安全出口数量或疏散宽度不足，可采取增设室外疏散楼梯或人员限流措施；消防用水量不够，难以设置自动喷水灭火系统，可采用自动跟踪定位射流灭火系统等。

3）消防设施提升设计内容

既有建筑使用功能未发生改变只是升级改造，则消防设施改造设计主要是对原消防设施进行修复、更换，局部有条件的情况下按现行规范及标准进行完善。

既有建筑功能发生根本变化时，如建筑高度、建筑面积、使用功能发生变化的，需按照现行消防技术标准及规范进行核对再分类。新增建筑构件的燃烧性能和耐火极限应按照现行消防技术标准进行设计，保留的建筑构件可维持原状。

既有建筑功能提升消防设计内容如表 4-2 所示。

消防设计内容表　　　　　　　　　　　　　　　　　　　　表 4-2

内容项	主要内容及要求
总平面布局	改造的既有建筑与相邻建筑之间防火间距不满足现行技术标准时，建筑相邻外墙的耐火极限需满足当地消防部门发布的技术要求；建筑外墙上需开设门、窗洞口时，门、窗应不可开启或能自动关闭的甲级防火门、窗
建筑平面布置及防火分区	人员疏散要求高的使用场所宜优先设置在下部楼层。 　　柴油发电机房的位置可不做调整，但防火措施应满足现行标准要求。 　　防火分区的划分布置涉及建筑耐火等级、疏散距离、灭火系统、火灾自动报警系统、防烟及排烟系统，改造设计时应按照现行规范划分；局部改造时不宜改变原有防火分区，需要改变时防火分区的划分和配套设施应按照现行规范及标准设计

内容项	主要内容及要求
安全疏散	每层的安全出口或疏散楼梯数量不足且难以改造时，可维持既有建筑安全出口和疏散楼梯数量（医疗建筑、老年人设施、儿童活动场所、歌舞娱乐游艺场除外），但建筑耐火等级、层数和单层最大面积、楼层最大使用人数、疏散楼梯形式应符合现行规范要求进行设计。 建筑使用功能改变的提升项目，消防设计时应根据具体的使用功能依据现行消防规范要求结合实际困难进行综合考虑，按照安全疏散口数量、宽度、距离最大程度满足人员安全疏散要求的原则确定改造后的使用功能是否可行
建筑构造	既有建筑功能提升后，新增防火墙、防火门、防火窗、防火卷帘等需满足现行规范的要求。 功能提升后建筑内疏散楼梯前室、消防电梯前室、合用前室的面积需满足现行规范要求，确有困难的按照当地消防部门指导文件要求适当放宽。 既有土建排烟、加压送风井道难以改造为不燃材料管道的，根据消防指导要求进行保留及修缮，现状孔隙要进行防火封堵，保证井道内壁光滑。 外立面进行节能改造的，采用的外墙保温材料的燃烧性能需符合现行规范的要求。 既有建筑内部装修改造，采用的装修材料燃烧性能需符合现行规范的要求
消防灭火及救援设施	消防救援场地：由于既有建筑场地条件不足，场地内消防车道、消防扑救场地难以满足现行规范及标准要求的，可根据当地消防指导意见维持原有场地。 消防电梯：既有消防电梯宜改造为每层停靠，新增消防电梯需每层停靠，确存在困难的消防电梯可不通至顶层或地下室底层。 既有公共建筑改造，每层的消防救援窗需按照现行规范设置。 消防给水设施：消防水池及泵房设置在地下大于10m的楼层，当提升泵房及水池位置及埋深确有困难的，可维持原有位置，但消防泵房的安全疏散或安全出口、防火分隔、标识指示应按照现行规范设计。消防泵需通过计算消防用水量进行确定，原有消防泵不能满足时应按照现行标准进行更换。 防烟及排烟设施：疏散楼梯间涉及改造时，楼梯间防排烟固定窗、开启窗或开口需结合现行规范进行设计；不涉及改造时，可维持既有现状；设置自然排烟设施的场所，自然排烟口有效面积需满足现行规范要求，不满足时应增设机械排烟设施
火灾自动报警系统	改造区域内的消防电源、配电系统、消防与非消防电线电缆选型与敷设需满足现行规范的设计要求。 非消防配电系统需根据现行规范设计。 既有建筑整体改造时应按现行规范设计火灾自动报警系统。 局部改造时，新改造区域的新增及改造的电气消防设备应符合现行规范要求。 整体改造且设有火灾自动报警系统时，需设消防应急照明和疏散指示系统

4.3 既有建筑功能提升项目实施特点

4.3.1 内部空间改造

既有建筑物改造工程虽然有设计图纸，但由于业主需求，采用隔墙分隔内部空间时，往往存在不定期变更的情况，此时注意由设计单位复核建筑物承载能力。

施工初期，复核隔墙的保温、隔声、防火等性能是否符合建筑功能需求，特别对于加建房间，如采用钢结构，搭配条板墙类隔墙，应注意因钢骨架存在变形后引起板材类隔墙接缝位置开裂等不良现象。

4.3.2　建筑绿色化改造

1. 外墙保温系统改造

外墙保温节能改造方案及图纸应符合节能标准设定；外保温改造往往在建筑物正常使用中进行，施工中注意声、粉尘、垃圾或大量水湿作业对正常工作、生活的"扰民"而带来的一系列麻烦，或者施工产生的建筑垃圾对周围环境及人群的影响。同时应注意已有部位的保护，如既有门窗等。

2. 屋顶绿化

对于老旧建筑屋顶进行改建应特别重视新增屋顶绿化荷载，必要时进行加固；同时重视防水、排水体系，如有必要，对原防水进行一次彻底翻修。

3. 中央空调系统节能改造

如原建筑采用中央空调系统。首先考察原空调系统是否良好，如设备供冷能力有余量，可保留原设备，增加变频装置，改定流量水系统为变流量水系统，增加智能控制内容。

同时，增加节能舒适的高效通风空调系统：一方面通过灵活有效的空调分区，根据建筑平面，空调分为内外区，按区域分设空调系统，使变风量空调发挥其节能的特性。

另一方面现代办公建筑的特点是使用时间上的差异很大，有些办公单元可能在非工作时间使用。为弥补中央空调的上述缺陷，在设计上对食堂、重要会议室、高级办公区设置变冷剂多联空调系统，节省不必要的能耗。

4. 供热、节水、可再生能源利用改造

根据原有建筑结构形式、特点，重点研究可以利用的节能绿色化改造措施，在供热、节水、可再生能源利用系统设计时也应考虑成本、建筑功能等影响。在进行系统布置施工时，应注意与既有结构或其他专业间的协调，重点把控材料质量，保证改造后的功能使用。

4.3.3　特殊部位改造

1. 卫生间

严格控制改造细节，如注意冷热水管分离，各自开槽，注意热水管预留膨胀空间，槽内做好防水层，避免水管泄漏时浸湿墙体。

严格做好卫生间防水，所有防水涂料必须涂抹到位，墙面做不少于 30cm 高的防水涂料，最后必须做闭水试验。

2. 电梯井

做好电梯井与既有建筑物的有效连接，重点把控植筋等工艺的施工质量；另外需重点把控电梯井坑底防水施工质量。

目前增设电梯井一般以钢框架结构居多，这种井道一般与主体结构通过螺栓方式拉结；施工时主要注意以下事项：

（1）增加电梯井结构前按照设计要求加固周边既有结构；

（2）门洞位置；

（3）电梯盒预留洞位置是否预留；

（4）坑底深度是否符合要求；

（5）井道壁结构若是空心砖，且圈梁上下间距大于 2.5m，要考虑加装槽钢。

3. 阳台

在受力分析的基础上，一定要处理好新增阳台与原有建筑物的连接，务必做到牢固可靠。地震区还应考虑抗震要求，阳台板上下均应与原有建筑物有可靠的连接。

宜采用现浇钢筋混凝土结构阳台，使其有良好的整体性。同时，尽量减轻阳台重量，不要用自重大、整体性较差的砖砌栏板，可用混凝土或钢管制作。

不要因为增设阳台而削弱旧建筑的墙体，一般将原有窗户改为门连窗，门窗洞口宽度不宜扩大。

楼房顶层增设阳台除满足一般受力分析和构造措施外，不要忘记复核阳台和原有建筑物墙体间的倾覆。

新旧构件施工接触部分，施工前将面层彻底铲除，清理干净，用水充分湿润，以便于结合。

4.3.4 配套设施及智能化改造

1. 智能电梯系统

严格核查新增电梯位置对既有建筑的荷载影响，确保结构受力安全。

严格做好电梯系统调试及验收。

2. 智能化系统改造升级

在既有建筑物进行智能化改造升级中，充分基于专业资源，结合实际情况，对于好的设备与器材在新建系统中的使用，只要不影响系统性能与工程质量，尽量充分利用。

4.4　既有建筑功能提升施工技术

4.4.1　加装电梯

随着人口老龄化及楼价的不断攀升，旧楼加装电梯是大势所趋，也是政府倡导和鼓励的民生工程，目前常见的有 3 种电梯井道加装方式：钢筋混凝土式、焊接钢结构式、装配式钢结构井道。

1. 钢筋混凝土式井道

1）钢筋混凝土式室内井道

在住宅、酒店、宿舍、写字楼等室内增设电梯改造工程中，往往存在电梯移位或增设电梯的情况，此类改造涉及对原结构拆除与加固工艺。针对梁板拆除主要采用无损切割，人工风镐破除配合，保留既有建筑结构的部分钢筋重新浇筑新增电梯井道梁板。原结构拆除如图 4-9 所示。

2）钢筋混凝土式室外井道

这类施工方式需要在建筑物外选择适当的位置，现场搭建施工脚手架，采用传统方式制作钢筋混凝土电梯井道。首先应确定电梯井道与建筑物的位置、尺寸关系，与建筑物的连接方式，同时还需考虑消防通道、绿化、采光分析等。

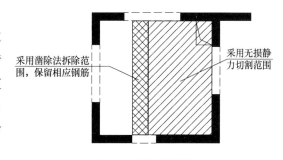

图 4-9　原结构拆除

在建筑物外新建钢筋混凝土电梯井道，大多采用具有独立基础的设计方案，电梯井道与原建筑物无连接。一般情况下，将新建电梯井道的混凝土桩穿过或避开旧建筑物的基础放大脚，与原有基础底板彻底分开，如图 4-10 所示。

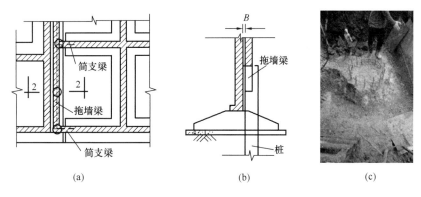

图 4-10　采用桩基础的新建电梯井道

（a）设计简图；（b）2-2 剖面；（c）桩基础施工

桩基能够随新建电梯井道一起自由沉降，与旧建筑物的基础互不影响。由于旧的建筑物经过许多年的使用、预压，沉降已基本完成，地基耐力可提高 20％～40％，因此在旧建筑物基础底板上打几个桩洞，不会影响原有建筑物的正常安全使用，但在具体工程设计时应依据自然条件，综合考虑设计、施工等因素和相应的构造做法加以设计计算，确保工程结构的安全性。新钢筋混凝土加装电梯井道实例如图 4-11 所示。

(a)   (b)   (c)

图 4-11 采用桩基础的新建电梯井道
（a）基础施工；（b）井道施工；（c）完工后井道

在建筑物外新建钢筋混凝土电梯井道的方式，仍属于传统意义的建筑施工方式，具有施工周期长、综合成本高、能耗大、现场管理难度大等缺点。由于现有的住宅小区属于具有常住人口活动的场所，在施工过程中存在大量的不可控因素，容易引发意外事故。同时因现场存在大量的施工作业，会对居民的日常生活产生高空坠物、施工噪声、火灾隐患、出行困难等负面影响。

2. 焊接钢结构式井道

钢结构式井道，这里同样分别介绍室内及室外加装情形。相对钢筋混凝土式电梯井道，焊接钢结构电梯井道则能够节约施工周期和降低部分施工成本，但井道的底坑基础施工部分与钢筋混凝土电梯井道基本相同。

1）钢结构式室内井道

这类施工方式对原建筑物的电梯井道位置要求较高，由于需要占用建筑物内部的空间，此类方式多用于办公楼、宾馆、酒店、医院、商场、超市、餐厅、娱乐场所、加工车间等改建项目中。因为电梯井道及其通道需要占用建筑物原有的部分空间位置，特别是对于住宅楼而言，除非具有较大面积的天井、公共通道或其他可供利用的空间位置，否则这类建筑实施加装电梯的可能性较小。根据《电梯主参数及轿厢、井道、机房的型式与尺寸 第 1 部分：Ⅰ、Ⅱ、Ⅲ、Ⅵ类电梯》GB/T 7025.1—2008 以及《住宅设计规范》GB 50096—2011 中"电梯候梯厅深度不应小于多台电梯中最大轿厢的深度，且不应小于 1.50m"的要求，除住宅楼以外的其他类型的建筑物可以通过占有各楼层空间或部分房间，以满足电梯井道及候梯厅的尺寸要求。对于住宅楼而言，基本上没有加装电梯的合适位置。此类加装电梯的方式如图 4-12 所示。

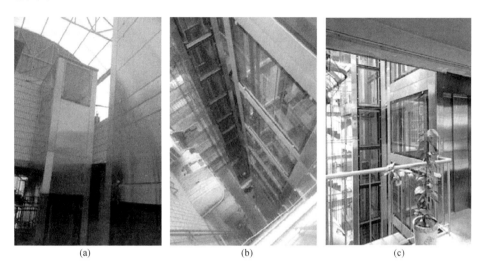

(a)　　　　　　　　　　(b)　　　　　　　　　　(c)

图 4-12　利用建筑物内天井位置加装电梯

（a）井道顶部；（b）天井俯视效果；（c）候梯厅

2）钢结构式室外井道

这种施工方式与钢筋混凝土井道施工带来的问题是一样的，而且由于在施工现场进行焊接作业，还增加了火灾隐患，同时钢结构的焊接质量受人工作业技能水平的影响因素较大，如图 4-13 所示。

(a)　　　　　　　　　　　　(b)

图 4-13　新建焊接钢结构式加装电梯井道

（a）多台钢结构电梯井道施工；（b）天井俯视效果地面施工隐患情况

3. 装配式钢结构井道

装配式加装电梯钢结构井道需要由具备相应资质的设计单位和设计师与电梯整机企业的产品设计工程师进行无缝合作，依据建筑行业及电梯行业的标准和规范进行设计，并充分考虑建筑物、电梯井道与电梯产品之间的相互关联性。针对装配式钢结构井道现场快速施工和精密装配的特点，需要对产品进行非标开发和独立设计。该产品相对传统的加装电梯井道施工方式，具有如下几个显著的技术优势：

1）研发产品为专利产品

国内多家电梯厂商都研发了具有专利的装配式电梯井道，且通过了项目所在地建筑安全评估机构的专项评估。装配式井道的抗震设计类别丙类，抗震设防烈度8度，能抵御50年一遇的基本风压值$0.85kN/m^2$。在老旧住宅加装带钢结构一体化积木式电梯梯井的结构设计方案，在技术上是可行的，施工质量符合验收条款要求和相关国家施工验收规范要求。

2）井道占地面积小

以630kg/8人电梯为例，装配式加装电梯钢结构井道相比传统井道可节约占地面积30％以上。包含钢结构井道和外部装饰，占地尺寸为宽2100mm×深1600mm，约$3.36m^2$。如采用450kg/6人的产品，则整体面积可以缩小为宽2100mm×深1250mm，约$2.63m^2$，是国内目前外形较小的加装电梯产品。具体尺寸如图4-14所示。

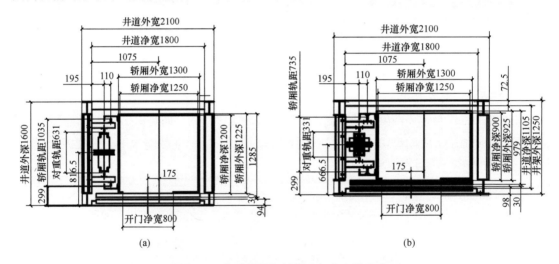

图4-14 新建焊接钢结构式加装电梯井道

(a) 630kg装配式井道布置图；(b) 450kg装配式井道布置图

3）现场施工周期短

由于采用了装配式结构，可以实现现场的模块拼接安装方式，现场的吊装工作在一天内即可完成。加上井道底坑的土建施工和各楼层的门洞开孔及修复时间，一般6层站的加装电梯可在40~45d内全部完成。相对的，传统施工形式可以缩短工期一半以上，基本不受雨季或其他恶劣天气等外部影响。

4）产品预制质量高

该产品打破了传统电梯生产和现场安装方式，电梯钢结构井道和轿厢等主要零部件均在工厂内部预制，可提前完成传统方式70％以上的施工量，对产品质量的控制程度大幅提升，有效地减少了因现场施工中各个环节之间造成的多种质量问题。井道及电梯部件如图4-15所示。

| (a) | (b) | (c) |

图 4-15　利用建筑物内天井位置加装电梯

（a）标准井道节框架；（b）玻璃装饰的标准节；（c）预拼装轿厢

5）对原有建筑结构无影响

传统的钢结构加装电梯井道一般都是依附在原有建筑物外墙结构上的，必须与原有建筑物的结构梁、构造柱等可靠连接。而装配式钢结构加装电梯井道一般具有独立基础结构，与原有建筑相对独立，如图 4-16 所示。

| (a) | (b) |

图 4-16　井道基础及底坑施工

（a）锚杆静压桩基础施工；（b）电梯底坑基础施工

在施工现场的电梯井道土建基础施工完成并具备电梯安装条件后，电梯井道节、电梯轿厢、其他部件等整车从工厂发运至施工现场。现场采用起重机分节吊装，各节中间采用高强度螺栓连接，无现场焊接作业。7 层住宅楼在一天内基本完成整台井道和电梯的吊装就位工程，后期约需 10～15d 进行电梯各层站设备的安装和整机调试施工，以及楼层出入口的土建复原修饰工程。具体施工流程：机房节、底坑节、电梯部件及标准井道节分批次运至现场→复核井道基础尺寸→吊装底坑节→吊装电梯轿厢→吊装及拼接标准节→吊装机房节→安装完成。

几种常见的加装电梯井道施工技术管理分析对比，如表 4-3 所示。

电梯井道施工技术管理分析对比表　　　　　　　　表 4-3

施工管理内容	钢筋混凝土井道	现场焊接式钢结构井道	装配式钢结构井道
现场勘测	原建筑物结构、基础形式与尺寸、电梯井道位置、障碍管线、施工作业区域、材料库存和堆放区域、现场加工区域、车辆进出路线、小区大门入口高度、吊装半径处高空障碍、电梯停靠层站与井道的距离、各停靠层站间距等与加装电梯井道相关的位置和尺寸		
管线迁移	对加装电梯有影响的管道线路，包含且不限于落水管、雨水、污水、煤气、自来水、消防管道、电力、通信、燃气、化粪池、有线电视、压力污水管道、军用通信管道等		
公共设施	加装电梯范围内受影响的设施，包含且不限于院墙、树木、花圃、道路、路灯、信报箱等		
业主设施	加装电梯范围内业主自有设施，包含且不限于空调、阳台雨棚、保温阳台、防盗护栏、户外水表、屋顶自用设施、其他设施等		
基础施工	根据电梯制造商提供的电梯井道土建布置图要求，结合地勘报告，设计电梯井道底坑等基础施工方案。可以采取桩基础、筏板基础等不同形式，底坑基础承载很大		根据电梯制造商提供的电梯井道土建布置图要求，结合地勘报告，设计电梯井道底坑等基础施工方案。可以采取桩基础、筏板基础等不同形式，底坑基础承载很大，因整体自重小，所以底坑基础承载较小
土方开挖	井道占地面积大，土方开挖量大	井道占地面积较大，土方开挖量较大	井道占地面积小，土方开挖量小
井道外部净尺寸（不含外部装饰）	2500mm×2500mm	2400mm×2400mm	2350mm×2050mm
底坑制作	采用传统施工方案、砖胎膜（防水）→钢筋绑扎→模板支护→混凝土浇筑（养护）		因整体自重小，可以采用预制底坑施工技术
井道制作	完全采用传统的钢筋混凝土建筑结构施工方案，工程质量受各种因素影响很大，施工周期长、安全隐患大	现场需要切割管材和焊接，工程质量受人工技能水平及室外天气的影响较大	工厂预制，现场吊装拼接，现场使用标准件按照安装孔位拼接完成，工程质量受人工技能水平影响较小
表面处理	施工完成后拆模及材料运输量大且需要表面浇水养护	现场需要进行除锈、油漆（空气中沙尘对油漆质量影响大）等表面处理，防腐处理施工难度较大	底面、表面和防腐处理等均在工厂内预制完成，现场无需任何施工作业
外部装饰	采用外墙涂料、装饰砖等材料现场施工	采用玻璃幕墙、彩钢板、保温板等材料现场施工	所有外立面装饰均在工厂内预先安装完成，现场无须施工
施工作业面	现场作业多，需要搭设施工脚手架，需要占用绿化带、部分道路等，作业面积很大	现场作业多，需要搭设施工脚手架，需要占用绿化带、部分道路等，作业面相对较大	现场无须搭设脚手架，仅有基础施工、材料临时放置，占地面积相对较小
气候影响	现场施工遇到雨季、大风、雪等影响，造成工期很大延误	现场施工遇到雨季、大风、雪等影响，造成工期很大延误	现场安装仅需1～2d，受气候影响很小

续表

施工管理内容	钢筋混凝土井道	现场焊接式钢结构井道	装配式钢结构井道
防火措施	施工现场合理布置，库房周围不得堆放易燃物品，易燃物品必须单独堆放，现场临建设施、仓库、易燃物堆场和固定用火处要有足够的灭火工具和设备。电气焊作业时，应做好安全防火措施，严禁在焊割部位堆放易燃物品		施工现场合理布置，库房周围不得堆放易燃物品，易燃物品必须单独堆放，现场临建设施、仓库、易燃物堆场和固定用火处要有足够的灭火工具和设备。电气焊作业时，应做好安全防火措施，严禁在焊割部位堆放易燃物品。因现场无须搭设脚手架、无焊接作业，所以火灾隐患较小
降噪措施	采用低噪声施工机械和作业工具，在噪声敏感区域均需选低频振捣棒；模板、脚手架等支拆、搬运应轻拿轻放，并禁止使用大锤敲打，尽量降低人为产生的噪声，控制作业时间，尽量避免夜间施工等		因现场无须搭设脚手架，无大型施工机械，吊车作业仅一天，整体噪声影响较小
防尘措施	需要对材料、土方覆盖，施工车辆清洗，作业区域洒水降尘，遇有四级以上风的天气不得进行土方运输、土方开挖、土方回填、房屋拆除等作业及其他可能产生扬尘污染的施工作业等		因现场无须搭设脚手架，无大型施工机械，所以施工扬尘较小
防高空坠落和物体打击措施	作业人员配发和正确使用安全劳保用品。各类手持机具使用前应检查、确保安全牢靠，洞口临边作业应防止物件坠落。脚手架外侧必须使用密目式安全网全封闭。楼梯口、电梯口、通道口、预留洞口均需按规范要求进行防护，并且要有醒目的示警标志，夜间还要有红灯示警。做好"五临边"防护措施等		井道吊装期间应做好作业区域的安全防护，井道吊装拼接完成后，基本在井道内部施工，高空坠物隐患较小。电梯与楼梯的通道口，可以在电梯井道吊装且连廊搭接完成后再开孔作业
材料库房	现场必须设置施工库房，用来保存施工材料。工地无条件建设封闭库房时，应采用围挡、隔离等措施满足材料、物资的存储保管要求		井道现场一天内吊装完毕，电梯部件均封箱保存，一般无须设置工地库房
现场加工棚	现场需要模板木枋加工、钢筋加工、钢结构切割和焊接等作业，尤其是同一工地多台加装电梯项目开工，对加工棚的选址和搭建等具有严格要求		现场无钢筋加工、钢结构切割等作业，无须设置加工棚
施工周期	约 50~70d	约 45~60d	约 19~25d
能源消耗	大	较大	小
垃圾处理	将剩余混凝土（工程中没有使用掉的混凝土）、建筑碎料（凿除、抹灰等产生的旧混凝土、砂浆等矿物材料）以及木材、纸、金属和其他废料统一进行堆放，配备专业清运工人进行清运处理		主要来自底坑基础施工和楼梯开凿电梯通道孔产生的垃圾，可及时清运
施工班组	应具备各种施工作业和专业班组，且施工人员数量合理	应具备各种施工作业和专业班组，且施工人员数量合理，并应配置中级及以上的焊工数名	主要以电梯安装工为主，配置施工员现场组织和协调即可
钢结构安装	无	具有钢结构安装施工资质的组织和作业人员	具有钢结构安装施工资质的组织和作业人员

续表

施工管理内容	钢筋混凝土井道	现场焊接式钢结构井道	装配式钢结构井道
井道验收	由当地建筑质量监督机构实施工程验收		因该井道属于电梯产品的组成部分，因此无须建筑工程验收
电梯安装调试	由电梯制造商或其委托的具有特种设备电梯安装资质的组织和作业人员完成		现场仅需悬挂钢丝绳和随行电缆、安装各层站层门、导轨校正等少量工作
电梯验收	根据《特种设备安全法》要求办理电梯安装监督检验手续		
电梯维保	业主选择符合《特种设备安全法》资质要求的组织承担		
技术要求	工种齐全、现场施工技术管理难度大	工种较多、现场施工技术安全管理难度较大	工种较少、现场施工技术安全管理难度较小
工程造价	约 30 万元	约 25 万元	约 20 万元
备注	1) 本表内容以 7 层住宅、一个单元配置 1 台电梯、楼梯转角休息平台入户结构为例； 2) 电梯主要参数为：额定载荷 800kg，额定速度 1.0m/s，停靠 5 层 5 站 5 门； 3) 施工周期包含电梯安装调试（不含检测验收）时间； 4) 工程造价中不含各种管线迁移和电梯设备及安装调试和检测验收费用； 5) 钢混井道外立面以外墙涂料装饰为参考； 6) 钢结构和装配式井道外立面以彩钢板装饰为参考		

4.4.2 增设卫生间

随着人们生活水平的不断提高，各种设施已由原来的温饱型向高层次方向发展。为实现这种功能的转变，经常会对既有建筑进行改造。

在改造项目中，除内外墙面和地面装修外，还需在原房间内新建卫生间。卫生间三大件的管道穿楼板按传统的施工方法，不仅会破坏主体结构即楼板或板中的钢筋，还易给卫生间的渗漏留下隐患。在楼层内增设卫生间，需要调整既有建筑功能布局，转变房间功能，如利用建筑空间增设卫生间、无降板建筑功能转变为卫生间。

1. 利用建筑空间增设卫生间

利用建筑空间增设卫生间包括增设夹层或废弃的电梯井道等具备重新浇筑结构板的空间，此类增设一般涉及采用植筋工艺的新增结构，待结构施工完成后其基本施工顺序同常规卫生间做法。但同时需要考虑新增卫生间的易渗漏部位的处理，新增卫生间项目存在渗漏的地方主要位于新建卫生间与既有房间的交界处以及新旧屋面的交界处。设计中应采取措施处理好这两个位置的渗漏问题。

1) 卫生间渗漏处理。首先，在卫生间与既有房间交界处新砌 120mm 厚加气泡沫混凝土砌体，这样可以避免利用既有房间墙体做卫生间墙体，淋浴用水会沿新浇筑卫生间楼板与用作卫生间内墙的既有房间墙体之间的交界处缝隙渗漏。其次，在新建卫生间四周墙脚浇筑 200mm 高 C25 素混凝土，宽度同相应位置上部墙体（图 4-17）。最后，粘贴地面及墙面砖前刷一层 2.5mm 厚水泥基防水涂料。

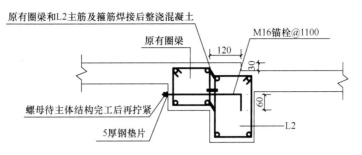

图 4-17　既有圈梁与卫生间梁固结

2）楼板面衔接处理。由于新旧建筑物在结构施工完毕后相互之间为固结，新旧结构间没有伸缩缝，故楼面板衔接较为简单，楼地面粘贴面层直接延伸到阳台靠房间一侧梁上素混凝土拦水上，如图 4-18 所示。阳台地面新做防水层时也延伸至既有宿舍通阳台处门槛。从而有效地防止卫生间楼板面衔接处的渗漏问题。

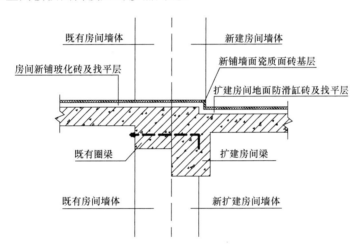

图 4-18　新旧楼面衔接

3）新旧屋面交界处渗漏处理。要解决此处渗漏，主要是做好新旧屋面的搭接，主要采取上下错层搭接的方式。降低最顶层新建部分的层高，即降低新建屋面标高，将扩建部分屋面板嵌入既有屋面挑檐底下，同时扩建部分屋面板在靠近既有建筑外墙处新做上翻的檐口如图 4-19 所示，新建屋面找坡时坡向新建屋面的外侧檐口。

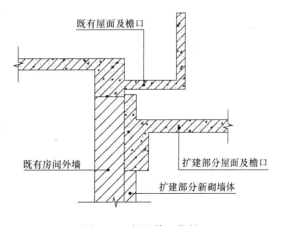

图 4-19　新旧檐口衔接

2. 无降板建筑功能改成卫生间

无降板建筑功能改成卫生间对同层排水设计深化要求较高，需加设衬墙对管道进行隐蔽，通过卫生间吊顶和管道消音措施达到使用条件，由于无降板空间隐蔽蹲便器存水弯，此类卫生间适宜采用坐便器。

为了达到上述要求，采用 UPVC 硬聚氯乙烯建筑排水管。它与同样规格的排水铸铁管比较，内壁光滑不易堵塞，占用空间小，减少垫层厚度，减少楼板荷载。

1）施工步骤及方法

（1）用轻质材料在卫生间门口处砌上 200mm 高小墙，使其卫生间地面变成 200mm 深的凹槽，在槽内安装排水横管及地漏、存水弯的弯头等管件。所有管件接口要严密，经闭水试验合格后再进行下一道工序。

（2）所有排水管安装完毕，在剩余凹槽内填充焦渣后打混凝土垫层并做好防水，铺上地面砖，最后安装卫生器具，并在门口处抹一小门坎使其浴水不外流。

（3）给水管从公厕引进来，支管在墙槽内暗装，排水立管在隔壁房间占用一小角，装修墙面时用石膏板包好，使其不外露，做到了只见卫生器具却看不见管道，不用吊顶，在下层看不出上层有卫生间的迹象，房间内新增卫生间示意如图 4-20 所示。

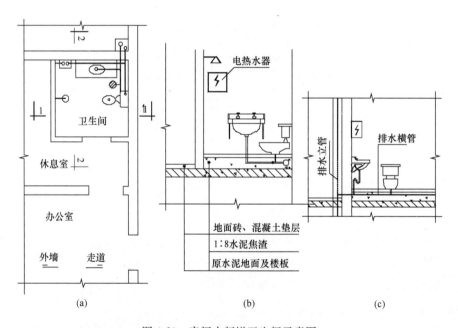

图 4-20 　房间内新增卫生间示意图

（a）房间内新增卫生间平面图；（b）1-1 剖面；（c）2-2 剖面

2）注意事项和综合效益

（1）在安装 UPVC 管道时，一般采用承插粘结，胶粘剂应是溶剂型、耐酸碱、快干、不溶于水，且粘结面抗剪强度大，使用的管材、管件和胶粘剂应由同一生产厂家配套供应。

（2）此施工方法排水管不穿过卫生间楼板，避免了管周围封不严时向下层渗水的质量通病。

（3）节约了楼板下皮至排水横管间的立管管段。在下层看不见排水器具的存水弯和排水横管，节约了为隐蔽管道而吊顶的工时和材料，相应也增加了卫生间的层高。

（4）与传统铸铁管比较，节约投资 10%～15%，由于管道位于垫层内不易受损，因此增加了管道的使用寿命。

4.4.3　内部空间改造

对于内部空间改造的需求，目前集中于办公楼、商业楼、酒店等建筑。其内部空间通常通过常用建筑内隔墙划分，常用建筑内隔墙材料包含砌块类隔墙、条板墙类隔墙、轻钢龙骨内隔墙、玻璃隔墙等。通常根据建筑功能需求，各材料防火、保温、隔声、自重等特性选用，隔墙种类及特点分类如表 4-4 所示。

隔墙种类及特点　　　　　表 4-4

序号	隔墙类型	常用材料	应用范围	特点	图示
1	砌块类内隔墙	蒸压砂加气混凝土砌块、粉煤灰小型空心砌块、轻集料混凝土小型空心砌块	住宅、地下室及设备机房间分隔	承重性能好，保温隔热、隔声性能相对较好，但通常自重较大，施工速度较慢	
2	条板墙类内隔墙	蒸压砂加气混凝土条板墙、粉煤灰泡沫水泥条板墙、聚苯颗粒水泥夹芯复合条板墙	各类建筑	保温、隔热、隔声、防火等性能较好，适用于装配式施工，施工速度较快。缺点是如配合钢结构，容易造成开裂	
3	轻钢龙骨内隔墙	纤维水泥加压板、加压低收缩性硅酸钙板、纤维石膏板、纸面石膏板墙等	各类建筑，在既有建筑改造中最为常见	施工速度快，拆改较快，布局较灵活，保温、隔热、隔声、防火等性能可根据面板材料进行调节，但不宜承重	
4	玻璃隔墙	单层玻璃隔断、双层玻璃隔断、夹胶玻璃隔断、真空玻璃隔断	酒店、办公室内部隔断	施工速度快，美观，无须二次装饰，缺点是不宜承重且应用面窄	

1. 砌块类隔墙典型施工工艺

施工准备→放控制线→基层处理→砌筑下部二次结构→下部构造柱施工→圈梁施工→圈梁上部二次结构→上部构造柱施工。

2. 条板墙类内隔墙典型施工工艺

基层处理→墙位放线→立墙板→嵌缝→做饰面。

3. 轻钢龙骨内隔墙典型施工工艺

弹线→砌筑踢脚台→安装沿地、沿顶、沿墙龙骨→安装竖龙骨→安装通贯龙骨及横撑→安装罩面板与沿顶、沿地龙骨连接。

4. 玻璃隔墙典型施工工艺

弹线→安装固定玻璃的型钢边框→安装大玻璃→安装玻璃稳定器（玻璃肋）→嵌缝打胶→边框装饰→清洁。

4.4.4 建筑节能改造

1. 外墙保温系统改造

将既有建筑进行节能改造是针对早期建设的居住建筑，为提高保温性能和供热效率所进行的系统性改造，是国家节能减排的重要举措，也是一项提高建筑品质、改善居住环境的惠民工程。

外墙外保温改造对减少热桥、防止结露具有较好的效果，同时又能减少施工对用户的干扰，是保温改造的常用方案。所选择的外保温系统应具有保温、防护、饰面等性能，以满足保温、防水和装饰等功能性要求。外保温材料宜使用燃烧性能为 A 级（不燃体）或复合 A 级的热固性保温材料，否则应设置足够的防火隔离带。常用的外墙保温系统有：岩棉板外保温系统、膨胀聚苯板外保温系统、挤塑聚苯板外保温系统、聚氨酯发泡板外保温系统等，其主要构造如图 4-21 所示。外墙饰面宜采用涂料作为饰面层，有利于减少荷载，提高安全性，也可简化施工过程，缩短施工工期。选择及购置材料时，应严格按照国家或地区对外保温材料生产厂家专项备案和施工单位采购备案制度要求执行，各种材料的技术性能均应满足国家相关标准，常用外保温系统构造如图 4-21

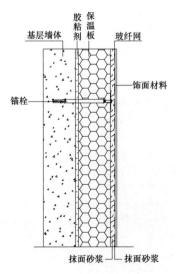

图 4-21 　常用外保温系统构造

所示。

常用外墙外保温材料及其优缺点如表 4-5 所示。

常用外墙外保温材料及其优缺点　　　　　　　　　　　表 4-5

序号	保温材料	导热系数	优缺点
1	膨胀聚苯板（EPS 板）	0.038～0.041	保温效果好，价格便宜，强度稍差
2	挤塑聚苯板（XPS 板）	0.028～0.03	保温效果更好，强度高，耐潮湿，价格贵，施工时表面需要处理
3	岩棉板	0.041～0.045	防火，阻燃，吸湿性大，保温效果差
4	胶粉聚苯颗粒保温浆料	0.057～0.06	阻燃性好，废品回收，保温效果不理想，对施工要求高
5	聚氨酯发泡材料	0.025～0.028	防水性好，保温效果好，强度高，价格较贵
6	珍珠岩等浆料	0.07～0.09	防火性好，耐高温保温效果差，吸水性高

主要外墙保温系统施工如表 4-6 所示。

主要外墙保温系统施工　　　　　　　　　　　表 4-6

项目	EPS（XPS）外保温	聚苯颗粒外保温	聚氨酯外保温
施工难易性	必须先在墙表面完成砂浆找平层；手工操作完成粘结保温板，属隐性施工，易导致连带裂纹。保护层施工完全由操作者手工完成。薄厚均匀性、保温板表面拼缝大小及其处理由个人控制。无机械施工，不能在旧墙表面直接施工	墙表面可以无砂浆保护层直接施工保温层。保护层完全由操作人员手工操作；无隐蔽性施工，易监控；保温层表面平整度由操作者技能决定；无机械化施工，不能在旧墙表面直接施工	由专用喷涂、浇筑设备施工，保温材料配比由设备控制。排除手工操作人为影响因素。各构造层施工过程可监控，墙表面也可以无砂浆找平层直接施工。更宜在旧墙表面直接施工
施工效率	墙表面砂浆找平层完成 48h 后可以粘结保温层；保温层完成 48～72h 以后施工保护层。且完成手工操作，施工效率取决于操作人员技能和体能	保温层每次施工 30～40mm，间隔 48h 以上涂第二遍。保温层完工后 48～72h 施工保护层。完全手工操作。施工效率取决于操作人员技能和体能	保温层无论厚度大小均可以连续施工完成。喷涂法每层间隔 10～20s，浇筑法一次完成保温层后 48～72h 可以施工保护层。机械操作
施工质量	保温板粘结面积大于 40% 的实际结果由操作者的责任心和技能水平决定，属隐蔽性施工，质量监控艰难；粘结胶浆质量水平不易在现场验证；环境温度低于 5℃ 施工，易发生隐患；保护层厚度及其均匀性由施工人员控制；保温板拼缝大于 2mm 产生热桥；XPS 板表面粉化易形成保护层虚粘结	保温层厚度易产生误差。保护层受保温层表面平整度影响较大，且都由操作人员技能和责任心决定。环境温度低于 5℃ 施工易发生质量隐患。保温层与墙 100% 无空腔粘结	保温层施工由专用设备完成。施工过程无隐蔽性施工。保温层由材料粘结性能决定，100% 无空腔粘结，无粘结胶浆性能和人工施工技能水平影响。可以在 0℃ 以上施工保温层。聚氨酯发泡自填充能力强。形成大面积无拼缝保温层

城市既有多层住宅建筑多为混合结构，外墙种类包括实心砖或多孔砖墙、砌块墙体等。高层住宅建筑多为混凝土剪力墙结构和框架结构，其外墙形式主要有现浇钢筋混凝土墙体、现浇轻骨料混凝土墙体、预制混凝土夹芯墙板、砌块墙体等。建筑基体结构类型、表面装修种类、现状，对节能改造方案及施工质量有重大影响。施工前应做好结构及其表面性能检测，并按基体实际状况进行相应处理，以保证保温系统的牢固和安全。

保温板与墙体基面的连接宜采用粘锚结合的方式。粘贴施工前，应对基层墙体表面进行粘结强度验证检测，并按下式确定粘结面积率：

$$F = B \cdot S \geqslant 0.10 \mathrm{N/mm^2}$$

式中，F 为基层墙体与胶粘剂应达到的粘结强度（$\mathrm{N/mm^2}$）；B 为基层墙体与所用胶粘剂的实测粘结强度（$\mathrm{N/mm^2}$）；S 为粘结面积率。

如粘结强度不能满足要求时，应根据实测数据，采取界面处理和增加锚栓密度等连接方案。

粘贴保温层宜采用满粘方式（特别是高层建筑），形成无空腔的保温系统，以防止正负风压引起保温系统破坏。当采用空腔保温系统时，宜采用点框粘或条粘，不宜点粘，避免板面应力集中。保温板与基层墙体必须粘结牢固，无松动和虚粘现象，实际粘结面积率、粘结强度及安装构造应满足相应体系的规定要求。锚栓数量、位置、锚固深度、锚固力应符合设计和相关标准的要求。当基层为轻质墙体时，应根据风压值核算锚栓数量。对锚栓的锚固力应通过现场拉拔试验进行检验。

当采用岩棉板、玻璃棉板等强度、刚度较差且吸水性强的保温材料时，应当采取保温板与基体连接的强化措施和有效的防水措施。

保温材料使用挤塑聚苯板（XPS）时，应与供应商确认其提供的聚苯板胶粘剂、抹面砂浆是否需配套使用界面剂，若使用应按其使用说明要求施工，避免漏做影响粘结效果。

外保温施工的正常施工环境温度一般为 5～35℃，应合理安排工期及开竣工日期，保证各层有足够的养护、干燥时间。在开工前，对施工人员要进行思想、工艺、质量、安全等多方面教育，严格按照设计要求及工艺标准施工。

粘贴后的保温板表面应进行强化，并根据装饰层种类做好相应的连接处理。如需做加强网，应先在保温板表面抹底层粘结砂浆，再铺贴加强网、抹面层聚合物砂浆，既要使加强网压紧保温层，又不得"干挂网"，否则易发生饰面层脱落。

2. 屋顶与门窗绿色化改造

现阶段城市建设愈发快速，楼层越来越高，绿化越来越少，高层噪声越来越大，为优化高速发展带来的部分负面影响，屋顶和门窗绿色化改造必不可少，屋顶绿化及门窗改造如表 4-7 所示。

屋顶绿化及门窗改造　　　　　　　　　　　　　　　　表 4-7

序号	改造方向	具体内容	图示
1	屋顶绿化	屋顶绿化一般分为精密型屋顶绿化和粗放型屋顶绿化两种类型。其中精密型屋顶绿化多以景观屋顶花园为主，对建筑屋顶承重要求高，不适合老旧楼房屋顶改造；粗放型屋顶绿化多采用低矮灌木或者草坪、地被植物进行屋顶绿化。 　　相比较而言，粗放型屋顶绿化中的草坪式绿化和无土栽培式绿化更适用于老旧房屋顶绿化提升。 　　屋顶绿化技术结构组成从下至上，主要包括原建筑屋顶、防渗漏层、隔离层、保湿层、蓄水排水层、过滤层、种植层和植被层。 　　防渗漏层为老旧楼房屋顶绿化中至关重要的一层，在温差不大的南方环境，常使用水泥基防水涂料；温差大的北方多采用柔性防水材料	
2	门窗改造	改造门窗可从以下四方面实施： 　　① 加强门窗的隔热性能，窗框选择热传导系数较小的材料，窗户采用各种特殊的热反射玻璃或热反射薄膜，如低辐射玻璃。 　　② 加强室内的采光，在满足建筑立面设计要求的前提下，增设玻璃窗户，满足房间采光需求。 　　③ 改善门窗的保温性能。可采用双层或多层玻璃窗，或中控玻璃，设计及施工过程中提高门窗的气密性。 　　④加强门窗的降噪性能。可采用中空玻璃、真空玻璃或者是 PSG 玻璃降噪，并使用吸声棉来密封门窗四周，可以有效低噪声的影响	中空玻璃分子 筛干燥剂 双钢化中空玻璃 玻璃与型材密封硅胶 五金件 特殊工艺组角 铝型材隔热冷桥 三道EPDM密封胶条 室内室外双色铝型材

1）屋顶绿化

屋顶绿化是一种节水、节能、节地的绿化方式，但屋顶绿化需针对特定屋顶的荷载承受力及建筑特点专门设计，以满足屋顶绿化中的屋顶疏水板轻巧、易于搬运、安装简单、稳定等要求；屋顶绿化的设计和建造要巧妙利用主体建筑物的屋顶、平台、阳台、窗台、女儿墙和墙面等开辟绿化场地，并使之有园林艺术的感染力。由于屋顶绿化的空间布局受到建筑固有平面的限制和建筑结构承重力的制约，与陆地绿化相比，其设计既复杂又关系到相关工种的配合，建筑设计、建筑构造、建筑结构和水电等工种的配合是屋顶绿化成败的关键。

对既有建筑进行屋顶绿化时，应尽量减轻绿化所带来的荷载，将重量较大的绿化植物设计在承重结构或跨度较小的位置上，同时尽量选择人造土、泥炭土、腐殖土等轻型材料。屋顶绿化的形式应考虑房屋结构，设计时以屋顶允许承载重量为依据。必须做到：屋顶允许承载重量＞一定厚度种植层最大湿度重量＋一定厚度排水物质重量＋植物重量＋其他物质重量。

此外，在进行屋顶绿化工程时，要着重注意屋顶的防水设计，具体施工做法：防水处理可采用 1：2.5 水泥砂浆铺好厚度为 20～30mm 的找平层；用 3mm 厚的 APP 聚酯卷材和

3mm 厚的耐根刺卷材做好防水层，用 1：3 水泥砂浆做好厚 30mm 的保护层；用 10～15cm 厚的卵石做好排水层；用每平方米 250～300g 的聚酯无纺布做好过滤层；最后是 25cm 厚的植物土壤层，屋顶绿化防水设计如图 4-22 所示。

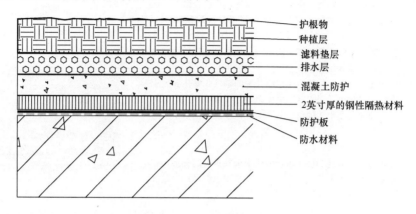

护根物
种植层
滤料垫层
排水层
混凝土防护
2英寸厚的钢性隔热材料
防护板
防水材料

图 4-22　屋顶绿化防水设计

现阶段优化屋顶绿化的具体措施有：

（1）选择良好的防水材料，采用新型保温隔热技术，避免屋顶渗漏。

（2）运用新型轻质施工材料，避免了传统屋顶花园施工中所造成的屋顶荷载增大诱发建筑质量问题的危险。

（3）运用新型架空技术，克服传统屋顶绿化与楼顶接触造成的顶层含水、根系破坏等结构性缺陷。

（4）运用新型反渗技术，克服传统屋顶花园的水土流失、营养流失，做到一次培土，长久使用。

（5）运用新型微喷、滴、渗灌技术，完全保证屋顶花园种植作物的生长用水需求，从而解决植物浇水养护及土壤板结问题。

（6）运用新型生态耕作技术与果、菜、花草优选培育技术，彻底保证屋顶种植的经济效益、观赏价值、食用价值。

2）门窗改造

门窗改造的主要方向分为保温、采光、隔热、降噪等方面，除采光为新增普通玻璃门窗外，其余三项对门窗的材料和封闭方式都有着重要的要求，如表 4-8 所示。

门窗改造方向

表 4-8

改造方向	门窗材料	密闭性
保温	低辐射玻璃，多功能镀膜玻璃	常采用 UPVC 塑料门窗框架
隔热	XRB1、XRB3、镀膜隔热玻璃	可用隔热断桥铝合金窗，由改性聚丙乙烯与不锈钢组合而成暖边间隔条封边
降噪	中空玻璃，夹胶玻璃，真空玻璃，PSG 玻璃	使用高强度高气密性复合胶粘剂，将玻璃片与内含干燥剂的铝合金框架粘结

3. 中央空调系统节能改造

中央空调系统节能改造方向及技术如表 4-9 所示。

中央空调系统节能改造方向及技术 表 4-9

序号	改造技术	具体内容
1	变频调控控制技术	中央空调节能系统就是以冷冻水与冷却水的进出水温度为控制依据，对冷冻水泵、冷却水泵及送风系统的风机进行变频控制，使中央空调系统始终运行在最佳的状态，从而达到节电的目的。事实证明，通过对冷冻泵与冷却泵的合理化控制，不但循环系统本身可节能 30%～60%，而且可以促进主机间接节能 5%～10%。 由于电机水泵的转速普遍下降，电机水泵运行状况明显改善，延长了设备的使用寿命，降低了设备的维修费用。同时，由于变频器启动和调速平稳，减少了对电网的冲击。采用变频调速技术后，由于水泵出口阀全开，消除了阀门因节流而产生的噪声，改善了工人的工作环境。同时，克服了平常因调节阀故障对生产带来的影响。
2	软启动节能	由于电机全压启动时，空载启动电流等于 3～7 倍的额定电流，因此，通常在带载电机启动时，会对电机和供电电网造成严重的冲击，导致对电网容量要求过高，而且启动时产生的大电流和振动对设备极为不利；而启、停时，大锤效应极易造成管道破裂，采用节能的软启动功能将会使启动电流远远低于额定电流，实现电机真正意义上的软启动。不但减少了对电网和管网的冲击，且能延长设备使用寿命，减少设备维修费用
3	压差为主、温度为辅的控制	以压差信号为反馈信号，进行恒压差控制。而以回水温度信号作为目标信号，使压差的目标值可以在一定范围内根据回水温度进行适当调整。当房间温度较低时，使压差的目标值适当下降一些，减小冷冻泵的平均转速，提高节能效果
4	温度（差）为主、压差为辅的控制	以温度（或温差）信号为反馈信号，进行恒温度（差）控制，而以压差信号作为目标信号，当压差偏高时，说明负荷较重，应适当提高目标信号，增加冷冻泵的平均转速，确保最高楼层具有足够的压力
5	冰蓄冷新技术	冰蓄冷技术是利用夜间电网低谷时间，利用低价电制冰蓄冷将冷量储存起来，白天用电高峰时溶水，与冷冻机组共同供冷，白天空调高峰负荷时，将所蓄冰冷量释放满足空调高峰负荷需要的成套技术

4. 供热系统节能改造

伴随城市建设的快速发展，供热事业也必须随之发展，但供热事业的发展所带来的能源消耗以及环境污染等问题却日趋严重。国务院为此颁发了《国务院关于加强节能工作的决定》（国发〔2006〕28 号）和《国务院关于印发节能减排综合性工作方案的通知》（国发〔2007〕15 号），要求落实节约资源和环境保护，因此，对既有建筑的供热系统进行节能改造实时兴起。

对于不同地区，供热系统的改造要求不尽相同。在拥有热电联供供热管网的地区，只需简单地将分散锅炉房改为换热站即可，无须单独考虑热源建设问题。但在距离城市热网较远的地区，必须将大型热源建设及合理划分供热区域纳入供热系统的改造计划之中，这在无形中增加了供热系统改造的难度。

供热系统的改造通常分为区域热源整合、热源内部改造以及外网改造整合等几个工程环节。

热源整合就是拆除区域内众多的小型锅炉房，由大、中型区域锅炉房替代，原锅炉房通常改为换热站。减少锅炉房的数量等于减少了污染物的排放，提高单体锅炉运行效率等于节约了燃料，热源整合的综合节能减排效果显著。

燃煤锅炉房内部的改造主要包括炉体的改造和系统形式及运行的改造。通过对锅炉本体进行技术改造以及在运行环节中采用节能新技术，来达到节能减排的目的。例如，锅炉采用分层燃烧技术和分段配风燃烧技术可以提高锅炉本体运行效率；通过增加气候补偿器以及控制和执行机构，进行混水或调节水量，合理控制出水温度，可以达到按需供热的目的；改变循环方式，变一级循环水泵为分布式变频循环水泵，减小热源近端用户多余的压头消耗，可以有效降低煤、电和水的消耗。有条件的地方还可以使用供热系统集中控制，最终达到节能减排、降低运行成本的目的。

外网的整合改造是结合原有供热系统外网的实际情况进行的，当原有外网可以满足供热需要时，通常只将原锅炉房改为换热站，不再进行外网改造；当外网不能满足供热要求或需要配合系统进行分区供热、分时供热改造时，或进行区域划分及整合时，就需要对外网同时进行改造，改造具体项目如表 4-10 所示。

供热系统节能改造方向及技术 表 4-10

序号	改造技术	具体内容
1	气候补偿装置	气候补偿装置可以根据室外气候的温度变化，用户设定的不同时间的室内温度要求，按照设定的曲线自动控制供水温度，实现供热系统供水温度的气候补偿；另外还可以通过室内温度传感器，根据室温调节供水温度，实现室温补偿的同时，具有限定最低回水温度的功能
2	分时分温控制	分区分时分温节能优化控制技术，即根据区域内的实际情况和特殊要求或根据建筑物的热需求特点，合理支配用热和供热，在不同区域内，分阶段性（时段）提供不同温度的供热方式，既满足供热要求，又合理降低能源损耗，达到节能的效果。采用分区分时分温节能优化控制技术，即对管网进行合理化管理和监控，在保证供暖质量的前提下，根据区域内的实际情况、热需求的特点，实现管网某个区域（建筑物）在某个特定的时段内，使系统处于不同供热状态（如：防冻状态的低温运行，减少此时段内的热量损耗，同时在超出特定时段前，恢复正常温度状态）。分区分时分温节能优化控制技术，主要调节进入建筑物的水流量来实现温度的调节（量调节），根据供回水温度参数共同参与控制并修正。分区分时分温节能优化控制技术主要采用主控制器和在管道上安装的调节阀、电动阀、温控器及温度传感器等设备，来实现分区分时分温节能控制

5. 节水系统改造

对于城市生活用水的广大用户来说，极大部分人节约用水意识淡薄。人们对国家水资源紧缺的严峻形势认识不足，对经济发展、人民生活水平提高而使水的需求急速增长的形势认识不足。在这种情况下，除了增强群众节水意识外，还需对现有供水进行节水系统改造，从技术方面为节约水资源做出努力，节水系统改造方向及技术如表 4-11 所示。

节水系统改造方向及技术　　　　表 4-11

序号	改造技术	具体内容
1	雨水收集与利用系统	雨水收集系统，指雨水收集的整个过程，可分五大环节即通过雨水收集管道收集雨水、弃流截污、雨水收集池储存雨水、过滤消毒、净化回用，收集到的雨水用于灌溉农作物、补充地下水，还可用于景观环境、绿化、洗车场用水、道路冲洗冷却水补充、冲厕等非生活用水用途
2	高效自动节水器	恒压恒流高效自动节水器是一种多用途的节水用具，适用于自来水管路、热水管路，可以安装在单独的用水器具上，为具体的用水器具、具体的用水方式提供最合适的水压和流量；也可以安装在支线管路上，为楼宇、楼层、一组或多组用水器具（如公共洗手间的水龙头、冲洗阀，公共浴室淋浴喷头，集体食堂洗手龙头等）提供压力、流量适合的供水
3	节水型便器冲洗设备	家庭生活中，便器冲洗水量占全天用水量的 30%～40%，因而，研制推广节水型便器冲洗设备意义重大。一般住宅卫生间多为大、小便共用一个便器，且大、小便采用同一冲洗水量，这显然是一种浪费。大便器冲洗水箱一般一次冲洗水量为 12～18L，而采用虹吸式坐便器时，每次冲洗水量为 6L，小便冲洗耗水为 3L，约可节约 67% 的冲洗用水量。现在甚至有的厂家可以做到每冲 0.42L，较于 6L 的标准仍可节约 93% 的冲洗水量
4	中水处理	民用建筑或建筑小区使用后的各种排水（冷却排水、沐浴排水、盥洗排水、洗衣排水、厨房排水等）经适当处理后回收用于建筑或建筑小区作为杂用的供水系统，称为中水系统。该规范的对象是"缺水地区"，条文说明中提到"凡缺水地区，应结合工程实际做好配套中水设施，其设施范围及要求，可按当地政府有关规定执行"，而目前发布中水设施建设管理办法的市地并不多。就全国的情况看，从设计使用中水系统的住宅、旅馆等民用建筑统计表明，利用中水冲洗厕所便器、浇洒等杂用，可节水 30%～40%，并缓解了城市下水道的超负荷运行
5	提高管材、附件和施工质量	民用建筑给水系统中，跑、冒、滴、漏现象较为普遍，水资源浪费严重，这通常情况下与管材、附件质量有关，也与施工质量有关。给水系统中管道、配件及其连接处会出现渗漏水的现象，主要是由于管道使用年限长，受酸、碱的腐蚀和其他机械损伤所致。阀门经过一段时间使用，存在关不住或关不严并且渗漏的现象，这主要是填料受磨损的原因。水箱浮球阀损坏也常导致大量的水从溢流管中溢出。可见，提高管材、附件和施工质量，严格控制跑冒滴漏是节约用水的途径之一。实际工程中可把老化的管道换成 PPR 水管（无毒、质轻、耐压、耐腐蚀）

6. 可再生能源利用

现在城市发展迅速，对常规能源来源——煤炭、石油等的开发愈发困难，应将目光投向到具有可持续开发和利用的可再生能源上来。从可再生能源的内涵看，其关键特征是"可再生"性，是指那些具有自我恢复原有特性，并可持续利用的一次能源，或者指那些在自然界中可以不断再生并有规律地得到补充或重复利用的能源，可再生能源技术及应用如表 4-12 所示。

可再生能源技术及应用 表 4-12

序号	改造技术	具体内容
1	光热技术	利用太阳能集热器吸收太阳辐射的光,产生很大的热能,提供源源不断的动力。通过吸热装置,吸收太阳能辐射,转化成热能,再将热能传递给水(水只是传热工质的一种,其他还有蒸馏水和气体等),从而使水温度不断升高,得到想用的热水,进而应用于建筑运维,达到节能效果
2	光电技术	通常通过在建筑物顶部安装太阳能电池板进行光伏发电,用于建筑物局部供电,减少市政供电压力。光伏发电系统主要由太阳能电池、蓄电池、控制器和逆变器组成,其中太阳能电池是光伏发电系统的关键部分,太阳能电池板的质量和成本将直接决定整个系统的质量和成本
3	地源热泵技术	土壤源热泵是利用地下常温土壤温度相对稳定的特性,通过深埋于建筑物周围的管路系统与建筑物内部完成热交换的装置。冬季从土壤中取热,向建筑物供暖;夏季向土壤排热,为建筑物制冷。它以土壤作为热源、冷源,通过高效热泵机组向建筑物供热或供冷
4	水能技术	水力可以通过水的势能和动能转换成机械能或电能。目前,人类利用水能的主要方式是水力发电。水力发电具有成本低、可连续再生、无污染等优点,但也存在受分布、气候、地貌等自然条件的限制较大等缺点
5	风能技术	风能是由于空气受到太阳能等能源的加热而产生流动形成的能源。人类利用专门装置,可以将风力转化为机械能、电能、热能等,用于提水、助航、发电、制冷和制热等。风力发电是目前最主要的风能利用方式
6	生物质能	生物质能主要是指植物通过叶绿素的光合作用将太阳能转化为化学能贮存在生物质内部的能量。生物质能一直是人类赖以生存的重要能源,目前它是仅次于煤炭、石油和天然气而居于世界能源消费总量第四位的能源
7	潮汐能	潮汐能是指海水在潮涨和潮落时形成的水能,来源于月球和太阳对海水的引力作用。潮水在涨落中蕴藏着巨大能量,而且具有永恒性和清洁性特征。全世界潮汐能的理论蕴藏量约为30亿 kW

4.4.5 特殊部位改造

既有建筑特殊部位改造及其方式如表 4-13 所示。

既有建筑特殊部位改造及其方式 表 4-13

序号	内容	改造重点
1	卫生间改造	卫生间按照设计图纸重新排布水管电管线路。水管和电线必须走墙面和顶面,避免水管破裂。 重点做好防水处理,地面与墙面接缝处涂刷 30cm 防水涂料,施工完后做 24h 闭水试验
2	新增阳台	常见新增阳台的方法: 1)新增基础,重新搭建框架柱梁。此种阳台相对旧房整体为独立单元,对既有结构基本无影响。 2)壁柱悬挑阳台。该方法是将后加的悬挑阳台与钢筋混凝土外加梁柱整体浇筑。外加柱与旧住宅墙体设有多处拉结,安全可靠,是结合旧住宅抗震加固增设阳台的较好方法。 3)悬挑式阳台。该方法是将后加悬挑阳台受力主筋伸入原有楼板板缝内锚固,然后用混凝土浇筑成整体。此种方法用料省、施工方便,但整体性欠佳且对旧建筑和居民影响较大。 4)壁柱悬梁式阳台。该方法是将阳台板搁置在后加的现浇钢筋混凝土悬梁上,悬梁与后加壁柱整浇且抗倾覆锚筋与原有建筑物横墙可靠拉结。 5)拉杆式阳台。该方法从受力分析上讲是将阳台挂在两根斜拉杆上,拉杆与原有建筑物横墙拉结,此方法美观性较差。 6)斜撑式阳台。该方法是用钢筋混凝土或型钢斜撑将阳台板托住。这种方法与上面的拉杆式均简单易行,关键是拉杆与斜撑的两端节点锚固要可靠。但在应用中都显得笨拙凌乱,且拉杆与斜撑有碍观瞻,尤其是型钢件日久生锈,令整个建筑物立面丑化。 7)挂挑阳台。这种方法源自壁柱悬梁式,不同之处在于不新增设壁柱基础,增加的荷载由原横墙和纵墙共同承担,壁柱变为挂柱,挂柱在屋顶与新设梁整浇,中间层与旧房圈梁钢筋焊接。从受力角度分析,此种方法最适宜用于横墙贯通的房屋

4.4.6　主要配套设施改造

城市主要配套设施改造如表 4-14 所示。

城市主要配套设施改造　　　　　　　　　　　表 4-14

序号	设施改造	改造方向
1	立体车库	既有建筑地下车库可根据层高，将部分停车位设计成三层升降横移立体车库，一方面有效增加了停车位的数量，另一方面也可以提高土地的利用效率
2	智能停车系统	主要含防盗系统、电脑影像对比系统、出口控制系统、监视系统、车位显示系统、管理软件系统等
3	智能电梯系统	主要分为对旧梯从控制方式上进行彻底改造或对新梯进行功能完成及更新两种情况。 对于旧梯，要进行严格检查、安全性评估，提高控制方式的自动化程度，改装后严格验收。 对于新梯，应侧重智能化改造：即与所在建筑物自动化信息系统联网，与消防、保安、设备控制系统交互联系，可将其运行过程中楼层信号、运行方向、消防方向以及故障信号传输至监控室进行总体控制。
4	农贸市场	对农贸市场的改造可以分几个方面进行： 市场内外墙面、吊顶，除棚架市场外，市场内外墙面、吊顶应涂刷具备较好防潮、防污性能的涂料，整洁美观，格调和谐。场内墙面、立柱四周应贴抛光砖，高度不低于 1.8m。 市场采光，市场应充分采用自然采光，同时应配备足够的灯光设施，确保市场营业时场内明亮。 市场空气质量要求，市场应设置足够数量的出入口和换气窗，采取自然通风方式使场内无臭味、空气质量较好。封闭式市场要配置完备的送抽风设备和通风系统。 市场给水排水及用电设施，重点摊位要有独立的水电设施和统一的照明灯具，市场内污水排放通畅，做到暗渠化收集，人行道路口设置集水沟入水口，接入市场主排水渠。入水口应安装存水弯管。排水系统按环保要求设置必要的过滤处理设施，然后才能排入市政渠道。水产、冰鲜、禽类经营区内排放污水要设置初级隔渣过滤设施，然后才能排入过滤处理设施。用电线路应明铺，做好防漏电、防人畜触电的措施

4.4.7　智能化系统升级

针对既有建筑物智能化系统进行改造升级主要集中在公共建筑领域，如学校、工厂、办公楼、大型商业综合体等。运用较多的智能化系统分为通信自动化、安保自动化、办公自动化、楼宇自动化四大功能。使用较多的智能化系统如表 4-15 所示。

智能化系统升级路线　　　　　　　　　　　表 4-15

序号	功能	系统	内容
1	通信自动化	综合布线系统	以模块化的组合方式，把语音、数据、图像和控制信号系统用统一的传输媒介进行综合，经过统一的规划设计，综合在一套标准的布线系统中，将现代建筑的数据、语音、视频三大子系统有机地连接起来，为现代建筑的系统集成提供物理介质。即由电脑、电话和图像组成
		公共广播系统	具有日常广播、紧急广播两项功能。其中日常广播提供业务性广播（操作知识、通知等），具有分区呼叫功能、音量控制功能；紧急广播具有系统预制火灾报警的数字合成语音、自动火灾报警联动、关联区域的报警联动功能
		视频会议系统	通常包括多媒体会议、发言扩声、信号处理分配、视频显示、设备集中控制等功能

序号	功能	系统	内容
2	安保自动化	视频监控系统	在大厅、主要通道、电梯厅及其他敏感区域等重要部位设置电视监控设备。安保人员可监控区域内人员活动状况,预防突发事件发生。系统视频可进一步连接到警务机构,使公安系统能在紧急情况下快速响应
		门禁系统	主要完成对门的开闭管理,是安全防范体系的主要组成部分
		周界报警系统	采用红外对射系统、电子围栏系统将入侵信号发送到报警中心,支撑安保系统
3	办公自动化	办公自动化系统	通过计算机网络、数据库、软件组成的平台,通过局域网和广域网可以实现本地数据库、互联网、企业内网的资源共享
4	楼宇自动化	设备自控系统	主要是对建筑物照明系统,给水排水系统的设备,变配电设备,应急发电机、UPS、EPS 等设备,空调系统的热源设备,空调设备,通风设备等运行工况的监视、测量与控制以及对电梯、自动扶梯设备运行工况的监视
		智能照明系统	采取时间控制、调光控制、移动感应控制、光线感应控制、场景控制、集中控制等控制方式,做到实时控制,最大限度地节能,合理良好的智能照明控制系统节能可达 50% 左右。如电梯厅、公共走道、卫生间、地下车库、办公区等特殊区域照明系统的智能控制
		给水排水控制系统	水泵节能控制、系统应急控制、设备远程控制等
		供配电控制	通过控制网络和软件对高压侧、变压器、低压侧及发电机状态进行监控
		采暖系统控制	通过控制网络和软件对换热器、循环泵、补水泵、补水箱等设备的状态进行监控

第5章　废弃矿山环境修复

5.1　背景

5.1.1　废弃矿山生态问题

受矿山类型、规模、开采方式，以及矿区地质环境条件等因素的影响，我国废弃矿山的生态环境问题具有类型多样、成因复杂、数量众多、分布广泛、危害严重等特点。废弃矿山的主要生态环境问题有矿山地质灾害、矿区土地资源毁损、区域地下水系统破坏和矿区水土环境污染等。矿山过度开采引起的地质灾害主要包括地面塌陷、地裂缝、崩塌、滑坡和泥石流等。废弃矿山毁损的土地资源主要集中在我国西北、东北以及华北地区，西南地区也分布较多，总体上呈现出北多南少的特点。废弃矿山不仅加剧矿区土地资源短缺矛盾，还导致土地经济和生态效益严重下降；矿产资源开发过程中产生的各种固体废渣、废水中含有大量重金属和有毒有害元素，有的未经达标处理，通过雨水淋溶和风扬作用扩散传播到矿区周边的土壤和水体中，对矿区及其下游的水土造成了严重污染。更为严重的是某些有毒物质不宜降解，在生态系统生物链中不断累积，最终会引起十分严重的生态环境问题。

5.1.2　矿山生态修复进展与存在问题

我国废弃矿山数量众多，问题复杂，受投入资金和治理修复理论限制，以往的治理修复工作对于废弃矿山的生态环境改善发挥了一定的作用，但区域性的总体效果仍不明显。究其原因包括四个方面：一是矿山环境治理与生态修复工作缺乏区域生态系统完整性考虑，管山的治山、管水的治水、管林的护林、管田的治田，各自为战，不能形成生态修复"合奏"；二是治理修复之前对矿区的生态系统类型构成和特征、主要生态环境问题的底数不清，生态修复的针对性不强；三是治理修复的重点区域和解决的关键问题不突出，对于生态修复工程实施能否系统解决区域性生态问题缺少总体考虑和顶层设计；四是废弃矿山治理和生态修复的技术方法和理念还有待提高。

5.1.3　我国废弃矿山生态修复的几个关键问题

1. 废弃矿山生态修复影响因素

基于我国废弃矿山生态问题的多样性、复杂性、多因性和地域性特征，废弃矿山生态修复要综合考虑区域自然地理气候条件、生态系统稳定性以及废弃矿山类型特征等多种因素。

区域的自然地理、气候条件决定着生态修复的快慢。区域的降雨量与积温等水热温湿条件、地球化学元素循环等化学条件、物质能量循环等物理条件以及海拔、地形地貌、坡度等自然地理条件决定着矿山生态修复期限。受废弃矿山影响的区域如果具有充沛的降雨量、适宜动植物生长的温度、充足的化学营养元素、顺畅的物质能量循环以及中低海拔、坡度平缓的地形地貌等，能够加快生态系统修复，缩短修复期限；反之区域生态系统修复缓慢，修复期限延长。

区域生态系统的结构及其稳定性决定着生态修复方式。原有生态系统结构与功能稳定性良好的矿区，一般拥有较高的生态阈值。一方面，在受到采矿活动作用下，仍能保持自身结构与功能的完整性，系统不会产生突变，表现出很强的抗压性；另一方面，在外部影响消除后，生态系统能够自我调整和自然修复，又表现出很强的自我修复性。我国东部部分地势平坦的平原丘陵地区，拥有良好的自然本底禀赋，土壤肥沃、含水率高，地表植被良好，生物种群结构健康，原生生态系统稳定性好，在适度的矿产开发活动下，系统仍能保持自身结构与功能的稳定性和完整性，并在扰动消除后一段时间内通过自然修复和人工干预能够达到扰动前状态；而对于生态脆弱敏感区域，如西南岩溶石漠化和黄土高原水土流失区，生态系统稳定性较差，这些区域的废弃矿山在没有人工干预条件下很难恢复到之前状态，因此，这类区域的废弃矿山生态修复应当以工程措施为主，人工修复与自然修复相结合。

废弃矿山类型特征决定着生态修复的难易。废弃矿山的类型、规模、开采方式和产生问题的理化性质决定着矿山生态修复的难易。能源和非金属矿山开发对区域生态环境造成的破坏多以物理破坏为主，如地面塌陷、山体破碎和土地损毁等，生态修复相对容易；金属矿山开发对区域的影响多以化学破坏为主，如水土环境污染等，生态修复难度大。大型矿山比小型矿山产生更大的扰动破坏效应，大型矿山对区域生态的残留影响也更大，进行生态修复更难；露天矿山对于地表影响更大，井工矿山的采空区塌陷、含水层破坏更为严重，露天矿山的生态修复相对容易，井工矿山的生态修复更加困难。

2. 废弃矿山生态修复模式

遵循生态效益、经济效益、社会效益相统一的原则，在综合分析区域土壤、气候、地貌、生物等多种自然因素和社会经济发展水平、种植习惯等社会因素的基础上，评估废弃矿山土地自然、经济属性，结合周边土地利用类型以及废弃矿山生态修复方式，评估废弃矿山正负环境效应及其复垦潜力，确定其作为耕地、园地、林地、牧草地等不同用途用地的适宜程度，依据区域空间发展规划，合理制定废弃矿山生态修复模式。

1）建设用地模式：位于城镇或城乡接合部附近的废弃矿山，在满足地面较平整、地表坡度较平缓或者井工开采、采空区已回填、轻微塌陷区已达稳沉状态等条件下，可采取相应工程措施，进行地基稳定处理，待消除崩滑流等地质灾害隐患后用作建设用地。将矿山环境治理与土地开发利用相结合，将其建设成商业住房、工业开发区等，可缓解城市用地紧张问题，促进城市转型发展。

2）生态景观模式：在城镇附近、自然生态景观良好或拥有悠久矿业开发历史和丰富矿业文化底蕴的矿业园区，可以通过创建生态景观公园、矿山主题公园等方式，以特色休闲旅游为主导，将自然景观资源与矿山文化资源相结合，提升城市生态品质，打造城市旅游品牌。特别在我国若干座资源枯竭型"煤城"，利用废弃采矿园区建设矿山公园或利用积水采煤塌陷区建设生态景观公园，一方面满足了人民群众对于美好生态环境的需求，另一方面弘扬了矿业文化，促进了矿山经济转型，推动了矿山经济的可持续发展。

3）自然封育模式：对位于人迹罕至的偏僻地域或生态脆弱敏感区的废弃矿山，不宜大面积开展人工整治修复或将矿区平整复垦为农业用地、建设用地。应以自然修复为主，主要采取封育手段，通过限制人类活动的方式减少对矿区生态环境的影响，让原有生态系统结构与功能自然恢复。

5.2　废弃矿山修复设计技术

5.2.1　现状分析及设计原则

1. 废弃矿山的成因及特点

受矿山类型、规模、开采方式以及矿区地质环境条件等因素的影响，废弃矿山的形成原因主要包含四种类型，如表 5-1 所示。

废弃矿山的分类及特点　　　　　　表 5-1

类型名称	形成原因	具体特点
废石堆积场	开采剥离的表土/岩石及低品位矿石堆积	组成物质杂乱，质地松散，保水保肥能力差。地表易形成非均匀沉降、剧烈形变，水土流失严重
采矿废弃地	露天开采/地下开采形成	植被破坏/生物群落被破坏，水土流失、土壤贫瘠加剧
尾矿废弃地	开采矿石经选矿后形成	有自燃或爆炸的可能、有害元素污染周围土壤和地下水
其他废弃地	采矿作业面/矿山辅助建筑设施占用后废弃形成	办公用房、各类加工厂房等，矿井关闭后，地面设施基本废弃而这些土地难以复垦和利用，导致土地资源闲置浪费

矿山废弃地一般具有生态景观受破坏、水土流失严重、地表结构发生形变、土壤及水质污染和生物群落被破坏等特征。矿山废弃地对生态环境的危害如表 5-2 所示。

废弃矿山对生态环境的危害　　　　　　表 5-2

序号	影响方面	具体问题
1	地质环境	坝体溃决、边坡失稳、泥石流、崩塌、水位下降、涌水外排、塌陷变形、沙漠化
2	生态环境	占压破坏土地、砍伐林木植被、增加水土流失、消耗水资源、减少生物多样性、扰动野生动植物栖息环境、改变地貌景观
3	环境污染	大气环境污染、水环境污染、固体环境污染、声环境污染、辐射污染、土壤污染

2. 废弃矿山环境生态修复的原则

废弃矿山生态修复应着眼于整个生态系统，充分考虑各生态要素相互依存、相互影响、相互制约等特点，坚持"因地制宜，有机统一"的理念，将所在区域受损生态系统作为一个有机整体，统筹山水林田湖草各生态要素进行系统修复，整体设计，统筹推进，分步修复受损生态功能。

根据矿山所在区域的生态功能区划与生态系统特征，综合考虑矿区自然气候条件、矿山环境问题及其危害等，统筹兼顾各类场地的地形地貌特征，分析矿山生态修复的适宜性。依据生态功能重要性、区域经济发展水平以及修复紧迫程度，准确把握好自然修复与人工修复之间的关系，合理选择废弃矿山修复方式。

根据前述废弃矿山的成因及对生态环境、生产生活的影响程度，可按以下生态修复原则进行统筹设计规划：

1）按照尊重自然、顺从自然的原则，在无修复紧迫性的前提下，优先选择自然修复；

2）对于迫切需要进行生态修复的区域，优先考虑影响人类生命财产安全的矿山生态问题，在消除地质灾害隐患、保障人民群众生命财产不受威胁的基础上，根据区域特征修复原有受损生态服务功能，兼顾地貌、重建植被，营造景观，满足人民群众的基本生命财产安全保障，进而满足大众对美好生态环境的向往。

3. 废弃矿山环境生态修复模式

遵循生态效益、经济效益、社会效益相统一的原则，在综合分析区域土壤、气候、地貌、生物等多种自然因素和社会经济发展水平、种植习惯等社会因素的基础上，评估废弃矿山土地自然、经济属性，结合周边土地利用类型以及废弃矿山生态修复方式，评估废弃矿山正负环境效应及其复垦潜力，确定其作为耕地、园地、林地、牧草地等不同用途用地的适宜程度，依据区域空间发展规划，合理制定废弃矿山生态修复模式，具体如表5-3所示。

废弃矿山生态修复模式及适用条件 表 5-3

修复模式	适用条件	修复措施
农业用地模式	主要在平原区，对于位置偏僻的煤炭和建材型非金属废弃矿山，满足矿区开采前主体为农业土地利用类型，开采后水土污染较轻、土壤质量下降较小、土壤肥力无明显损失且水资源较为丰富等条件	可采取土地平整措施，"挖深垫浅""划方整平"，将其整理成为农业用地，耕种当地优势农作物，恢复土地的生产能力
建设用地模式	位于城镇或城乡接合部附近的废弃矿山，满足露天开采、地面较平整、地表坡度较平缓或者井工开采、采空区已回填、轻微塌陷区已达稳沉状态等条件	采取相应工程措施，进行地基稳定处理，消除崩滑流等地质灾害隐患后用作建设用地
生态景观模式	在城镇附近、自然生态景观良好或拥有悠久矿业开发历史和丰富矿业文化底蕴的矿业园区	以通过创建生态景观公园、矿山主题公园等方式，以特色休闲旅游为主导，将自然景观资源与矿山文化资源相结合，提升城市生态品质，打造城市旅游品牌

续表

修复模式	适用条件	修复措施
自然封育模式	位于人迹罕至的偏僻地域或生态脆弱敏感区的废弃矿山	以自然修复为主，主要采取封育手段，限制人类活动对于矿区生态环境的影响，自然恢复矿区原有生态系统结构与功能

开展废弃矿山生态修复必须基于原有生态系统功能和当前的破坏程度，因地制宜，实施分区修复，避免一刀切。在修复方式方法上应统筹山水林田湖草各生态要素，准确把握好自然修复与人工修复之间的关系，坚持自然修复为主的原则，实施分类修复，合理选择废弃矿山生态修复方式。

5.2.2　空间布局分析及思路

1. 废弃矿山生态修复分区处理

根据废弃矿山所在区域及地质情况，合理选择生态恢复处理措施，坚持"因地制宜、可持续化"原则，在满足人民基本生命财产安全条件的同时，最大限度地恢复原有生态；对于过度破坏的部分，应与原有生态相互交融、形神合一。

整体分区修复分类可按照以下四种情况进行分区治理设计：

1）丘陵山地区域：

（1）若存在地质灾害隐患，应首先采取消除隐患的措施。

（2）具备自然修复条件的场地优先进行矿山生态的自然修复。

（3）不具备自然修复条件的场地，首先采取工程措施对场地进行整理，然后进行场地植被绿化，恢复生态。场地植被绿化时林草种类的选择应与矿区周边的植被种群相协调。

（4）高陡边坡基岩裸露不具备绿化条件，可暂时封育搁置，避免过度治理。

2）平原盆地区域：

（1）采取预防措施防止地面塌陷等地质灾害。

（2）具备复垦为农用地潜力的场地，通过工程措施进行土地整理后优先复垦为农用地。

（3）对于难以恢复为农用地的场地，可采用自然修复或自然修复与工程措施相结合的方式，进行植被绿化，改善生态。

（4）对于采矿形成的塌陷积水区和废弃矿坑积水区可通过工程措施整理后发展水面种植和渔业养殖。

3）城市及周边区域：

（1）优先消除威胁工农业生产和人居安全的矿山地质灾害。

（2）具备农用地复垦潜力的场地，通过工程措施进行土地整理后优先复垦为农用地。

（3）其他难以恢复为农用地的场地，经过土地整理后打造城市生态公园或生态绿地，具备开发条件的场地可考虑整理成建设用地。打造城市生态公园应充分考虑各类场地的形态，在尊重城市周边生态系统协调性基础上，可适当进行特色林草花木的种植和栽培，形成特色生态公园，但不能打造过多人造景观。

4）荒漠戈壁区域：

（1）对各类场地进行封育搁置处理。

（2）对于易造成风沙源的场地，采取适当的工程措施进行风沙控制，但工程措施不能过度采取避免产生新的生态问题。

（3）具备绿化条件的场地采取自然修复为主、人工修复为辅的方式，改善矿区生态。

2. 特定区域的生态治理设计思路

确定总体修复原则后，由于所处区位实际生态环境及场地地貌的不同，仍需对现有受废弃矿山影响的部位进行分区规划设计，确定细部修复治理思路及方法。

废弃矿山环境修复的思路可以概括为三个方面：

一是稳定边坡，即对采石陡壁及其他受影响的边坡采取必要的措施予以稳定，排除安全隐患；二是理顺水系，即完善采石场周围的排水系统，防止水土流失；三是绿化裸岩裸地，即对石壁和迹地进行绿化。

根据采石场不同区域的地貌特点和治理难易程度，往往将采石场分为石壁和迹地两种不同类型，分别采取不同的方法进行生态重建工作。

1）石壁治理

石壁治理应根据采石场的岩性、石壁坡度和石壁表面粗糙程度等采取相应的措施，其核心是植被恢复，并在此基础上达到系统的自我维持，实现生态系统的良性循环。石壁裸露，表面温差大，陡峭无土壤，难以保水保肥，对植物生存生长极为不利，生态恢复非常困难，是整治的难点。

2）迹地绿化

迹地绿化技术相对于石壁而言要容易得多，但仍须重视栽培技术和栽后管理。大部分区域的石渣、石粉占据地表上层并具有一定的厚度，植物不能生长，此种情况下一般是对石渣进行换土处理，并辅以其他的栽培措施。栽培时采用大穴、大苗和带营养钵移栽。品种选择时，要根据各地条件和景观要求而定，一般选择耐贫瘠、耐干旱、速生乔木树种。

5.2.3 生态修复及景观设计

1. 地质治理

优先开展地质灾害治理消除地质灾害隐患，保障矿区安全；位于山地区域的废弃矿山，矿山开采后形成大面积裸露岩石，石漠化现象严重，该类废弃矿山生态修复难度大，成本高。部分断岩上部有地表水渗入，加重重力侵蚀，易发生滑坡、崩塌等地质灾害。

1）清除危岩体

清除岩体碎石，改善地质环境。具体要求与做法如下：

（1）人工配合小型机械清除较危险的松动石块。

（2）机械无法清除的辅以定点爆破清除，原坡临空面局部机械削坡。爆破必须由爆破专业队伍完成，结合现场调研，整合各项实测数据，依照规划设计要求制定爆破施工方案。

（3）最大限度留景复绿，建筑、道路、景观设施选址应以合理避让有安全隐患的山体岩石为原则，只对必要位置进行地质灾害整治，达到生态治理目的的同时降低造价。

2）加固山体

选用经济型、生态型、易操作的材料对山体进行加固，具体要求与做法如下：

（1）针对断岩稳定性较差的特点，对成型的岩石采用锚杆加固处理，锚杆深度为深入岩层稳固层且不小于 1.5m。

（2）针对坡面形成的较多石缝，为护坡加固且防止雨水冲刷，选用浆砌片石配少量的细石混凝土填补。片石选自然级配，施工中严控漏浆。

（3）对经清坡后出现的较陡坡面，以原山体采集块石垒砌护坡。块石堆砌自然，融入山体。

3）整形与客土

土地整形主要是利用大型平整机械对采石场废弃岩渣堆积区平整整形，再利用自卸汽车拉运客土平整，为植物生长提供较好的立地条件。客土后整形要考虑排水工程要求，使平整后的台面向一侧倾斜，便于排水。

（1）平台区客土。

经整形后的平台，为了取得较好的绿化效果，采取全面客土方式，利于植物生长。

（2）岩块堆积斜坡区、自然山地区客土。

岩块堆积斜坡坡角一般为 $30°\sim38°$，自然山地区坡度角一般为 $15°\sim20°$。岩块堆积斜坡区、自然山地区均采用点穴状客土。该区客土需进行土壤改良，添加草炭土、鸡粪、保水剂等。

（3）高陡基岩断面客土。

选择坡面较平滑，节理、裂隙较发育的区域为治理对象，用特殊的全面客土方式。具体施工方法如下：

① 施工准备：坡面清理，拉撬危岩，沿裸露基岩与下部碎岩块堆积区接合部修建作业路；②搭建脚手架：在新修作业路上依山势搭建脚手架，建立工作平台；③开凿锚固孔：布设孔位，垂直坡面凿进，成孔后，将长螺纹钢钎装入孔内，用水泥砂浆灌注成锚固杆，各层锚固杆尽量在同一水平位置；④配比客土：将黄土、草炭土、生物肥、秸秆、草籽、保水剂、胶粘剂按一定比例充分混合均匀，黏稠度适中；⑤全面客土：用卷扬设备将配比好的客土运至待客土处，木板横担在锚固杆间，木板侧面紧贴坡面，用钢丝将木板与锚固杆拧紧固定作为支撑挡板，而后人工堆筑客土，厚度不小于 150mm；⑥玻纤网封盖：待客土一个方格后，表面用草帘铺盖后用钢丝将玻纤盖网与锚固杆和锚固拉线拧紧固定，再用钢丝沿锚固

杆对角线斜拉拧紧加固。相邻玻纤网块间也要用钢丝连接拧紧加固。

（4）不规则、凹凸不平的裸露基岩区坡面客土。

根据现场不同的地形，因地制宜地灌注混凝土围堰，混凝土围堰与山体形成坑穴，并在客土中加草炭、鸡粪、保水剂进行土壤改良。

（5）挡土墙与山体间客土。

挡土墙及排水渠沿山体坡脚处修建，挡土墙修筑平均高度为 800mm，山体坡脚处坡度角一般为 30°左右，在此构成空间客土。

2. 植被生态恢复

按照生态演替规律和场地的自然条件，先选择本地乡土植物组成生态林和植物地被，建成容易存活且生长速度优越的植物群落，以改善场地现有植被状况，还原被破坏的生态环境。依据基本景观结构配置湿生植被，选择乡土、自然的植物种类，从植物群落自身产生的环境梯度变化角度出发增加场地内植物生境的多样性。

根据岩石结构、立面地形等特点，因地制宜制定相应的对策，形成一场一方案。

1）槽板方式

在石壁上人工安装种植槽，营造一个可存放土壤的空间，为植物的生长提供必要的生长环境。这种技术主要应用于石场石壁陡立、坡度在 80°以上、壁面光滑、缺乏附着存土的石面。

槽内置优质生长基质，种植攀援藤本植物。这种方式复绿效果快，短期内植物可覆盖石壁。

2）燕巢方式

利用石壁微凹地形或破碎裂隙创造植物生存的环境，回填种植土，种植小灌木或爬藤植物，有些洞穴较深的地方可种植耐旱、耐贫瘠的乔木，这种方式可因地制宜，施工灵活，岩土结构比较安全稳定。

3）喷播覆盖

喷播覆盖的核心是在岩质坡面上营造一个既能让植物生长发育而种植基质又不被冲刷的多孔稳定结构。它的原理是利用特制喷混机械将土壤、肥料、有机质、保水材料、植物种子、水泥等混合干料加水后喷射到岩面上。由于水泥的粘结作用，上述混合物可在岩石表面形成一层具有连续空隙的硬化体，使种植基质免遭冲蚀，而空隙内填有植物种子、土壤、肥料、保水材料等，空隙既是种植基质的填充空间，也是植物根系的生长空间。

喷播覆盖技术不仅适用于所有开挖后的岩体坡面（如砾岩、砂岩、基岩、片岩、花岗石、大理岩），而且对于岩堆、软岩、碎裂岩、散体岩、极酸性土以及挡土墙、护面墙混凝土结构边坡等常规不宜绿化的恶劣环境都能绿化，此项技术是环境保护和绿化工程的重大突破。

3. 水利工程

水利工程是保证栽植植物成活的关键。主要包括灌溉工程、挡土墙工程和排水渠工程。灌溉工程可利用原有的水源及灌溉管线或以柴油发电机和水泵进行泵水，将灌溉管线辐射整个治理区。为了有效减少水土流失，在一定程度上保护治理成果，在裸露基岩下部的岩块堆积斜坡底部修建挡土墙。挡土墙采用浆砌石，内侧与山体相接客土，外侧结合平台整形时的倾斜角修建排水渠，防止雨水对治理区的破坏，一般挡土墙规格为下底、上底宽均为400mm，基础厚200mm，平均高800mm，也可以结合实际情况自行修建。排水渠要考虑汇水面积、降雨量大小、防洪标准进行砌筑。

现有水系间可采用埋设混凝土管及波纹管的方式进行联通。

5.3　废弃矿山环境修复施工技术

废弃矿山环境修复的思路可以概括为三个方面：一是稳定边坡，即对采石陡壁及其他影响的边坡采取必要的措施予以稳定，排除安全隐患；二是理顺水系，即对采石场周围的排水系统做好疏导，防止水土流失；三是绿化裸岩裸地，即对石壁进行绿化。

5.3.1　废弃矿山隐患治理施工技术

1. 常见废弃矿山隐患

常见废弃矿山隐患主要有：危岩、崩塌、滑坡、泥石流等，如表 5-4 所示。

常见废弃矿山隐患　　　　表 5-4

隐患种类	特点
危岩	被结构面切割、在外营力作用下松动变形的岩体
崩塌	危岩失稳坠落或倾倒的一种地质现象
滑坡	斜坡部分岩（土）体主要在重力作用下发生整体下滑的现象
泥石流	山区或者其他沟谷深壑、地形险峻的地区，因为暴雨、暴雪或其他自然灾害引发的山体滑坡并携带有大量泥沙以及石块的特殊洪流

2. 废弃矿山隐患治理施工技术

废弃矿山的隐患治理主要是指对边坡的治理。边坡治理方案应根据边坡稳定性调查、勘查资料、稳定性评价结论及边坡安全等级要求，通过技术经济分析后确定。一般可选用坡率法（削坡）及人工边坡加固方法。

条件允许时，应优先考虑采用坡率法。条件不允许或仅采用坡率法等措施不能达到稳定边坡的要求，需进行边坡加固。边坡加固方法主要有抗滑桩、锚杆（索）、锚杆（索）挡墙支护、岩石锚喷支护、格构锚固、重力式挡墙、扶壁式挡墙、注浆加固等。

1）坡率法（削坡法）

坡率法是指通过调整和控制边坡的高度和坡度，而无须采取其他加固措施的治理方法，工程中又称为削坡（或刷坡）。

（1）坡率法适用于整体稳定的岩质和土质边坡，在地下水位不发育且放坡开挖时不会对拟建或相邻建筑物产生不利影响的条件下使用。

（2）坡率的允许值应根据经验，按工程类比原则并结合已有稳定边坡的坡率值确定，具体可按下列规定确定：

① 岩质边坡坡度一般应小于 60°；土质边坡坡度一般应小于 45°。

② 岩质边坡高度超过 15m 时应分段设置台阶，台阶高度宜 10～15m，宽度宜 4～8m；土质边坡高度超过 8m 时应分段设置台阶，台阶高度 5～8m，宽度 4～8m。

③ 沿台阶应设横向排水沟。

（3）采用坡率法时，对局部不稳定块体应清除，也可用锚杆（索）或其他有效措施加固。

（4）机械削坡施工

① 施工准备

收集当地实测地形及测量成果，根据构筑物设计图、土石方施工图及工程地质、气象等技术资料，以利工程布置，科学组织施工。

根据平面控制桩和水准点，布置坡面开挖控制点，并对边坡施工进行定位放线。

检查山坡坡面情况，如有危岩、孤石、崩塌体等不稳定迹象时，做妥善处理。

施工机械设备进入现场所经过的道路和卸车设备，应做好必要的加固、加宽准备。

进行土方平衡计算，按照土方运距最短运程合理做好调配，减少重复搬运。

施工前做好施工区域内临时排水系统的总体规划，并注意与原排水系统相适应，临时性排水设施与永久性排水设施相结合。

② 边坡削坡及整形

根据具体坡体形态特征及护坡工程设计要求，采取机械削坡及坡面整形。削坡机械主要为破碎锤，同时辅以挖机配合。破碎锤从坡顶自上而下背向施工，开挖时必须逐级开挖，每级开挖深度严格按设计要求执行，每级开挖时测量人员应及时测量，确保边坡及坡面排水沟成形准确。

削最后一级坡面时，因作业面狭窄，破碎头履带应保持同坡面平行，不得出现垂直于坡面现象，如图 5-1 所示。

禁止在不利于边坡稳定的区域内临

图 5-1 机械削坡施工

时弃土、停放设备等加载活动。土石方开挖过程中出现异常变形迹象时应立即暂停施工并及时反馈信息，通知有关单位及时处理。

2）人工边坡加固方法

常用边坡加固方法的作用、特点及适用条件如表 5-5 所示。

常用边坡加固方法

表 5-5

加固方法	作用	特点	适用条件
抗滑桩	桩体与桩周围的岩体相互作用，将滑体的下滑力由桩体传递到滑面以下的稳定岩体	优点较多：布置灵活、施工不影响滑体的稳定性、施工工艺简单、速度快、功效高、可以其他加固措施联合使用、承载能力较大	滑面较单一，滑体完整性较好的浅层和中厚层滑体
锚杆（索）	对锚杆（索）施加预应力，增大滑面上的正应力，使滑面附近的岩体形成压密带	优点是通过围岩内部的锚杆改变围岩本身的力学状态，在巷道周围形成一个整体而又稳定的岩石带，利用锚杆与围岩共同作用，达到维护巷道稳定的目的	有明确滑动面的硬岩特别是深层滑坡
挡土墙	在滑体的下部修建挡墙，以增大滑体的抗滑力	优点是可以就地取材，施工方便，有一定的抗滑力；缺点是本身重量大，对下部边坡的稳定不利，施工工作量较大	滑体松散的浅层滑坡，要求有足够的施工场地和材料供应，坡顶无重要建（构）筑物
注浆法	用浆液充填岩体中的裂隙，加强整体性并使地下水没有活动的通道	缺点是对滑动面附近地下水运动速度大、渗透性强和黏塑性强的岩土不易达到预期的效果	岩体较坚硬，有连通裂隙，且地下水对边坡影响严重的边坡区段
喷射混凝土	及时封闭边坡表层的岩石，免受风化、潮解和剥落，并可加固岩石，提高强度	可单独使用，也可与锚杆（索）配合使用。缺点是喷层外表不佳	对软弱岩体或高度破碎的裂隙岩体进行表面支护

（1）抗滑桩施工技术

抗滑桩的施工流程依次是：开挖以及测量→放线定桩位及布孔→桩井口开挖以及锁口施工→桩身开挖以及爆破施工→地下水处理→钢筋笼安装→混凝土浇筑，如图 5-2 所示。

图 5-2　抗滑桩施工

① 开挖以及测量

施工场地平整以后，依据设计方案对桩位进行测量，桩孔周围设置临时安全警示标志，做好临时防护措施。在孔口位置搭设雨棚，以免雨水天气雨水流入桩孔内。

② 放线定桩位及布孔

确定好桩位中心位置，桩孔开挖线上撒上石灰。布孔过程中注意依据设计要求对开挖线以及孔位做好编号，插入标牌，写明孔深、孔径、倾斜角大小和方向。

③ 桩井口锁口施工

挖孔时若是弱风化岩层需要采用混凝土护壁，孔口选择用钢筋混凝土进行锁口。井口开挖至一定深度时应灌注第一节混凝土护壁，此时护壁在井口1m左右高度范围内加厚至3m，该部分称之为锁口。

④ 桩身开挖以及爆破施工

开挖时要和其他工序错开进行，采用先中部，再向边部的顺序进行开挖，对已成孔进行混凝土浇筑后，再开挖附近的孔。施工时，还要仔细勘查地质，按照护壁支护的需求，分节开挖，每节的高度不能过深。一节挖完后，立即进行支护，以免前节护壁悬空，下一节开挖要等前节护壁凝固后才能进行。如果是土层，则用风铲、风镐开挖，如果是岩石层就用风镐开挖，同时配以风枪。如果要入岩嵌固，则采用松动爆破的方式进行开挖。成孔后，需做好清理工作，确保合格再进行下一工序。

每次挖空前均要校对挖孔桩的位置是否精确，确保挖孔位置的准确度。检查好模板再进行浇筑护壁，脱模后要再次检查护壁。同时在开挖途中，随时了解周围的岩土变化情况，特别要关注桩周围的地质与滑面埋深。如果发现滑面埋深与设计的深度不相符，需及时与设计方沟通后进行调整。

⑤ 钢筋笼安装

钢筋在加工之前一定要进行除锈、调直处理，由于受到地形的限制，钢筋笼一般需要在桩孔内进行安设和焊接。

⑥ 混凝土浇筑

浇筑前应做好验槽、铺底、压浆、清孔等工作，确保桩井内积水、杂物清除干净。采用漏斗及导管下料，桩身段采用整体连续浇筑分段振捣方法，每段振捣厚度应小于0.5m。连续分层浇筑，每层的高度应小于1.5m。在浇筑到桩顶标高时将表面浮浆层凿除，在混凝土初凝前进行抹压平整处理，以免出现塑性收缩现象。出露地表的抗滑桩应立即用槽帘、麻袋等进行覆盖养护，养护时间一般在7d以上。

（2）锚杆（索）施工技术

锚杆（索）作为深入地层的受拉构件，一端与工程构筑物连接，另一端深入地层中，整根锚杆分为自由段和锚固段，自由段是指将锚杆头处的拉力传至锚固体的区域，其功能是对锚杆施加预应力；锚固段是指水泥浆体将预应力筋与土（岩）层粘结的区域，其功能是将锚固体与土层的粘结摩擦作用增大，增加锚固体的承压作用，将自由段的拉力传至土（岩）体深处。锚杆（索）一般与格构梁或挡土墙组合使用。

锚杆（索）施工流程为：修坡→锚孔定位→锚杆（索）成孔→锚筋安放→注浆→锚头固定→锚索张拉和锁定→验收→封锚，如图 5-3 所示。

图 5-3　锚杆施工

① 人工修坡：按设计要求进行人工或机械修坡，以保证皮面平整。

② 锚孔定位：按照设计图纸钻孔，孔位误差及锚孔偏斜度满足设计及规范要求。

③ 锚杆（索）成孔：锚杆（索）成孔采用干法成孔，严禁水钻。成孔钻机的选用需考虑岩土层地质情况。

④ 锚筋安放：锚杆（索）锚筋放入锚孔前应检查质量与长度，锚筋长必须与孔深相符。安放时要防止杆件弯曲、扭转，不得损坏注浆管和对中支架或隔离架。全长粘结性杆体进入孔内的深度不应小于锚杆长度的 95％，预应力锚索进入孔内的深度不应小于锚索长度的 98％。杆体安放后不得随意敲击，不得悬挂重物。

⑤ 注浆：浆液应搅拌均匀，并做到随搅随用，且必须在初凝前用完；保证浆液在孔内饱满；锚索张拉后，应对锚头和锚索自由段的空隙进行补浆。

⑥ 锚头锚固：对于锚杆锚筋应与格构梁主筋连接，锚杆锚入格构梁的长度满足设计要求。

⑦ 锚索张拉和锁定：锚索张拉前应对张拉设备进行标定；注浆体和格构梁混凝土抗压强度应不低于设计强度的 80％；预应力筋正式张拉前，应取 20％的设计张拉值，对其预张拉 1～2 次，使其各部位接触紧密，钢绞线完全平直；张拉荷载通过换算出的油压表读数及锚索位移量两项指标进行控制。

⑧ 锚杆（索）验收：锚杆（索）验收试验的最大试验荷载满足设计及规范要求。

⑨ 封锚：锚杆（索）张拉锁定后应对外锚头进行封锚处理，封闭保护锚头的混凝土强度等级及厚度满足设计要求。

（3）挡土墙施工技术

挡土墙施工流程为：测量放线→基坑开挖→基础施工→墙身施工→其他附属工程。

① 基坑开挖

基坑开挖应进行详细的测量定位并标出开挖线，基坑开挖应尽量在旱季完成，边坡稳定性差且基坑开挖较深时，应分段跳槽开挖，并设置临时支护；基坑开挖前应核对地质情况，基底应进行承载力检测，当达到设计的基坑承载力要求时，可进行下一道工序施工，若不能达到设计基坑承载力要求，应根据设计要求及有关规范处理；基槽开挖应做好临时防、排水措施，确保基坑不受水侵害。

② 挡土墙基础

挡土墙的基础施工前，应做好场地临时排水，基坑应保持干燥，雨天施工坑内积水应随时排除；墙基础直接置于岩体或土质松软、有水地段，应选择旱季分段集中施工；墙基础采用倾斜地基时，应按设计倾斜挖凿，不得用填补法筑成斜面；当墙基础设置在岩石的横坡上时，应清除表面风化层，并按设计凿成台阶，沿墙长度方向有纵坡时，应沿纵坡按设计要求做成台阶，如图 5-4 所示。

图 5-4　挡土墙施工

③ 挡土墙墙身

混凝土挡土墙的浇筑应符合设计和规范要求。当进行分层浇筑时，应注意预埋石笋，连接处混凝土面应凿毛，并在浇筑前清洗干净；挡土墙每隔 10～15m 设置一道伸缩缝。伸缩缝与沉降缝内两侧壁应竖直、平齐，无搭接，缝中材料应按设计要求施工。墙背填料采用透水性强、易排水、抗剪强度大且稳定的碎石或开山石渣等粗颗粒土，采用轻型机具压实，其压实度满足设计要求。

5.3.2 顺水系施工技术

1. 截排水设置

边坡工程应结合工程地质、水文地质条件及降雨条件，制定地表排水、地下排水或两者相结合的方案。

1）地表排水

（1）为减少地表水渗入边坡坡体内，应在边坡潜在塌滑区边界 5m 以外的稳定斜坡面上设置截水排水沟，边坡表面应设地表排水系统，如图 5-5 所示。

（2）排水沟断面形状一般为矩形和梯形。断面大小的设计，应根据其拦截地坡面的汇水面积和洪峰流量等因素。

（3）排水沟宜用浆砌片石或块石砌成；地质条件较差，如坡体松软段，可用毛石混凝土或素混凝土修建。

2）地下排水

地下排水措施宜根据边坡水文地质和工程地质条件选择，可选用大口径管井、水平排水管或排水截槽等。当排水管在地下水位以上时，应采取措施防止渗漏。

图 5-5　截排水设置示意图

3）泄水孔

（1）边坡工程应设泄水孔。对岩质边坡，其泄水孔宜优先设置于裂隙发育、渗水严重的部位。边坡坡脚、分级平台和支护结构前应设排水沟。当潜在破裂面渗水严重时，泄水孔宜深入潜在滑裂面内。

（2）泄水孔边长或直径不宜小于 100mm，外倾坡度不宜小于 5％；间距宜为 2～3m，并宜按梅花形布置。最下一排泄水孔应高于地面或排水沟底面不小于 200mm。在地下水较多或有大股水流处，泄水孔应加密。

（3）在泄水孔进水侧应设置反滤层或反滤包。反滤层厚度不应小于 500mm，反滤包尺寸不应小于 500mm×500mm×500mm；反滤层顶部和底部应设厚度不小于 300mm 的黏土隔水层。

2. 沟通水系设置

宕口采石区域可依势造景，在修复区内设置瀑布、湖泊或鱼塘等水景，利用泵站及水管将附近水源与修复区内水景串联，通过水循环达到滋润生态植被、逐步实现山体复绿的效果，如图 5-6 所示。

人工瀑布一般由水流量、落水堰口、瀑布底衬、瀑身、水池、循环水泵、净水设备及循环管道系统等组成。

人工瀑布的水流量不同，营造出的气势也不同。根据资料显示，随着瀑布跌落高度的增加，水流厚度、水量也要相应增加，才能保证落水面的完整效果。一般高 2m 的瀑布，每米宽度流量为 $0.5m^3/s$ 较为适当；若瀑高为 3m 的瀑布，沿墙滑落，水厚度应达 3～5mm 左右，若为有一定气势的瀑布，水厚常在 15mm 以上。

不同造型的人工瀑布可以通过落水堰口形式来塑造，它的意境也可以通过落水堰口的处理来表达。平滑细腻的落水堰口使水体的下落流畅柔和，表达出一种宁静高雅的意境；而凸凹粗糙的落水堰口则使水体的下落参差激荡，伴随一些雾气，表达出一种磅礴壮丽的气势。

图 5-6　沟通水系设置示意图

5.3.3　山体生态修复施工技术

1. 山体生态修复技术分类

在自然条件下，矿山废弃地经过自然演替可以恢复原貌，但历经时间长，因此，在相对较短的时间内通过人工干预快速恢复矿山废弃地的生态环境显得尤为必要。

1）基质改良技术

矿区土壤基质结构性差、营养成分缺失是限制植物生长的主要因素。因此，恢复矿区生态系统功能，首先要创造适合植被生长的土壤环境，土壤是植物和微生物生存的基质，基质改良技术主要有表土覆盖与回填技术、物理法与化学法基质改良技术、生物改良技术等。

2）物理修复技术

物理修复是用物理方法（如隔离、固化、电动力学、热力学、玻璃化、热解吸等）进行污染土壤的治理。

隔离法主要使用各种防渗材料，如水泥、黏土、石板、塑料板等，把污染土壤就地与未污染土壤或水体分开，以减少或阻止污染物扩散到其他土壤或水体。常用的方法有振动束泥浆墙、平板墙、薄膜墙等。该类方法常应用于污染严重并易于扩散且污染物又可在一段时间后分解的情况，使用范围较为有限。

物理修复有修复效果好的优点，但因其修复成本高，修复后难以农用。因此，该方法仅适用于污染重、污染面积小的情况。

3）化学修复技术

化学修复是指通过添加各种化学物质，使其与土壤中的重金属发生化学反应，从而降低重金属在土壤中的水溶性、迁移性和生物有效性。例如，可以利用处理污染淋出液，在深层土壤添加固定剂，能有效固定从耕作层淋下来的重金属，且被固定的重金属很少被后期的降水等再淋洗出来，能很好地控制对地下水造成的环境风险。

4）生物修复技术

目前，主要的生物修复技术主要包括植物修复技术、微生物修复技术、动物修复技术、生物材料修复技术及四者之间的组合技术。此外，还包括物理、化学、生物联合修复技术。

（1）植物修复技术

植物修复技术是指利用植物来转移、转化环境介质中有毒有害污染物，进而使污染土壤得到修复与治理。我国关于植物修复技术的成果主要表现在以下方面：

① 修复植物物种库不断丰富。国内学者经过不断研究发现有可用于修复污染土壤的植物种类，如金丝草和柳叶箬为 Pb 的超富集植物。

② 修复植物的处置技术更加环保、经济。利用富集植物修复污染废弃地，当植物生长到一定阶段时，能够产生大量重金属富集植物体，然后将这些植物体割除，起到修复效果但是如果这些植物处置不当，可能产生二次污染。

（2）微生物修复技术

微生物修复技术是利用微生物在适宜的条件下将污染土壤中的污染物降解、转化、吸附、淋滤除去或利用其强化作用修复污染土壤。近年来菌根技术已成为污染土壤修复的研究趋势，并取得了较好的效果。

（3）动物修复技术

动物修复技术是指利用土壤中的某些低等动物（虫丘蝴、线虫、甲螨等）的直接作用或间接作用修复污染土壤。蚯蚓是最常用的土壤修复动物，有学者对蚯蚓富集污染物的规律及污染物对蚯蚓的影响等内容进行相关研究，但由于土壤动物不能像收割植物那样轻易从土壤中移除，因此，目前国内仍鲜见利用动物的直接作用修复污染土壤的案例，而大多数是利用土壤动物的间接作用强化植物、微生物的修复效果。

（4）生物材料修复技术

与传统化学试剂相比，生物表面活性剂和生物螯合剂在污染土壤修复中表现出巨大优势，但因其存在可能使污染物下渗污染地下水，对植物、微生物存在生物毒性，造成土壤养分流失等问题，且现阶段材料制备成本高、技术不成熟，因此，二者在污染土壤修复中的应用仍处于试验阶段，如何克服二者在诱导污染物修复和进行土壤淋洗中的弊端是亟待解决的重要问题。

5）辅助修复技术

针对矿山废弃地的特征，除了采取上述必要的物理修复技术、化学修复技术、生物修复技术外，还需要辅助一些工程措施如边坡稳定技术、截排水措施等，才能达到生态修复的最佳效果。

采石宕口生态修复应以"技术可行性、经济合理性"为原则，依形就势，因材施用，根据地形地貌做相应的生态修复及景观设计，如景观水系、观景平台、绿化、石雕石刻等。

2. 废弃矿山植物修复施工技术

在众多山体生态修复技术中，植物修复技术为当今常用方式，其适用条件如表 5-6 所示。

植物修复技术的适用条件与选择　　　　　　　　　表 5-6

适用环境	适用条件	复绿技术选择与说明
边坡	原始形成或经过边坡治理的稳定边坡，岩质边坡坡角小于60°，坡高低于15m；土质边坡坡角小于45°，坡高低于8m	1）岩石边坡：可采用挂网客土喷播和草包技术、平台种植等技术。 2）土质边坡：可采用直接播种或植生带、植生垫、植生席等技术。 3）土石混合边坡：可采用草棒技术、普通喷播或穴栽灌木等技术
平地	经过治理、稳定的废弃矿山、露天采石场、排土场等地	1）直接种植灌草：首先进行土壤覆盖，在保持覆盖土层不小于0.3m的地面上，直接种植灌木和草本植物种子，形成与周边生态相适应的草地。 2）直接植树造林：首先进行覆土，在保持覆盖土层不小于0.6m的地面上，根据实际状况和规划要求直接种植经济林、生态林或风景林
人工水面	低洼、已形成人工湖泊、周边人为活动频繁的废弃矿山宕口	依据水深，将人工水面分为湖泊与鱼塘两种水体，并采用不同的方法进行复绿。 1）湖泊：湖岸覆土复绿，近岸根据需要栽植耐水、浅水、沉水植物，湖面可选用浮水植物进行复绿。 2）鱼塘：塘岸四周留有通道，并在两侧覆土复绿，应选择冠形稀疏且无毒害的树种或渔草进行复绿，塘水可根据鱼种选择渔草
垃圾填埋场	山体残破、低洼、开采深度大、位于当地下风区且地下水埋藏较深，且经过当地政府批准设立垃圾填埋场的废弃矿山	首先将废弃矿山进行地形处理，特别要对存放垃圾的深坑进行防渗处理。其次在其周边覆土复绿，种植根系发达、耐干旱瘠薄和抗逆性强的树种，营建公益林、风景林、用材林等
造景与建筑用地	边坡稳定，位于市区、旅游区或交通干道附近，以景观、游憩、科普教育等功能为整治目标的废弃矿山	在消除边坡地质灾害隐患的前提下，对岩壁及平地分别进行造景及复绿。 1）岩壁：依据当地景观设计的总体要求，采用清除浮石、稳定岩壁的方式奠定造景基础，再利用藤类植物上挂下爬，覆盖裸露岩壁，以达到一定的景观效果，如岩壁较高，在降坡达到一定要求后可挂网喷播复绿；或进行必要的加固处理，发挥其科普教育和游乐（如辨岩、攀岩等）功能。根据景观设计需要，岩壁可保持一定面积的裸露。 2）平地：依据生态学和美学原则，进行绿化景观设计，新建公园、广场、住宅小区，或开发旅游项目等

废弃矿山植物修复技术中，石壁绿化技术是废弃矿山植物修复技术的重点和难点。常见的石壁绿化方式如下：

1）直接种植灌草

在有一定厚度土层的坡面上，直接种植灌木和草本植物种子。对矿山开采后形成的面积较大、比较平坦的矿场或其他较为平整的场地，经地形测量后，进行场地的挖填设计，控制土地高程，确定出土地边界，对土地进行平整，配土覆土，根据恢复土地利用类型确定回填土层厚度。回填20cm以上的种植土，种植先锋固土的草本和灌木；回填80cm以上的种植土，种植草本、灌木、乔木。

2）穴植灌木、藤本

结合工程措施沿边坡等高线挖种植穴（槽），利用常绿灌木的生物学特点和藤本植物的上爬下挂的特点，按照设计的栽培方式在穴（槽）内栽植，从而发挥其生态效益和景观效益。

（1）施工工序

植物材料选择→坡面整理→种植穴槽的挖掘→回填土壤→种植植物→浇水。

（2）植物材料选择

灌木：生长苗壮，无病虫害，球形灌木枝条紧密适中，规格一致。

竹类：以本地竹类为主，每丛 10～20 杆，同种竹类高度及丛数应尽量一致，生长苗壮，根系发达。

地被：植株生长良好，无病虫害。

藤本：耐干旱瘠薄，攀爬能力强。

（3）坡面整理

清除坡面杂物、杂草及松动岩块。对坡面转角处及坡顶部的棱角进行修整，使之呈弧状，对低洼处适当覆土夯实或以草包土回填，使坡面基本平整。

（4）种植穴的挖掘

在岩石坡面上，修筑宽度为 2m 的凹槽，在凹槽内培土种植灌木或悬垂、攀爬藤本等。

（5）回填土壤

种植前应在穴内回填土壤，施基肥，肥料应满足植物生长的需求。

（6）种植植物

植物株行距、苗木高度满足设计要求，种植植物的根系舒展，回填土要分层踏实。

（7）浇水灌溉

种植后要浇适量水，确保植物生长所需的水分。

3）普通喷播

坡面平整后，将种子、肥料、基质、保水剂和水等按一定比例混合成泥浆状喷射到边坡上。

（1）普通喷播施工工序

清除地面杂物、平整地面 → 配制种子营养元素及胶粘剂、保水剂等 → 喷播混合材料→加地膜（冬季）、加遮阴网（夏季）→养护（喷水、追肥、补播、防病、除虫等）。

（2）坡面处理

为给植物定植、生长和发育提供良好条件，要求在边坡局部土壤硬度较大（非坚硬岩石）或坡面太光滑时，施行挖水平沟，一般水平沟间距 5cm，沟深 5cm；而对坡面极为不平整或有废渣的地方，建议进行表面清理、平整。

（3）喷播材料及搅拌

将种子与胶粘剂、保水剂、纤维材料、土壤改良剂、稳定剂及适量腐殖土充分搅拌后，为使喷播的种子分布均匀及加快发芽，需先将材料搅拌 20min 后再进行喷播。

（4）喷播

运用喷射机将搅拌均匀的混合材料自上而下喷射到岩面，避免暴雨时喷播施工。

（5）盖无纺布

在喷射后覆盖无纺布以防止雨水冲刷和阳光暴晒，顺坡从上而下直盖，布与布之间重叠 10～15cm 左右，并用木签或竹签固定。在种子损失严重的情况下，实施补播。

4）植生带技术

通过生产线将植物种子按一定比例，均匀地播撒在两层布质或纸质无纺布中间，然后通过行缝、针刺及胶粘等先进工艺，将尼龙防护网、植物纤维、绿化物料、无纺布密植在一起而形成一种特制产品。将其覆盖在边坡表面，只需适量喷水，就能长出茂密草坪。

（1）植生带技术施工工序

坡面平整→铺植生带→浇水。

（2）坡面平整

清除坡面杂草和大块碎石以及其他杂物，使坡面基本平整。

（3）铺植生带

将制作好的植生带覆盖在边坡表面并用木钉或竹钉加以固定。

（4）浇水

种植后要浇适量水，确保植物生长所需的水分。

5）草棒栽培技术

将特制的草棒用螺纹钢和钢丝网按一定间距固定在坡面上，再用镀锌钢丝通过斜网格拉紧，然后将草棒按一定间距排列、覆土，然后可在上面种植。

（1）草棒技术施工工序

平整坡面→草棒制作→草棒固定→覆土→撒草籽或喷播→后期养护。

（2）坡面平整

去除坡面杂草、大块碎石以及其他杂物。

对坡面转角处及坡顶部的棱角进行修整，使之呈弧状，对低洼处适当覆土夯实或以草包土回填，使坡面基本平整。

在坡顶挖排水沟，以防水流冲刷坡面。

（3）喷播垫层施工

用敌敌畏、乐果等药物对稻草进行熏蒸消毒。

扎草棍并用稀泥浸泡：用稻草缠绕竹竿成草棍，竹竿长 4～5m，用直径 18mm 的钢钉将草棍分别固定在坡顶和坡底，钢钉之间距离为 1.5m。每个钢丝打结处用长 40cm、直径为 16mm 的钢钉固定草棍，草棍与路面平行。固定完后覆土 8～10cm 厚，并立即浇水。

（4）撒草籽或喷播

将浇水后下陷的部位重新覆土，保持坡面平整。

撒草籽或喷播：最好多草种混播，并混有灌木种子。

覆盖无纺布：覆好后洒透水（少量多次）。

覆盖地膜。

6）挂网客土喷播

挂网客土喷播是利用客土掺混胶粘剂和固网技术，使客土物料紧贴岩质坡面，并通过有机物料的调配，使土壤固相、液相、气相趋于平衡，创造草类与灌木能够生存的生态环境，以恢复石质坡面的生态功能。该技术适用于花岗石、砂岩、砂页岩、片麻岩、千枚岩、石灰岩等母岩类型所形成的不同坡度硬质石坡面。

（1）挂网客土喷播施工程序

清理坡面→挂钢丝网→钻锚孔→灌浆固定锚杆→吊沙包植生带→土料混合→高压机械喷基底→混合料与种子拌合→高压机械喷种子→盖无纺布→喷水→养护管理。

（2）坡面清理

主要清理片石、碎石、杂物，刷平坡面，为铺平钢丝网打好基础。施工前坡面的凹凸度平均为±10cm，最大不超过±30cm。对于光滑岩面，需要通过加密锚杆或挖掘横沟等措施进行加糙处理，以免客土下滑。对于个别反坡，可用草包土回填。

（3）测量放线

设计主锚杆间距1.0m，次锚杆间距1.0m。首先，按纵横间距2m放点，确定主锚杆钻孔位置，再在相邻的主锚杆之间中点插补次锚杆钻孔位置。

（4）挂钢丝网

① 铺挂钢丝网：采用12号或14号镀锌钢丝，网眼直径4～5cm，网面需向坡顶延伸50～100cm，开沟并用桩钉固定后回填土或埋入截水沟中。坡顶固定好，则自上而下铺设，网与网之间采用平行对接。

② 钻锚孔：岩质边坡硬度大，必须用风钻锚孔，孔向与坡面基本垂直。

③ 砂浆固锚杆：锚杆用直径1.0～1.8cm螺纹钢，长度大于80～100cm，埋入锚孔，然后用水泥砂浆灌注孔穴，以牢固锚杆。

④ 锚杆固网：两网边接以平行连接为好，用边缘网眼左右挂入锚杆，扎紧，左右两片网之间重叠宽度不小于10cm，重叠处锚钉间距20～30cm，两网之间的缝隙需用钢丝扎牢。

（5）喷混材料

组成种植基质的材料主要有土壤、有机质、化学肥料、保水材料、胶粘剂、pH缓冲剂等。

① 土壤：土壤可因地制宜，选择就近的砂土、粉土或黄土。砂土、黄土往往肥力不够，一般可与园土或其他肥土以1∶1比例配合使用。土要保持干燥、过筛，去掉粗大颗粒物及杂物后用于喷播。

② 有机质：常用的有机质有泥炭苔、腐叶土、堆肥、蘑菇肥、糠壳、锯木屑等。

③ 化学肥料：加入一定量的缓释氮肥，有利于植物生长后期肥料的持续供应。

④ 保水剂：岩面绿化用保水剂，可选择吸水倍率相对较低，但吸水重复性好且使用寿命长的丙烯酰胺－丙烯酸盐共聚交联物类的较大颗粒产品。

⑤ 胶粘剂与 pH 缓冲剂：一般每立方米混合材料中普通硅酸盐水泥用量为 $50\sim80$kg。同时，加入一定量的碱性中和因子如磷酸作缓冲剂，以调节基质 pH 值。

⑥ 用水：根据实际情况而定。

⑦ 植物种子：植物选择及配置，应考虑气候适应性、土壤适应性、植物抗逆性、生态稳定性、易粗放管理等各种因素和要求。在满足护坡的同时，兼顾景观效果。应该以地带性植被、乡土植物为主，适当引进适合当地生长的外地植物，构建乔、灌、草、藤相结合的立体生态模式。

⑧ 喷混原料配比：根据岩面坡度、母岩类型、气候条件及原材料质量进行配比。

⑨ 土与物料混合：准确选取各种物料，把蘑菇肥、谷壳、木屑等有机物、长效复合绿化专用肥料、胶粘剂、保水剂等倒入土壤中进行干混拌，可利用机械混拌均匀。

⑩ 灌草种配比：根据当地气候及岩质坡面特点，以水土保持为主，建立灌草立体生态模式。

（6）喷播

以岩面挂网为基础，利用喷播机将搅拌均匀的基质加水后自上而下均匀地喷射到岩面，平均厚度 $8\sim10$cm。一般分两次进行：首先喷射不含种子的混合料，喷射厚度 $7\sim8$cm，接着喷射含有种子的混合料，厚度 $2\sim3$cm。

（7）盖无纺布

在喷射后覆盖无纺布以防止雨水冲刷和阳光暴晒，顺坡从上而下直盖，布与布之间重叠 $10\sim15$cm 左右，并用木签或竹签固定。在种子损失严重的情况下，实施补播。

（8）喷灌透水

水要喷透，但不能产生水土流失和坡面径流，防止基底材料冲垮。

7）草包技术

通过生产线将植物种子按一定比例均匀地播撒在两层布质或纸质无纺布中间，然后通过行缝、针刺及胶粘等先进工艺，制成草包，装土。将其累积坡面，就能形成草坪。

（1）草包技术施工工序

坡面平整 → 修筑台阶 → 铺网 → 堆筑草包 → 浇水覆盖薄膜。

（2）坡面平整

去除坡面杂草、大块碎石以及其他杂物。

对坡面转角处及坡顶部的棱角进行修整，使之呈弧状，对低洼处适当覆土夯实或以草包土回填，使坡面基本平整。

在坡顶挖排水沟，以防水流冲刷坡面。

（3）修筑台阶

将有一定坡度的坡面修筑成台阶形式，形成绿化平台，使草包有着力层。

（4）铺网

先用螺纹钢锚固，再将镀锌钢丝斜网格拉紧。

（5）堆筑草包

将准备好的草包顺着坡面往上堆设，并将草包固定在钢丝网上。

（6）浇水覆盖薄膜

在浇水后覆盖薄膜，以防止雨水冲刷，方法与喷播相同。

8）平台种植技术

结合矿山开采过程，根据具体地形地质条件修筑具有若干级平台，形成类似梯田结构的人工地形条件。在平台外缘砌挡土墙，台面回填种植土，种植乔灌草立体植被，攀缘性强的藤本植物沿斜坡延伸，绿化石壁，形成立体效果，平台外缘（靠近挡土墙）种植悬垂植物与攀缘植物相连以绿化覆盖全部裸露岩壁。

（1）平台种植技术施工工序

平台预留和开挖→挡土墙砌筑→客土回填→施用基肥→砌筑排水沟→浇水自然沉降→种植植被。

（2）平台预留和开挖

在开采过程中按顺序预留出各级平台或将有一定坡度的坡面修筑成多级台阶形式，形成一定宽度的绿化平台。

（3）挡土墙砌筑

根据种植设计方案，在平台外围砌筑一定规格的挡土墙，防止回填客土随水流失。

（4）客土回填、施用基肥

将矿山开采过程中剥离的表土回填，同时在土壤中施用基肥，保证矿山植被生长所需。

（5）砌筑排水沟

沿各台阶坡脚砌筑一定规格的排水沟，集中排放坡面汇集水流，防止水土流失。

（6）浇水、种植

回填土壤需浇一定量水，待土层自然沉降变紧实后按照种植设计方案种植植被。

5.3.4　生态环境保护施工技术

1. 现有生态保护施工技术

1）植物保护措施

（1）施工期间全体人员遵守《野生动植物保护法》等法令，做好自然区内的动植物保护工作，自觉执行和接受国家、省市及当地野生动植物保护部门的监督和检查。

（2）加强对周围人员环境保护政策的宣贯，提高全员环境保护意识，发现随意乱砍滥伐的行为及时上报有关部门。

（3）制定严格的管理制度，限制施工人员和车辆的活动范围，施工机械、运输车辆按照规定线路行驶，在划定的范围内作业，严禁碾压破坏植被。

（4）保护原有植被，对施工区域内的植物、树木等尽力维护原状，砍伐树木和其他经济植物时，应事先征得相关部门的同意，严禁超范围砍伐。

2）野生动物保护措施

（1）不追赶或惊吓野生动物，充分关心野生动物的自然习性。

（2）严格执行《野生动植物保护法》等相关规定，施工期间，严禁施工人员伤残、猎杀野生动物，对违章者追究法律责任。

（3）施工期间为动物提供迁移或者游串通道；如野生动物发生意外时，给予必要的救助。

（4）不在野生动物栖息地建造临时工程和设置取土场。

2. 已修复部位的生态保护管理

已修复部位的生态管理包括喷水养护、追施肥料、病虫害防治、拔除有害草种与培土补植。

1）喷水养护

喷灌方式有：采用移动喷灌设施，根据植物需水情况，直接喷灌；或在坡顶修筑蓄水池，汇集雨水，并用动力设备从坡脚输送补充水，利用坡顶水池自流，采用喷头方式进行喷灌。

已种植的植物分前、中、后期水分管理，前期喷灌水养护为 60 天，播种后第一次浇透水，以后根据天气情况，第一个月每天浇水 1～2 次，第二个月每隔 3～5 天浇水一次，以保持土壤湿润。中期依靠自然降水，若遇干旱，每月喷水 2～3 次。后期喷水频率和水量以使土壤保持湿润为宜。

喷水时水量不宜太大，以免冲走土壤、种子和幼苗。要求草本、地被喷水深 15～20cm；灌木深 30～50cm；乔木视种类、冠幅而定，50～100cm 不等。

2）追施肥料

所有植物在种植前，结合换土或深翻，都应预先施入基肥，现多以复合肥为主。基肥深度视植物种类而定，以肥料不与根系直接接触为准，通常草坪 10cm，地被 15～20cm，灌木与乔木实行穴施，深度根据范围与树龄、树种及根系发达程度确定。

对复绿要求高的废弃矿山，为满足植物正常生长需要，必须在齐苗后追肥。追肥分春肥（3～4 月）和冬肥（10～11 月）两次，每次追施复合肥 30～50g/m²，可结合浇水作业或干施后浇水。另外，可依实际情况进行叶面追肥。

3）病虫害防治

防治病虫害应掌握"治早、治小、治了"的原则。常用广谱性病虫害防治药物有：防病害可用 50% 多菌灵可湿性粉剂 1000 倍液，甲基托布津 800～1000 倍液等；防虫害一般可用敌百虫 800 倍液，氧化乐果、三氯杀虫螨 1000～1500 倍液等高效低毒农药，一般可防治乔灌草的立枯病、叶斑病、霜霉病、根腐病及小令夜蛾、刺蛾、蚜虫、钻心虫、尺蠖等多种病虫害。

4）拔除有害草种

当杂草种子高出主草丛时，人工拔除。

5）培土补植

对坡度大、土壤易受冲刷的坡面，暴雨后要认真检查，尽快恢复原来平整的坡面，培土后要压实以保证根系与土壤紧密结合。

由于干旱、雨水冲刷等客观原因，导致部分植物死亡，应及时补植。补植的苗木或草皮，要求在高度（为栽植后高度）、粗度或株丛数等方面与周围正常生长的植株一致，以保证绿化的整齐性。苗木栽植后将根系周围土壤踩实，覆土超过原土 2～3cm，浇透水并经常注意观察生长情况。

3. 施工过程中的生态保护措施

宕口修复过程中的环境保护应以积极的态度，有规划、有步骤地分阶段制定或设计相应的环境保护方案，把被动生态保护变成主动保护，具体可从以下方面进行考虑。

1）合理选择施工环节

宕口修复工作尽量避免雨期施工，如必须在雨水季节施工，要做好已成型坡面的防冲刷措施，尽早进行绿化，及时设置排水沟和截水沟，防止水土流失、边坡坍塌和滑坡的产生。

2）合理设置场区道路

场区道路设置的主要目的为便于边坡削坡、清坡等施工作业。若场区内的现状条件能够通车，则所有车辆均在修复区内通行；若场区内现状条件无法满足通车，需要在修复区外修筑临时道路，则需要提前进行规划审批，以尽量减少工程开挖、减少占用林地、减少破坏生态为宜。施工完成后按照要求进行复绿。

3）合理设置材料堆场

材料堆场尽可能设置在修复区范围内，施工过程中严格按照审批的平面布置图进行施工，严禁材料堆放在修复区以外对周边环境造成影响。

施工临时用地应先将原表层土集中堆放，待施工完毕后，再将表层土推平，恢复原地表层。

4）注意噪声、大气、水源污染

废弃矿山修复过程中要注意避免施工噪声、大气污染、水源污染对附近居民生活区的影响。

清运土渣及垃圾时，车辆必须加以覆盖，防止道路遗撒。

　　若现场需设置灰土拌合站或沥青拌合站，则需要设置在居民区、学校等环境敏感点以外的下风向口，且采用全封闭式管理，防止扬尘对当地居民的生产和生活造成影响。

　　沥青、油料及其他化学品等不得堆放在河流湖泊附近，并防止因雨水冲刷进入水中，施工驻地的生活污水、生活垃圾需集中处理，不得直接排入水中。

第6章　施工总承包管理

6.1　总承包管理概述

工程总承包管理的核心目标是将设计、采购、施工各环节进行融合，统筹各方资源，进行一体化管理，充分利用内部协调机制来实现工程项目的各项管理目标，从而降低建设成本，提高工程实施效率。

城市更新工程不同于常规工程项目，总承包管理的实施主要有以下特点：

1. 报批报建手续复杂、周期较长

城市更新工程一般涉及城市形象，各级政府部门参与较多，市城管委、交通管理局、市公交公司、市政工程管理处等接收单位全程参与协调管控，社会整体关注度高、反响大。同时，部分包含特色文化的建筑更新工程还需要考虑当地风俗文化元素的融入，这一系列原因造成了相关报批报建手续的漫长复杂。

作为业主方和总承包方，希望报批报建效率更高，方案成本更低。通过发挥资源集成优势，提前引进优质专业分包资源，比如消防、人防，结合可建造性和验收经验，协助设计优化方案、提高设计质量，从而提高报建效率，节约成本，做到智慧报建。

如何短时间快速启动并完成各项报建工作，是城市更新工程总承包管理工作重点之一。

2. 设计内容复杂、调查、鉴定等工作多

城市更新工程的设计工作相较于传统的建筑设计，需要前置大量的调查、取证、鉴定等工作，需要同多个不同的设计单位、施工单位进行沟通，需要大量的协调工作。

应结合不同类型的建筑特点，采取不同的设计发包方式，强化设计管控，建立完善的沟通机制，从而保证设计质量更好、设计效率更高。

3. 专业众多、招采复杂

城市更新工程是对城市某个区域的立体空间进行全方位的改造提升，通常为"全方位、无死角、一体化"的系统提升工程。涉及建筑立面改造、建筑结构改造、功能提升、屋面工程、泛光照明、市政道路及交安设施、市政管网、城市园林景观、城市家具、艺术文化植入等众多专业内容。这就需要总承包商组建一个高效、精干的项目管理团队，健全各项总承包管理制度、规范业务流程以协调解决实施过程中各单位、各专业间工作界面、工序移交等

问题。

4. 工序交叉多， 建造接口复杂

城市更新工程，是对既有建筑的升级换代、更新改造工程，既要发挥既有建筑的剩余价值，又要引进符合当代人使用需求的新功能、新工艺，必然涉及大量的工序交叉和建造接口协调。

建造总承包管理，需要将施工措施、创优做法等融入全周期建造流程，对全专业图纸信息进行集成，强化接口管理，并在施工前进行图纸平面建造推演，实现施工图纸"所见即所得"，避免因专业"打架"而不断拆改，一次成优，提高建筑品质。从而达到高效建造、缩短建造工期、降低建造成本的目的。

5. 点多面广， 外围协调量大

城市更新工程与沿街商户、居住市民、沿街机关单位息息相关，违建拆除、外墙改造、门窗更换、牌匾统一、外架搭设等直接影响到施工区域内市民的利益，各项施工矛盾冲突点多，与施工区域内市民的协调工作量很大。

对外协调也是总承包管理的一项重要内容，项目在推进过程中成立对外协调部，作为项目对外窗口，充分利用城管、公安等政府职能部门的力量，走街串巷、入户宣传，通过全面展开宣传工作、及时收集沿线居民实际诉求、加强协调沟通交流等工作，化施工扰民为助民利民，实现外协促生产。

本章节针对城市更新类项目的特点，重点从施工准备、组织管理、总平面管理、计划管理、设计管理、商务合约管理、建造管理、征拆及协调管理、验收、移交、运维管理等几个维度进行重点阐述。力求能充分发掘资源优势、履行管理职责，构建完备的管理体系、合理制定各项管理措施，做好参建各方、外部单位的组织协调工作，确保工期、质量、造价、安全及文明施工等工程目标的全面实现。

6.2 施工准备

6.2.1 前期手续管理

1. 项目前期手续内容

项目前期手续包括项目建筑立面方案设计批复、市政工程设计批复、交通工程设计批复、道路改造施工期间交通组织方案批复、园林景观设计批复、城市家具方案设计批复、施工许可证等。

2. 项目前期手续管理

承包商应积极配合建设单位办理工程相关手续，完成相关方案的批复，建立和实时更新《项目前期手续办理台账》，确保项目合规、推进有序。

6.2.2　技术准备

1. 施工技术准备

（1）项目部应建立技术标准、规范配置清单，并配置适用的技术标准、规范，组织项目部相关人员进行学习培训。

（2）项目技术负责人组织相关人员（含分包）进行方案（图纸）预审，形成方案（图纸）预审记录，为方案（图纸）会审做好相关准备，项目部参加由建设方组织的方案（图纸）会审及设计交底，形成图纸会审记录，经相关单位签字、盖章后下发至图纸持有人，图纸持有人应将图纸会审内容标注在图纸上，注明修改人、修改日期和依据的图纸会审记录编号及相应内容条款编号。

（3）开工前，项目部应确定所需编制的绿色施工方案、专项技术施工方案和专项安全施工方案的范围和清单（表 6-1），制定《项目主要技术方案编制计划》。

城市更新项目指导现场实施方案编制清单　　　　　　　　表 6-1

序号	方案名称	方案类别	备注
1	落地式脚手架安全专项施工方案	A	搭设高度 50m 及以上落地式钢管脚手架工程，还需具体结合当地规范要求
2	落地式脚手架安全专项施工方案	B	搭设高度 24m 及以上的落地式钢管脚手架工程，还需具体结合当地规范要求
3	交通疏导专项方案	C	—
4	进场施工组织设计	B	—
5	吊篮作业施工作业安全专项施工方案	C	—
6	临时水电施工方案	B	—
7	季节性施工方案	C	—
8	防盗专项方案	C	—
9	安全生产事故综合应急救援预案	C	—
10	危险源管控方案	C	—
11	真石漆施工方案	C	—
12	垃圾外运方案	C	—
13	材料垂直运输方案	C	—
14	材料进场方案	C	—
15	发电机选型与布置方案	C	—

序号	方案名称	方案类别	备注
16	冬季雨雪天气安全应急预案	C	—
17	春节期间安保方案	C	—
18	建筑立面幕墙工程施工方案	A	施工高度50m及以上的建筑幕墙安装工程，还需结合当地规范要求
19	建筑立面幕墙工程施工方案	B	建筑幕墙安装工程
20	建筑立面拆除工程施工方案	C	—
21	空调移机方案	C	—
22	扬尘治理专项方案	C	—
23	油污清洗方案	C	—
24	消防安全专项方案	C	—
25	纳米真石漆施工方案	C	—
26	施工降效专项方案	C	—
27	园林绿化工程专项施工方案	C	—
28	道路工程专项施工方案	C	—
29	人行道铺装专项施工方案	C	—
30	夜间施工降效专项方案	C	—
31	屋面工程施工方案	C	—
32	钢屋面工程施工方案	C	—
33	景观亮化专项施工方案	C	—
34	强弱电改造专项施工方案	C	—
35	泛光照明蜘蛛人高空作业专项施工方案	C	—
36	探槽专项施工方案	C	—
37	强弱电防护专项施工方案	C	—
38	结构拆除施工方案	A	—
39	结构加固施工方案	C	—
40	其他拆除类施工方案	B	既有建筑拆除改造类项目含有很多非标准、非代表性的构件拆除内容，需要根据项目实际情况编制专项施工方案

注：A类为超过一定规模的危大方案，须进行专家论证。B类为危险性较大的方案。C类为一般方案。

（4）制定质量和安全生产交底程序，编写各分部分项及各工种技术质量和安全生产交底，并按要求逐级交底。

（5）项目设计技术部根据项目和业主的需求负责深化设计管理。根据工程整体进度计划组织编制项目深化设计总进度计划，确保各专业协调一致；对深化设计的接口、提资、进度、质量等进行监督与审核。

（6）深化设计图纸由项目部按照工程合同约定的程序呈报相关方（监理、业主单位）审核和批准；深化设计图纸批准后，由施工责任分包商负责出图并组织交底，由项目部负责图纸的登记和发放。

2. 试验准备

（1）工程项目开工前，项目技术负责人组织相关部门编制《物资进场验收与复试计划》《工艺试验及现场检（试）验计划》，确定质量标准和检验、试验工作内容，质量工程师对计划实施进行监督。

（2）施工现场根据需求确定是否设立试验室，试验室需配置有资质的试验室主任、试验人员和相应的试验设备，试验环境满足检测试验工作的要求，试验室筹建可委托有资质的第三方试验检测机构。

（3）试验室应建立健全试验检测制度，落实试验检测质量责任制，试验室经质量监督站认定后才能投入使用，质量工程师定期对试验设备和环境进行抽查。

3. 测量准备

（1）工程项目开工前，项目技术负责人会同测量人员根据工程实际编制《测量方案》，项目经理审核后报监理单位审批。

（2）工程前期控制点移交及控制网复核由项目技术负责人和测量人员负责，并应完成现场测量放样，形成书面交接记录及控制网复测报告。

（3）采用 GPS 卫星定位静态测量与 RTK 技术相结合的作业模式，按《全球定位系统（GPS）测量规范》的主要技术要求进行平面控制网的复测与加密，并采用全站仪三角测量检测 GPS 的测量成果。

（4）测量人员须有效保护埋设的测量标桩，特别是永久性及半永久性坐标、水准点、沉降观测点等重要标桩设置围栏和明显标牌，以引起注意。

6.2.3　物资准备

1. 甲供（控）物资管理

（1）项目工程主合同签订后，项目商务合约部提供甲供（控）物资清单。项目技术部根据甲供（控）物资清单，编制甲供（控）物资需用总计划。项目建造工程师编制甲供（控）物资月度物资日常进场计划，经项目经理审核后，由物资管理工程师报业主方及相关供应商。

（2）甲供（控）物资的进场验收按项目物资进场验收相关规定执行。当供货过程或产品质量出现问题时，项目部以工作联系函形式报请业主方进行处理。

2. 自购物资管理

（1）项目开工之初由项目计划部组织、建造部（物资设备组）配合编制项目《物资需用总计划》。

（2）物资需用（日常）计划由项目建造工程师编制，结合项目施工生产实际需要，填写《日常物资需用计划单》，经项目经理审批，物资管理工程师组织物资进场。

3. 周转物资管理

（1）周转料具进场及使用过程中，项目物资管理工程师、安全工程师、检测检验试验工程师应进行外观检测和安全性能检查，按设计、规范要求进行复试。

（2）所有租赁的料具只允许作为施工物资周转使用，不得擅自外租或改制为他用，确有特殊用途时，项目部须提前报告公司（分公司），经批准后方可使用。

6.2.4 设备准备

结合城市更新工程施工工艺及现场进度要求，机械设备的选择将遵循"统一安排、合理配备"的原则，保证所使用机械设备性能、数量满足使用要求，并且留有一定的富余度。所有特种设备将配备相应的专业技术人员、机械操作人员和机械维修人员，保证各种机械设备工作状态良好，满足工程施工和工期要求。

6.3 组织管理

6.3.1 组织构架选择

城市更新项目特点是范围广、体量大、专业多、工期紧，传统职能式项目组织构架，无法适用于此类型项目，存在以下短板：

（1）组织体系方面。人力资源配置较离散，未能形成"强总部、精项目（工区）"的"资源配置＋业务协同"矩阵式的项目管理体系，人力资源组成过于单一。技术、安全、商务等职能部门过多陷入现场协调管理之中，出现忙而乱的低效率现象。

（2）管理体系方面。习惯性站在自身与企业运营角度，缺乏一种行业视角、项目集视角，总承包团队与各利益相关方之间的管理盲区较多，大多仅靠"人治"或口头约定。

（3）服务能力方面。缺少工程项目策划、设计、采购、建造、维保、运营全产业链一站式服务模式与服务能力。传统职能式架构以建造为核心进行打造，对设计、外协等版块完全空白。

（4）知识管理方面。未构建有效的信息共享传递平台，以至数十年的项目管理经验、数据资源只能让项目参与者或少部分人受益，没有充分将知识沉淀、共享。

城市更新类的项目管理组织机构建议采用规模较大的总承包项目管理模式：项目总承包管理团队和施工管理团队（工区管理层）分离的组织结构模式，同时，结合项目施工阶段的转化，组织架构也随阶段转化动态调整。

6.3.2　既有建筑改造和功能提升类组织机构选择

既有建筑改造和功能提升类项目总体施工场地不会有太大变化，大多随工程进展和总体部署逐步推进，在总承包管理组织架构的基础上，增设拆除、利旧专职工程师，由生产经理统管，总体分为三个阶段：

1. 项目初期阶段

在项目初期阶段，一般设计图纸变化、技术和安全等问题比较突出，此时项目组织结构宜"弱化运行主体、强化职能部门"，集中有限资源，解决项目初期存在的突出和共性问题。

2. 项目中期阶段

项目运行中期，各专业都有各自特点，现场工作须及时有效处理，集中管理不利于工作开展。此阶段组织结构转变为"强化运行主体、弱化职能部门"，将职能部门资源和职责转移到专业项目部。

3. 项目收尾阶段

当项目进入收尾阶段，由于试运行、设施/设备移交、合同结算、竣工资料整理、剩余物资处理等集中和整体管理需要，项目结构模式宜重新调整为"弱化运行主体、强化职能部门"的组织形式，如图 6-1 所示。

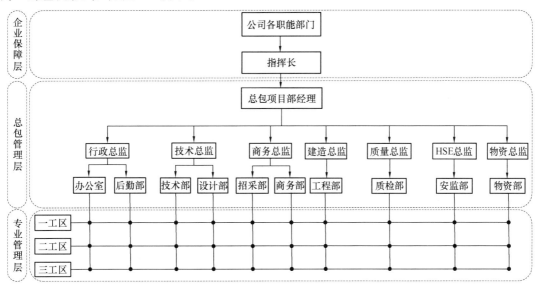

图 6-1　常见组织架构图

6.3.3　城市街道更新类组织机构选择

城市街道更新项目在施工过程中面临大规模的平立面调整和整体施工场区调整。在不同实施阶段，相应职能部门（总包管理部）、工区管理层职能、专业管理职能体现侧重点不同，采用动态调整原则，具体设置情况如下：

1) 项目初期阶段（项目启动阶段）：采用矩阵式管理架构。针对该类工程工期紧张、资源需求量大、外围环境复杂、深化设计工作量大等特点，增设计划总监、物资总监、工区经理等管理班子岗位，增设计划部、外协部、设计部三个职能部门，形成"十部一室"+多工区管理的矩阵式组织架构。典型城市更新项目初期阶段组织架构如图 6-2 所示。

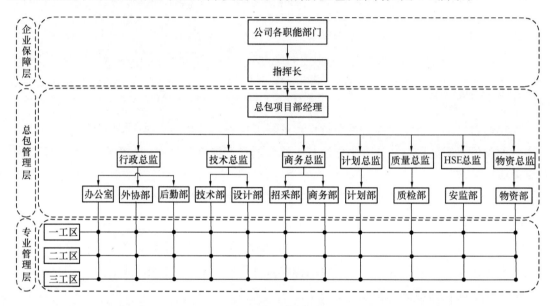

图 6-2　项目初期阶段管理组织机构图

该组织架构类型相较于房建项目组织架构，其管理侧重点在项目开工阶段、实施阶段有重心转化。主要表现在两个方面：

（1）项目初期阶段需要花费大量精力组织开展项目整体策划工作，包括前期资源准备、部门工作推进以及外部关系建立等，需要由总包管理部各职能部门联动配合，完善管理制度，制定规则，服务、监督横向各工区，故施工启动阶段，采用的是强职能部门、弱工区的管理模式。管理力量主要集中在职能部门纵向定规，工区层面，主要由工区经理带部分现场工程师进行现场摸排、图纸调档等施工准备工作。

（2）现场施工启动后，立面改造施工全面铺开，现场工作量骤然增大。管理架构相应进行调整，技术、安全、工程、外协等职能部门人员下放到各个工区，由各工区经理牵头，推动现场建造，该阶段实行的是"强工区、弱部门"的管理理念。立面施工阶段，专业单一但协调工作量巨大，职能部门下放工区可极大提高管理效能，有效保障现场履约。

2) 项目中后期（平面施工）阶段：现场施工内容由单一立面实施转为平面多专业同步推进，施工状态发生较大变化。该阶段项目管理架构做相应调整，转变为职能部门+工区+专业组的管理架构，如图 6-3 所示。

进入项目中期阶段，各工区资源组织陆续进场完毕，涉及多专业、多领域，包括人行道

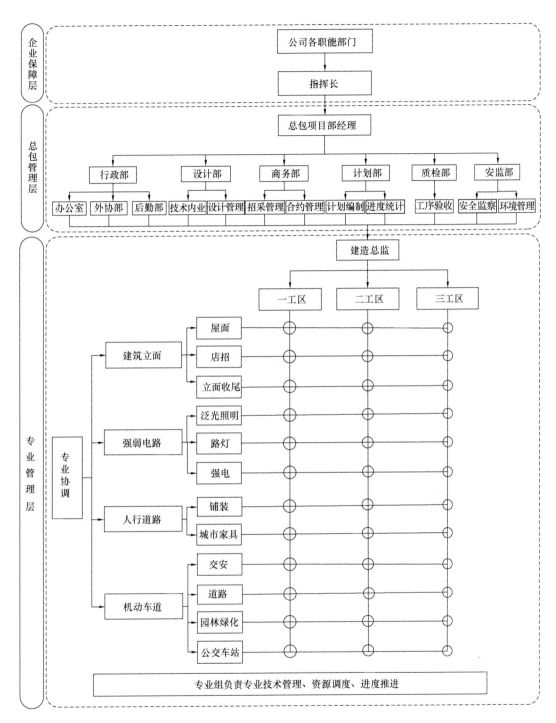

图 6-3　项目平面改造阶段管理组织机构图

铺装、机动车道改造、市政景观、城市家具、交通指示系统、天网系统、市政管网等，各专业工作量单一，但专业与专业之间协调管理工作量大。同时，由立面改造转换至平面施工，总平面布置、交通疏解成为重难点。这个阶段依靠总包管理部职能部门＋工区的架构是无法实现精细化管理的，必须发挥工区专业组的优势，设立专业负责人，尤其对于新兴专业，需由专业技术人员把控。此时，总包管理部主要起协调各工区、各专业的作用，不负责工区内具体日常事务的推进，掌控履约关键要素和协调、决策重大事宜；专业组层面负责各专业的技术、生产推进工作，管资源、管具体推进落实；工区层面，保留工区经理岗位，利用工区经理熟悉各工区具体情况的特性，工区经理转化为协调、监督职能，主要是协调工区范围内外围关系，工区范围内专业间的界面交叉，监督各专业推进进度。

鉴于以上特点，平面施工阶段施工组织架构总体原则转变为：强化专业推进、工区管理职责转变为协调监督，总包管理部同步推进商务工作，保证资金支持。

6.3.4 废弃矿山环境修复类组织机构选择

废弃矿山环境修复类项目总体施工平面变化不大，除包含消险、加固工程师外，其他与常规的总承包管理基本相同。项目组织架构与既有建筑改造和功能提升类组织机构类似。

6.4 总平面管理

城市老旧街道更新和既有建筑改造及功能提升的侧重点不同，总平面管理也有很大的差别。

城市老旧街道更新主要侧重于平面大区域范围内，施工场地的多次转变，以及与街道周边既有建筑的交叉协调。

既有建筑改造及功能提升类项目，主要侧重于建筑自身的改造及功能的改变，因此施工场地转换较少，大多为工作面的转变，且既有建筑改造及功能提升类项目大多为残余价值较高的高层建筑，重点侧重于平立面的转换。

6.4.1 城市老旧街道更新平面管理

1. 总平面布置

相较新建项目而言，该类项目总平布置内容相对较少，但属于敞开式施工环境，具有人车流量广、曝光率高、不确定因素多等特点，要求总平面布置考虑问题全面，安全风险把控、消防隐患遏制、文明施工形象、功能运营同步和交通导流疏解是五大重点。

某项目示范段位于中心城区十字交叉路口，商业繁华、人流密集，为实现城市街道更新施工和城市运营同步进行，总平面布置关键点如下：

（1）立面施工阶段：

① 建筑改造轮廓范围内，迎街面通长搭设安全通道，通道保证上部作业与底部商业运营互不影响；

② 材料运输及吊运点，尽量考虑夜间车流量少的时间段，做好交通疏解措施；

③ 材料临时堆场采用 1.8m 高定型围挡封闭，保持场内堆码整齐；

④ 吊篮布置重点考虑竖向所有施工内容可在吊篮说明书要求的最大伸臂长度内完成（吊篮前臂超长、支架超高，需编制专项方案并组织专家论证），以及吊篮临时停靠点位置；

⑤ 消防器材、应急救援通道按方案要求布置。

（2）平面施工阶段：

① 平面施工阶段启动前，要求所属范围内上部立面施工完毕，不可立面、平面同时作业，立面所有施工内容完成后，方可启动安全通道拆除，底部商业恢复正常通行，预留人行通道，将平面施工范围围挡补充调整；

② 平面施工范围内，注意材料临时堆场选定，避免多次转移，考虑管线沟槽开挖和园林复杂造型（需要做基础或施工周期长），保持场内流水施工作业，文明施工管控是重难点。

2. 总体施工部署

项目的总体部署：

（1）城市街道更新项目一般工期紧张，施工楼栋多，通常采用平行施工的模式开展现场施工，材料、劳动力、设备等资源全部满铺投入。

（2）先立面，后屋面，再平面，其中建筑立面施工周期最长、工程量占比最大、协调工作难度大，在项目总体改造效果影响中处于核心地位，如图 6-4 所示。

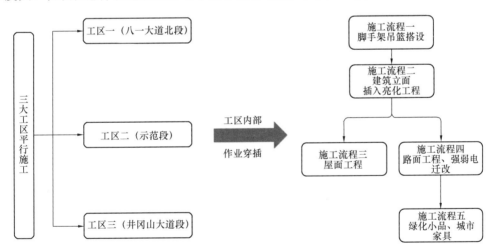

图 6-4　某项目施工部署流程

（3）立面改造阶段，首先进行拆违及外架搭设、吊篮安装等前期工作，随后进行外立面石材、铝板、真石漆等装饰施工，同步插入泛光照明施工，立面改造收尾阶段进行屋面工程施工及店招牌匾施工。

（4）立面改造外架拆除完成后进入平面改造阶段，平面改造分机动车道翻新及人行道铺装两条主线展开，道路相关专业施工完成后插入景观绿化及收尾施工，如图 6-5 所示。

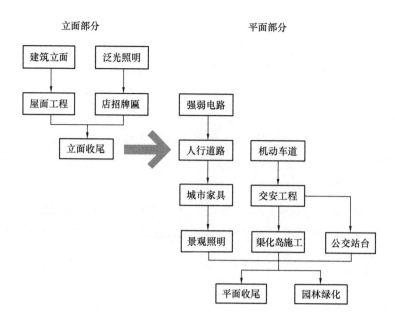

图 6-5　工序穿插示意图

3. 主要施工内容

考虑工期紧张，施工楼栋多，现场所有楼栋采用平行施工的模式展开，材料、劳动力、设备等资源全部满铺投入。项目的总体部署为：先立面，后屋面，再平面，其中建筑立面施工周期最长、工程量占比最大，且在项目总体改造效果影响中处于核心地位。整体施工流程包含以下几个阶段：

1）店招、违建拆除阶段

拆除物主要分为九大类，分别是防盗窗及晾衣架、牌匾、空调外机及空调罩、立面管线、违建结构、建筑大字、雨棚、原建筑幕墙、原泛光照明设备。违建拆除前先安排专职协调员进行违建排查，编制相关专项施工方案，再与相关责任人协商沟通，通过搭设活动脚手架或钢管扣件式脚手架进行违建拆除，违建拆除完成后及时清运垃圾。

2）外架搭设及吊篮安装阶段

外架搭设及吊篮安装前先对作业区域（地面、楼面、屋面）进行排查，判断外架搭设及吊篮安装的可行性，并初步计算钢管架料及吊篮设备的数量，编制相关专项施工方案，组织施工技术交底，最后现场进行外架搭设及吊篮安装，验收通过方可使用。

3）外立面施工阶段

外立面施工主要包括五大部分，分别为涂料施工、石材幕墙施工、铝板幕墙施工、泛光照明施工及立面清洗。施工前先根据设计单位出具的相关图纸进行深化设计，并根据设计单位提供的效果图及材质表进行石材、铝板、真石漆、空调罩、空调格栅、泛光照明灯具及管线等选样定样。再根据深化设计图进行立面施工，幕墙施工过程中穿插泛光照明管线预留预理，并根据设计效果要求进行空调移机。幕墙工程施工完成后再进行泛光照明灯具安装，并调试合格。

4）平面施工阶段

平面施工主要包括强弱电改迁、市政道路、园林绿化、人行道路及城市家具等。此阶段专业多、内容杂，工序穿插较为频繁。其中市政道路施工前期主要进行交通疏导及打围工作，园林绿化、人行道路及城市家具施工前需首先完成设计出图及选材定样工作。此阶段首先进行强弱电改迁及市政道路，先后插入人行道路破除铺装及园林绿化工作，最后进行城市家具安装。

5）收尾阶段

收尾阶段主要包括立面及平面两大部分，立面部分主要进行石材铝板清洗、吊篮拆除、脚手架拆除、架料及吊篮设备退场、店招安装，幕墙工程施工完成后要用专用清洗剂对幕墙表面进行全面清洗，再进行吊篮、脚手架拆除，拆除后的架料设备及时组织退场，再根据设计效果要求使用活动架安装店招。平面部分主要是拆除围挡、恢复交通，同时对被破坏的成品进行整改恢复。

6.4.2　既有建筑改造及功能提升平立面管理

1. 总平面管理

既有建筑施工场地一般都经过了几十年的使用期，周边交通以及配套设施往往都比较健全，所以既有建筑在改造时，其周边的外部空间环境有限，在施工过程中也存在诸多的限制条件，例如，施工场地狭小、周围建筑物及人流较多、有高空障碍等。因此，在施工前必须对施工场地进行合理布置。如何在有限空间，完成既定工作内容是保证工程整体顺利推进的重点工作。

与常规项目对比，进场之初，更需重视周边环境摸排，改造项目多位于周边已拥有成熟功能建筑的区域，且需保证该部分建筑正常运行，以商场改造为例，改造同时需保证周边商业正常经营，对于施工时间、施工机械、降低周边正常运营措施均需考虑周全，特别是机电管线部分，若改造部分存在于周边共用情况，还需提前进行相应管线改迁，尽量减小对周边影响。

改造区域限制于原有结构，对原有结构，如地下室范围、结构可承受荷载、周边线管情况、交通情况等均需细致摸排，加强与权属单位甚至前期施工单位沟通。

机械设备方面：尽量选择灵活可移动设备，如叉车、铲车、汽车式起重机等设备。

材料方面：尽量选择外加工，成品材料转运至现场后，直接转运至作业区。

堆场方面：尽量争取场地，合理安排工序，借用不影响关键线路且交通便利的区域，用作临时材料堆场及加工场。

垃圾方面：改造多涉及拆除等工作，场地本已较为狭小，需强化外运措施，产生垃圾及时清运，堆放场地仅用于临时周转，当日产生垃圾利用夜间及时外运。

加强工序衔接，做好材料准备，保证运送至现场材料可及时使用。

2. 竖向立面管理

改造项目伴随大量材料设备转运，竖向立面管理方面应充分利用新增洞口，如扶梯洞口、新增管井洞口，安装卷扬机等设备，用于材料转运及垃圾清理。

于外墙处设置进料口，利用汽车式起重机，及时将材料垂直转运到作业层，并利用液压叉车等进行材料水平转运。

条件允许情况下，尽量多布置施工电梯，便于材料转运。

3. 空间立体交互管理

结合项目实际，合理协调平面及立面组织，做好平面和立面交接。

借助 BIM 等软件，将 BIM 技术的参数化、可视化、协调性、模拟性等优势运用到既有建筑改造中，对既有建筑改造建设期管理工作产生指导性意义，在模型中查看构件、设备进出施工现场的三维空间，为不同型号、不同位置的构件及设备制定合理的运输方案。通过动画的形式演示运输方案模拟，进一步验证方案的可行性并及时作出调整，从而为每个在既有建筑中具有运输难度的大型构件或设备策划最优运输路径。

6.4.3 废弃矿山修复总平面管理

该类项目总平面布置内容少，主要考虑周边环境安全，涉及消险、加固、绿化吊装等。

1. 总平面管理

1）布置原则

根据项目区域的地形特点，总平面布置主要遵循以下原则：

（1）根据各治理点的地形特点，统一规划，合理布局。

（2）设置相应的导流、排洪系统。

（3）总体布置符合环保要求，充分考虑环境风险隐患。确保工程实施不造成二次环境污染。

（4）竖向设计充分考虑场地及周边实际情况，合理排水。

（5）满足工艺流程设计顺畅、简洁、合理的前提下，力求布局紧凑，尽量少交叉，充分注意节省占地。

2）具体布置要求

机械设备方面：以吊车、挖机为主，选择臂长较大的施工机械。

材料方面：主要材料为锚杆，优先选择场外加工，成品运至施工现场后，直接转运至作业区。

垃圾方面：消险时会产生大量石块、扬尘，需加强扬尘治理，雾炮、水车等跟踪作业。产生的石块可用于场内路基基础、雨季铺路等。

2. 施工部署

（1）在组织上、技术上高度重视，选派经验丰富的技术人员担任本工程的项目经理，并抽调有丰富施工和管理经验的项目副经理、项目工程师协助项目经理工作。建立健全项目部从上至下的质量管理体系和安全管理体系，并确保体系的顺利运行。

（2）施工组织力量上高度保证，按各施工阶段配备足够的劳动力，组织适合于工程特点的施工机械，其数量充足、性能完好，随时开赴现场投入施工。

（3）制订各作业段、各阶段分部分项详细的施工方案，工程一旦开工，就立即进入全员各阶段各专业交底，并实地调试施工参数，对比优化后全面施工。

（4）针对工期紧，制订和落实各项工期保证措施，并在后方备足必要的施工队伍和施工机械，随时投入工程进行抢工，详见工期计划和工期保证措施。

（5）若工程处于风景区，制订详细的切实可行的安全文明施工、减少扰民降低污染和噪声措施以及环境保护措施。按政府文件要求合理组织作业时间，将主要噪声源远离居民区，并做隔挡。对粉尘集中的机器设置雾炮降尘，避免扬尘；对进出通道采用冲洗池，确保文明施工、绿色施工，达到环保要求，做到不扰民。

（6）针对工程的具体地理位置和现场条件，制订较切合实际的施工平面布置，为各阶段施工的流水穿插、各专业施工提供便利，打下良好的基础。

（7）针对工程的地质条件，结合类似工程经验制定有针对性的预防措施和抢险措施，确保施工安全。

3. 施工阶段划分

根据治理区实际工程量要求，一般可分为三个阶段实施，各阶段施工任务可交叉进行。

第一阶段，主要完成的工程量有：施工入场及准备。

第二阶段，主要完成的工程量有：通道开挖、边坡整治（包括削坡减载、清坡、坡面种植槽、植生孔、修建挡土墙等）等。

第三阶段，主要完成的工程量有：竣工验收、清场撤离等。

为保证在规定时期内完成治理工程，需结合各段工程实际情况，合理安排施工阶段，尽量提早开工日期。实际施工中，应根据气候条件及实际情况的变化，灵活机动地调整施工工序，各阶段施工交叉实施。

6.5　计划管理

6.5.1　计划管理体系

为满足项目总承包管理需要，结合城市更新项目自身特点，项目计划管理采用"三级五线"管理体系,包括编制、审核、审批、检查、预警、纠偏、调整等环节。"三级"指一二三级计划的层级管理体系,"五线"指报批报建、设计(含深化设计)、招采、建造、拆违计划的主线管理体系,如图 6-6 所示。建立与之匹配的资源计划与工作计划,确保计划体系的完整性、科学性、严密性。

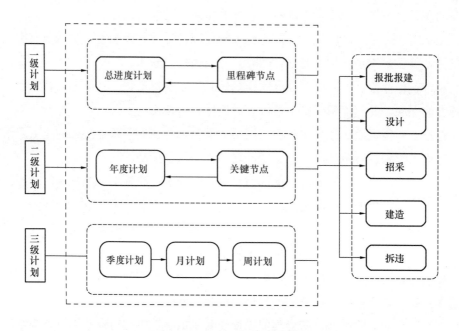

图 6-6 "三级五线"管理体系

在实施条件分析的基础上,结合影响各类计划的外围工作进展情况和整体管控思路,从组织、管理、技术、经济等方面提出有效的对策。

1. "三级"计划管理体系

1)一级计划

一级计划为项目总计划和里程碑节点,总承包商基于合同约定的工期条款和《项目策划书》编制一级总体控制计划。表述各专业工程的阶段目标、确定本工程总工期、阶段控制节点工期、所有指定分包专业分包工期、关注主要资源的规划及需求平衡等,是业主、设计、监理及总承包高层管理人员进行工程总体部署的依据,主要实现对各专业工程计划进行实时监控、动态关联。

2)二级计划

二级计划为项目年度计划和关键节点,其基于一级项目总计划和里程碑节点分解编制,形成细化的专业或阶段施工的具体实施步骤,以达到满足一级总控计划的要求,便于业主、监理和总承包管理人员对该专业工程进度的控制。

3)三级计划

三级计划为项目季度/月/周计划,其基于二级计划逐级分解制定,明确各专业工程的具体施工计划，供各分包单位基层管理人员具体控制每个分项工程在各个流水段的工序工期。三级计划表述当季度、当月、当周的施工计划，总承包商随工程例会发布并检查总结完成情况。具体如表 6-2 所示。

三级计划编制安排表　　　　　　　　　　表 6-2

计划等级	组织编制机构/人员	编制阶段	计划时间跨度	计划编制形式
一级计划	企业项目管理 策划编制人员	施工准备阶段	项目总计划、 里程碑节点计划	网络图、地铁图
二级计划	项目经理	工程实施阶段	项目年度计划和 关键节点	横道图、网络图 或斜线图
三级计划	计划负责人 /技术负责人	工程实施阶段	季度、月、周计划	横道图、网络图 或工作表

2. "四线""五线"计划管理体系

1）报批报建计划

报批报建计划为按照政府部门报批报建程序和规定，根据各类审核环节的主要条件和需求，向当地建设行政主管部门、接管运维部门报审的项目各类批准文件的计划。

2）设计计划

设计（含深化设计）计划为项目可行性研究、方案设计（含概念方案设计）、初步设计、施工图设计与施工详图深化设计计划。

3）招采计划

招采计划为项目设计资源、劳务资源、物资设备资源、专业分包资源等各类招标采购计划。

4）建造计划

建造计划为项目实体施工计划、辅助设施安装计划、各类工序穿插计划、作业面移交计划、资源需求与调配计划。

5）拆违计划

拆违计划主要体现在城市老旧街道更新项目当中。

拆违计划为项目启动前或施工过程中涉及征拆工作的计划，如：违建构筑物拆除计划、店招拆除计划、空调外机拆除计划、管线迁改计划等。

三级四线、三级五线管理体系可以采用地铁图来进行直观表述，如图 6-7 所示。

3. 计划管理职责

项目依据本身计划管理特点，搭建清晰、明确的计划管理组织结构，并明确各级计划管理方的权责界面，通过 PDCA 的管理方法，确保项目计划管理科学严谨，如图 6-8 所示。

各参建方职责权限如表 6-3 所示。

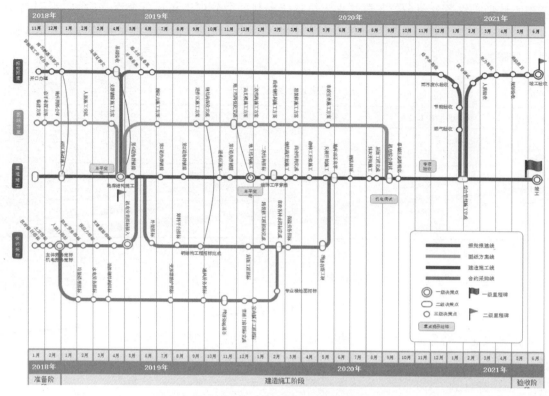

图 6-7　三级四线地铁图

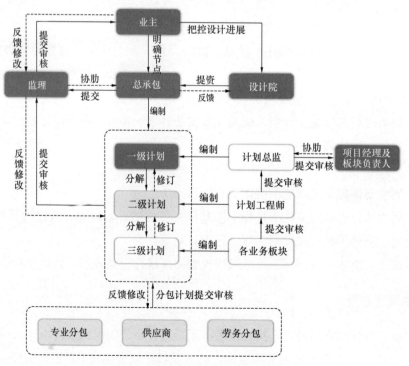

图 6-8　参建方计划管理逻辑关系图

参建方职责权限表　　　　　　　　　　　　　　　　　　　　　表 6-3

序号	相关方	职责
1	业主	1）审核项目一级、二级计划 2）按照流程时间节点要求对影响项目进度的重大方案等影响因素做出决策 3）按照流程时间节点要求对影响项目进度的变更做出决策 4）按照计划要求为总包提供协助和配合 5）按照合同及进度拨付应付款项
2	监理	1）协助业主完成一级、二级计划及其各版块总控计划的审核审批工作 2）按照要求完成三级计划及其各版块计划的审批及监督执行情况 3）按照计划要求完成方案、资料的审核审批 4）按照计划要求完成相应的决策和配合工作 5）按照计划要求完成工程款的审批 6）按照计划要求组织和参与各项验收工作
3	设计院	1）按照业主节点要求制定设计进度 2）协助业主完成一级计划审核工作 3）根据总包单位一级计划，落实设计进展
4	总承包单位	1）负责各级计划编制工作 2）负责收集各专业分包进度计划，并审核并入各级进度计划 3）负责各级计划的跟踪调整、分析考核工作 4）各业务板块负责三级计划的编制并提交审核 5）负责各级计划资源需求平衡及合理性分析
5	分供商	1）负责制定分包商进度计划并报总包部审核 2）按照进度计划监控各自计划执行情况 3）向总承包单位提交施工进度报告、分析报告等 4）进度需要调整时，采取措施，根据影响程度选择不同的处理流程

6.5.2　进度计划编制

1. 编制依据

施工进度计划编制依据主要有项目工程合同文件、施工部署与施工组织设计、设计图纸、外部环境资料、资源供应条件、同类工程施工进度、施工规范等。

2. 编制内容

（1）施工进度计划编制说明，含调控措施、主要计划指标一览表、执行计划的关键说明、需要解决的问题及主要措施；

（2）以横道图或网络图的形式表现施工进度计划；

（3）主要分部分项工程的起止日期一览表；

（4）项目资源需求计划，含主要实物工程量计划、主要工种劳动力计划、主要材料料具需用计划、主要机械和工具需用计划、主要半成品和构配件加工计划。

6.5.3　进度计划管理

项目部应加强对施工进度计划的跟踪与调整，对进度计划的实施过程应进行跟踪、检查，当发现实际进度与计划有偏差时，应及时采取纠偏措施，或进行局部调整，以确保施工进度能得到控制。各参建单位应加强对项目施工进度计划的跟踪与执行监控。企业层面应有专人负责各工程项目上报进度计划的收集与跟踪，并根据进度偏差情况及时进行预警或资源调整纠偏工作。

1. 监督监控

通过现场实际进度，对照项目总体进度计划、季度进度计划、月度进度计划、重大节点进度计划等，分析项目进度是否达到了相关进度计划要求；通过对专业工程进行工序细分，对影响施工进度计划的工序单独剥离，从资源配置合理与否、物资材料供应及时与否、外部环境影响等方面进行进度分析。

（1）企业计划管理部门通过年、季、月检查和分析项目部提供的月报，对照审定的一、二级计划，复核计划的完成情况，进行风险的识别、响应、控制，对影响二级计划（年度目标）的项目报生产分管领导协调解决，对影响一级计划（竣工目标）的项目应上报企业层面进行决策。

（2）项目计划管理部门通过分析项目各业务部门提供的周报，对照审定的二、三级计划，复核计划的完成情况，进行风险的识别、响应，提出控制建议，对影响三级计划（月度目标）的关键点和关联点报项目经理协调解决，对影响三级计划（季度目标）的关键点和关联点报企业计划管理部门。

（3）项目各业务部门负责人通过分析各专业工程师提供的日报，对照审定的与进度主线匹配的自身工作计划，复核计划的完成情况，进行风险的识别、响应、控制，对影响三级计划（周计划）的关键点和关联点报项目计划部门和项目经理，如图 6-9 所示。

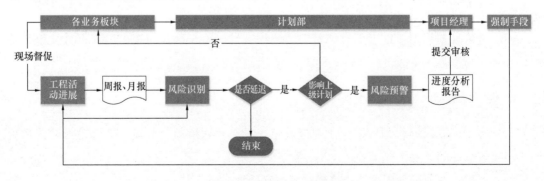

图 6-9　进度计划监控流程

2. 进度预警

（1）城市更新项目施工进度延误程度可参照以下标准分类定性，如表 6-4 所示。

工期延误程度与预警分级表　　　　　　　　　　　　　　　表 6-4

序号	计划类型	延误时间				
		正常	一般延误	较大延误	重大延误	特别重大延误
1	一级计划	0 日	1~9 日	10~19 日	20~29 日	30 日及以上
2	二级计划	0 日	1~7 日	8~14 日	15~20 日	20 日及以上
3	三级计划	0 日	1~3 日	4~6 日	7~14 日	15 日及以上
4	相应预警信号	无	绿色	蓝色	黄色	红色

（2）当进度计划关键线路出现严重偏差时，项目部要及时分析原因制定纠偏措施，及时与上级单位联动，并做好各项资源的调配，确保纠偏措施的严格落实。

（3）由于总承包方自身组织出现的偏差，项目部要积极采取增加施工资源等措施进行有效纠偏。

（4）由于项目相关方原因出现的偏差，生产管理人员应按商务管理有关程序办理工期签证，做好施工日志的记录，项目部跟踪工期签证确认情况，并建立工期签证台账。

3. 进度纠偏

（1）进度分析后，项目部需对延误进度采取具体有效纠偏措施，明确纠偏责任人及纠偏时限。

（2）对进度偏差的原因进行分析，并确定影响施工进度的因素后，通过召开生产例会来提出纠偏措施落实计划的调整对策，及时与上级单位联动，并做好各项资源的调配，确保纠偏措施的严格落实。

（3）纠偏措施主要包括：施工调度、组织措施、技术措施、经济措施。

（4）纠偏后的进度计划和资源配置要重新调整，及时落实，确保工期计划能够良性循环。

（5）上级单位应对项目部纠偏措施提出完善意见，并持续跟进项目部纠偏进展。

4. 进度调整

（1）一级计划原则上不进行调整，过程中应对进度计划及时监控、采取强制手段等防止一级进度计划的调整变动，因不可抗力或业主指令要求、重大设计变更等非自身原因导致一级计划与实际严重脱节并缺乏指导意义时，需召开各参建方专题会，提交进度影响因素分析报告，由业主审批后进行一级进度计划的调整并报企业主管部门备案。

一级计划申请调整后，应严格按调整后进度计划执行，对于有延误需调整计划但未能确定具体调整计划的项目，如因各类原因中止施工项目，暂不做调整，待恢复正常施工进度后再申请相应进度计划调整。

（2）二级计划调整采用按季度"动态调整机制"，以确定后的一级计划为基础线，调整时严禁突破一级计划，按照实际情况自动更新并滚动调整，调整后的计划如影响到原定关键节点，则执行一级计划调整原则。

（3）三级计划调整采用按月度"动态调整机制"，以确定后的二级计划为基础线，按照实际情况自动更新并滚动调整，调整后的计划作为后续计划管理的计划基准线，如图 6-10所示。

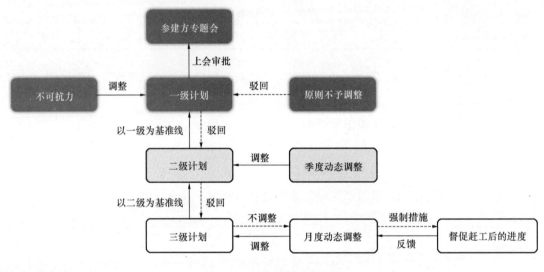

图 6-10 进度计划调整流程

5. 进度考核

协调各方建立从上而下的进度考核机制，明确考核指标及奖惩办法，从而形成业主、总承包单位、分包单位良性循环的进度执行体系。考核指标可分为工期滞后率、计划节点完成率。

工期滞后率＝（考核期末工期－考核期末实际形象进度对应计划工期）/计划工期×100%

计划节点完成率＝考核期内计划节点完成数/考核期计划节点总数×100%

（1）业主对总承包单位考核

考核计划分过程考核及竣工考核

过程考核：采用"季度考核"机制，以项目工期滞后率作为考核指标。

竣工考核：项目竣工后进行竣工考核，以项目工期滞后率和关键节点计划完成率作为考核指标，作为项目整体履约及管理水平的综合评价。

（2）总承包单位对分包商（包括业主专业分包）考核

对分包商的进度考核以建造部为主体，各职能部门参与，考核指标主要有：各分包的计划编制质量、计划执行情况、对关联分包和部门工作的影响情况、过程纠偏措施执行情况、公共资源使用的合规性等，项目建造部对各考核指标设定不同权重，按照月度进行考核，输出月进度复核表，将该表纳入分包履约评价，在分包合同中将月进度复核表与付款条款关联，督促分包履约，如图 6-11 所示。

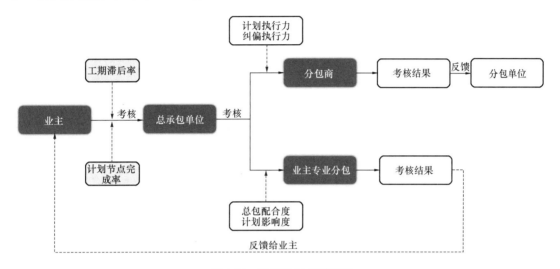

图 6-11　进度计划考核流程

6.6　设计管理

城市更新工程设计管理是基于城市发展建设，对城市街道更新和既有建筑改造过程中的专业设计效果、实施方案等进行综合管理，从而保证设计工作正常顺畅运行。

6.6.1　城市更新项目设计管理的特点

城市更新项目与常规项目相比，在设计管理工作方面存在以下特点：

1. 设计数据获取多，启动慢

城市更新工程的设计工作涉及大量对原有结构的调查、检测、鉴定等工作，因此摸清老旧房屋建筑、结构情况是设计工作开展的基础。而部分老旧建筑底图不明确，建设年代久远，无法调取底图。在老旧街道更新工程中，还经常涉及大量的违章建筑，过程资料极为缺乏。这类建筑多需要采用测绘手段获取全面的轮廓尺寸并配合结构鉴定确定结构各个构件的强度，鉴定过程需要耗费大量的时间和人力物力。

2. 设计工作量大，涉及专业多

（1）城市更新项目专业繁杂，涵盖幕墙专业设计、钢结构设计、店招广告设计、泛光照明设计、道路工程设计、平面铺装设计、园林景观设计、市政管网设计、城市家具设计、景观照明设计、交通安全工程设计、文化艺术设计等多个专业，涉及板块跨越建筑工程、市政工程、园林景观、文化艺术等多个领域，并且改造项目多数专业均集中在平面板块，专业之间交互性强，设计工作要考虑各个专业间协调和配合，在单专业设计完成后往往需要联合其他专业共同论证合理性，工作量大，单个设计院无法满足所有专业设计需求。

（2）在老旧街道更新工程中，建筑单体众多，各个单体相互影响，设计内容需覆盖现场全部内容，点多面广，不仅单一专业设计工作量巨大，而且设计漏项可能性大，设计深度往往无法达到指导施工的要求，需要进行二次深化设计及确认，深化设计工作量同样巨大。

3. 设计审批流程长

（1）城市更新的目的是提升城市形象，补足城市基础设施功能，受政府重点关注，其设计效果方案往往先由参建各方内部评审，然后专家评审，再上报至职能部门，最后由市委市政府决策，设计方案审批流程长。

（2）特色文化提升型的项目，设计品质要求高，且要求文化艺术理念融入，高品质要求设计方案进行反复论证，进一步延长了设计工作流程。

（3）城市老旧街道更新项目，因改造范围内存在大量原住居民，需要协调各类群众的大量需求，常因影响居民正常生活而导致设计返工。且城市街道更新设计属感官效果提升设计类，设计效果评价与不同人员审美有直接关系，众口难调，实施完成后常因舆论压力而推翻设计方案，导致大面积返工，设计效果最终确认难。

6.6.2 设计管理工作流程

城市更新项目因涉及城市的整体形象，其改造效果深受政府部门的关注，前期设计方案的汇报审核流程较为繁琐，如图 6-12 所示。

6.6.3 设计管理组织机构

城市更新项目设计的顺畅对整个项目推进至关重要，设计方案审批、设计责任划分、图纸问题解答等均是城市更新项目设计管理的重难点，以"总包单位设计管理部为核心"进行设计管理架构组织，是设计高效开展的先决条件。

该类项目设计管理架构组织原则如下：

（1）"现场服务、靠前设计"组建现场设计服务团队，加快设计应急反应速度。城市更新项目现场情况复杂，平面各构件基础与管线冲突、立面幕墙着力点与新建建筑冲突等各类

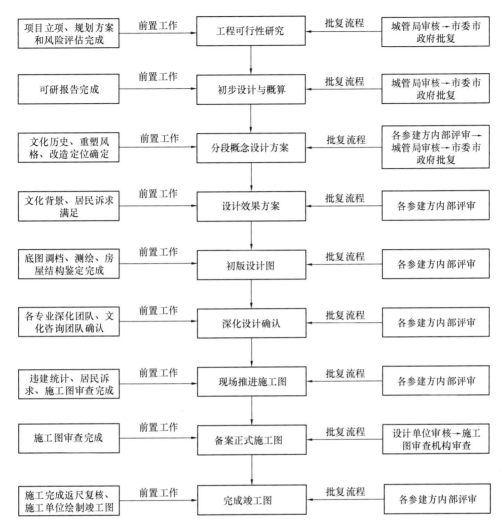

图 6-12　设计方案汇报审核流程图

图纸问题频发，由设计单位派驻现场设计服务团队进行全过程跟踪服务，根据现场实际情况现场修改图纸，提升设计工作应急速度，对现场施工推动作用颇为明显。

（2）应依托建造单位组建深化设计团队，强化设计补位功能。城市更新项目均为在既有建筑的基础上进行施工，现场的具体情况难以全部反馈到设计师手中。可以依托下游专业分包、材料分包组建强大的深化设计团队，根据现场的真实情况，直接完成设计工作，可有效弥补设计院设计工作缺项带来的工期阻碍，通过设计补位实现高效设计。

（3）对于包含特色文化元素的改造项目，宜引入艺术、民俗专业咨询团队，提升设计品质。组建艺术、民俗咨询服务组，艺术设计组参与方案设计，民俗咨询组负责设计建议及方案汇报。城市街道更新项目具备较强的地域性，设计理念需与当地风俗民情融合。由当地有较强影响力的咨询团队负责设计方案咨询建议并参与方案汇报，可极大地增强设计方案评审通过率，减少设计返工。

（4）对于政府直接管控的项目，宜按照"谁接收谁审批"的原则明确审批单位，提高方案审批效率。该类项目道路、泛光等基础配套专业也通常由政府相关单位接收，且政府对改造区段内企事业单位的情况最为熟悉，对沿线单位的协调力度也较大。该类项目设计工作伊始，应明确由政府牵头组建项目指挥部，统一协调平衡沿线各单位个体改造需求，加快设计确认。典型设计管理组织架构如图 6-13 所示。

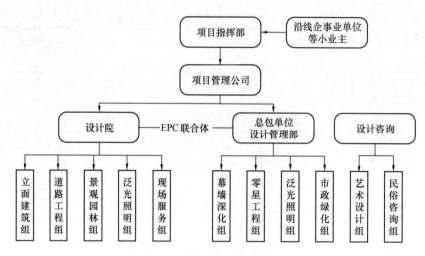

图 6-13 典型设计管理组织架构图

设计管理架构中各单位主要职责如表 6-5 所示。

各单位主要设计管理职责　　　　　　　　　　　　　　　　　　　表 6-5

管理单位	管理职能/特点	备注
项目指挥部	由政府职能部门人员组成，负责对主要效果方案进行审批；负责平衡沿线企事业单位的改造需求	通常由城管局等城市管理部门组建
沿线企事业单位	项目改造最终使用方，针对自身利益提出需求，不对项目的成本、进度、整体效果负责	—
项目管理公司	负责项目的全面管理，决策单专业小型设计方案，组织设计院向项目指挥部汇报主要方案，并协调方案修改及确认进度	—
设计院	全面负责项目设计工作，下设现场服务组，负责项目实施过程中的设计服务工作；下设设计专业组，分别负责四个专业设计工作以及相关深化设计审批工作	现场服务组需包含各专业工程师，需具备现场设计决策能力
总包设计管理团队	设计管理架构核心；直接管理设计咨询单位；下设幕墙深化组、泛光照明、园林绿化、零星工程四个深化设计组，在设计院图纸下开展深化设计；联系设计院，共同制定出图计划；并与设计院一同参与方案汇报，协调项目公司、指挥部按时确定设计方案	—
设计咨询	设置艺术设计、民俗咨询两个专业组，前者负责文化艺术植入设计，旨在提升设计品质；后者结合当地民俗风情、设计规划对各专业设计风格提出建议，并参与设计方案汇报，加快设计方案确认流程	民俗咨询团队由当地建协、美术协会等人员组建，需在当地有较强影响力

6.6.4　设计数据获取

城市更新项目施工图绘制前需得到改造前的原始图纸，从而根据既有结构的特点和结构形式进行进一步的设计工作。

1. 既有建筑数据获取

1）底图获取

底图测绘工作是项目启动的必要条件，且耗时较长、人力物力消耗大，通常项目进场阶段便成立外协部、技术部、设计院、业主多方参与的图纸调档小组，在一个月内集中完成图纸调档及测绘工作，防止该项工作反复进行，消耗更多管理精力。

通过以下三种途径可快速获取底图：产权单位提资、档案馆提档和自主测绘。

（1）产权单位提资

联系产权单位直接调取，一般 10 年以内的公共建筑，可通过产权单位的基建部门直接调取电子版、纸质版图纸。比如医院、银行、学校、部队、政府职能部门等，甚至包括商业住宅小区的开发单位、小区物业维修处等。

（2）档案馆提档案

联系档案馆调取纸质版图纸，再通过纸质版图纸绘制电子版本图纸。档案馆调取的图纸根据年代情况，完整性不一，通常仅有纸质版图纸，需要手动绘制成电子版。对于正规房地产开发商开发的小区或商业，年限在 20 年内，一般可以在档案馆调取图纸，但需明确该建筑原始备案建筑名称，一一对应才能有效调取，如图 6-14 所示。

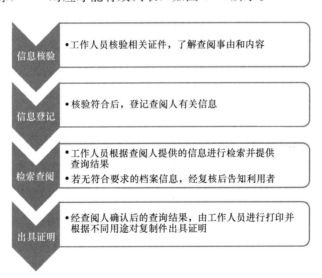

图 6-14　城建档案查阅流程图

（3）底图测绘

一些建（构）筑物年久失修、设计图纸难以寻获，在建（构）筑物改造前，用测绘手段逆向获取建（构）筑物立面尺寸就成为一项必不可少的工作。底图测绘是设计工作开展的基础，其工作量大，若不提前策划，将导致设计工作长时间无法启动。

测绘工作主要由设计院下属测绘分院或邀请城规院等第三方专业测绘单位开展，当前根据城市街道更新项目特点和精度要求，测绘的技术方法主要有测距仪测绘法、全站仪法、三维激光扫描法、航拍摄影测量法等，如图 6-15 所示。

图 6-15　全站仪测绘

2）房屋结构鉴定

城市更新项目改造楼栋结构形式多样、年代久远，房屋使用过程中，有可能新增阳台、屋面等大量违建构件，房屋承载能力已无法根据图纸进行核算，仅凭设计图纸或感官经验便开始建筑方案设计，常因房屋结构原因导致设计二次返工。

提前对改造楼栋结构情况进行摸排，通过一系列手段检查房屋的结构、装修、设备、非结构构件和建筑附属物的完损状况，确定房屋完损等级，引入专业结构鉴定单位是准确认定结构安全性的必要手段，如图 6-16 所示。

检测简报		
工程名称		xx
结构形式		砖混结构
总层数及建造时间		二层、八十年代
圈梁分布情况		二、屋面
构件强度	混凝土强度 MPa（回弹法）	
	砖强度 MPa（回弹法）	实测：M5.6～7.8
	砂浆强度 MPa	1. 因时间久远，回弹法测砂浆强度现场无法测取数据；2. 现场不具备原位抽压试验条件；3. 贯入法检测砂浆强度实测为 M0.9-1.6
鉴定结论		房屋目前结构工作状态正常，房屋安全性等级评为 B 级，在正常使用的情况下房屋结构基本是安全的。

xx 年 x 月 x 日

图 6-16　房屋结构鉴定

（1）结构鉴定的用途

设计启动阶段，实施改造施工之前，需要对改造建筑进行结构鉴定，主要用于检测鉴定房屋可靠性及适修性评估，为设计单位提供必要的依据。出具房屋结构鉴定报告，可以有针对性地出具改造设计方案，或对拟选方案进行结构安全评定。当房屋安全结构鉴定无法实现拟定改造方法时，需对设计方案进行调整。

（2）结构鉴定方法

建筑结构检测鉴定主要包括传统经验方法、实用鉴定方法和概率法。

① 传统经验方法。其原理是以原先的设计规范作为依据，根据个人的经验观察和计算结果对房屋结构的可靠性进行评估。传统经验法的特点是以实际调查作为荷载计算的根据，依据经验评定来进行材料取值，然后对原先设计中所采用的规范依据、理论计算、计算图形加以分析，从而判定设计与实际结构二者是否相符合，房屋结构是否具有可靠性。此种方法，总的来说是以专家的知识和实践经验对房屋结构的可靠性进行宏观的评价，它具有鉴定程序较少、花费较低、操作方法简单、鉴定速度快的优点，但是整体结构保守粗糙，而且与专家自身的知识水平和实践经验紧密相关。

② 实用鉴定方法。其原理是以传统经验方法为基础，应用现代先进的检测、试测技术手段，对房屋结构的材料强度等实测值进行分析和计算，按规范要求对房屋进行综合性鉴定的一种方法。实用鉴定方法建立在对事故原因的初步分析上，对设计图进行深入调查，对材料进行详细的试验，对房屋结构进行全面的检验，后对各项指标进行评价、评定，终得出科学、准确、可靠的数据，对房屋做出相对精准的鉴定。

③ 概率法。其基本原理是应用数理统计和概率学，通过采取非定值的统计规律，对房屋结构进行安全鉴定。概率法是在结构抗力与作用效应间建立相适应的数量关系，计算出其中的失效概率，然后得出结论，确定建筑物所具有的可靠性。但是，失效概率毕竟是以海量的统计数据为基础的，对建筑物事故做出的鉴定不可能预先得到这些相关资料。所以，概率法需要进一步的科学完善。

2. 周边管线数据获取

同既有建筑相似，平面设计数据也主要通过产权单位提资、档案馆提档和自主测绘三种方式进行。

（1）产权单位提资

联系当地电信、移动、军用光缆等可能未进行备案且在改造平面内埋有管线的单位，同时需要向其基建部门报备并邀请至现场指导注意事项。

（2）档案馆提档案

联系档案馆调取纸质版图纸和电子版本图纸，了解该区域地下管线概况，了解道路坡度设计，获取强弱电等接驳位置。

需了解的管线情况及影响如表 6-6 所示。

管线对施工的影响情况 表 6-6

序号	管线类型	影响内容	重要级别
1	联通光缆	道路开挖、检查井更换、弱电接驳	二级重要，可接驳通常不可改造
2	移动光缆	道路开挖、检查井更换、弱电接驳	二级重要，可接驳通常不可改造
3	电信光缆	道路开挖、检查井更换、公交信号接驳、弱电接驳	二级重要，可接驳通常不可改造
4	有线电视	道路开挖、检查井更换	二级重要，可接驳但不可改造
5	国防光缆	道路开挖	一级重要，不可干扰
6	路灯	道路开挖、检查井更换、路灯接驳	二级重要，可接驳通常不可改造
7	监控信号	道路开挖、检查井更换、监控接驳	二级重要，可接驳通常不可改造
8	电力通信	道路开挖、检查井更换、电力接驳	二级重要，可接驳通常不可改造
9	雨水管	道路开挖、检查井更换、雨水管整改	三级重要，可改造
10	污水管	道路开挖、检查井更换、污水管整改	三级重要，可改造
11	燃气	道路开挖	一级重要，不可干扰
12	饮用水	道路开挖	一级重要，不可干扰
13	自来水	道路开挖、绿化用水接驳	二级重要，可接驳通常不可改造

（3）底图测绘

对改造平面区域内裸露的检查井及管线走向进行勘察并复核调档图。

3. 道路结构鉴定

道路检测方法有外观观察法、路面取芯检测、路面雷达检测及路面弯沉试验，此部分设计数据关系到设计方案深度。

1）外观观察法

外观观察主要是对原状路面肉眼可见的纵横坡度、病害、井盖情况等进行统计记录收集，以便设计后续进行针对性地处理。

2）路面取芯检测

图 6-17 路面取芯

主要通过取芯检测原状路面的厚度、压实度、含水率，可以反映真实路面结构，如图 6-17 所示。

3）路面雷达检测

用于路面结构厚度检测，通过反射得到的雷达图像，可得到具体点位地下结构情况，以及孔洞等情况，如图 6-18 所示。应用于道路结构厚度检测中的探地雷达一般有调频式探地雷达、步进式探地雷达以及脉冲式探地雷达三种，需要购买或租赁专门雷达车辆。

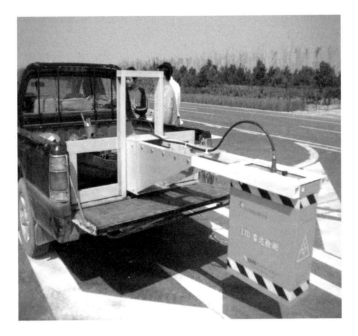

图 6-18　路面雷达检测

4）路面弯沉试验

弯沉试验是基于市政道路改造的路基施工的控制检测，反应路面结构层及土层的整体强度和刚度，通过获取的弯沉数据，决定设计方案。

弯沉可以通过落锤式弯沉仪（FWD）、贝克曼梁式弯沉仪（BB）、激光式高速路面弯沉测定。

落锤弯沉仪的工作原理是由一定重量的落锤自由下落产生相应的当量荷载，这种加载方式所产生的弯沉与行驶车辆对地面的作用非常相似，能够得到动态弯沉盆数据。具有无破损、测速快、精度高等优点，并很好地模拟了行车荷载作用，因此在国际上被广泛应用。落锤弯沉仪分为手持式、车载式和拖车式，如图 6-19 所示。

图 6-19　拖车式落锤弯沉仪

贝克曼梁式弯沉仪（BB）采用杠杆原理制成，用来测定汽车后轴双轮之间的路面弯沉值，具有结构简单、使用方便、灵敏度高、结构紧固轻便等特点，如图 6-20 所示。不受天气、风力、日照等客观条件等影响，但测试准确程度受人为影响较大，工作效率低。

图 6-20　贝克曼梁式弯沉仪

激光式高速路面弯沉测定仪是测试系统在高速行驶过程中，通过激光多普勒效应来测试地面在荷载作用下的垂直下沉速度，通过一套惯性系统实时记录多普勒激光传感器的振动情况和运行姿态，测量效率高、功能强（每公里检测成本低），提供项目和路网级别公路承载能力的详细信息，连续的、高精度、高分辨率的测量数据结果，可重复性高、重现性好，配备专用数据处理软件，但硬件要求高，如图 6-21 所示。

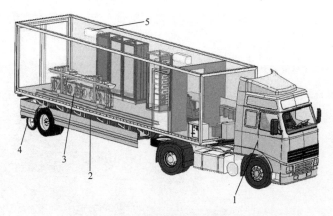

图 6-21　激光式高速路面弯沉测定仪结构

1—承载车；2—检测控制系统；3—多普勒激光传感器；

4—距离测量系统；5—温度控制系统

6.6.5　设计与建造的结合

城市更新项目现场情况复杂，实际情况与图纸往往不符，冲突矛盾随时会出现，各类图纸问题频发，若此类问题按正常流程反馈设计协调解决，会对工程进度造成严重的制约，具体有以下几类：

（1）违建拆除后结构不满足设计要求，无法按图纸进行施工；

（2）相关政策调整造成部分设计方案需调整；

（3）地下实际开挖与调档数据不符，设备基础需调整；

（4）设计图纸设计深度不够，无法指导施工；

（5）部分设计施工难度较大，现场难以开展；

（6）交安、标线等专业需时刻对接政府管控部门，了解城市规划需求。

基于以上情况，设计院需派驻现场设计代表随时解决施工过程中的设计疑问。为保证问题能够得到及时解决，派驻现场的设计服务团队要进行全过程跟踪服务，根据现场实际情况现场修改图纸，提升设计工作应急速度，对现场施工推动作用颇为明显，具体设计工作与现场建造工作流程如图 6-22 所示。

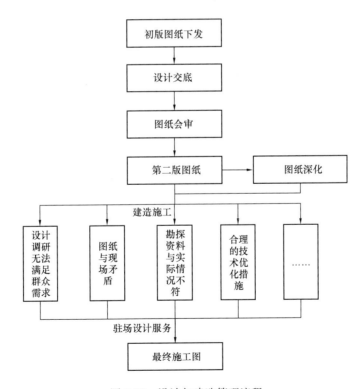

图 6-22　设计与建造管理流程

6.6.6 深化设计管理

1. 深化设计管理要点

为高效推动项目进展，在 EPC 联合体设计院之外，需聘请具备专业深化设计资质的单位进行设计深化，平立面深化设计关键要点如表 6-7 所示。

平立面深化设计要点 表 6-7

立面深化设计要点			
序号	深化专业类别	深化设计要点	备注
1	铝板幕墙	铝板幕墙分隔，埋板规格和间距，龙骨型号和连接节点，门窗型号及开启方式	需要考虑铝板格栅、冲孔铝板遮阳、通风问题
2	玻璃幕墙	玻璃幕墙分隔，埋板规格和间距，龙骨型号和连接节点，幕墙结构形式，窗户开设位置和大小	玻璃幕墙结构形式分为框架支撑、全玻幕墙、点支撑、单元式幕墙
3	干挂石材	埋板规格和间距，龙骨型号和连接节点，石材幕墙分隔	干挂石材挂钩式和背拴式收支差别
4	真石漆	外墙分隔，线条设计	环保外墙乳胶漆分隔嵌缝
5	泛光照明	配电平面（竖向）图，配电系统图，控制原理图，控制干线平面图，灯具平面（竖向）布置图，平面（竖向）控制图，灯具安装节点大样	重点注意建筑灯具色温、色差，与周边环境（路灯、店招）的灯光叠加效果
6	店招工程	店招面板，龙骨规格，字体样式，发光效果，艺术点缀	需与店主确认效果；注重保留连锁品牌企业文化元素
平面深化设计要点			
序号	深化专业类别	深化设计要点	备注
1	平面铺装	排砖，路缘石，转角圆弧，井盖造型（隐形井盖），细部节点	重点注意标高复核设计以及排水设计
2	城市家具	家具小品样式、加工节点	引进专业咨询公司，寻求专业设计
3	文化艺术	雕塑样式，文化点缀元素	
4	交安工程	交通信号系统、指示系统、监控系统、防护设施、诱导设施	

2. 深化设计周期

1）铝板、石材等幕墙楼栋

铝板幕墙楼栋图纸深化周期需根据楼栋结构和设计效果的复杂程度确定，如表 6-8 所示。

铝板幕墙楼栋深化设计周期　　　　　　表 6-8

序号	楼栋层数	结构复杂程度	深化设计周期
1	7 层及以下	外轮廓无变化的矩形结构，设计效果变化少	5d 以内
2		外轮廓进退复杂，设计效果随结构进退	8d
3	7 层以上 15 层以下	外轮廓无变化的矩形结构，设计效果变化少	7d
4		外轮廓进退复杂，设计效果随结构进退	10d
5		外轮廓进退复杂，设计效果不随结构进退	12d
6	15 层及以上	外轮廓无变化的结构，设计效果变化少	8d
7		外轮廓进退复杂，设计效果随结构进退	12d
8		外轮廓进退复杂，设计效果不随结构进退	15d

2）真石漆楼栋，如表 6-9 所示。

真石漆楼栋深化设计周期　　　　　　表 6-9

序号	楼栋层数	结构复杂程度	深化设计周期
1	7 层及以下	外轮廓无变化的矩形结构	1d
2		外轮廓进退复杂	2d
3	7 层以上	外轮廓无变化的矩形结构	2d
4		外轮廓进退复杂	4d

3）泛光照明，如表 6-10 所示。

泛光照明深化设计周期　　　　　　表 6-10

序号	楼栋层数	装饰装修改造方案	深化设计周期
1	7 层及以下	真石漆改造	3d 内
2		幕墙改造	5d
3	7 层以上 15 层以下	真石漆改造	4d
4		幕墙改造	7d
6	15 层及以上	真石漆改造	5d
7		幕墙改造	9d

4）店招，如表 6-11 所示。

店招深化设计周期　　　　　　表 6-11

序号	店招效果复杂程度	深化设计周期
1	一种效果	2d
2	二种效果	4d
3	三种效果及以上	6d

5）平面铺装，如表 6-12 所示。

平面铺装深化设计周期   表 6-12

序号	面积	深化设计周期
1	小于 3 万 m²	3d
2	3 万~6 万 m²	5d
3	6 万 m² 以上	10d

6）城市家具及文化艺术，如表 6-13 所示。

城市家具及文化艺术深化设计周期   表 6-13

序号	设计效果样式及复杂程度	深化设计周期
1	每样设计效果	1d

3. 深化设计图纸复核

深化设计团队需根据业主、设计院提供的初版施工图进行深化设计，出具第一版深化设计施工图。总包管理部技术人员和现场分包核对各自专业是否与图纸符合，收集整理现场建筑与第一版深化施工图不符的地方，及时反馈深化设计团队，修改深化施工图，出具第二版深化设计施工图。

此过程中需留存纸质资料文件作为过程资料（必要时附现场照片），其中涉及方案及外观效果改动的地方需与建筑设计院、建设单位沟通后给出方案做法，第二版深化设计施工图提交建筑设计院审核确认，各参建方会审签字后开始施工。

深化设计施工图现场复核内容如表 6-14 所示。

深化设计图纸复核   表 6-14

序号	复核类别	复核内容
1	原结构条件与图纸要求	建筑原梁、柱等结构条件是否与图纸吻合，是否满足图纸埋板锚固条件，是否现场个别位置无梁柱来固定埋板（原则上禁止在砌体上锚固后埋板，特别是空心砖砌体严禁受力）
2	原建筑尺寸与图纸要求	复核原建筑尺寸与施工图尺寸是否相符，包括总体高度、宽度、门窗洞口定位等，局部铝板分隔与建筑尺寸是否相符等
3	原建筑附属物与效果关系	原建筑附属的管线、空调、晾衣架、抽油烟机等未在初版施工图上表达的部分提供给深化设计人员
4	现场违建尺寸	原建筑现场违建部分，队伍复核尺寸后提供给深化设计
5	平面铺装	尺寸、标高、标准段做法与现场是否相符合，无障碍、盲道设置是否符合规范要求
6	城市家具及文化艺术	尺寸是否与现场相协调，颜色、位置是否合理，结构是否安全稳定牢固

根据现场实际复核，包含但不仅限于上述复核内容，及时完善深化设计，参建各方会审

后，出具第二版深化设计施工图用于指导现场施工。

6.7 商务合约管理

6.7.1 目标责任管理

1. 目标成本管理原则

由企业、项目部共同编制项目目标成本测算书，目标成本需分节点测算，当年开工当年竣工项目可按完工节点整体测算。

2. 目标成本测算的主要内容

成本测算与生产经营（施工技术方案、分发包模式、资源配置）相结合，遵循以市场为导向、动态管理、可追溯性，确保准确严谨、事前控制，企业效益最大化的原则。目标成本测算的主要内容包括：劳务费（含专业分包）、材料费（含周转材料）、机械费、安全文明施工费、管理费、规费、税金、其他费用等。

3. 目标成本测算依据

目标成本测算依据如表 6-15 所示。

目标成本测算依据表 表 6-15

序号	成本测算依据
1	投标书，包括商务标、技术标以及标前成本分析资料
2	工程施工承包合同，包括协议书、专用条款、通用条款、招标文件、中标函、往来函件、会议纪要、承诺函等
3	经批准的施工组织设计、施工图纸、标准、规范及有关技术文件，项目所在地建筑工程定额与有关文件规定
4	施工方案、劳动力、周转料具、机械等需用量资源配置计划
5	施工图预算和工料分析，生产要素询价资料、供方合同
6	企业内部有关文件规定、企业成本数据库及其他费用支出标准

4. 目标责任书编制

目标责任书包括组织管理模式、目标责任范围、管理目标、企业与项目部权责、项目考核节点、项目部利益分配、考核原则及计算方式、风险抵押、目标成本测算及其他事项。

5. 目标成本动态控制

目标成本动态调整是目标成本管理的关键，实施过程中如发生非项目原因导致成本增减变化时，需及时组织有关人员分析、查找原因，制定整改措施。

6.7.2 成本策划管理

1. 合同管理方面的策划

一个项目的商务策划应围绕项目的合约进行，需要解决的问题就是在满足项目合约要求的前提下如何获得最好的效益。因此，首先应在项目投标和谈判签约阶段仔细研究招标文件和投标图纸，找出项目盈亏点和风险点，制定恰当的投标策略，仔细测算并合理锁定项目目标成本，还要认真分析承包范围、计价及承包方式、价款调整方式及范围、价款支付方式等条款，制定合同谈判策略。其次，在工程开工后的初始阶段，要认真做好而不是应付合同交底和中标预算的交底工作，组织项目相关人员学习合同、研究合同，做到字斟句酌，反复推敲，从中分析出存在的漏洞和面临的风险，并制定具体的应对措施。例如，公司在对项目经理进行合同交底时，应详细交代投标策略、投标时的成本测算、合同风险条款和其他重点条款、影响工程价格的重点问题、合同价款的调整方式、不平衡报价的内容、投标时承诺的技术经济措施等。最后，做好分包的策划，包括甲指分包和专业分包单位的资格预选和招标投标工作，科学确定分包模式，合理设计和起草分包合同及采购合同，加强与分包单位的沟通和对接，做到分包策划出效益。

2. 成本管理方面的策划

一是合理测算计划成本和确定目标责任成本，坚持"标价分离"的原则，避免"合同价减去若干点"作为项目承包基数的做法；二是认真做好投标预算、中标预算与计划成本的对比分析工作，重点分析投标清单的盈利子目、亏损子目、量差子目、索赔点、风险点；三是内部成本控制的策划，从组织措施、技术措施、经济措施等多方面以及人工费、材料费、机械使用费、措施费等直接费的控制，专业分包费用的控制、间接费的控制等方面，寻找并制定全员、全方位、全过程成本控制的新思路和新方法。

3. 风险管理方面的策划

一是列出项目风险因素清单，并分析风险发生频率（概率）和风险后果程度，对各种引起风险的原因进行分解，根据风险因素影响度的大小顺序逐一确定风险对策：风险回避、损失控制、风险分隔、风险转移等。二是注意策划输出的合法合规性，以及对可能触碰的法规规章"红线"的化解对策，在工程施工的全过程中，关注项目行为的合法有效性、施工合同履约规范性、分包及物资采购规范性、依据合同条款收取工程款及时性等，及时发现法律风险，解决风险问题。三是合理预见风险影响的全局性。例如，反常的气候条件造成工程的停滞，将会影响整个工程项目的后期计划，影响后期所有参与者的工作；它不仅会造成工期延长，而且会造成费用的增加，造成对工程质量的危害。有时即便是局部的风险，也可能会随着项目的发展其影响逐渐扩大。

4. 对外关系方面的策划

项目施工生产的顺利进行，离不开良好的外部环境。根据各岗位工作性质和需要，分工合作，建立全方位、多层次的关系协调网络，是项目商务策划的另一项重要工作。需协调关系的各相关方包括从各级政府建设主管部门、参与项目建设的投资者、业主、设计、监理单位、环保、消防、卫生、劳动、公安等一直到项目周边居民社区。

6.7.3 施工方案成本控制

在编制、确定项目施工方案时要结合商务管理理念，完成投标方案和实施方案对比，进行经济技术分析，重点强调人、材、机、管理费等综合成本最优，选择科学合理的施工方案。各类施工措施方案优化关键点如表 6-16 所示。

城市更新工程施工措施方案比选　　　　　　　表 6-16

序号	方案名称	优化关键点	优化措施
1	交通疏导	交通疏导方案比选	1）根据前期调研情况，在车流量较大的路口设置交通导行标牌及协警，在车流量较小的路口只设置导行标牌； 2）在同一路段上减少重复的交通设施及标牌； 3）在相邻的路口车流量较小的情况下，只设置一个协警岗按需求调岗
2		人员及设备配置方案比选	分析研究现场各阶段需求，不同施工阶段所需求交通指挥的人数和设备的投入不同，不同流量路口的人员、设备配置数量不同，早晚高峰时间人员及设备投入不同，选择出最低成本的配置方案
3	设备选择	机械选型	工程选型、吊距及最大起重力（吊车）、旋转半径、车长及承载力（平板车）、罐体容积（自卸汽车、洒水车、农用车）
4		机械数量	结合型号、定位、工程任务数量、工期要求，在满足生产需求下，优化机械数量
5		包月及计时工方案比选	根据现场实际需求时间，建议月累计时长超过 240h，按包月方案，小于 240h 按计时工方案
6		机械承包模式	1）项目管控能力较强、配合程度较好，可由项目部直接租赁或购买施工机械； 2）项目管理难度较大，可将施工机械包含到合同中，由施工队伍管理，将施工机械以单价的形式包含在专业分包单价中
7		设备购买方案	可先分析设备使用时间及使用成本，对租赁成本及购买成本进行对比分析后确定方案

6.7.4 施工过程成本控制

1. 施工材料消耗成本控制

1）计划采购管理

项目进场后根据施工图纸及组织设计要求编制完成项目物资需用总计划；项目施工生产用的主要大宗物资必须提报物资需用总计划，以控制主要材料用量；项目物资采购应遵循按计划进场的原则，无计划不能组织进场。

2）物资盘点管理

周转材料（如钢跳板、钢管料具、水电材料、施工围挡）等大宗物资实行月度盘点制，其他材料根据项目实际情况，自行组织盘点。根据盘点数据汇总，形成物资盘点结果，对盘点盈亏进行分析。

3）物资核算管理

项目需成立成本核算小组，负责物资盘点核算工作，物资盘点核算坚持按月度成本盘点核算、重要节点成本盘点核算和项目竣工成本核算三种方式逐步深入推进；需确保物资成本核算数据的真实性和准确性，对核算过程中出现的物资数量节超及时组织核算小组分析原因，提出纠偏方案、拿出对策，确保物资采购数量和消耗数量受控。

4）物资退场管理

项目阶段性工程完工或竣工后多余物资，安排物资退场事宜；不可再利用的工程废旧物资按废弃物处理，内部不可循环利用，但可回收的工程废旧物资按废旧物资处理，可循环利用、工程多余物资进行调拨给其他项目二次利用。

2. 施工机械设备成本控制

（1）根据施工方案和主要设备选型配置方案，合理配置机械设备，提出项目设备需求计划，设备需求计划包含项目环境概况、设备平面布置图、设备需求计划、分包设备管理计划、设备安全风险辨识与安全管理措施等。

（2）合理对比机械定额，结合市场行情，确定合理的机械租赁价格，合理配置，最大限度地缩短机械设备的使用周期，发挥机械的使用率，合理设置安拆时间、停租及时，防止机械闲置及工作任务不饱满，降低机械租赁的成本支出。

（3）设备购置要对设备的购置费用、品质、性能、可维修性、使用维修费用进行综合分析，并考虑其经济效益、产品质量、生产效率、周转折旧等，求得最佳的价值。

6.7.5 合同管理

1. 合同计价模式划分

目前国内建设工程合同计价模式主要划分为总价合同、单价合同、成本加酬金合同三种形式，而改造工程合同计价模式常常选用总价合同和单价合同两种，其两者之间的区别、适用范围以及相关特点如表 6-17 所示。

城市更新工程总价合同和单价合同计价模式对比　　　　表 6-17

序号	合同计划模式类别	定义区别	适用范围	风险特点
1	总价合同	根据合同规定的工程施工内容和有关条件，业主应付给承包商的款额是一个规定的金额，即明确的总价，也称作总价包干合同，即根据施工招标时的要求和条件，当施工内容和有关条件不发生变化时，业主付给承包商的价款总额就不发生变化	1）工程量小、工期短，估计在施工过程中环境因素变化小，工程条件稳定并合理。 2）工程设计详细，图纸完整、清楚，工程任务和范围明确。 3）工程结构和技术简单，风险小。 4）投标期相对宽裕，承包商可以有充足的时间详细考察现场，复核工程量，分析招标文件，拟定施工计划。 5）施工图设计已审查批准。 6）按 EPC 模式发包的工程	业主的风险很小，主要承担不可抗力的风险和合同规定的其他风险。承包商除了承担合同明确规定的风险外，承包商的风险还包括：价格风险、工程量风险、已有旧建筑物结构耐久性风险
2	单价合同	由合同确定的实物工程量单价，在合同有效期间原则上不变，并作为工程结算时所用单价。而工程量则按实际完成的数量结算，即量变价不变合同	1）经常采用的合同形式。 2）工期不是特别长的工程。 3）在招标阶段的工程范围不是特别明确，需要确定单价，然后根据实际完成的工作确定最终结算价的工程。 4）复杂的工程，因为简单的工程可以采用总价合同。 5）工程简单，但投标阶段时间特别紧张的工程，因为投标时间紧张导致无法复核相应工程量及项目的准确性，无法采用总价合同	合同的各分项工程数量是估计值，合同履行中，将根据实际发生的工程数量计算调整，而各分项工程的单价是固定的，除非发生工程范围内容、数量的大量变更或约定以外的风险，可以调整工程单价。 因此，承包商承担价格的风险，发包方承担量的风险

2. 合同管理所涉及的阶段

1）施工准备阶段的合同管理

主要包括图纸的审查、合同工期的确定、施工进度计划的批准及实施、确定开工日期及所需要的施工准备资料、工程合法的分包等。

2）施工过程阶段的合同管理

施工阶段可能会出现工期长、环境恶劣或其他不可预见的情况，在该阶段进行合同管理显得尤为重要，主要包括：对材料和设备的质量控制、对工程质量的监督管理、施工进度管理、工程量的确认、合同采用的价格形式及支付管理。

3）竣工阶段的合同管理

竣工阶段合同管理的主要内容有：工程验收和竣工结算，其中工程验收是合同履行的一个重要阶段，验收包括分部分项工程验收和单位工程竣工验收两大类。

3. 合同备案

合同签订后，应按照政府相关文件要求在规定时间内报送行政主管部门备案。

4. 合同交底

合同签订后，及时建立合同目录及台账，并做好合同交底及交底记录工作。

5. 合同履约

1）总承包单位按合同约定履行对分包单位的管理、协调职能。

2）总承包单位应每月对各分包单位针对工期、质量、安全、文明施工等履约要素进行评价，对履约不正常的单位和要素采取纠偏措施，保证履约顺利进行。

3）项目部应按投标文件配备管理人员，并报业主单位及上级主管部门审批、备案。

6. 合同管理流程

1）主合同管理流程，如图 6-23 所示。

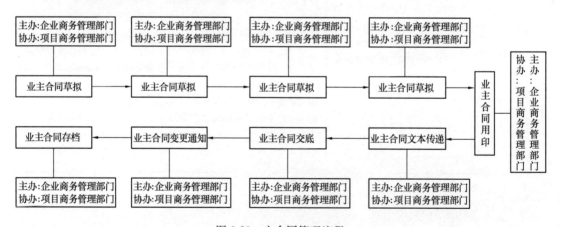

图 6-23　主合同管理流程

2）业主指定分包合同管理流程，如图 6-24 所示。

3）独立分包合同管理流程，如图 6-25 所示。

4）自行分包合同管理流程，如图 6-26 所示。

5）材料设备采购合同管理流程，如图 6-27 所示。

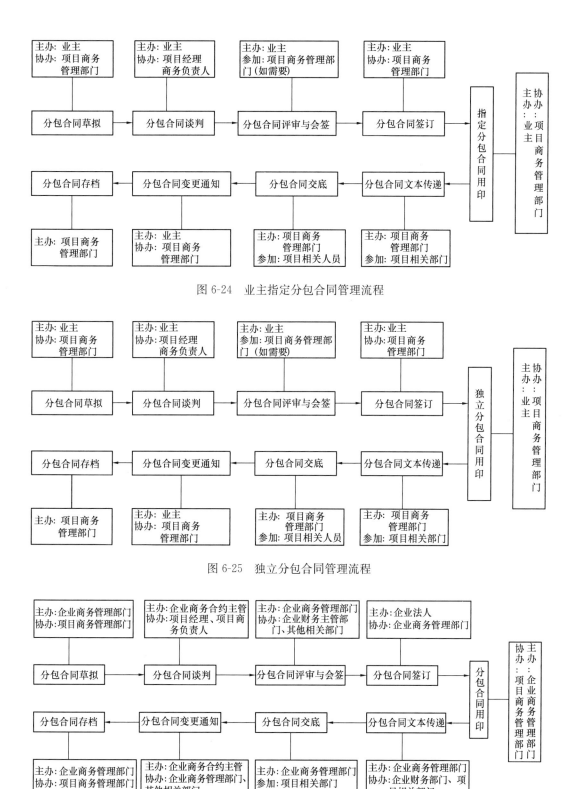

图 6-24　业主指定分包合同管理流程

图 6-25　独立分包合同管理流程

图 6-26　自行分包合同管理流程

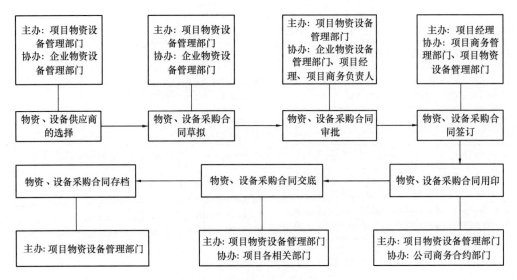

图 6-27　材料设备采购合同管理流程

6.7.6　结算管理

1. 结算原则

（1）合同工期超过1年的旧改工程，施工过程中应争取进行中间结算；

（2）项目在建过程中，项目部应与建设单位就已完工工程按照合同约定计价原则，办理阶段性工程结算；

（3）停缓建的城市更新工程没有明确重新开工时间的，要及时办理中间结算；

（4）分段施工或分节点施工的项目，及时办理节点完工结算。

2. 工程结算书

（1）工程进入收尾阶段后，项目经理牵头组织在45d内完成结算书编制工作，商务负责人和商务人员具体负责结算书的编制和汇总工作，相关部门配合。

（2）结算书编制依据项目招标投标资料、合同及补充协议、设计变更、签证索赔资料、往来函件、技术核定单、合同约定计算的工程价款；合同约定应调整的工程价款；建设单位审核签字确认追加的工程价款（设计变更、签证索赔等）；与建设单位存在争议的工程价款（向项目所在地工程造价管理机构进行咨询或按合同约定的争议或纠纷解决程序办理）；按国家和地方政府颁发的政策性调价文件计算的工程价款；结算组认为应该增加的其他工程价款。

（3）结算书评审时需附资料：对外结算书；结算责任状初稿；项目结算策划；项目完工成本核定表；项目商务结算总结；项目总结。

（4）项目部在结算书编制完成3d内，由项目经理组织进行项目部内部评审和修订；企业商务部门在结算书编制完成后 7d 内组织项目部及企业工程管理部门、技术部门、物资部门、财务部门、综合管理部门对结算策划书、结算书进行评审和修订后，按照分级授权原则上报上级单位进行审批。

（5）企业商务部门组织项目部根据评审意见对结算策划和结算书进行修改完善。

6.8　建造管理

6.8.1　技术管理

1. 技术管理策划

项目技术管理策划工作主要体现为编制《技术管理策划书》，《技术管理策划书》是《项目管理策划书》的重要组成部分，是项目开始阶段编制的技术性文件，是用于指导项目技术管理工作的计划性文件。

1）准备工作

（1）资料收集

项目技术管理部门负责收集设计图纸、合同文件、类似工程总结资料和工程所在地特定的规范标准，为项目《技术管理策划书》的编制做准备。

（2）任务分工

① 现场踏勘后，项目技术负责人召开技术策划编制分工会，进行任务分工安排，项目经理参与。

② 项目相关业务部门负责提供《技术管理策划书》编制的相关数据、资料，技术管理部门负责组织编制。

2）编制

（1）项目技术负责人负责牵头组织，技术部门负责编制，并于工程承接进场后半个月内完成编制工作。

（2）项目《技术管理策划书》编制完成后，由项目技术负责人组织项目内部评审；若项目体量大或技术管理难度大，则由企业技术部门组织进行评审。

（3）《技术管理策划书》主要内容涵盖：工程概况及特点、合同要求、项目实施目标、主要施工部署、施工技术方案及技术管理策略、技术管理风险分析及对策、工期管理风险分析及对策、商务风险分析及技术对策、项目技术管理组织机构及分工、各项技术管理工作实施计划（施工方案编制计划、课题研发计划、新技术推广应用计划、成果编制计划等）。

3）审核、审批

完成内部评审的项目《技术管理策划书》，报企业审批修改，项目技术部门根据批复意见修改完善，完成后报企业备案。

4）调整与修改

（1）《技术管理策划书》审批通过后，当发生重大设计变更，施工进度、专项施工方案出现较大调整时，由项目技术部门修改后发起流程重新审批。

（2）项目技术负责人负责组织《技术管理策划书》的执行。企业技术管理部门定期检查项目部《技术管理策划书》的执行情况。

2. 图纸及变更管理

1）图纸收发

（1）设计院施工图纸收发由技术部门负责，2d 内发放至项目部相关责任部门，同时做好对内、对外的收发文登记。

（2）项目部图纸收发由建造部负责，2d 内发放至各分包单位，同时做好对内、对外的收发文登记。

2）图纸会审

（1）合同交底：公司市场部门、技术部门结合"合同条款、投标过程中存在风险、施工阶段应注意的事项"等对项目部进行交底，形成书面记录。

（2）内部会审：根据合同交底，由项目技术负责人组织项目相关部门和分包单位熟悉施工图纸，进行内部会审并形成记录。

（3）设计交底：设计交底由建设单位组织，设计、监理、施工等单位参加。

（4）会审时间：正式图纸收到后，项目部督促建设单位在 15d 内组织方案（图纸）会审；对于方案（图纸）供应不齐全、不及时的项目，督促建设单位在方案（图纸）收到后 15d 内分阶段完成。

（5）方案（图纸）会审主要内容：是否违背法律、法规、行业规程、标准及合约等要求；是否违反工程建设标准强制性条文规定；是否与常用施工工艺和技术特长相符合，可在会审中提出合理化建议；设计内容和工程量是否符合项目商务成本策略，必要时应在图纸会审中做相应变更引导；施工图纸设计深度能否满足施工要求，施工工艺与设计要求是否矛盾；材料、工艺、构造做法是否先进可行，专业之间是否冲突；施工图之间、总分图之间、总分尺寸之间有无矛盾；结合工程特点，针对项目的风险点、策划点、赢利点，提出合理、有效的技术措施。

（6）会审记录：项目技术部门根据设计交底、图纸会审意见及结论于图纸会审后 5 个工作日内形成正式图纸会审记录，由建设单位、设计院、监理单位、施工单位等签字、盖章后执行。正式图纸会审记录形成后，需报企业技术部门进行备案。

（7）会审交底：施工图纸会审记录正式文件形成后 3 个工作日内由项目部技术管理人员发至图纸持有部门及分包单位，项目技术负责人于 5 个工作日内组织专业人员（含分包单位）进行书面交底；图纸持有部门及时在所用图纸上标识，避免误用、误算、漏算或影响其他专业施工等；对于作废的图纸应盖作废章。

3）设计变更管理

项目自初步设计批准之日起至通过竣工验收正式交付使用之日止，对已批准的初步设计文件、技术设计文件或施工图设计文件所进行的修改、完善、优化等活动。

（1）设计变更：设计变更包括设计变更通知书、设计变更图纸，一般由设计院出具，建设单位、施工单位审核后实施。

（2）技术洽商：当过程中存在图纸矛盾、勘探资料与现场实情不符、不能（便）施工、按图施工质量安全风险大、有合理的技术优化措施等情况时，项目部技术负责人负责提出技术洽商，经监理单位、设计单位、建设单位审核批准后实施。总承包项目技术设计部负责组织协调分包单位的变更洽商，避免专业间的变更洽商不协调影响总体施工。

（3）设计变更交底：工程洽商记录、设计变更通知书或设计变更图纸由项目技术部门统一签收认可，及时分发相应专业单位；项目技术负责人对工程部门、商务部门等相关部门和专业队伍进行设计变更、洽商记录交底，重点明确可能产生的影响，专业之间的衔接、配合等，形成文字记录；图纸持有人对变更洽商部位进行标注，明确日期、编号、主要内容等。

（4）图纸、图纸会审、设计变更、技术洽商发放

图纸、图纸会审、设计变更、技术洽商等技术文件须经项目技术负责人根据内容识别发放范围，批准后向分包单位、供方单位以及技术、生产、质量、安全、商务等部门相关人员有效发放，做好收发文登记，技术管理人员自存原件作竣工资料用。

（5）图纸、图纸会审、设计变更、洽商记录管理

图纸采用《项目施工图纸接收及发放（或回收）管理台账》进行管理。

图纸会审、设计变更、洽商记录采用《项目图纸会审、设计变更、洽商记录收发管理台账》进行管理。

3. 深化设计管理

1）组织机构及职责

项目技术部门负责项目设计及深化设计管理工作，根据项目和业主的需求负责深化设计管理。根据工程整体进度计划组织编制项目深化设计总进度计划，确保各专业协调一致；负责编制项目接口矩阵表；对深化设计的接口、提资、进度、质量等进行监督与审核。

技术部门负责项目深化设计图纸的报审和登记发放工作，协调项目材料、设备报审工作。制订深化设计进度、质量等奖罚制度，并对专业分包商进行考核。

专业分包商负责其承包范围内施工内容的深化设计，并按项目部要求参与相关专业间的接口协调与配合；负责深化设计内审和外部法定审批，对自身承包范围的深化设计图纸质量和进度负主责。

深化设计管理的有三个核心要素：进程管理、品质管理、合约管理，如图 6-28 所示。

2）目的与内容

深化设计就是对业主方提供的图纸进行细化、固化和优化。即业主方提供的图纸达不到直接

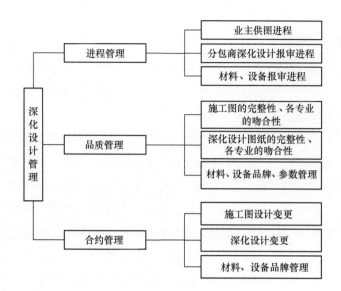

图 6-28　深化设计管理核心要素

施工深度（如节点不清晰、选用不符合工艺要求，不能反映专业、工序之间交叉协调部位、做法或空间关系；预留预埋定位不明确；专业设施参数不详），专业承包商需要进行深化设计。

3）编制与审批

深化设计分为项目部自营范围和专业分包商施工内容的深化设计。由施工责任主体单位组织深化设计，即"谁施工、谁深化设计"。

分包商的深化设计图纸，经过项目部审核后，由项目部按照工程合同约定的程序呈报相关方（监理、业主单位）审核和批准；深化设计图纸批准后，由施工责任分包商负责出图并组织交底，由项目部负责图纸的登记和发放。

4）协调管理

项目技术部门负责与原设计方协调。与业主和设计方沟通，了解设计意图、功能要求及设计标准，获取项目图纸供应计划并掌握供图动态；负责协调各专业分包商的深化设计工作，确保各专业分包商的深化设计进度、接口协调一致；对专业分包商提交的深化设计图纸进行审核并呈报相关方（业主或设计）审批；向业主、监理和原设计单位提出设计方面的合理化建议（洽商）；负责项目内部深化设计交底工作。

5）进度管理

各专业分包商根据工程总进度计划编制本专业深化设计出图计划、材料/设备报审计划，并报项目部项目技术部门审核批准，项目深化设计出图计划和材料/设备报审计划应满足工程总进度计划的实施需求，原则上深化设计图纸应在对应部位施工前 10～30d 前完成，材料/设备报审应在该项采购前，10～15d 前完成。

经项目部审核批准的深化设计出图计划和材料/设备报审计划，随工程总进度计划下达给分包商及相关单位。

各专业分包商必须严格按照计划出图和报审材料/设备，并提交进度报告，便于总包单位协调、控制深化设计进度。

项目部根据总进度计划定期组织检查，重点控制关键线路上深化设计进度。

6）质量管理

项目技术部门对项目设计文件、材料/设备报审文件的内容、格式、技术标准等进行统一规定，审核专业分包商制定的深化设计实施方案。

专业分包商对自行深化设计的图纸、材料/设备报审文件内容进行审核；项目部技术部门组织专业之间的交叉接口审核；经项目工程合同约定的图纸审批方批准后分包商出图。

深化设计出图后由项目部技术部门组织各相关方交底、学习，明确交叉环节的配合措施。

4. 专业分包技术管理

1）专业分包工程的施工组织设计（方案）由专业分包单位编制，上报项目部前，分包单位技术负责人必须签字确认，并加盖单位公章。

2）项目经理组织相关人员进行评审后，由项目技术负责人审批，并按方案级别呈报上级单位审批后，报监理单位审批。

3）对由项目部直接发包的劳务分包单位，项目技术负责人组织项目管理人员对分包技术人员进行详细的施工组织设计、施工方案以及技术方面的交底，做好对分包的技术管理和指导工作。

4）对于专业分包和业主指定分包，由项目技术负责人组织项目管理人员对其施工组织设计、施工方案进行认真审核和把关，做好专业分包、指定分包的技术协调和沟通工作。同时对分包还要从技术交底到工序控制、施工试验、材料试验、隐检预检等进行系统地管理和控制，直到验收合格。

5）各项技术的核定、变更和索赔必须由项目技术负责人管理和审核，办理完相关的手续后由项目技术员归档保管。

6）项目技术部门在分包合同约定时间内，及时核对审查因施工组织设计、设计变更、进度加快、标准提高及施工条件变更等情况分包商提出的索赔，对审核的真实性、准确性负责。

5. 施工组织设计管理

1）编制

（1）编制人：特大型项目、特殊项目由企业组织，其他项目由项目经理主持，项目技术负责人组织，项目各部门参与编制；施工组织设计由项目部负责编制，分包商在项目部的总体安排下，编制其分包部分的施工组织设计。

（2）编制依据：以政府单位批复的设计方案文本、设计图纸为基础，根据项目策划，结合工程合同及现场实际情况编制。

（3）编制内容：工程概况、施工重难点、施工部署、施工方法、进度计划、总平面图、关键设备、质量及 HSE 等保障措施、总承包管理等内容。

（4）编制时间：大型及以下规模项目的施工组织设计应在进场后 30d 内编制完毕；特大型项目的施工组织设计应在进场后 45d 内编制完毕；对于图纸供应不齐全、不及时的项目应结合投标施工组织设计和现场实际情况编写施工组织设计大纲，在收到图纸后 30 个工作日内分阶段编制施工组织设计。

2）审批

（1）施工组织设计经过项目部内部评审后（3 个工作日内完成）报企业审核。

（2）分包方施工组织设计经过分包单位技术负责人审核签字加盖公章后报总承包商审核。

（3）施工组织设计应逐级上报至总承包单位技术负责人审批并签认，再由项目部报送至项目总监理工程师审批，没有实行监理的项目由建设单位的项目负责人或建设单位企业技术负责人审批。

（4）对于审批未通过，由原组织编制的部门于 15 个工作日内重新组织编写，并按程序重新发起审批手续，项目部应依据二次审批中的修改意见重新组织修改和反馈。

（5）施工组织设计审批完成后，由项目技术管理人员将施工组织设计发放到项目各部门，并报企业及业主单位技术部门存档，做好发文登记记录。

3）交底

施工组织设计经审批后，项目部技术负责人牵头向各专业建造师进行交底。

4）实施

项目部按批准的施工组织设计组织实施，项目技术、质量、安全管理部门作为监督、检查施工组织设计执行的主控部门，复核施工组织设计的执行情况。

5）修改

当遇到下列情况时，对施工组织设计进行修改，由项目技术负责人重新组织编制，形成修改后的施工组织设计，重新经原审批单位批准后实施。

（1）发生重大设计变更，必须对施工工艺或流程进行变更时。

（2）当工期不能满足目标要求并出现重大偏差时（偏差度≥20%）。

（3）过程能力严重影响工程成本。

（4）施工过程中出现不可预见因素时。

（5）业主需求发生重大变化，且原施工组织设计相关措施不能适应时。

6. 施工方案管理

1）方案编制

（1）编制人

工程施工前，项目应深化施工组织设计，根据工程的具体情况编制专项施工方案（作业指导书），对工艺要求比较复杂或施工难度较大的分部或分项工程极易出现质量通病的部位，必须编制作业指导书。施工方案由项目部技术负责人组织编制，并指定项目部相关人员参与编制。具体方案编制人员如表 6-18 所示。

施工方案编制人员一览表　　　　　　　表 6-18

序号	方案类别	编制人员
1	测量方案	测量管理人员
2	试验方案	试验管理人员
3	临时水电方案	机电管理人员
4	大型机械设备的安拆方案	设备管理工程师组织，分包单位编制
5	安保计划	安全管理人员
6	应急预案	安全管理人员
7	防汛防台专项方案	安全管理人员
8	质量策划	质量管理人员
9	质量创优策划	质量管理人员
10	危险性较大的分部分项工程施工方案/ 超过一定规模的危险性较大的分部分项工程	技术部门编制； 项目部安全管理人员参与编制
11	幕墙安装、屋面工程、道路工程等专项施工方案	技术部门编制
12	结构拆除、加固、功能提升等专项施工方案	技术部门编制
13	其他分项工程施工方案（作业指导书）	技术部门编制

（2）编制依据

施工组织设计、施工图纸、地勘水文资料、现场勘查资料、相关的法律法规、标准规范、技术规程、施工手册等。

（3）编制内容

施工范围、施工条件、施工组织、施工工艺、计划安排、特殊技术要求、技术措施、资源投入、质量及安全要求等。

（4）编制时间

施工方案在分项工程施工前 30 个工作日内（特殊方案 45 个工作日）编制完成。

2）作业指导书

作业指导书是按照施工规范、验收标准和设计等要求，针对特殊过程、关键工序向操作人员交代作业程序、方法以及注意事项而定制的指导性文件。施工作业指导书应经项目技术负责人审批，必须在该工序施工开始之前对操作人员进行指导培训。主要包括测量作业、幕墙工程作业、屋面工程作业、铺装工程作业、真石漆施工作业、道路铺装作业、结构拆除作业、结构加固作业、功能改造提升施工等相关工序的作业指导书。

3）方案审批

（1）施工方案经项目部内部评审（3 个工作日内完成）后报企业审核（审批）；一般分项工程施工方案由项目经理审批（5 个工作日内完成）；分包单位编制施工方案，经分包单位技术负责人审批后由项目部审核，并报企业及业主单位审批。超过一定规模的危险性较大的分部分项工程专项施工方案需组织专家论证。

（2）施工方案在施工前 15 个工作日审批完毕。

（3）施工方案审批完成（专家论证完成）后，由项目技术管理人员将施工方案发放到项目生产部门、技术部门、商务部门、质量部门、安全部门等部门，并做好发文登记。

（4）自行施工部分需要专家论证的施工方案应在企业内部审核完成后，由企业设技术管理部门组织专家论证。

（5）专业分包单位需要专家论证的施工方案应由分包单位审核，总承包单位审核完成后，由专业分包组织专家论证并将论证结果报总承包项目部备案。

（6）项目部应按专家论证意见进行修改完善后，报企业及业主单位技术管理部门复核。如方案内容有原则性变更，应重新进行审批流程，并将修改完善后的方案报专家论证单位备案。

（7）专家论证应在施工前 10 个工作日内完成。

（8）专家论证方案范围：超过一定规模的危险性较大的分部分项工程，如城市更新工程经常涉及的搭设高度超过 50m 的落地式钢管脚手架工程，施工高度 50m 及以上的建筑幕墙安装工程，搭设高度 8m 及以上的混凝土模板支撑工程，采用非常规起重设备、方法且单件起吊重量在 100kN 及以上的起重吊装工程、拆除工程、爆破工程及采用新技术、新工艺、新材料、新设备可能影响工程施工安全，尚无国家、行业及地方技术标准的分部分项工程，以及地方规定需进行专家论证的专项方案。其专项施工方案由项目部编制，企业各部门评审，企业技术负责人审批后（或授权审批），项目部组织专家论证，企业派代表参加。有关范围可参照住房和城乡建设部《危险性较大的分部分项工程安全管理规定》中规定的超过一定规模的危险性较大分部分项工程划分范围。

4）方案实施

（1）项目生产负责人负责按批准的施工方案组织实施。

（2）项目技术、质量和安全管理部门作为监督、检查施工方案执行的主控部门，复核施工方案的落实情况。

（3）经过审批的施工方案严格执行，不得随意变更或修改。施工过程中，方案确需变更或修改时，重新经原审批单位批准后实施，经过重新审批的方案重新组织交底。

7. 技术交底管理

1）范围

（1）技术交底分为施工组织设计交底、施工方案（作业指导书）交底。

（2）施工组织设计的交底范围：

施工组织设计经审批后，特大型项目、特殊项目施工组织设计由企业技术管理部门向项目部全部管理人员进行交底。其他项目由项目技术负责人牵头向项目部管理人员进行交底。

（3）施工方案的交底范围：

施工方案批准后，由方案编制人员向项目各相关生产管理人员进行一级交底。

现场生产管理人员负责向分包单位或劳务队伍的施工人员进行分项技术或特殊环节、部位二级交底。

分包单位或劳务施工队伍管理人员向班组操作工人进行三级交底。

2）形式

（1）施工组织设计采用一级交底，施工方案（作业指导书）采用三级交底形式。

（2）施工组织设计的交底

① 施工组织设计经审批后，企业技术部门向项目部管理人员进行交底。

② 项目技术负责人向各专业管理人员进行交底。

③ 交底内容主要为总体目标、施工条件、施工组织、计划安排、特殊技术要求、重要部位技术措施、新技术推广计划、项目适用的技术规范、政策等。

（3）施工方案（作业指导书）的交底

① 一级交底：施工方案批准后 7 个工作日内，由方案编制人员向项目各业务部门管理人员进行交底。其中专业分包单位编制的施工方案，由分包单位技术人员向项目管理人员进行交底。交底主要内容为：施工范围、施工条件、施工组织、计划安排、特殊技术要求、技术措施、资源投入、质量及安全要求等。

② 二级交底：现场管理人员负责向分包单位或劳务队伍的施工人员进行分项技术或特殊环节、部位交底。交底内容包括：具体工作内容、操作方法、施工工艺、质量标准、安全注意事项等。

③ 三级交底：分包单位或劳务施工队伍管理人员向班组操作工人进行三级交底。交底内容包括：具体工作任务划分、操作方法、质量标准、安全注意事项等内容。三级交底过程由项目现场管理工程师进行监督，签字各方必须本人实名签认，不得弄虚作假。

（4）交底形式

① 技术交底以书面形式或结合视频、幻灯片、样板观摩等方式进行，形成书面记录。

② 交底人应组织被交底人认真讨论并及时解答被交底人提出的疑问。

③ 技术交底表格按国家或地方工程资料管理规程规定执行。

④ 交底双方须签字确认，按档案管理规定将记录移交给资料员归档。

3）检查

项目部建立技术交底的台账或目录，企业过程中加强检查指导，保证内容、过程和形式的有效性。

交底后须进行过程监控，及时指导、纠偏，确保每一个工序都严格按照交底内容组织实施。

6.8.2　安全管理

针对新领域的安全管理，严峻的安全形势是一个极端的考验。需要通过激发人的安全管理积极性，严控安全管理标准，健全应急情况的管理机制，为安全管理提供保障。对于城市街道更新工程和既有建筑改造工程，安全管理侧重点不同，城市街道更新工程安全管理更关注于外围，既有建筑改造安全管理重点在施工过程中的内在安全管理。

1. 城市街道更新安全管理

1) 安全管理特点

（1）覆盖人群广，人车流量大

项目一般地处城市核心区，为全开放式工地，施工生产全过程与市民生活交叉融合。施工区域内交通组织混乱、人车不分流，大量的人流、车流在影响施工生产的同时，也无形中增加了安全事故发生的可能性，扩大了事故可能的伤亡后果，进一步加大了现场安全管理的难度和压力。

（2）单体专业多，管理范围散

改造对象多元化，包括银行、医院、商铺、居民楼等，改造单体众多，单体形式繁多，每种建筑类型的结构特点及改造方式不一，危险源分布区域及表现形式各不相同。改造内容包括外立面改造、屋面改造、道路改造等众多专业，而整体工期紧张，专业穿插频繁，作业周期短，高处作业、动火作业等高危作业多。

（3）民众关注高，应急救援难

城市街道更新工程一般为当地重要窗口项目，由市委市政府直接管理，社会各界关注度极高。且不同于常规施工项目，该项目无法进行封闭管理，所有施工区域均完全开放，作业区域人员繁杂、交通阻塞，局部单点曝光人数在两万人以上。一旦发生安全事故，救援难、扩散快、影响大的问题尤为突出。

2) 危险源辨识清单

城市街道更新工程施工涉及专业多，作业空间从地面到高空，专业间交叉多，需要对危险源进行辨析明确，制定相应的管理办法和措施，针对性地进行管控。一般城市街道更新工程危险源辨识清单如表 6-19 所示。

一般城市街道更新工程危险源辨识清单 表 6-19

序号	风险点名称	危险因素		可能发生的事故类型	风险等级	应采取的管控措施	责任单位
		全过程	全要素				
1	拆违工程	事前	人：1）高处作业未按照要求挂设安全带；2）人员安全意识淡薄，习惯性违章，安全帽未佩戴或者帽带不系；3）作业人员在施工作业过程中吸烟	高处坠落物体打击触电火灾	重大	① 人员高处作业必须按照要求系好安全带，通过"行为安全之星"活动对个人行为较好的工人进行表彰，通过正向激励提高人员安全意识；② 通过开展多形式的安全教育培训，提高工人安全意识；③ 作业过程中加强巡查，及时制止工人吸烟等不安全行为	项目工程部、安监部
			物：1）使用的安全防护用品不合格、规范要求；2）违章使用手磨机等施工机具切割作业		低	① 加强人员安全防护用品质量的管控，采用项目部调拨方式保证安全帽质量符合要求；② 进场前做好相应的安全交底，严禁使用小型手磨机进行切割作业	项目安监部

续表

序号	风险点名称	危险因素		可能发生的事故类型	风险等级	应采取的管控措施	责任单位
		全过程	全要素				
1	拆违工程	事前	环：1) 施工前有住户窗户等未关闭； 2) 下方存在易燃物未清理； 3) 拆违前未对周边环境进行判断，下方的燃气管道未进行保护； 4) 大风大雨时仍然室外抢工	高处坠落物体打击触电火灾	重大	① 作业前必须检查每户窗户是否均关闭； ② 动火作业前必须清理周边易燃物； ③ 作业前下方燃气管道必须做好相应的防砸措施，保证其安全； ④ 四级大风大雨严禁室外作业，项目部必须加强管理，严禁施工队伍违章作业	项目工程部、安监部
			管：1) 作业前未对人员进行安全技术交底及施工方案的技术交底工作； 2) 相关操作人员未持证上岗； 3) 动火作业时未按照要求进行审批； 4) 作业过程中下方未安排专人监护		较大	① 安全教育培训应该全面覆盖，同时应该结合周边环境因素进行教育； ② 特种作业人员必须要求持证上岗； ③ 动火作业严格安全程序进行审批验收； ④ 作业过程中下方必须安排专人监护	
		事中	人：人员不会使用灭火器		一般	加强人员消防培训	项目安监部
			物：作业现场周边未设置消防设备		一般	作业前对周边易燃物进行清理	项目工程部
			环：气候条件干燥影响灭火		较大	气候干燥适当调整作业时间	项目工程部
			管：没有专人进行动火管理，作业完成后没有将火星熄灭		一般	动火作业必须安排专人管理，作业完成后必须对现场进行清理，保证火星熄灭	项目工程部
		事后	人：1) 人员自救、互救能力弱，救援人员技能不过关； 2) 相关人员应急能力不足，不懂得应急程序		一般	加强人员应急培训； 通过对小区住户进行安全宣传，提高全员的安全意识及应急能力	项目外协部、工程部、安监部
			物：救援物资不足		一般	现场配备相关应急物资	项目物资部
			环：天气恶劣，影响救援		一般	针对施工现场天气合理开展救援	项目技术部
			管：1) 未制定应急预案，应急指挥不当； 2) 未对相关人员进行应急培训、演练交底等		重大	① 施工前必须根据项目生产情况编制项目综合应急救援预案，发生事故后严格按照预案开展救援； ② 项目部必须组织相关管理人员进行应急培训、演练及交底，明确各自职责，保证事故得以控制	项目技术部、安监部

序号	风险点名称	危险因素		可能发生的事故类型	风险等级	应采取的管控措施	责任单位
		全过程	全要素				
2	脚手架工程	事前	人：1) 高处作业未按照要求挂设安全带； 2) 人员安全意识淡薄，习惯性违章，安全帽未佩戴或者帽带不系； 3) 林木作业人员未经历专门培训，不懂得相应的操作规程	高处坠落物体打击坍塌	一般	① 加强人员安全管控，高处作业必须系好安全带； ② 做好相关人员的教育培训工作，提高安全意识，作业过程中安全帽、帽带、流动吸烟作业检查重点； ③ 项目部必须对林木作业人员加强管控，要求严格按照施工方案进行作业	项目工程部、安监部
			物：材料不符合方案设计要求		较大	加强对进场材料的管控，严格按照设计方案规范要求控制质量	项目物资部、安监部、技术部
			环：作业环境地质条件差，土质较软		较大	对施工现场环境土质进行勘探，场内进行硬化，保证架体基础坚实可靠	项目工程部
			管：1) 作业前未对人员进行安全技术交底及施工方案的技术交底工作； 2) 操作人员未持证上岗； 3) 作业过程中分包专职安全员未现场监督旁站； 4) 未按照设计方案进行搭设，搭设过程中未做好临时加固措施		较大	① 安全教育培训应该全面覆盖，同时应该结合周边环境因素进行教育； ② 特种作业人员必须要求持证上岗； ③ 设备必须进行验收； ④ 危险吊装作业必须安排专人旁站	项目工程部、安监部、技术部
		事后	人：1) 人员自救、互救能力弱，救援人员技能不过关； 2) 相关人员应急能力不足，不懂得应急程序		一般	① 加强人员应急培训； ② 通过对小区住户进行安全宣传，提高全员的安全意识及应急能力	项目安监部
			物：救援物资不足		一般	现场配备相关应急物资	项目物资部
			环：天气恶劣，影响救援		一般	针对施工现场天气合理开展救援	项目技术部
			管：1) 未制定应急预案，应急指挥不当； 2) 未对相关人员进行应急培训、演练交底等		较大	① 施工前必须根据项目生产情况编制项目综合应急救援预案，发生事故后严格按照预案开展救援； ② 项目部必须组织相关管理人员进行应急培训、演练及交底，明确各自职责，保证事故得以控制	项目工程部、安监部

续表

序号	风险点名称	危险因素		可能发生的事故类型	风险等级	应采取的管控措施	责任单位
		全过程	全要素				
3	吊篮安装工程	事前	人：1）安拆人员未持证上岗； 2）斜屋面开洞作业过程中安全措施不到位； 3）人员安全意识淡薄，向下抛掷杂物	物体打击高处坠落触电	重大	① 作业前必须核对相关人员证件，保证持证上岗； ② 斜屋面开洞人员必须按照方案施工，安全措施必须到位； ③ 作业前必须对人员进行相关知识的安全培训，提高安全意识	项目工程部、安监部
			物：1）使用的安全防护用品不合格规范要求； 2）吊篮构配件不符合标准要求；配重破损严重、使用开口花篮螺栓等		低	① 安全防护用品由项目物资部统一采购，调拨给相应分包； ② 对于不符合要求的吊篮配重件要求其更换	项目工程部、安监部、物资部
			环：1）小区住户条件复杂，楼栋条件复杂，致使杂物可能破坏住户的玻璃或者人员； 2）安装吊篮女儿墙周边防护缺失，厚度不足，不足以承载压力； 3）大风大雨情况下仍然施工； 4）吊篮配件运输过程中由于屋面高差可能导致人员伤亡		重大	① 加强作业过程中的安全管理，要求住户关闭好门窗，必要时做好相应的防破损措施； ② 作业时，安排技术专人现场指导，保证安装过程中的施工安全； ③ 超过4级大风大雨情况严禁室外吊篮施工	项目工程部、安监部、技术部
			管：1）人员未进行教育交底； 2）作业过程中操作层及下方未安排监护人； 3）未对进场设备及配件进行验收； 4）超过50m幕墙工程（高处作业吊篮施工）专项施工方案未进行专家认证； 5）未按照吊篮专项施工方案进行安装； 6）未按照吊篮安装说明步骤进行吊篮安装，安装过程完成后未组织相关人员及第三方检测私自使用； 7）吊篮荷载报警装置安装失效或者报警值超过额定负荷； 8）吊篮临时用电混乱，未接地处理或者未配备专用开关箱； 9）吊篮安全绳直接挂设在吊篮上，配重块未固定等		重大	① 作业前对相关人员做好相应的教育交底工作； ② 作业过程中操作层及下方地面均应安排专人监护，疏散人员等； ③ 设备进场前必须做好相应的验收工作； ④ 超过50m的幕墙工程必须做好相应的专家认证； ⑤ 安装过程中严格按照吊篮安装说明进行安装； ⑥ 安装完成之后自验，通过之后组织第三方检测； ⑦ 安装完成吊篮后必须进行荷载报警器的核验，保证其有效； ⑧ 吊篮临时用电必须按照标准规范进行严格布设，相关部门验收通过之后方可使用； ⑨ 安全绳必须固定在构筑物结构的可靠位置，严禁挂设于吊篮上，配重块必须有相应的固定措施，验收过程中必须严格管控	项目工程部、安监部、技术部

序号	风险点名称	危险因素		可能发生的事故类型	风险等级	应采取的管控措施	责任单位
		全过程	全要素				
3	吊篮安装工程	事后	人：人员自救、互救能力弱，救援人员技能不过关	物体打击高处坠落触电	一般	① 加强人员应急培训；② 通过对小区住户进行安全宣传，提高全员的安全意识及应急能力	项目安监部
			物：救援物资不足		一般	现场配备相关应急物资	项目物资部
			环：天气恶劣，影响救援		一般	针对施工现场天气合理开展救援	项目技术部
			管：1) 未制定应急预案，应急指挥不当；2) 未对相关人员进行应急培训、演练交底等		重大	① 施工前必须根据项目生产情况编制项目综合应急救援预案，发生事故后严格按照预案开展救援；② 项目部必须组织相关管理人员进行应急培训、演练及交底，明确各自职责，保证事故得以控制	项目工程部、安监部
4	剔凿及埋板工程	事前	人：1) 人员自身身体存在缺陷，患有心脏病、高血压等严禁高处作业的相关疾病；2) 人员安全意识薄弱，行为安全意识差，安全防护措施不到位	物体打击机械伤害坍塌触电	重大	① 作业人员进场前必须经过正规医院出具的体检报告，同时参加项目部组织的培训考核通过后方可吊篮作业；② 吊篮上作业严禁超出两人，作业人员必须将安全带挂设在独立安全绳上	项目工程部、安监部
			物：1) 施工吊篮存在缺陷，安全装置（包含荷载报警装置）失效；2) 剔凿及埋板过程中使用的施工机具本身存在缺陷，未经验收私自使用		重大	① 每日安排专人对吊篮各项装置进行检查，并且形成检查记录交项目安监部存档；② 施工过程中使用的机具必须经过验收合格后方可使用	项目工程部、安监部
			环：1) 小区外墙条件差，大面积空鼓，凿除过程中存在大面积脱落的过程；2) 外部环境复杂，小区居住情况不一，可能存在窗户未关闭或者阳台有居民的情况；3) 大风大雨情况下仍然施工		重大	① 施工前必须对外墙空鼓情况进行检测，做好相应的记录，根据实际情况编制有针对性的方案；② 前期入户调查过程中须跟居民交代相应的内容：下方出入请走安全通道、白天施工过程中窗户必须关闭、严禁出入阳台等；③ 不定期联合小区物业对居民进行安全宣传，提高住户的安全意识；④ 超过四级大风大雨严禁室外吊篮作业	项目工程部、安监部、外协部

续表

序号	风险点名称	危险因素		可能发生的事故类型	风险等级	应采取的管控措施	责任单位
		全过程	全要素				
4	剔凿及埋板工程	事前	管：1）人员未进行教育交底； 2）作业时未安排专人监护； 3）作业过程中多个相邻的工作面同时剔凿，并且存在交叉作业的情况； 4）施工区域未设置警戒区，人员随意进出； 5）作业过程中下方未设置安全巡视员及疏导员，居民出行未走安全通道	物体打击机械伤害坍塌触电	重大	①安全教育培训应该全面覆盖，同时应该结合周边环境因素进行教育； ②作业过程中必须安排专人进行监护； ③严禁相邻两个作业面同时存在高差作业，防止剔除时大面积脱落砸伤相邻作业人员； ④施工作业过程中必须设置警戒区，同时安排人员看护，防止其他人员进出； ⑤下方各个安全通道处设置安全疏导员，引导行人走安全通道，同时严禁私家车进入施工区域	项目工程部、安监部、外协部
		事后	人：1）人员自救、互救能力弱，救援人员技能不过关； 2）相关人员应急能力不足，不懂得应急程序		一般	①加强人员应急培训； ②通过对小区住户进行安全宣传，提高全员的安全意识及应急能力	项目安监部
			物：救援物资不足		一般	现场配备相关应急物资	项目物资部
			环：天气恶劣，影响救援		一般	针对施工现场天气合理开展救援	项目技术部
			管：1）未制定应急预案，应急指挥不当； 2）未对相关人员进行应急培训、演练交底等		重大	①施工前根据项目生产情况编制项目综合应急救援预案，发生事故后严格按照预案开展救援； ②项目部必须组织相关管理人员进行应急培训、演练及交底，明确各自职责，保证事故得以控制	项目工程部、安监部
5	龙骨、幕墙工程	事前	人：1）人员自身身体存在缺陷，患有心脏病、高血压等严禁高处作业的相关疾病； 2）人员安全意识薄弱，行为安全意识差，安全防护措施不到位； 3）居民恶意破坏施工吊篮配重或者安全绳等	物体打击坍塌高处坠落火灾触电	重大	①作业人员进场前必须经过正规医院出具的体检报告，同时参加项目部组织的培训考核通过后方可上吊篮作业； ②吊篮上作业严禁超出两人，作业人员必须将安全带挂设在独立安全绳上； ③施工作业前必须对吊篮配重及安全绳进行全面检查，确保安全方可允许施工； ④加强居民的安全宣传，梳理居民与项目部的关系，取得居民对项目施工的支持； ⑤与小区物业联系由项目部将屋面进行上锁封闭	项目工程部、安监部

续表

序号	风险点名称	危险因素		可能发生的事故类型	风险等级	应采取的管控措施	责任单位
		全过程	全要素				
5	龙骨、幕墙工程	事前	物：1) 使用电焊设备未经验收就私自使用；2) 电焊设备未设置专用三级箱；3) 电焊设备焊把等直接与吊篮相连；4) 使用的接火斗接火面积不足；5) 吊篮荷载报警装置失效或者报警值超过额定荷载值；6) 使用小型手磨机切割作业	物体打击坍塌高处坠落火灾触电	重大	① 电焊机等设备进场前必须进行相应的验收，合格后方可使用；② 电焊机必须设置专用三级箱；③ 严禁将电焊机放置于吊篮内，严禁将吊篮与焊把线相连；④ 电焊作业时必须配备统一标准的接火斗，保证接火到位；⑤ 吊篮报警装置必须每天进行核定，保证有效；⑥ 进场前做好相应交底工作，严禁使用小型手磨机进行切割作业	项目工程部、安监部
			环：1) 外部环境复杂，小区居住情况不一，可能存在窗户未关闭或者阳台有居民的情况；2) 大风大雨情况下仍然施工		重大	① 前期入户调查过程中须跟居民交代相应的内容；下方出入请走安全通道、白天施工过程中窗户必须关闭、严禁出入阳台等；② 不定期联合小区物业对居民进行安全宣传，提高住户的安全意识；③ 超过四级大风大雨严禁室外吊篮作业	项目工程部、安监部、外协部
			管：1) 人员未进行教育交底；2) 作业时未安排专人监护；3) 施工区域未设置警戒区，人员随意进出；4) 作业过程中下方未设置安全巡视员及疏导员，居民出行未走安全通道；5) 现场临时用电混乱，存在触电风险		重大	① 安全教育培训应该全面覆盖，同时应该结合周边环境因素进行教育；② 作业过程中必须安排专人进行监护；③ 施工作业过程中必须设置警戒区，同时安排人员看护，防止其他人员进出；④ 下方各个安全通道处设置安全疏导员，引导行人走安全通道，同时严禁私家车进入施工区域；⑤ 施工前对材料加工厂进行统一规划，严格按照标准化要求布设临电设施、设备，每日专业电工必须进行日常巡查，杜绝违章用电	项目工程部、安监部、外协部
		事中	人：人员不会使用灭火器		一般	加强人员消防培训，必须全员均会使用消防设施	项目安监部
			物：作业现场周边未设置消防设备		一般	施工作业时周边必须配备消防设施	项目工程部

续表

序号	风险点名称	危险因素		可能发生的事故类型	风险等级	应采取的管控措施	责任单位
		全过程	全要素				
5	龙骨、幕墙工程	事中	环：气候条件干燥影响灭火	物体打击坍塌高处坠落火灾触电	一般	针对不同气候，制定相应的救援措施	项目工程部
			管：没有专人进行动火管理，作业完成后没有将火星熄灭		一般	动火作业必须配备专人看火，作业完成必须熄灭火星方可下班	项目安监部
		事后	人：1) 人员自救、互救能力弱，救援人员技能不过关；2) 相关人员应急能力不足，不懂得应急程序		一般	① 加强人员应急培训；② 通过对小区住户进行安全宣传，提高全员的安全意识及应急能力	项目安监部
			物：救援物资不足		一般	现场配备相关应急物资	项目物资部
			环：天气恶劣，影响救援		一般	针对施工现场天气合理开展救援	项目技术部
			管：1) 未制定应急预案，应急指挥不当；2) 未对相关人员进行应急培训、演练交底等		重大	① 施工前必须根据项目生产情况编制项目综合应急救援预案，发生事故后严格按照预案开展救援；② 项目部必须组织相关管理人员进行应急培训、演练及交底，明确职责，保证事故得以控制	项目工程部、安监部
6	拆除工程	事前	人：1) 相关安拆人员未持证上岗；2) 人员安全意识淡薄，向下抛掷杂物	高处坠落物体打击	较大	① 作业前必须对相关人员持证情况进行检查，严禁无证上岗；② 作业前加强人员教育，过程中加强监督，严禁向下抛物	项目工程部、安监部
			管：1) 人员未进行教育交底；2) 作业过程中操作层及下方未安排监护人；3) 未按照吊篮拆除步骤进行吊篮拆除；4) 脚手架拆除时未逐层拆除；5) 拆除过程无专人旁站监督；6) 未了解房屋的结构安全及采用加固可否达到拆改要求；7) 未了解楼面的承载能力是否满足增加设备的安全使用要求的检测鉴定		一般	① 作业前做好相关人员的教育交底；② 作业过程中下方必须设置专门监护人；③ 严格按照吊篮拆除作业步骤进行拆除作业；④ 脚手架拆除必须按照要求逐层拆除，周边设置专职安全员看护；⑤ 对于拆改加固的项目，事前进行安全检测鉴定，确保房屋结构构件承载能力及各项技术参数，对不满足承载能力要求及安全使用要求的构件提供合理的加固处理建议	项目工程部、安监部

续表

序号	风险点名称	危险因素		可能发生的事故类型	风险等级	应采取的管控措施	责任单位
		全过程	全要素				
6	拆除工程	事后	人：1）人员自救、互救能力弱，救援人员技能不过关；2）相关人员应急能力不足，不懂得应急程序	高处坠落物体打击	一般	① 加强人员应急培训；② 通过对小区住户进行安全宣传，提高全员的安全意识及应急能力	项目工程部、安监部、外协部
			物：救援物资不足		一般	现场配备相关应急物资	项目部物资部
			环：天气恶劣，影响救援		一般	针对施工现场天气合理开展救援	项目技术部
			管：1）未制定应急预案，应急指挥不当；2）未对相关人员进行应急培训、演练交底等		一般	① 施工前必须根据项目生产情况编制项目综合应急救援预案，发生事故后严格按照预案开展救援；② 项目部必须组织相关管理人员进行应急培训、演练及交底，明确各自职责，保证事故得以控制	项目工程部、安监部
7	交通安全	—	居民安全意识淡薄，居民不遵守交通规则	交通事故	低	加强居民的安全宣传，灌输交通安全意识	项目工程部、安监部、外协部
			车辆在通道内行驶过快，导致安全通道垮塌		重大	对场内车辆进行限速，严禁场内车辆速度超过10km/h。同时在通道口设置保卫人员，严禁私家车进入安全通道内	保卫、项目安监部
			拐弯处未设置明显的安全警示标示		低	对通道内钢管刷红白反光漆，拐角处设置交通广面镜，确保安全装置到位	项目工程部、安监部
			项目部管理人员及工人上下班交通安全		较大	项目部必须加强所属人员安全教育及交底，要求上下班过程中必须遵守交通规则，保证上下班安全	项目工程部、安监部

3）安全管理措施

（1）安全管理架构

开放式工地环境复杂、突发情况多，常规项目"专职安全员管安全"的方式难以实现安全管理全面覆盖，因此，必须激发全员参与安全管理的热情，营造良好的安全管理氛围，从而最大限度地避免各种不安全因素，给施工安全加一道"安全阀"。

① 落实安全生产"一岗双责"制，通过成立项目安全生产领导小组、签订安全生产岗位责任书、编制《项目负责人施工现场带班制度》《安全检查制度》《关键工序施工项目班子旁站制度》等制度文件将安全管理职责进行分解细化，督促"一岗双责"和"分包一体化"管理，定期召开安全领导小组会议进行考核，将社会市民及政府单位纳入安全管理体系中，充分发挥各岗位安全职责，进行全方位的安全管理，如图 6-29 所示。

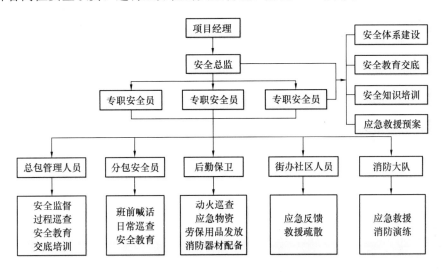

图 6-29　安全"一岗双责"架构图

② 充分利用现场保卫力量，通过 24h 在岗的保卫力量开展现场日常安全巡查工作，加强监控动火作业、安全带挂设等安全管控关键点，进一步补充安全管理力量。

（2）行为安全管理

① 正向激励提升安全意识

为改变常规项目"以罚代管"的安全管理思路，开展施工现场"行为安全之星"活动。当劳务工人满足：生产作业行为合规；使用机械设备合规；执行作业工序合规；保证作业环境合规；主动协助安全管理等要求时，可获得项目部发放的积分卡，工友可凭积分卡兑换相应的奖品。

通过开展"行为安全之星"活动，实现以正向鼓励方式表彰工友安全行为，调动各劳务班组安全生产主观能动性，引导工人安全行为，提升工人安全意识。

② 狠抓安全教育培训，源头消除安全隐患

做实做好日常安全教育交底制度。项目部采用视频、会议、考试等多种形式开展入场安全教育、安全技术交底、安全培训等工作，同时在检查巡视过程中进行督促劝说，将安全教育培训工作做细做实。

每日组织安全喊话活动。项目部组织各劳务队伍每日早晨在工人作业前组织班前安全喊话活动，阐明危险分布、严肃作业纪律、营造安全氛围，从而规范人的不安全行为，如图 6-30所示。

图 6-30　项目每日组织安全喊话活动

③ 充分调动周边力量，全民参与安全管理

充分利用城管、街道办力量，针对施工现场拆迁、阻工矛盾频发的特点，协调城管局牵头建立"一日一协调、一周一调度"调度机制，以高效、和谐的原则开展现场拆违及改造工作，避免矛盾冲突导致的安全事故，如图 6-31 所示。

图 6-31　协调城管局参与拆违，减少矛盾冲突

积极调动周边居民的力量，通过进行入户安全宣传、张贴安全告知书、预留安监人员电话等，让居民参与现场安全管理，提高安全监管效能。

（3）过程安全管理

针对城市街道更新项目单体多、专业多、设备多、作业点多的特点，通过采用精准化、标准化、规范化、常态化的管控措施，达到以点带面的管控效果，实现全面化、均质化的管理。

① 动态管控精准化

根据生产推进情况，每月对危险源分布情况进行动态调整，并制作隐患识别口袋书，如《吊篮施工篇》《外架施工篇》《消防管理篇》《临电管理篇》等，如图 6-32 所示。发放给现场管理人员及队伍负责人，提高现场管理人员的隐患识别能力，对不同施工阶段危险源实行精准管控。

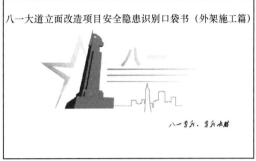
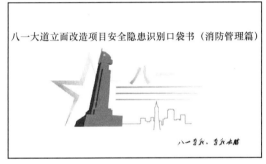

图 6-32　项目隐患识别口袋书

② 设备验收标准化

针对现场吊篮、脚手架等重大危险源，总承包管理部实行标准化管理：

制定吊篮脚手架、落实式脚手架验收表，每次验收时严格对照验收表进行检查，确保设备全面可靠。

外架连墙件加设、安全防护移交时组织验收，及时办理工序移交记录表。

每周进行一次吊篮隐患排查，做好相关检查记录，并在现场张贴公示，如图 6-33 所示。

③ 高处作业规范化

为防止城市更新工程施工作业过程中出现高空坠物现象，项目部主要采取以下措施：

全面提高外防护架搭设标准，同时搭设标准化安全通道，所有作业人员全员配置安全带，保证作业人员及行人安全，如图 6-34 所示。

临街面吊篮外立面防护统一挂设冲孔钢网片，并张挂统一 CI 标示，屋面配重挂设统一标牌，方便现场管理，如图 6-35 所示。

每日上交现场安全巡查表，及时消除物的不安全状态，保证现场安全管理可控。

④ 动火管控程序化

总承包单位制定动火规章制度，将动火流程制度化。

图 6-33　标准化设备验收

图 6-34　标准化外防护架

图 6-35　临街面吊篮统一
挂设冲孔钢网片

现场防火设施标准化，针对现场实际情况，统一制作灭火器挂篮及新型接火斗。工区负责动火审核审批。

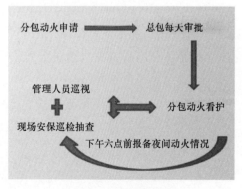

图 6-36　动火监管程序

分包按楼栋配备专人巡视。

项目安保进行不定时巡逻抽查。从制度落实到审核审批再到过程管控监督，五个维度环环相扣，保证现场动火作业安全，如图 6-36 所示。

⑤ 安全检查常态化

通过将日常巡检与专项检查相结合，定期检查与不定期抽查相结合，使安全检查频率常态化、检查形式多样化、检查内容全面化，通过安全检查促进现场安全管控。每次安全生产情况均进行公示，同时利用智慧工地 APP 进行督办销项。

⑥ 隐患识别信息化

引用"智慧工地"APP 协同管理，利用信息化管理手段，对隐患识别、整改监督等进行信息化转化，全员实时实地进行隐患整改，极大地提高了管理效能，解决了管理战线长、管控点多、整改流程长等问题。

2. 既有建筑改造安全管理

1) 风险识别

需改造建筑物检测鉴定、改造加固，应在预期灾害判定时结构不会造成破坏后进行。加固施工前，施工人员应熟悉周边情况，了解加固构件的受力和传力路径，对结构构件的变形、裂缝情况进行检查，若与设计不符或心存疑虑时应及时报告，切忌存在侥幸心理，盲目、野蛮施工，加固施工过程中出现变形增大、裂缝发展等情况时，应及时采取措施，报送各参建方，寻求解决措施。

（1）加固危险构件、荷载较大的构件，应制定切实可行的安全方案、监测措施和应急预案，并应得到相关部门的批准。施工过程中，随时观察，若有异常现象应马上停止操作，并会同有关技术人员共同研究解决，避免发生坍塌、坠落等安全事故。

（2）加固施工前，应切断既有建筑的非施工电源，拆净松动并可能掉落伤人的建筑构配件，排除危险源，消除不安全因素，避免发生次生灾害。

（3）卸载是保证原结构加固后新旧结构共同工作、减少应力滞后的重要手段，是保证施工安全的重要措施，施工时应特别重视卸载工作，卸载包括减轻构件的上部荷载、支顶、调整荷载位置或改变原有荷载的传力路径等方法。卸载措施应保证安全、可靠、简便、易行，不影响施工操作。

（4）加固施工涉及其他构件拆改时，要观察分析拆改可能带来的安全隐患，采取措施消除潜在的不安全因素，对拆改、加固可能导致开裂、倾斜、失稳、倒塌等不安全因素的结构构件，加固之前，应采取支顶、设防等安全措施，消除安全隐患，防止事故发生。

（5）对于重要构件的拆卸，为了保证安全，还应采取监控措施。

（6）钢结构的加固施工应保证结构的稳定性，应事先检查各连接点是否牢固。必要时可先加固连接点或增设临时支撑。钢结构加固实施时，必须对施工期间钢结构的工作条件和施工过程进行控制，确保施工过程的安全性。

（7）既有建筑加固工程施工时，若是建筑工程的部分仍在使用，需采取有效的隔离、降尘、防护措施，确保人员安全。

（8）既有建筑内的临边、洞口应严格防护，无人作业区域应上锁或封闭，高危区域有人作业时，上人马道等出入通道口应设专人看守，作业人员应佩戴好个人防护用品，确保安全施工。

（9）应经常检查加固工程搭设的安全支护体系和工作平台，避免因使用时间过长或结构受力发生变化，导致安全支护体系作用减弱、失效，造成事故。

（10）加固材料中易燃易爆和高温性能失效的材料很多，因此，施工现场应严格动火制度，并配备消防器材，定期检查。

（11）重视垂直运输管理，改造工程多涉及楼梯、电梯拆改，垂直运输对于工程履约尤为重要，过程中应重视垂直运输安全管理，常用垂直运输设备包括：原电梯、楼梯、施工电梯、汽车式起重机、卷扬机等。所使用的机具均需定期检查，保证其处于良好工作状态。使用时针对周边情况做好防护措施。

2）安全防护

（1）高空作业防护措施

① 高处作业施工前逐级进行安全技术教育及交底，落实所有安全技术措施和人身防护用品。

② 高处作业中的安全标志、工具、仪表电气设施和各种设备，施工前经检查确认后方可投入使用。

③ 高处作业人员必须经过专业技术培训及专业考试合格后持证上岗，并在施工前现场进行安全教育。

④ 施工作业场的所有坠落可能的物件，一律先行撤除或加以固定。

⑤ 拆卸下的物件及物资等及时清理运走，不得任意堆置或向下丢弃。传递物件禁止抛掷。

⑥ 高处作业时，在下方设置警戒区，设立安全警示牌，由现场安全员在下方监督安全生产和维持周边秩序。

（2）按要求正确佩戴安全帽、安全带。

（3）预防"四大"伤害事故措施：

① 防止高处坠落措施

高处作业时要设置安全标志，张挂安全网，系好安全带，患有心脏病、高血压、精神病等人员不能从事高处作业。

高处作业人员衣着要灵便，但决不可赤身裸体，脚下要穿软底防滑鞋，决不能穿着硬质底鞋和带钉易滑的靴鞋，操作要严格遵守各项安全操作规程和劳动纪律，攀爬和悬空作业人员持证上岗。

高处作业中所用的物料应该堆放平稳，不可置放在临边或洞口附近，也不可妨碍通行和装卸。

严禁从高处往下丢弃物体，各施工作业场所内，凡有坠落可能的任何物料都要一律先行撤除或者加以固定，以防跌落。高处作业的防护设施应经常检查，并加强工人的安全教育，防患于未然。

② 防治"触电"伤害措施

施工现场用电采用"三相五线制"，各用电电器的安装、维修或拆除必须由电工完成，电工等级符合国家规定要求。

各用电人员应掌握安全用电基本知识和所用设备的性能，停用的设备必须拉闸断电，锁好开关箱。

机械用电配电箱必须采取防护措施，增设屏障遮拦、围护，并悬挂醒目的警告标志牌。

电气设备的金属外壳必须与专用保护零线连接，保护零线应由工程接地线、配电室零线和第一级漏电保护器电源侧的零线引出。用电设备应有各自专用的开关箱，实行一机一闸制。

施工现场电工每天上班前应检查一遍线路和电气设备的使用情况，发现问题及时处理，加强管理人员及工人的用电安全教育，严禁私自接设线路，严防"触电"事故。

③ 防治"物体打击"措施

加强施工管理人员和工人的防护意识的教育，高处作业中所用的物料应该堆放平稳，不可置放在临边附近。

对作业中的走道、通道和登高用具等，都应随时加以清扫干净。拆卸下的物体，剩余材料和废料都要加以清理和及时运走，不得从高处任意往下乱丢弃物体，传递物件时不能抛掷。

各施工作业场所内，凡有坠落可能的任何物料，都有要一律先撤除或者加以固定，以防跌落伤人。

进入施工现场的所有人员均要求戴好安全帽，挖掘机、液压锤等大型机械设备要定人定机。

高空作业中严禁从高处向下抛物体，要用绳子系好后慢慢往下传送，施工现场要设置物体打击的警告牌。

④ 防治"机械伤害"措施

机械操作司机要认真学习掌握本工程安全技术操作规程和安全知识，自觉遵守安全生产规章制度，严格按交底要求施工。

作业中坚守岗位，遵守操作规程，不违章作业，有权拒绝违章指挥。

实行定人定机制，不得擅自操作他人操作的机具。

作业前应检查作业环境和使用的机具，做好作业环境和操作防护措施。

3. 废弃矿山修复安全管理

1）现场危险源分析及主要防治措施

具体如表 6-20 所示。

2）安全生产保证措施

（1）完善安全保证体系，建立安全生产责任制

项目经理是项目安全生产的第一责任人，项目部设安全部，安全管理人员根据实际情况进行配置，各分包单位作业人员小于 50 人应设 1 名专职安全员，50～200 人应设置 2 名专

职安全员。班组设兼职安全员，责任落实到人，各分包方有安全指标和奖罚办法。

现场危险源分析及主要防治措施 　　　　　　　　　表 6-20

序号	项目	危险源	关键控制措施
1	机械伤害	包括运输车辆、挖掘机、装载机、洒水车、油罐车等。如果对安全驾驶和行车安全的重要性认识不足，思想麻痹、违章驾驶、管理不善和车辆带病运行等，就会造成场内机动车辆伤害事故	1）作业人员要持证上岗； 2）驾驶员入场时，应查验驾驶证等相关证件，并将检查的相关记录进行存档； 3）严格按照国家有关法律法规规定的安全操作规程进行作业，严禁酒后作业、疲劳作业、违章操作； 4）施工现场和施工便道上设置警示牌，车辆行驶时遵守交通规则； 5）作业人员在每天上班开车前对车辆进行检查，严禁设备"带病作业"，定期对场内的机械设备进行维修和保养； 6）机械交叉作业需有专人指挥，严格按照机械操作规程执行
2	边坡滑坡或坍塌	地质构造不稳定，雨水冲刷等自然条件，以及开挖技术不合理，管理缺陷的人为因素都有可能造成边坡滑坡或坍塌	1）坚持从上到下逐层挖掘原则，严禁"掏挖"作业行为； 2）经常对现场进行全面检查，当发现坡面有裂隙，可能发生坍塌时，必须立即撤出相关人员和设备； 3）加强雨季的安全工作，在刮风下雨等恶劣天气下必须立即停止作业
3	高处坠落	露天作业场所高差较大，可能出现人员、设备站立不稳，从分层坡面高处坠落。运输车辆的装载物从车上撒落	1）对有坠落风险的场所做好警示标志； 2）作业人员严禁违章操作、疲劳操作、酒后操作； 3）作业人员有权拒绝冒险作业； 4）组织专人对靠近悬崖边缘作业的机械进行指挥和安全管理
4	职业危害	粉尘是矿山生产过程中产生的细粒状矿物或岩石粉尘，主要危害是能引起尘肺病，损害人体健康	1）对作业人员及时购买防尘面罩、护目镜等劳保用品； 2）在开挖过程中，要及时进行洒水等降尘措施； 3）对作业人员定期进行体检，保证作业人员身体健康

（2）加强安全教育

施工人员进入现场必须进行三级安全教育，经考核合格后，方可上岗作业。组织现场管理人员和作业人员学习并认真贯彻执行安全操作规程，加强安全意识。

（3）做好安全技术交底

各分部分项工程在进行质量与技术交底的同时，必须进行安全技术交底，重点分项工程还必须采取有针对性的安全技术措施，交接方必须签字。

（4）建立安全定期检查制度

执行安全员日巡检，项目经理带队周检，并及时写出书面记录，如发现事故隐患，下发安全隐患整改通知单，做到定人、定时、定期排查。

（5）机械设备安全施工措施

针对项目的实际情况，现场作业主要以挖掘机、自卸车、装载机、洒水车等机械为主。为了进一步加强建筑施工机械设备的管理，确保机械设备的安全使用，把好管、用、养、修之关外，还必须做到领导重视，各级机械管理人员、机械操作人员、维修人员及相关配合人员之间责任明确，严格按操作规程施工，确保施工安全，避免各种事故发生，确保施工过程安全高效运行。

（6）机械设备检查制度

① 检查项目

a. 检查机械使用单位对于机械管理工作的认识，是否重视机械管理工作，并纳入议事日程。

b. 检查规章制度的建立、健全和贯彻执行情况。

c. 检查管理机构和机务人员配备情况。

d. 检查技术培训及各级机务人员素质情况。

e. 检查机械技术状况及完好率、利用率情况。

f. 检查机械使用、维修、保养、管理情况。

g. 检查机械使用维修的经济效果。

② 机械检查的组织实施

a. 分部每月组织一次机械大检查，对查出的问题及时安排整改和验收，并将检查、整改及验收情况进行记录备案。

b. 各工区必须每月组织两次机械大检查，重点检查使用、保养及安全设施情况，对发现的问题及时整改并报总包安全部备案。

c. 机械管理人员必须经常深入施工现场，监督检查机械使用保养情况，并做好记录和总结，发现问题采取措施限期整改。

d. 分部和各工区组织的机械大检查，应组织有经验的技术人员和操作维修人员参加，明确检查重点和部位、检查方式，科学地组织分工，做到各负其责。

e. 配合上级部门组织安全大检查，各机械使用单位应做好所分管机械的安全检查，对提出的机械安全问题应限期解决并及时反馈有关部门。

f. 机械设备使用单位凡不按规定要求组织机械大检查或检查不细，存在问题未解决，发生机械事故的，对有关人员按失职追究责任。

（7）机械设备安全管理办法

① 机械设备在操作前需进行安全检查，严禁带"病"运行。

② 坚持持证上岗制度，机械的操作、指挥等特殊作业人员，必须由经过具有相应资质的机关培训并取得合格证的人员担任。确保安全保护装置齐全有效，进一步加强修理人员的技能培训，提高修理人员的业务素质和工作责任心，认真做好修理记录和验收记录，责任落实到人，杜绝因修理不当造成的机械损伤和机械设备事故，特别是起重机械的修理，修理人员应当了解其结构性能及修理工艺和安全方面的要求，严禁违章蛮干。

③ 挖掘机、装载机、自卸车在作业时，应设专职安全员负责指挥，以防砸伤人员和机械。

④ 机械设备作业时，不准任何人在机械回旋范围内进行任何工作。

⑤ 机械夜间施工时，要确保在进行施工的地方有足够的灯光照明，以保证施工人员及施工机械安全。

⑥ 各机械操作人员必须严格执行《机械设备安全操作规程》。

⑦ 机械设备凡设有安全保护装置及安全指示装置的要确保齐全有效，并定期检查、调整。

⑧ 注意做好机械的防寒、防冻、防雨、防洪、防风工作，机械集中停放场所还要做好防火、防盗工作。

⑨ 关键设备和部位，要有安全标志，并安排专人负责。

（8）机械设备安全培训制度

应定期组织人员进行机械的安全培训教育，强化机械操作人员及相关施工人员的安全意识，牢固树立"安全第一，预防为主"的思想。确保施工全过程的安全。

（9）机械设备维修与保养制度

① 洗净污垢，各部件保持良好润滑。

② 严禁拆换部件，附件须完整齐全。

③ 机械技术保养是保证机械正常运转和延长机械使用寿命的一项重要工作，因此，必须按照不同型号机械所规定的保养周期和作业范围严格执行，即实行定期保养制度。无论机况如何，凡达到规定周期即按规定作业范围进行保养。

④ 机管人员根据机械运转情况，每月编制保养计划，并逐月根据情况进行调整。

⑤ 机械保养时，通知保养人员进行保养。当生产与维修保养发生矛盾时，经物资设备室同意，方可延期。

⑥ 各种机械每班必须进行例保；保养工作必须强制执行，坚决抵制和制止先用后养、只用不养的恶习，机械技术人员、机械领工员有权检查、督促保养工作，发现问题要限期改正，操作人员要虚心接受检查，因不按时保养造成机械事故性损坏的要追究责任。保养完成后，经检验合格，要认真填写各种资料，做到齐全、准确、真实。

（10）定机定人、持证上岗制度

① 机械设备必须定机定人，机械的操作司机一经确定，即登记存档，不得随意更换。主管司机对机械负有保管、保养责任。

② 机械操作人员必须根据要求持证上岗，严禁无证操作。

③ 凡是新调入或新购入的机械，要有主管机械的厂长、机械技术人员、机械领工员协商，选出合适的主管司机接机。特别是进口、大型机械一定要选素质高、技术精、责任心强的司机接机。司机之间严禁私下换机操作。因特殊情况需要调换时，须经主管厂长同意，司机之间做好交接工作后，原有司机方准调离。

（11）临时消防安全措施

消防工作必须牢记"预防为主，防消结合"的方针。

① 制定并实施消防管理制度，定期组织防火工作检查；建立防火工作档案，发现隐患及时纠正，发现违反规定者予以处罚。

② 项目成立义务消防组织，定期组织进行专业消防知识技能的培训，培训相关消防工具的使用。

③ 生活区及施工现场有良好的消防通道和紧急疏散设施，并设置消火栓、灭火器、灭火砂、灭火桶、消防铲、消防水管等设施，做到布局合理，经常维护、保养。由项目专职安全工程师每周检查一次，保证能够随时投入正常使用状态，并设立明显标志。

④ 电工、焊工从事电气设备安装和切割作业时，有灭火用具。使用电气设备、易燃易爆物品时，严格执行防火措施，指定防火责任人，配备灭火器材，确保施工安全。

（12）职业病预防与防治关键措施

在思想上认识职业病对职工的危害，设置职业卫生专业人员，定期对职业危害场所进行测定，重视职业病危害工程技术工作，建立健全职业病管理制度，加强职业病宣传教育工作。根据危害的种类、性质、环境条件等，有针对性地发给作业人员有效的防护用品、用具；在施工现场设置应急物品（钢丝、担架等）和应急药品（防中暑、中毒的药品等）；对从事粉尘、有毒作业人员，在生活区设置淋浴设施，定期对有害作业人员进行体检，发现有不适宜某种有害作业的疾病患者，及时调换工作岗位。

6.8.3　质量管理

城市更新工程质量管理具有广、繁、异的特点，改造内容点多面广，人均管理面积大，材料种类多，品质管控难度大，且不同于新建房屋，改造类型工程标准难以确定，需要管理人员进行质量风险识别并建立有效的针对性管理措施。

1. 城市街道更新质量管理

1）材料、成品、半成品的检验、计量、试验控制

具体如表 6-21 所示。

材料、成品、半成品的检验、计量、试验控制　　表 6-21

序号	检验、实验内容		取样批数	取样或检测方法	备注
1	钢筋	原材料进场复试	同规格、同品种、同炉号的钢筋每 60t 为一批	随机抽取 2 根钢筋，切取拉、弯试件各一根	复检时试件数量加倍
2		直螺纹连接试件检测	同一施工条件下采用同一批材料的同等级、同型式、同规格接头，以 500 个为一个验收批，不足 500 个也作为一个验收批	在工程结构中随机截取 3 个接头试件做抗拉强度试验	复检时试件数量加倍

序号	检验、实验内容		取样批数	取样或检测方法	备注
3	混凝土	坍落度测试	对每一辆商品混凝土运输车的混凝土坍落度进行检测	在浇筑地点从运输的商品混凝土中取样检测	—
4		普通混凝土抗压强度检测	同一配合比、同一台班、每 100m³ 取 1 组抗压强度试块，当一次连续浇筑超过 1000m³ 时，同一配合比的混凝土每 200m³ 取样	在浇筑地点从同一盘或运输的商品混凝土中取样，每组制作 3 个抗压试块	有早强要求时增加试块数量
5		回填土（砂）密实度	每 100~400m² 取 1 点，但不应少于 10 点，长度、宽度均为每 20m 取一点但不应少于 1 点，对回填土分层见证取样，检验土方的含水率、密实度	根据土质情况确定取样方法	—
6		砌筑砂浆强度检测	每 250m³ 砌体的同一配合比取 1 组抗压强度试块	在出料口或砌筑地点取样，每组制作 6 个抗压试块	—
7		进场水泥强度及安定性检测	按同生产厂家、同等级、同品种、同批号且连续进场的水泥，不超过 200t 为一批，散装不超过 500t 为 1 批	连续取样或在不少于 20 个部位等量取样，总量不少于 12kg	—
8		路基压实度	每 1000m²、每压实层抽检 3 点	灌沙法或灌水法	—
9		路基弯沉值	每车道、每 20m 测 1 点	车载实测	—
10		基层压实度	每 1000m²、每压实层抽检 1 点	灌沙法或灌水法	—
11		基层弯沉值	每车道、每 20m 测 1 点	车载实测	—
12		基层 7d 无侧限抗压强度	每 2000m²、抽检 1 组（6 块）	钻芯	—
13		沥青路面弯沉值	每车道、每 20m 测 1 点	车载实测	—

2）采购要素控制

（1）物资部负责物资统一采购、供应与管理，并根据 ISO 9000 质量标准和公司物资《采购手册》，对工程所需采购和分供方供应的物资进行严格的质量检验和控制。

（2）采购物资时，须在确定合格的分供方厂家或有信誉的商店中采购，所采购的材料或设备必须有出厂合格证、材质证明和使用说明书，对材料、设备有疑问的禁止进货。

（3）物资部委托分供方供货，事前应对分供方进行认可和评价，建立合格的分供方档案，材料供应在合格的分供方中选择。同时，项目经理部对分供方实行动态管理。定期对分供方的业绩进行评审、考核，并做记录，不合格的分供方从档案中予以除名。

（4）加强计量检测，项目设专职实验员一名。采购的物资（包括分供方采购的物资）、构配件，应根据国家和地方政府主管部门的规定及标准、规范、合同要求及按质量计划要求抽样检验和试验，并做好标记。当对其质量有怀疑时，加倍抽样或全数检验。物资质量控制如图 6-37 所示。

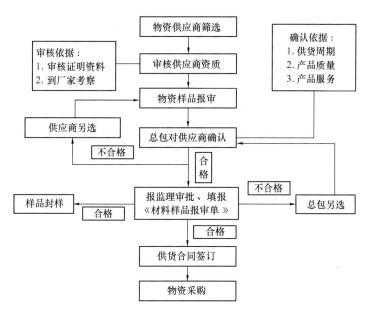

图 6-37　物资采购流程图

3）成品保护

在工程项目施工中，对一些正在施工的部位或已施工完成的工程要进行及时有效的保护，防止造成损坏，影响工程质量。成品保护的总体措施就是以下几点：保护、包裹、覆盖、局部封闭。对成品保护要按部位、区域责任到人，明确职责。对破坏他人成品的行为要追究责任，进行处罚，做到谁施工谁保护，成品保护计划如表 6-22 所示。

成品保护计划　　　　　　　　　　　表 6-22

成品保护项目	成品保护时间
钢筋及成品钢筋网格	钢筋进场后、钢筋绑扎完成至混凝土浇筑
模板及支模完成平板	模板进场后、模板支设完成至混凝土成型
混凝土	混凝土浇筑完成养护到期
预制块	预制块进场后
路基工程	回填土进场后，水稳层铺筑之前
路面工程	水稳材料进场后，路面开放交通前

（1）通用措施

① 设专人负责成品保护工作。

② 现场钢材、水泥、防水材料等半成品须放置于有盖仓库内，并加以支垫。成品需分类、分规格堆放。

③ 做好工序标识工作：在施工过程中对易受污染、破坏的成品、半成品标识"正在施工，注意保护"的标牌。采取护、包、盖、封防护各项措施，视不同情况，分别对成品进行

挡板、栏杆隔离保护，用塑料布或纸包裹、斑马布覆盖，或对已完工部位进行局部封闭。由专门负责人经常巡视检查，发现现有保护措施损坏的，要及时恢复。

④ 制成品堆放场地应平整、干净、牢固、干燥、排水通风良好、无污染，所有成品应按方案指定位置进行堆放，运输方便。制成品堆放地应做好防污染、防锈蚀措施，成品上不得堆放其他物件。

⑤ 在挖方段路基两侧设置截水沟，防止地面水流进路基内。

⑥ 制定正确的施工顺序：制定重要部位的施工工序流程，将市政道路、土建、水、电、消防等各专业工序相互协调，排出一个部位的工序流程表，各专业工序均按此流程进行施工，严禁违反施工程序的做法。

⑦ 工序交接全部采用书面形式，由双方签字认可，由下道工序作业人员和成品保护负责人同时签字确认，并保存工序交接书面材料，下道工序作业人员对防止成品的污染、损坏或丢失负直接责任，成品保护专人对成品保护负监督、检查责任。

(2) 主要分项工程成品保护措施

① 钢筋绑扎成品保护

钢筋按图绑扎成型完工后将多余钢筋、垃圾等清理干净。接地及预埋等焊接不能有咬口、烧伤钢筋现象。木工支模及安装预埋、混凝土浇筑时，不得随意弯曲、拆除钢筋。绑扎成型完工的钢筋上设置水平走道板，防止踩踏使钢筋弯曲变形。

模板隔离剂不得污染钢筋，如发现污染应及时清洗干净。

② 模板成品质量保护

模板支模成型后及时将全部多余材料及垃圾清理干净。安装预留、预埋在支模时配合进行，不得任意拆除模板及重锤敲打模板、支撑，以免影响质量。模板侧模不得靠钢筋等重物，以免倾斜、偏位，影响模板质量。水平走道板不得直接搁置在侧模上，混凝土浇筑时，不得用振动棒等撬动模板、埋件等。模板安装成型后派专人值班保护进行检查、校正，以确保模板安装质量。

③ 混凝土成品质量保护

混凝土浇筑完成后将散落在模板上的混凝土清理干净，并按方案要求进行覆盖保护，雨期施工混凝土成品进行覆盖保护。混凝土终凝前不得上人作业，并按方案规定确保间歇时间和养护期。不得重锤击打混凝土面，不得随意开槽打洞，安装工程在混凝土浇筑前做好预留预埋。做好混凝土面防污染覆盖措施，防止机油等污染；防止在混凝土楼面上生火、打洞。

④ 路基成品质量保护

路基基底处理以前，应沿地界线两边挖排水沟，保证场地内排水畅通，避免雨水浸泡。施工中填筑路堤时，不得破坏定位标准桩、轴线控制桩、标准水准点等，应注意沿中心向两边做成横坡，并随时将路基碾压平整，保证路基面排水顺畅。路基整形以后，在未经允许进入下道工序之前应进行封闭，不得停靠大型车辆，边坡不得走人。

⑤ 路面成品质量保护

水泥稳定碎石基层施工完成后必须用土工布或者塑料薄膜覆盖，每天需用洒水车进行养护，养护时间不少于 7 天，7 天之内进行交通封闭，禁止车辆驶入对成品造成破坏。沥青路面摊铺完后，须等到温度降到 50℃ 以下，沥青混凝土硬结后，方可开放交通。

4）各专业质量保证措施

（1）幕墙工程质量保证措施

① 在图纸设计过程中，认真负责，对重要部位必须进行多次复核及验算。确保施工质量和使用过程中的安全。

② 质量检验人员必须全面地消化、理解工程图纸、工艺规程、技术标准，认真负责，做好本职工作。

③ 产品必须实行"三检"，即实行自检、互检、专检，以保证产品的质量，防止成批性质量问题。专职质量检验员必须对本工序使用的材料品种、规格、质量等工艺文件进行核实，检查上道工序的工作质量，确保本工序的工作质量，并检查外购半成品、成品质量是否具备有效的质量证明。

④ 现场质量检验员必须建立完备质量卡片或记录，发现质量问题及时反馈，并令其暂停施工，由有关技术人员解决问题后方可继续进行施工。

⑤ 各种现场有关质量检查、修正的文件、卡片记录、资料，必须完整清晰。

⑥ 专职质量检验员使用的工具量具，必须有效、精确，必须符合有关标准和规范。

⑦ 本工程所有人员必须配合业主或监理人员，做好质量监督工作，确保各种工艺规范与标准的全面执行。

⑧ 认真整理、归口各种工程质量文件、卡片、记录、资料，以完整、详细的质量资料，提交工程交付验收使用。

⑨ 材料搬运时需保持原包装状态，注意保护产品标识和检验、试验标记。

⑩ 材料加工及安装、搬运过程中要轻拿轻放，不直接与硬质物品划碰，严格保证材料表面质量。加工好的材料应堆放到利于车通行，不易被碰到的施工场地。橡胶制品、硅胶制品储存在室内，避免日晒雨淋，做到限量领用，及时回收。石材安装完毕后，在拆架过程中，派专人进行巡视，随时提醒拆架工人不要污染及损坏到石材幕墙墙面。幕墙安装允许偏差如表 6-23 所示。

幕墙安装允许偏差表　　　　　　　　　　表 6-23

项目		允许偏差（mm）	检查方法
竖缝及墙面垂直度	幕墙高度 H（m）	≤10	激光经纬仪或经纬仪
	$H≤30$		
	$60≤H>30$	≤15	
	$90≤H>60$	≤20	
	$H>90$	≤25	

续表

项目	允许偏差（mm）	检查方法
幕墙平面度	≤2.5	2m 靠尺、钢板尺
竖缝直线度	≤2.5	2m 靠尺、钢板尺
横缝直线度	≤2.5	2m 靠尺、钢板尺
缝宽度（与设计值比较）	±2	卡尺
两相邻面板之间接缝高低差	≤1.0	深度尺

（2）真石漆工程质量保证措施

① 各构造层在凝结之前防止水冲、撞击与振动。

② 移动吊篮、翻拆架子应防止破损已抹好的墙面，门窗洞口和垛子宜采取保护性措施，其他工种作业时不得污染或损坏墙面，严禁踩踏窗口。

③ 遵守有关安全操作规程，新工人必须经过培训和安全教育后方可上岗，脚手架须经安全检查验收合格后方可上人施工，施工时应有防止工具、材料等坠落的措施。

④ 产品运到工地注意防水、防潮，贮存期不宜超过 3 个月。

⑤ 真石漆工程允许偏差如表 6-24 所示。

允许偏差及检验方法   表 6-24

保温层允许偏差及检验方法

项次	项目		允许偏差（mm）	检验方法
1	表面平整		4	用 2m 靠尺及楔塞尺检查
2	阴阳角垂直		4	用 2m 托线板检查
3	立面垂直		4	用 2m 托线板检查
4	阴阳角方正		4	用 20cm 靠尺及楔塞尺检查
5	分隔条（缝）平直		4	用拉 5m 小线和尺量检查
6	保温层厚度		按设计不许有负偏差	用棒针插入针和尺量检查
7	立面全高垂直	层高 ≤5	8	经纬仪、拉线、钢尺
		层高 ≥5	10	
	建筑总高度 H（mm）		$H/1000$，且≤30	拉线 5m 线、钢尺

涂料允许偏差和检验方法

项次	项目	普通涂饰	高级涂饰	检验方法
1	颜色	均匀一致	均匀一致	观察
2	光泽、光滑	光泽基本均匀 光滑无挡手感	光泽均匀一致、光滑	观察手摸检查
3	刷纹	刷纹通顺	无刷纹	观察
4	裹棱、流坠、皱皮	明显处不允许	不允许	观察
5	装饰线、分色线直线度允许偏差（mm）	2	1	拉 5m 线，不足 5m 拉通线，用钢直尺检查

（3）混凝土工程质量保证措施

为达到质量目标，充分结合已有施工经验，从混凝土原材料、配比设计、拌合、运输及灌注各个环节实施全方位质量控制，如图 6-38 所示。

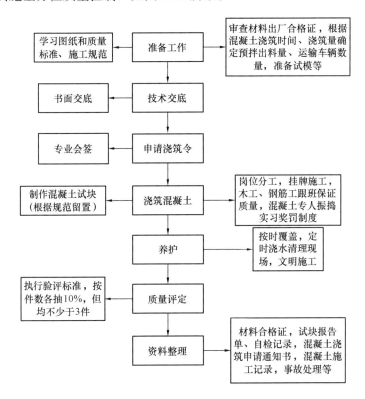

图 6-38　混凝土施工质量控制流程图

① 混凝土原材料质量保证措施

各部位混凝土的原材料要求满足本项目《技术条款》相应部位的材料要求，并满足国家及相关行业的规范及标准要求。

对各材料原产地进行考察，原材料做材质试验。

根据国家有关标准严格控制混凝土含碱量，使用含碱量小于 0.6% 的骨料和水泥，或采用能抑制碱、骨料反应的掺合料，对于碱含量超标的原材料不使用。

所有材料对比择优选购，实行进场检查验收制，不合格者不使用。

水泥：采用性能良好、泌水性小、水化热低，具有一定高腐蚀性而且质量比较稳定的旋窑水泥。

砂石料：砂石料除符合现行《普通混凝土用砂质量标准验收方法》和《普通混凝土用砂石或卵石质量标准及验收方法》规定外，石子粒径最大不超过 40mm，所含泥土符合规范要求并不呈现块状或包裹石子表面，吸水率不大于 1.5%。

外加剂：选择加高效率减水剂或微膨胀剂，其产量根据试验确定，允许误差为 ±1%。选用通过权威部门认证且有大量成功实用业绩者，不使用含氯离子的外加剂，选用高效减水剂。

混凝土供应及运输：混凝土可采用商品混凝土，由搅拌车运输到工地，混凝土输送泵入模。

② 配合比设计质量控制

为保证混凝土配合比质量，项目部与商品混凝土供应商共同对配比进行设计，并对混凝土整个拌制过程进行监督管理。配比由试验最终确定，严格控制水灰比和水泥用量，选择级配良好的石子，减少空隙率和砂率，使混凝土的收缩降至最低。

混凝土拌合：配合料混合均匀，颜色一致，称量准确；将外加剂溶为较小浓度溶涂加入搅拌机内，不直接加入；经常测定骨料含水率，雨天施工时增加测定次数，及时调整配合比；搅拌时间根据外加剂的技术要求确定；运载混凝土搅拌建立岗位责任制，向商品混凝土站派驻内部监理员。

③ 混凝土浇筑质量保证措施

混凝土浇筑过程中，搅拌站值班人员随时和浇筑现场保持有效联系，掌握现场混凝土浇筑情况和运至现场的混凝土质量及性能，并及时通知混凝土搅拌站进行必要的调整。

加强施工管理，尽量加快混凝土施工速度，部分不具备直接浇筑条件的位置加大人员机械投入，迅速现场转运；加强夜间施工管理，因夜间人流、车流较少有利于加快大方量混凝土施工速度，提高浇筑质量。

加设两名管理人员轮流值班检查混凝土质量、坍落度，每班配备一名工人帮助做坍落度试验和混凝土试块。坍落度每 4 小时抽查一次，坍落度不合格的混凝土不得卸料，立即运回搅拌站进行处理。

混凝土运至现场若发生离析、凝结等现象时，要马上运回搅拌站处理掉，不允许现场采取加水等手段自行调整后使用。

④ 混凝土接槎质量保证措施

在已硬化的混凝土上浇筑混凝土前，将接槎混凝土表面水泥浮浆、松动石子、软弱混凝土以及钢筋上油污、浮锈、旧浆等清除、冲刷干净，保持接槎湿润、不积水。

在浇筑前，垂直施工缝应刷一层水泥净浆，水平施工缝上铺一层厚 3cm 的与混凝土同强度等级的水泥砂浆。

混凝土拌合均匀，使混凝土中无干料，粗细骨料裹浆均匀；结构的边角部位加强振捣至模板边泛浆为止；在施工缝中预埋注浆管。

(4) 模板工程质量保证措施

① 模板在使用前必须把板面、板边粘结的水泥浆清除干净，对因拆除而损坏边肋的模板、翘曲弯形的模板进行平整、修复，保证接缝严密，板面平整。

② 模板设计与加工质量可靠，模板拼缝处要求严密，施工时用海绵条粘贴，防止拼缝漏浆。

③ 检查井模板安装时必须在测量放线、验线，高程报验之后进行。放线时要弹出中心

线、边线、支模控制线。

（5）给水排水管道施工质量保证措施

① 沟槽开挖质量控制：

在沟槽开挖前四周设置排水沟，防止地表水流入沟槽。

不在已开挖的沟槽边坡的影响范围内停放设备；不在沟槽边坡坡顶堆加过重荷载，在开挖过程中不在边坡顶部出土。

在沟槽开挖过程中注意观测，如发现沟槽有失稳先兆，立即停止施工，并采取有效措施提高施工边坡的稳定性，等符合安全要求后方可继续施工。

在基底标高以上 30cm 的土层，采用人工清底，严格控制标高，对局部超挖采用砾石、砂、碎石或混凝土填充。

沟槽开挖时，做好排水措施，防止槽底受水浸泡。

② 沟槽回填质量控制：

管道安装完毕并经检查验收合格，闭水试验合格，完成隐蔽工程验收后，进行回填工作。

为保证沟槽回填质量，需进行深化设计明确，拟采用级配砂砾回填，沟槽内中重型机械压实。局部采用水夯实，夯实的水需排除，在砖砌检查井上预留进水口，在水排干后，用砂浆将预留孔堵上。回填时两侧同时进行，以防管道位移。

沟槽回填顺序，应按沟槽排水方向由高向低进行。回填时两侧同时进行，高差不超过 30cm。

级配砂砾回填碎石粒径为 5～40mm，砾石砂最大粒径小于 60mm，沟槽砂砾回填至管顶标高 500mm 以上，各种沟槽施工分小区段，沟槽狭小无法采用重型机械压实，其余部分采用路基土回填，回填要求达到路基设计要求。夯实时控制含水量，回填砂砾时采用水密法夯实。沟槽回填每层虚铺厚度不超过 300mm。

③ 检查井的质量控制：

检查井基础质量控制。现浇基础的混凝土强度应符合要求，基础的几何尺寸和高程应符合设计要求。

流槽的质量控制。流槽的高度应为管径的一半，形状应为与主管半径相同的半圆弧。流槽应光滑平顺，槽底的高程不得高于上游管底高程。

盖板安装质量控制。盖板安放应根据道路横坡设定。安放预制钢筋混凝土盖板，应在墙顶部先铺厚 25mm 的 1：2 水泥砂浆；安放铸铁盖座应先铺厚度为 15mm 的 1：2 水泥砂浆，标高校正后，盖座四周用 C20 细石混凝土坞牢。

④ 闭水试验：

检验频率控制。对污水管道闭水检验采用抽查方式，其频率为每四段管道抽查一段；对雨水管道和雨污合流管道，原则上可不做闭水检验。

闭水试验水头控制。对公称直径小于 800mm，采用磅筒进行闭水试验的管段，试验水头为检验段上游管道内顶以上 2m 高度；对于公称直径大于 800mm 的，带检查井进行闭水试验的管段，试验水头应至检查井顶面标高。

正式泵水时，应仔细检查每个接口的渗漏情况，并督促施工单位做好记录。若泵水不合格，应进行处理重泵，直至泵水合格为止。

（6）沥青路面工程质量保证措施

① 严格材料的选用和混合料配比设计，集料拌合均匀；采用摊铺机摊铺，选用经试验确定的压实设备和遍数，以确保压实度和平整度；按规范要求养护，以确保强度。

② 平整度控制

基准钢丝及装置：采用"走钢丝"的基准控制方法，可以较好地控制平整度。下基层施工前，先要张拉好基准线（2～3mm 钢丝绳），然后设好各桩（直线段桩距 10m、弯道处 5m），根据测量的挂线高度确定各桩位钢丝的高度，测量不准、量线失误或拉力不够钢丝下挠等都会反映到摊铺路段上。

③ 压路机使用中应注意的问题：轮胎压路机使用时，应注意检查各个轮胎的新旧程度和轮胎压力，必须做到新旧一致、压力相等。否则轮胎软硬不一，在碾压过程中会形成轮迹。

④ 施工缝的处理：施工缝处理的好坏对平整度有一定的影响，往往连续摊铺路段平整度较好，而接缝处平整度较差。因此，接缝水平是制约平整度的重要因素之一。处理好接缝的关键是要舍得切除接头，用 3m 直尺检查端部平整度，以摊铺层面直尺脱离点为界限，以切割机切缝挖除。新铺接缝处采用斜向碾压法，适当结合人工找平，可消除接缝处的不平整，使前后两路段平顺衔接。

（7）人行道铺装工程质量保证措施

① 各层的坡度、厚度、标高和平整度等应符合设计规定。

② 各层的强度和密实性应符合设计要求，上下层结合应牢固。

③ 变形缝的宽度和位置、块材间缝隙的大小，以及填缝的质量等符合要求。

④ 不同类型的面层结合以及图案应正确。

⑤ 各层表面对水平面或对设计坡度的允许偏差，不应大于 30mm。供排除液体用的带有坡度的面层应作泼水试验，以能排除液体为合格。

⑥ 面层不应有裂纹、脱皮、麻面和直砂等现象。

⑦ 面层中块料行列（接缝）在 5cm 长度内直线度的允许偏差，应满足规范要求。

⑧ 各层厚度对设计厚度的偏差，在个别地方偏差不得大于该层厚度的 10%，在铺设时检查。

⑨ 各层的表面平整度，应用 2m 长的直尺检查，如为斜面，则应用水平尺和样尺检查。各层表面对平面的偏差，应满足规范要求。

（8）屋面工程质量保证措施

① 找平层质量控制：

基层与保护工程各分项工程每个检验批的抽检数量，应按屋面面积每 100m² 抽查一处，每处应为 10m²，且不得少于 3 处，由于本工程屋面工程为局部找平，因此检查区域按实际找平区域考虑。

② 卷材防水质量控制：

防水与密封工程各分项工程每个检验批的抽检数量，防水层应按屋面面积每 100m² 抽查一处，每处应为 10m²，且不得少于 3 处；接缝密封防水应按每 50m 抽查一处。

③ 成品保护：

在已抹好的找平层上，用于推胶轮车运输材料时，应铺设木脚手板，防止损坏找平层。

砂浆找平层滚压成活后，防止马上在其上走动或踩踏。

水落口、内排水口以及排气道等部位应采取临时保护措施，防止杂物进入堵塞。

找平层未达到要求铺贴卷材的强度时，不得进行下道工序。

施工中应认真保护已做完的防水层，防止各种施工机具及其他杂物碰坏防水层；施工人员不允许穿带钉子的鞋在卷材防水层上面行走。

防水附加层在防水卷材施工前应做好清洁，并不得被硬物损坏。

（9）泛光照明工程质量保证措施

① 各种灯具到场后，在外观验货合格的前提下，每种抽样 5～10 盏进行 24h 通电测试，无质量问题、无照度色温偏差的情况下，方可投入安装。

② 管线敷设完毕，每个回路、每个系统做通断测试，确保各工序质量。

③ 严格按照灯具试样原则进行通电试亮。

④ 施工过程中严格执行各项技术规程、规范，精心编制各项施工方案与技术交底并贯彻执行。

⑤ 施工中积极听取业主及监理工程师对工程质量的意见，并对质量管理及时进行调整，发现重大问题应及时以书面形式反馈给建设单位与设计单位，并以函件及核定单等形式予以补充或修改、解决。

⑥ 成立技术攻关组，针对工程关键技术难点，组织专题技术攻关，研究制定解决方法与措施。

⑦ 强化质量意识，严肃工艺纪律，严格按照图纸施工，认真贯彻施工组织设计、施工方案、技术交底及工艺标准等技术文件。

⑧ 组织执行工艺规范和施工方案的检查，奖优罚劣。

⑨ 专业质量检查员到岗到位，及时纠正、指导，及时发现问题。对重要部位、重要工序要进行全检。

⑩ 隐蔽工程在隐蔽前进行专门质量检查，未达到合格标准前不得进入下道工序施工。隐蔽工程检查由各专业工程师会同设计单位、建设（监理）单位共同按系统、部位、工序进行，验收合格后及时填写记录单并由参检人员签认。

灯具安装过程以隐蔽安装、防水处理为重点。灯体颜色以立面颜色为准，厂家进行整体喷涂。施工时优化安装位置，确保灯具隐蔽安装。铝板及石材打孔选用玻璃钻头，安装过程中避免对立面造成过多破坏。同时，洞口处进行防水胶处理，灯具安装固定时周边采用结构胶进行二次固定。

2. 既有建筑改造质量管理

1）质量风险识别与应对

（1）设计图纸部分

① 风险识别

改造工程多为已使用多年的工程，过程中或多或少存在拆改情况，工程实体与原竣工图纸存在出入，未知因素多，长期使用或承受突变荷载导致构件内部变化等情况，难以全面掌握。

对于一些建造年代较早、几经改造而资料又不完备的项目，加固改造图纸与现场实际情况出入会更大，未知因素更多。

设计单位改造结构计算仅按照原竣工图或测定图纸进行核算，存在较大风险。

同时，改造工程多边设计、边施工、边调整，部分图纸甚至未经过图审，图纸现场实施质量风险加大。

② 应对措施

工程改造前，按照合同约定，由建设单位或其他单位邀请有资质第三方进行结构检测或鉴定，当与抗震加固结合进行时，还应进行抗震能力鉴定；便于设计单位判定结构整体质量情况，同时协同设计单位共同对现场进行排查，确保设计参数取值与现场实际情况保持一致。

前期图纸可由资产单位提供，或由当地城建档案馆调取。图纸出图后，应结合现场实际情况，对图纸中实施难度较大或危险性较大部分与各参建方协商，寻求安全可靠的处理方式，降低施工难度及质量风险。

（2）原结构质量部分

① 风险识别

改造工程存在前期设计规范较现有规范要求低，施工过程中存在质量缺陷或与设计图纸不符情况，使用过程中存在结构损伤或存在拆改，此类情况在改造项目中均较为常见，但由于较为隐蔽，难以察觉。

② 应对措施

结合第三方结构检测或鉴定结果，对原有结构进行细致摸排，检查房屋的结构、装修、设备、非结构构件和建筑附属物的完损状况，确定房屋完损等级及图纸与现场一致性情况，若出现冲突，及时报各参建方协商处理措施，避免盲目动工后返工情况。

（3）人员部分

① 风险分析

改造工程属于专业性较强的工程，其本身改造原因即现有结构无法满足使用要求，通常工期较为紧张，且过程变更多，管理人员综合素质要求高，否则将难以实现项目质量管理要求，同时分包单位作业工人操作工艺细节把控要求高，否则风险极大。

② 应对措施

组建有力的项目管理团队，熟悉改造涉及工序及施工要点，合理进行界面划分，建立针对性的项目质量管理体系，做好质量管理分工。

所有施工内容均由具备相应资质的专业分包组织实施，特种作业人员必须持证上岗，熟悉相关工艺要求及操作要点。

（4）材料部分

① 风险分析

改造工程涉及较多不常用材料，如纤维和纤维复合材、结构加固用胶粘剂等，且此类材料按照生产工艺、材料组成等细分为较多种类，各自有各自使用范围，如承重结构加固工程纤维和纤维复合材，严禁采用预浸法生产的纤维织物；结构加固用胶粘剂严禁使用不饱和聚酯树脂和醇酸树脂，不合理使用材料将对工程造成极大的质量隐患。

② 应对措施

邀请资深专家对项目管理团队进行培训，熟悉和了解各类材料使用范围及细分品种区分方法。

加固材料、产品应进行进场验收，凡涉及安全、卫生、环境保护的材料和产品都需按照规范要求见证抽样送检，复检合格后方可投入使用。

（5）工艺部分

① 风险分析

改造工程涉及拆除、加固、新建等多项工作内容，专业要求高，原有结构本已无法满足新的使用需求，若因工艺问题导致质量缺陷甚至质量事故，相比新建结构，返工难度大，且对原有结构破坏性更大，甚至将导致不可逆转的重大损失。

② 应对措施

实行样板引路，所有工序施工前，先进行样板施工，结合样板施工中发现的问题，采取针对性措施进行改进及优化。

严格按照设计要求，选择合理工艺及工序组织施工。

（6）拆除部分

① 风险分析

拆除工程主要包括结构拆除、非结构构件拆除、建筑附属物拆除等。拆除方法主要包括人工破除、机械拆除、静力膨胀爆破、静力切割、开排孔工艺等；常用的主要工具包括：大锤、风镐、电锤、啄木鸟、碟式切割机、墙锯、绳锯、水钻、氧割等；为配合拆除，常用主要设备包括：叉车、铲车、挖掘机、汽车式起重机、卷扬机、捯链等。结构拆除过程中可能对保留结构造成扰动、损伤，甚至破坏。

② 应对措施

结合场地实际情况及图纸设计要求合理选择拆除方式。

与需保留结构邻近区域拆除尽量选用无损切割或对结构扰动较小的机具及方法。结构拆除常借助叉车、吊车、铲车等转运拆除结构，拆除前需根据机具荷载及场地情况判定是否搭设反顶架体；为避免切割过程中，梁板一端切断后，另一锚固端形成悬挑端，另一端柱或梁承受荷载突变，对结构产生不利影响，拆除结构底部提前采取反顶措施。

拆除过程中随时对主体结构进行观察及观测。

2）成品保护

（1）工程成品保护的一般方法，如表 6-25 所示。

工程成品保护一般方法一览表 表 6-25

成品保护措施	
保护	保护就是提前保护，以防止成品可能发生的损伤和污染
包裹	工程成品包裹保护主要是防止成品被损坏或污染。如浇筑楼板混凝土前，对钢柱脚部以上 0.5m 范围采用薄膜保护；楼梯扶手易污染变色，油漆前应裹纸保护；电气开关、插座、灯具等也要包裹，防止施工过程中被污染
	采购物资的包装控制主要是防止物资在搬运、贮存至交付过程中受影响而导致质量下降
	在竣工交付时才能拆除的包装，施工过程中应对物资的包装予以保护
覆盖	对楼地面成品、管道口主要采取覆盖措施，以防止成品损伤、堵塞
封闭	对于楼地面工程，施工后可在周边或楼梯口暂时封闭，待达到上人强度并采取保护措施后再开放；室内墙面、顶棚、地面等房间内的装饰工程完成后，均应立即锁门以进行保护
巡逻看护	对已完产品将实行全天候的巡逻看护，并实行"标色"管理，按重点、危险、已完工、一般等划分为若干区域，规定进入各个区域施工人员必须佩戴统一颁发的贴上不同颜色标记的胸卡，防止无关人员进入重点、危险区域和不法分子偷盗、破坏行为，确保工程产品的安全
搬运	物资的采购、使用单位应对其搬运的物资进行保护，保证物资在搬运过程中不被损坏，并正确保护产品的标识
	对容易损坏、易燃、易爆、易变质和有毒的物资，以及建设单位有特殊要求的物资，物资的采购、使用单位负责人应指派人员制定专门的搬运措施，并明确搬运人员的职责
贮存	现场内的库房及材料堆场由使用单位负责管理。物资的贮存应按不同物资的性能特点分别对待，符合规范要求。物资的采购或使用单位应对其搬运的物资进行保护，保护物资在搬运过程中不被损坏，并正确保护产品的标志。对容易损坏、易燃、易爆、易变质和有毒的物质，以及建设单位有特殊要求的物资，物资的采购和使用单位应指派人员指定专门的搬运措施，并明确搬运人员的职责

（2）主要施工项目成品保护措施，如表 6-26 所示。

主要施工项目成品保护措施一览表 表 6-26

工作内容	成品保护措施	
测量定位	定位桩采取桩周围浇筑混凝土固定,搭设保护架,悬挂明显标志以提示,水准引测点尽量引测到永久建筑物或围墙上,标识明显,不准堆放材料遮挡	
钢筋工程	在浇筑梁板混凝土前用特制的钢筋套管或塑料布将钢筋保护好,高度不得小于 500mm,以防止墙柱钢筋被污染。如有个别污染应及时清理混凝土浆,保证钢筋表面清洁。 结构柱、剪力墙钢筋绑扎完成后,放置专用定位框对主筋位置进行定位保护,防止钢筋偏位	
	混凝土浇筑时,不得随意踩踏、搬动、攀爬及割断钢筋,钢筋有踩弯、移位或脱扣时,及时调整、补好。楼板混凝土浇筑时的主要通道设铁马凳	
模板及混凝土工程	工作面已安装完毕的墙、柱模板,不准在吊运其他模板时碰撞,不准在预拼装模板就位前作为临时倚靠,以防止模板变形或产生垂直偏差。已安装完毕的平面模板,不可做临时堆料和作业平台,以保证支架的稳定,防止平面模板标高和平整度产生偏差。 施工时要保证模板表面层清洁,满刷隔离剂以防止粘结。 混凝土结构浇筑、拆模后应立即用塑料薄膜覆盖、裹严,开展混凝土养护工作	
	楼梯、剪力墙棱角用胶合板或 PVC 板做护角保护,并设置明显提示提醒标识	
装饰吊顶	吊顶轻钢骨架的吊杆、龙骨不准固定在通风管道及其他设备上	
	防止材料受潮生锈变形,罩面板安装必须在吊顶内管道、试水、保温等一切工序全部验收后进行	
饰面工程	贴面砖时要及时清擦残留在门框上的砂浆,特别是铝合金门窗,塑料门窗宜粘贴保护膜,预防污染、锈蚀,施工人员应加以保护,不得碰坏	
精装饰工序成品保护	对已装饰完毕的柱面、地面面层,采用塑料薄膜和柔性材料进行覆盖保护,以防表面被划伤	对于栏杆扶手的保护,在施工完毕时,采用柔性材料进行绑扎保护,以防其表面划伤
	油漆粉刷时不得将油漆喷滴在已完的饰面层上,先施工面层时,完工后必须采取措施,防止污染	施工完的墙面,用木板(条)或小方木将口、角等处保护好,防止碰撞造成损坏
楼地面工程	地面石材或地砖在养护过程中,应进行遮盖、拦挡和湿润,不应少于 7d。后续工程在石材或地砖面层上施工时,先将其表面清扫干净,再用软垫及夹板进行覆盖保护	
	不得在完成面上直接拖拉物体,应将物体抬离地面进行移动。完成面上使用的人字梯四角设置橡皮垫	
电气安装工程	配电箱、柜、插接式母线槽和电缆桥架等有烤漆或喷塑面层的电气设备安装应在土建抹灰工程完成之后进行,其安装完成后采取塑料膜包裹或彩条布覆盖保护措施,防止受到污染	电气安装施工时,严禁对土建结构造成破坏,对粗装修面上的变动应先征得土建技术人员的同意,在装修已完成的区域进行电气安装施工时,必须采取有效措施防止地面、墙面、吊顶、门窗等部位可能受到的损坏和污染
	电缆敷设应在土建吊顶工程开始前进行,防止电缆施工对吊顶、装饰面层破坏	
	灯具、开关、插座等器具应在土建吊顶、油漆、粉刷工程完成后进行,可防止因吊顶、油漆、粉刷工程施工受到损坏和污染	
	对于变配电设备、仪器仪表、成盘电缆等重要物资在进场后交工验收前应设专人看护,防止丢失和损坏	
	配电柜安装好后,应将门窗关好、锁好,以防止设备损坏及丢失	

工作内容	成品保护措施	
通风空调工程	施工完成的风口等部位及时用塑料薄膜进行包裹	空调设备要用包装箱包起来，加强保护，防止损坏、污染
	安装完的风管要保证风管表面光滑洁净，室外风管应有防雨措施	
	暂停施工的系统风管，应将风管开口处封闭，防止杂物进入	
	风管伸入结构风道时，其末端应安装上钢板网，以防止系统运行时杂物进入金属风管内。金属风管与结构风道缝隙应封堵严密	
	交叉作业较多的场地，严禁以安装完的风管作为支、托架，不允许将其他支吊架焊在或挂在风管法兰和风管支、吊架上	
	镀锌钢丝、玻璃丝布、保温钉及保温胶等材料应放在库房内保管。保温用料应合理使用，尽量节约用材，收工时未用尽的材料应及时带回保管或堆放在不影响施工的地方，防止丢失和损坏	
管道工程	管道安装完成后用彩条布或塑料薄膜及时包裹保护，已完成的工序成品部位设置"保护成品，请勿乱动"的标识牌	
	安装好的管道以及支托架卡架不得作为其他用途的受力点	
	洁具在安装和搬运时要防止磕碰，装稳后，洁具排水口应用防护用品堵好，镀铬零件用纸包好，以免堵塞或损坏	
	管道安装完成后，应将所有管路封闭严密，防止杂物进入，造成管道堵塞。各部位的仪表等均应加强管理，防止丢失和损坏	
	报警阀配件、消火栓箱内附件、各部位仪表等均应重点保管，防止丢失和损坏	

3. 废弃矿山修复质量管理

1）质量控制标准

（1）矿区整形工程质量控制标准

① 平台开挖质量控制

渣土开挖到标高符合设计要求，无超挖、欠挖等质量缺陷，标高测量精确范围符合设计、规范规定要求，正负偏差在规范规定要求允许范围内。

② 平台整形回填质量控制

a. 严格按照设计、规范规定要求进行分层回填，回填厚度不超过规范规定要求范围，如表 6-27 所示。

填土施工分层厚度及压实遍数　　　　　　　　　　　　　　　表 6-27

压实机具	分层厚度	每层压实遍数
平碾	250~300mm	6~8
振动压路机	250~350mm	3~4
柴油打夯机	200~250mm	3~4
人工打夯	<200mm	3~4

b. 渣石粒径最大不超过回填厚度的 2/3（当使用振动式压路机进行碾压时最大渣石、碎石粒径不超过回填分层厚度的 3/4），铺填无大粒径渣石、碎石集中，不在分层接槎处或与原始山体连接处回填。

c. 回填后进行洒水、压实，无积水存留或洒水不均匀、漏洒等质量缺陷。

d. 机械回填质量验收检查标准及偏差标准如表 6-28 所示。

回填质量验收偏差标准表　　　　　　　　　表 6-28

序号	项目	允许偏差（mm）	检查方法
1	标高	±50（机械）	水准仪
2	分层压实系数	设计要求	规定检查设备
3	回填土料	50（机械）	2m 靠尺
4	分层厚度及含水量	设计要求	观察或土样分析
5	表面平整度	30	用塞尺或水准仪

（2）矿区土壤重建及绿化质量控制标准

具体如表 6-29 所示。

矿区土壤重建及绿化质量控制标准表　　　　　　表 6-29

序号	控制项	内容
1	土壤	种植土质量符合以下质量要求： 1）拌合比例不超过或低于设计标准及规定要求。 2）无拌合不均匀或局部漏拌合、未拌合。 3）种植土最大粒径不超过设计及规定要求。 4）无不符合种植土壤要求的杂质夹杂或清理不干净。 5）无夹杂，20cm 以上粒径渣石、碎石
2	种植土工布	1）透水土工布覆盖完整，无破损、漏铺等质量缺陷。 2）覆盖后洒水良好，无漏洒、超洒、欠洒等质量缺陷
3	播种	1）植物种子检验合格，符合设计、规范规定要求。 2）种子储存区干燥、通风湿度不超过规范规定要求。 3）播种及时，无播种洒水延迟或洒水过度等质量缺陷
4	施肥养护	1）施肥量每 $667m^2$ 用肥 $8\sim12kg$ 为宜，即 $15\sim18g/m^2$，施肥次数根据草坪种类不同要求有差别。 2）草坪每年施肥次数达 $7\sim8$ 次。施肥集中时间在 $4\sim10$ 月间。 3）草坪施肥要均匀。为此可将肥料分半从两个方向施入。 4）施肥后要及时浇水，使肥料充分溶解促进根系对养分的吸收。 5）高温干旱季节每 $5\sim7$ 天早晚各浇 1 次透水，湿润根部达 $0\sim15cm$，草面沙层厚度不要超过 0.5cm

（3）配套节水灌溉系统质量控制标准

管沟开挖质量控制如表 6-30 所示。

管沟沟槽验收标准　　　　　　　　　　　　　表 6-30

序号	检查项目	允许偏差（mm）	检验数量		检验方法
			范围（m）	点数	
1	槽底高程	±20	20	1	水准仪
2	中心线每侧槽底宽度	按规范	20	1	挂中心线尺量
3	沟槽边坡	按规范	20	1	线坠、尺量

（4）灌溉管道铺设质量控制偏差标准

具体如表 6-31 所示。

管道铺设的允许偏差　　　　　　　　　　　　表 6-31

序号	检查项目		允许偏差（mm）	检验数量		检验方法
				范围	点数	
1	水平轴线		无压力管道	15			经纬仪测量或挂
			压力管道	30			中线用钢尺量测
2	管底高程	$D_i \leqslant 1000$	无压管道	±10	每节管	1 点	水准仪测量
			压力管道	±30			
		$D_i > 1000$	无压管道	±15			
			压力管道	±30			
3	立管垂直度		3mm/m 且≤8mm	每节管	1 点	挂线垂直度检查

（5）灌溉节水质量重点控制

具体如表 6-32 所示。

灌溉节水质量控制　　　　　　　　　　　　表 6-32

序号	控制项	内容
1	PE 管热熔连接	1）管材断料应按实测管道长度进行。断料工具宜采用专用管剪和割刀，$dn \geqslant 40mm$ 的管材宜采用机械断料。断料后管材断面应平整光滑、无毛刺，断面应垂直管轴线。 2）在热熔对接连接工具上，应校直对应的待连接件，使其在同一轴线上，错边不宜大于壁厚的 10%。 3）应用热熔对接工具上的铣刀铣削连接的断面，使其与管道轴线垂直，并应保证待连接面能吻合。 4）用热熔对接工具加热待连接的断面，加热时间、加热板温度（200～220℃）应满足管材焊接要求。管材壁厚薄的应采用上限温度，管材壁厚厚的应采用下限温度。 5）热熔对接焊连接≥110mm，壁厚>10mm，热熔承插焊连接<110mm。 6）为防止冻坏 PE 管道，严禁在不使用期间有存水现象。连接完毕确认无误后应及时下沟，防止人为损坏。 7）测试接地装置的接地电阻值必须符合设计要求。 8）接地装置的焊接应采用搭接焊，搭接长度应符合下列规定：扁钢与扁钢搭接为扁钢宽度的 2 倍，不少于三面施焊。圆钢与扁钢搭接为圆钢直径的 6 倍，双面施焊。除埋设在混凝土中的焊接接头外，应有防腐措施

序号	控制项	内容
2	螺旋焊接钢管	1）对口时钢管的纵向焊缝放在中心垂线上半圆的 45°左右。 2）两钢管的纵向焊缝应错开，错开间距不小于 300mm，环向焊缝支架净距不小于 10cm。 3）管道任何位置不得有十字形焊缝。 4）直管段上不宜采用长度小于 800mm 短节拼接。 5）钢管安装轴线允许偏差为 30mm，标高允许偏差为 ±20mm，若有超差及时调整，合格后进行点固焊。 6）钢管组对完毕检查合格后进行定位点焊，点固焊的焊缝长度为 50～100mm（长短根据口径大小），间距不大于 400mm
3	管道水压试验	1）试水压力为管道系统的首部设计工作压力的 1.5 倍，升压应缓慢，达到试验压力后加压泵停止工作，保压时间 10min，要求 10min 之内管道中压力下降不应超过 0.05MPa，无泄漏、无变形。 2）地处管道试压用水取水点为管网水源地取水，坡面及山顶管道采用水车运水。 3）管道试压验收合格，泄水时需有组织泄水，严禁随意泄水，尤其坡面管网要避免冲刷坡面
4	沟槽回填	1）槽内无积水造成管道漂浮。 2）对石方、土石混合地段的管槽回填时，应先装运黏土或砂土回填至管顶 200～300mm，夯实后再回填其他杂土。 3）回填必须从管两侧同时回填，回填一层夯实一层。 4）管道试压前，一般情况下回填土不宜少于 500mm。 5）管道基础、管侧及管顶以上 500mm 内的沟槽回填土，必须采用人工分层回填并压实；特别是在管顶以上 500mm 范围内不得用重型夯实。 6）沟槽应分层对称回填、夯实，夯实中，应夯夯相连，不得漏夯。人工夯实每层回填厚度不应大于 20mm，机械夯实每层回填不应大于 300mm。在管顶以上 500mm 范围内不宜采用夯实，应采用人工夯打或轻型机械压实，严禁压实机具直接作用在管道上

2）质量保证措施

（1）整形工程质量保证措施，如表 6-33 所示。

整形工程质量保证措施 表 6-33

原则	依据设计图纸要求，完成整形施工，确保整形完成面与图纸设计相一致
重点保证措施	1）确保定位放线准确性，整形完成面与设计图纸一致。 2）确保整形施工压实度要求
质量控制	1）详细阅读设计图纸，确定施工图纸定位坐标。 2）对现场控制点进行校核，依据图纸对施工区域进行放线。 3）土方回填采用分层回填，将大粒径岩石进行剥离、破碎，并进行分层碾压，确保压实度达到设计压实度要求。 4）施工过程对压实度进行检查

（2）节水灌溉系统施工质量保证措施，如表 6-34 所示。

节水灌溉系统施工质量保证措施 表 6-34

原则	按照设计图纸要求进行灌溉系统施工
重点保证措施	1）加强图纸会审及施工组织设计审查，选择有施工资质和施工经验的施工单位施工。 2）加强中间验收和竣工验收中的质量控制
质量控制	1）图纸与方案的审查。审核图纸的合理性、科学性，进行设计交底和施工图合审，审查施工组织设计与施工方案，未经批准的施工工艺不能采用。 2）加强材料设备的检查与验收，严把材料设备质量关。 3）审查施工准备工作。确保施工前人力、材料、机械设备、水电供应准备充分。 4）采取旁站、巡视、跟踪、抽样等方式对施工过程进行检查与监督。对不符合设计要求的施工质量等及时提出修正或返工。 5）对工程中材料性能、安装质量等进行必要的检测与试验，并将其结果与设计值对比。 6）加强中间验收与隐蔽工程验收。前道工序未经验收，后道工序不准进行，隐蔽工程必须验收并做详细记录

（3）环境实时监控施工质量保证措施，如表 6-35 所示。

环境实时监控施工质量保证措施 表 6-35

原则	按照施工方案进行施工，保证质量，对监测系统进行系统调试，保证监测系统正常运行
重点保证措施	1）与专业分包合作，建立成熟的环境实时监控系统。 2）加强中间验收，施工完成后请专业人员进行调试
质量控制	1）各监测站定期进行监测数据自查，监测的内容不能漏缺。 2）严格按规定的时间去现场监测，不能提前或拖后。 3）建立实际监测人和校核人签字制度。 4）上报的监测数据要经监测总站的审核并盖章。 5）定期检查数据库数据的完整性，对异常数据通过电话核实

（4）边坡除险加固施工质量保证措施，如表 6-36 所示。

边坡除险加固施工质量保证措施 表 6-36

原则	按照专业支护公司出具的设计图纸进行施工，保证施工质量，对施工过程全面监控，保证除险加固施工达到设计要求
重点保证措施	1）土钉成孔定位精度及深度符合设计要求。 2）混凝土养护及时，保证混凝土强度要求
质量控制	1）修坡应平整，在坡面喷射混凝土支护前，应清除坡面虚土。 2）土钉定位间距允许偏差控制在±150mm 范围。 3）成孔深度偏差控制在−50～200mm，成孔直径偏差控制在−5～20mm 范围。成孔倾角偏差一般情况不大于 3°。 4）喷射细石混凝土时，喷头与受喷面距离宜为 0.6～1.2m，自下而上垂直坡面喷射，一次喷射厚度不宜小于 40mm。钢筋网保护层厚度不宜小于 20mm

（5）生态植被恢复施工质量保证措施，如表 6-37 所示。

生态植被恢复施工质量保证措施　　　　　　　　表 6-37

原则	按设计图纸要求种植植被，保证植被成活率
重点保证措施	1）确保植被运输及种植过程中不受损伤，保证种子活性。 2）施工过程中，减少对植被扰动，保证植被成活率
质量控制	1）植物运输过程，保证植物不受损伤，确保种子活性。 2）植被种植期间，减少对已完成种植植物的扰动，保证植被成活率。 3）在种植初期，由于植物尚处于生长初期的适应和缓苗阶段，因此需要一定时期的养护，然后逐渐进入免养护的自然发展阶段。养护内容包括盖遮阳网、揭遮阳网、浇水、追肥、病虫害防治、苗木支护和补植等。其中浇水、追肥和病虫害防治是养护的关键，特别是种植出苗后的养护

6.8.4　物资管理

1. 物资供应方式及管控重点

城市更新工程项目涉及立面、平面施工，范围广、体量大，改造过程中物资供应量庞大，确保物资供应及时和品质符合要求是物资管控的重点。如何选用恰当的供应方式，需要结合合同模式、资源实力、资金方式、效益率等方面进行综合考虑，如表 6-38 所示。

物资供应方式及管控重点　　　　　　　　表 6-38

序号	专业名称	材料名称	供应方式	管控重点
1	立面施工	主材型钢	分包供应	主要管控型材检测报告，规格、尺寸是否符合设计要求，插芯尺寸必须符合设计规范
2		天然花岗石	分包供应	质量管控。包括颜色、厚度、尺寸、防水性（一般要求六面防水）及检测报告等原始资料。 成本管控。石材归属为天然花岗石，分为进口石材和国产石材，通过商务策划，可采用进口石材，产地来自印度、英国等地，但是必须准备进场石材的海关通关资料。 保供措施。与分包签订责任状；派专门驻场了解生产情况；每日统计进场数量，对未进场材料进行通报、处罚
3		铝板	分包供应	质量管控。着重对铝板厚度、颜色、撒点的密集程度进行验收，防止质量不合格及施工后效果与封样样品产生区别。 成本管控。通过策划铝板规格型号，比如铝单板、仿石材、铝锰硅、铝锰合金等，结合财审等情况，优化设计。 保供措施。与分包签订责任状；派专门驻场了解生产情况，每日统计进场数量，对未进场材料进行通报、处罚
4		真石漆	分包供应	重点是品牌，每栋楼必须采用同一批次出厂真石漆，避免色差明显
5		EPS 线条	分包供应	按封样样品进行验收
6		铝合金门窗	分包供应	明确断桥隔热铝、普通铝合金、Low-E 中空玻璃等

续表

序号	专业名称	材料名称	供应方式	管控重点
7	泛光照明	灯具	分包供应	品牌确认,防止小作坊贴牌,灯具、控制系统品牌严格把控,进场前需要做灯光模拟
8	人行道铺装	人行道铺装石材	建议总包供应	人行道铺装石材一般采取总包提供,重点管控石材品质和损耗
9		隐形井盖	总包供应	隐形井盖一般采取总包供应,注意隐形井盖标准分为轻型、重型等,对荷载有不同要求。在招标时注意这些井盖荷载要考虑适当调大,防止后期人行道隐形井盖上车压坏,导致重新更换
10	道路施工	沥青混凝土	分包供应	沥青混凝土为分包材料,但是在施工过程中使用量较大,施工过程中保证材料连续供应是道路沥青摊铺的重要前提。 质量把控。与分包人员共同对搅拌站进行考察,抽查相关数据,确保沥青混凝土质量。 现场用量确认。根据合同付款方式为平方米结算,过程要严格控制摊铺厚度及摊铺区域
11	城市家具	城市家具材料	分包供应	重点是实体封样,严格按照样品加工排产
12	绿化	苗木、花草	分包供应	考虑气候、区域差异性,做好季节养护移栽、养护措施。 大型珍贵苗木必须由参建各方去苗场现场选定
13	措施材料	料具(钢管、扣件、跳板等)	总包供应	重点把控钢管质量,做好材料进出厂验收管理,过程防盗、防丢失
14		安全网	总包供应	安全网网孔密度、材质、阻燃性能必须满足公司要求
15		钢筋网片	总包供应	调拨旧网片优先,使用完毕后及时清理进行调拨处理
16		模板	总包供应	因城市街道更新项目安全通道量巨大,钢跳板供不应求,部分采用钢跳板+模板铺设,模板为15mm厚度,在施工完成后及时归集调拨处理,防止现场随意切割

2. 封样过程管控

样品封样主要流程为以下几步:

(1)根据图纸确认材料材质及颜色效果,对于天然的石材,项目部组织建设方、监理方及设计方进行市场考察(图6-39),对各类石材进行效果对比,大致确认材料封样的范围,再由厂家进行类似效果石材的送样;对于色彩可加工的铝板等物资,根据各种颜色的RGB值进行调制样品,调制过程中要求颜色分为浅、中、深三类,随后组织厂家进行送样。

(2)项目部组织建设方、监理方及设计方共同对各种样品的色彩组合效果进行对比(图6-40),寻找效果最佳的组合,将最佳的组合样品确认为最终封存的样品。

(3)建设方、监理方、设计方及施工方共同对样品进行签字确认(表6-39)。样品送入封样室集中管理。

图 6-39　组织参建四方进行市场考察

图 6-40　材料集中选样封样

（项目名称）（样品名称）样品确认单　　　　　　　　　　　　表 6-39

确认内容	（包括使用楼栋、材料颜色名称）		
使用说明	（确认封样只确认颜色其余尺寸大小等根据图纸实际确定）		
建设单位： （时间）	设计单位： （时间）	监理单位： （时间）	施工单位： （时间）

　　封样根据材料使用量可分为立面石材、铝板、人行道铺装石材、真石漆及其余材料，各项材料在组织市场考察、材料送样及封样过程中有些许差异。

　　（1）天然的石材存在花纹效果不一致的情况，如西施红的石材，花纹存在大花纹和小花纹的区别，因此，封样的过程中就需要考虑其花纹的差异，减少使用过程中存在的偏差。

　　（2）铝板主要是仿石材的，其封样需要考虑石材颜色的多样性，封样时需先根据图纸效果来确认样品的配色方法。撒点式仿石材铝板采用的是四色配色方法，包括铝板底色及 3 种配色，铝板底色主要采用浅咖啡色、咖啡色、驼色、灰白色、灰色 5 种主色调，每种主色依据楼体的效果采用 2 种底色，具体色彩依据 RGB 值确定，三种配色采用一种浅色、一种深色、一种补色，色彩宜选用复合色，避免纯色，如表 6-40 所示。

四色配色法　　　　　　　　　　　　　　　　　　　　　　表 6-40

浅咖啡 仿石材铝板	主色 RGB 值 210　180　170	主色 RGB 值 210　190　165
咖啡色 仿石材铝板	主色 RGB 值 115　90　80	主色 RGB 值 150　120　100
驼色 仿石材铝板	主色 RGB 值 245　220　190	主色 RGB 值 230　210　195
灰白色 仿石材铝板	主色 RGB 值 230　230　230	主色 RGB 值 250　240　230
灰色 仿石材铝板	主色 RGB 值 190　190　190	主色 RGB 值 170　170　170

　　（3）人行道铺装石材根据效果图确认石材材质、尺寸及表面处理工艺（火烧、水洗等）。封样过程中不仅需要根据效果选择梦幻白麻、芝麻黑、芝麻灰及中国黑等不同颜色材料进行

穿插，还需对石材的大小进行调整来确认效果。实际封样过程中需要先做一个标准单元，四方对综合效果进行调整，确认最佳的色彩及大小的组合方式，从而确认样品。

（4）真石漆封样时由设计院选定真石漆面材及中涂的色卡，在现场楼栋实体上进行样板喷涂，喷涂出颜色浅、中、深三个效果，四方现场对实体样板进行选择，根据现场确认的样品进行真石漆样品的制作，最后进行样品封样会签。

（5）其余材料封样主要根据图纸确认所需材质及参数，进行多样式和不同风格的样品比选，四方共同对样品样式和风格进行确认并签字，颜色一般是选取之前确认的楼栋石材铝板样品的颜色。

3. 封样管理重点

（1）样品选择的多样性。封样样品除了考虑到图纸要求材料材质和色彩效果外，在具体材料的选择上要考虑到施工的可操作性、材料库存量、材料的生产效率、项目效益等，如辊涂板的生产周期远超撒点板，200mm×200mm的人行道石材施工工效高于100mm×100mm的马蹄石。

（2）样品颜色的多样性。效果图只能提供颜色范围，不能具体量化，导致样品的选择性多。不同的材料组合在一起形成的效果差异较大，如咖啡色的石材与仿石材的铝板组合时，赤珍珠比西施红的效果更佳。而由于石材和铝板来源不同，造成了封样难度的增加。

（3）材料工艺的多样性。材料的生产制造工艺不同对材料的影响很大，如铝板的辊涂与撒点两种施工工艺会使材料的成形效果有较大的区别，撒点为人工撒点，点的密集大小程度受人为因素影响，辊涂更多的是设备控制。样品选定的时候就需要对材料进行严格的加工工艺限定。

（4）材料造型的多样性。不同的楼栋材料的颜色不一致，不同的材料的造型不一致，如空调罩、晾衣架、防盗窗等。材料样品需要考虑的不仅仅是颜色，还需要把文化元素、功能需求等统筹考虑。

（5）封样方式的多样性。不同的材料需要采取不同的封样方式，石材铝板等采取的是实物封样，真石漆采取的是样板＋样品的封样形式，晾衣架、防盗窗等可以采取图册参数封样。

（6）材料验收的多样性。材料样品是材料进场验收的标准参照物，材料在生产过程中驻厂人员需要根据样品进行初步的检查，进场时先由施工单位预检，再通知进行四方验收，多重验收确保材料效果的一致性。

4. 拆卸废弃物处理

1）拆卸废弃物的处理

城市更新工程施工中拆除违建、剥离既有建筑构建的装饰层、剔凿原结构至露出致密基层或拆除某些改造部位（件），都会产生大量的建筑垃圾，因此应做好拆除废弃物的处理。

优化施工方案，积极采取措施，尽量减少拆除工作量及施工固体废弃物的产生。

建筑物内施工垃圾的清运应采用密闭容器运输，严禁凌空抛洒，当多层高层建筑采用垂直垃圾道运输垃圾时，应检查并保持垃圾通道禁闭完好，避免扬尘。

施工现场易飞扬，细颗粒散装材料，应紧闭存放。施工垃圾应及时清运并实量洒水，防止对大气污染。材料运输时要防止遗撒、飞扬，卸运时采取码放措施，减少污染。

施工现场应设置封闭垃圾站，施工垃圾、生活垃圾应分类存放，拆除工程中产生的大量固体废旧物资应及时整理或回收，并按规定及时清运消纳。

2）加固废弃物的处理

对于有使用时限要求的加固材料，应根据作业条件合理配置，物尽其用，减少废弃物的产生。

剩余的灌浆材料，废弃的油料和化学溶剂，施工中产生的固体废弃物应集中处理，严禁随意倾倒，严禁排入污水管线，防止造成水土污染。

施工现场严禁焚烧各类废弃物。

6.8.5　信息与沟通管理

1. 信息与沟通管理概述

1）沟通的目的

明确项目相关方（包含业主、监理、总承包单位、政府单位）间的需求，规范各方的沟通形式及沟通流程。项目应与相关方充分沟通，并编制《项目信息与沟通管理计划》。

2）沟通的形式

沟通的形式包括：函件、会议、报告及其他口头、书面或电子邮件形式，如图 6-41 所示。

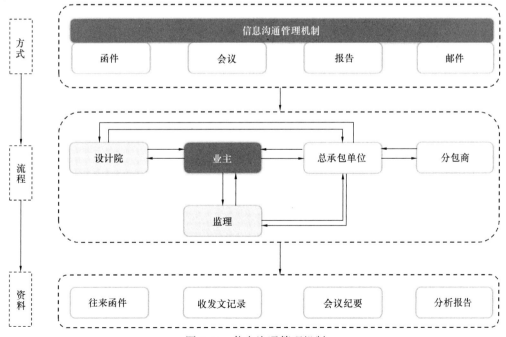

图 6-41　信息沟通管理机制

2. 函件管理

总承包来往函件主要包括业主来往函件、监理来往函件、分包来往函件以及商务函件，如图 6-42 所示。

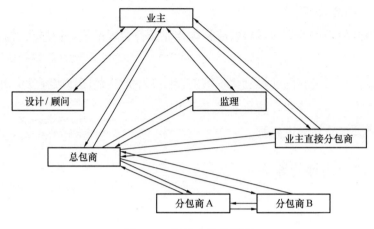

图 6-42　函件来往关联图

1）文件信息管理原则

文件信息管理是管理制度中的重要一环，信息处理工作的规范化、制度化、科学化，将大大提高信息处理的效率和质量。同时，科学有效的信息处理系统也将能够很好地保障信息在管理运作过程中的顺畅与安全。

各分包单位需要总包方解决问题时，应以工作来往函件的形式发函至总包方，经总包方针对函件内容进行判断后，总包方能协调解决的由总包方为分包解决相关问题，总包商不能解决的需发函告知业主协助解决。函件由事件牵头部门组织起草，经相关部门审核同意后，上报总包方项目经理审批签字，并盖总包项目部公章，最后由总包方报送业主。

业主、监理、分包商来函后，由项目综合管理部门根据函件内容确立牵头部门，通过协同办公平台（OA）将函件发至牵头部门负责人，由牵头部门负责人负责函件传阅，函件传阅完毕后由综合管理部门归档，牵头部门负责落实工作并回函，如图 6-43、图 6-44 所示。

2）文件信息管理要求

文件信息管理要求为：安全、准确、顺畅、高效。

所谓安全，指信息传播的安全。通过一系列软、硬件措施及严格的规程、制度等，保证信息发送、流通、接收各个环节安全。所谓准确，即信息发送、传递、接收，各个环节交接准确，通过一定的核查程序避免信息误发误传，造成不良影响。所谓顺畅，指信息传播顺畅，信息更新及时到位。所谓高效，指信息的发送、传递、接收简捷有效，运转稳定。

3）函件签发权限

（1）涉及工程造价、签证索赔、工期调整等内容均须总承包项目部项目经理签发。

（2）涉及二、三级计划（季度、月度、周施工进度计划、周报）的函件由项目生产负责

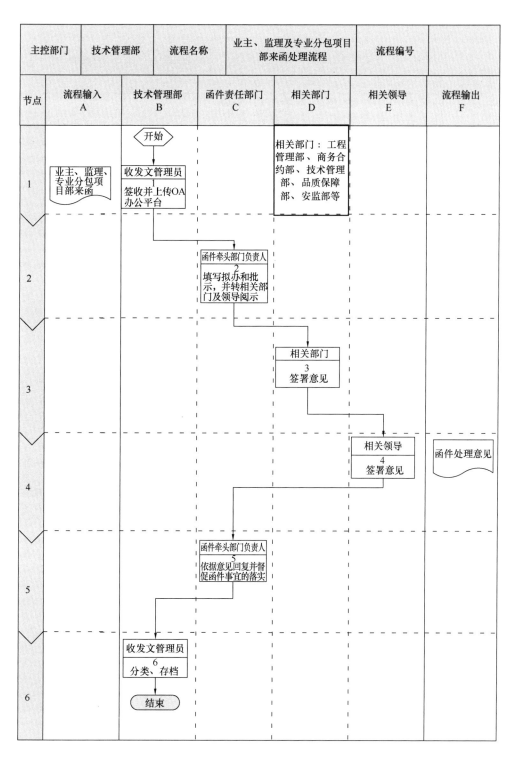

图 6-43　来函处理流程

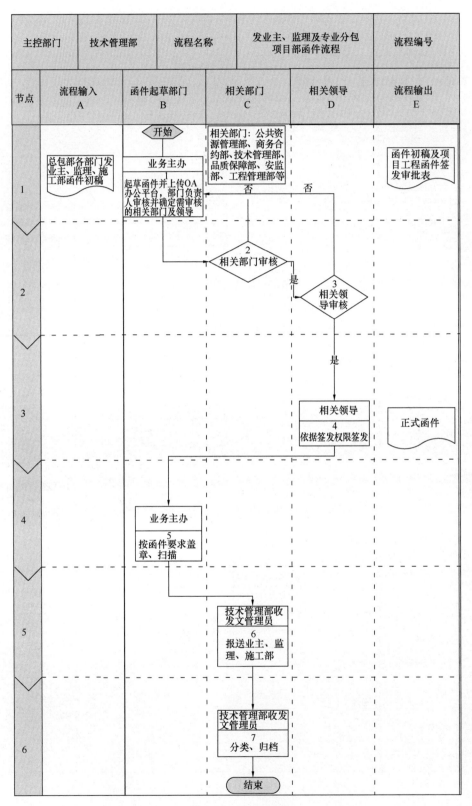

图 6-44　发函流程

人签发；一级计划（总进度计划、年度计划、节点计划）在经过项目经理参加的评审通过后，可由生产负责人签发。

（3）涉及技术要求、工艺参数、图纸需求、图纸问题、方案（施工组织）报审的可由技术负责人或生产负责人签发；涉及质量的可由质量负责人签发，涉及安全的可由安全负责人签发。

3. 会议管理

项目会议类型主要分为业主例会、监理例会、项目例会、周例会、生产例会、计划协调会及其他会议。

主要管理活动分为会前管理、会中管理、会后管理，如图 6-45 所示。

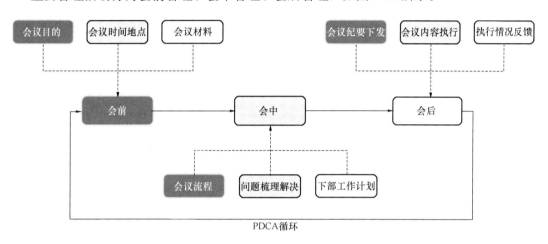

图 6-45　会议管理流程图

建立定期例会制度，保证各类信息的及时有效传递和沟通，促进各项计划的落实及各工序交叉冲突时能得到及时有效的协调。定期例会制度如表 6-41 所示。

定期例会制度表

表 6-41

序号	会议主题	召开日期	参加单位	协调解决问题范围
1	技术协调会	每周一上午 8：30	总承包商、分包商	解决施工方案、工序衔接顺序等事宜
2	总承包施工协调会	每周一下午 14：00	总承包商、各分包商	解决工序交接、进度、质量、安全等事宜
3	业主工程协调会	每周二下午 14：00	业主、监理、设计单位、顾问单位、总承包商、分包商	施工过程的进度、质量、安全等事宜
4	安全专题会	每周三下午 14：00	总承包商、分包商	解决安全教育、安全防护、安全检查等事宜
5	质量专题会	每周四下午 14：00	总承包商、分包商	解决过程验收、质量控制事宜

续表

序号	会议主题	召开日期	参加单位	协调解决问题范围
6	监理例会	每周五上午 8：30	监理单位、总承包商、分包商	解决进度控制、质量控制、费用控制、合同管理、信息管理及安全管理等事宜
7	设计协调会	每周五下午 14：00	业主设计管理部门、设计、监理、总承包商、分包商	解决图纸疑问、深化设计、材料报审等事宜

4. 报告管理

1）总承包—业主报告

总承包各部门应按照业主要求提交月报，经项目经理审核后，由计划管理部在每月 25 日前发送给业主。月报中应详尽说明总承包各部门上月工作情况及下月工作计划，同时包含工程总体进度、工地现场及施工整改照片，以及需要业主协调解决的事项。

总承包各部门应按照业主要求提交周报，经总包项目经理审核后，由计划管理部在一周某一天（譬如每周四）发送给业主。周报中应详细说明总承包各部门上周工作情况及下周工作计划，同时应包含工程总体进度、工地现场及施工整改照片等，如图 6-46 所示。

图 6-46　总承包—业主报告制度

2）总承包—企业报告

总承包各部门应按照企业要求提交月报，经总包项目经理审核后，由生产管理部门在规定时间发送公司，月报中应包含工程总体进度、工地现场及施工整改照片以及需要公司协调解决的问题，如图 6-47 所示。

3）总承包内部报告

总承包各部门应在周例会及月例会召开前，将每周周报发送给项目资料管理人员汇总，经计划总监审核后于月、周例会上通报。周报中详细说明总承包各部门上周工作情况及下周工作计划，以及需要其他部门协调解决的问题，如图 6-48 所示。

4）分包商—总承包报告

分包商应按总承包管理要求，提交当月工程进度报告，应详尽反映分包商本月的工作，

图 6-47　总承包—企业报告制度

图 6-48　总承包内部报告制度

分包工程综合月报是一个系统而全面的工作情况反映。月报中应涉及需要关注的问题和解决方案、前瞻性计划、健康及安全、进度、接口界面、分包商资源、分包商的分包及供货、设计资料提交、质量管理、现场管理、环境管理等内容，如图 6-49 所示。

图 6-49　分包商—总承包报告

5. 文件管理

项目所有报批文件、往来函件、图纸、资料等合同约定内容均须注明报审、报备属性。

1）设计文件

设计图纸需向业主报备的专业包括老旧街道更新工程的底图调档、测绘、房屋结构鉴定、幕墙、泛光照明、市政路桥、强电、智能化、景观绿化、城市家具、交安工程等施工图，同时也包括建筑改造与功能提升工程中的原来房屋的地质勘察报告、竣工图和工程验收文件等原始资料，结构拆除加固设计、幕墙专业设计、钢结构设计、广告 Logo 设计、泛光照明设计、道路工程设计、平面铺装设计、园林景观设计、市政管网设计等施工图纸，其他非报审图纸也需进行报备，如表 6-42 所示。

设计文件　　　　　　　　　　　　　表 6-42

序号	设计专业	细分设计专业
1	建筑专业	常规建筑、古风格建筑
2		铝板、玻璃、石材幕墙
3		店招广告
4		屋面改造
5	泛光照明专业	立面泛光照明、景观夜景照明、路灯照明
6	市政路桥专业	道路工程专业、立交桥桥体改造
7	市政管网专业	市政污水、雨水、供水、燃气
8	强弱电专业	市政强电、弱电设计（联通、移动、电信、广电等）
9	景观绿化专业	人行道铺装、市政园林、景观绿化
10	城市家具专业	城市家具小品、雕塑工程
11	交安工程专业	交通标示标牌、交通信号系统、交通诱导系统、天网监控系统
12	结构拆除专业	原结构检测、结构拆除加固设计、钢结构设计
13	功能提升专业	加装电梯、内部空间改造、外墙保温系统、中央空调、特殊部位（增设卫生间、增设阳台）、屋顶绿化、智能停车、农贸市场、智能化系统、节水系统

2）报批报建文件

报审文件：根据属地管理、条块结合按照"谁接收谁审批"的原则明确审批单位，提高设计审批效率。报备文件包括：其他未报审图纸需要进行报备。

3）材料设备采购、样板文件

（1）工程实体样板实施细则：

项目生产管理部门在工程开工后编制本工程的《实体样板单元实施方案》，经项目生产负责人及质量负责人审批确定后实施。

样板实施前，项目生产管理部门负责就《工程实体样板单元管理办法》和《实体样板单元实施方案》向本项目监理单位、总包单位和相关专业分包单位进行书面交底。

（2）材料样板制作范围：

设计阶段：幕墙（含玻璃、影响外立面效果的材料）、装修（石材、涂料、门窗玻璃、墙地砖，灯具、洁具和门等提供图片样板）、亮化（亮化灯具）、景观（铺装材料，苗木、灯具等提供图片样板）、功能提升（加装电梯效果图、增设卫生间效果图、农贸市场效果图、防水材料、保温材料、雨水收集系统、给水排水管材、配件、电线电缆、智能化设备等）。

施工阶段：主材型钢、天然花岗石、铝板、铝塑板、真石漆、EPS 线条、铝合金门窗、灯具、人行道铺装石材、隐形井盖、城市家具材料、苗木花草、防水材料、保温材料、雨水收集系统、给水排水管材、配件、电线电缆、智能化设备等。

（3）材料样板管理实施细则：

材料设计样板一式两份，由设计单位在工程设计阶段提供，并于方案设计确定前完成样板确认与封样。

项目进场后，生产管理部门负责就《工程材料样板管理制度》和《材料施工样板实施计划》向监理单位、总包单位和各专业分包单位进行书面交底，并要求各分包单位严格按《材料施工样板实施计划》中规定的做样时间和范围提供材料施工样板。

定标前有设计样板的材料，应严格遵守投标承诺，按设计样板要求提供材料施工样板。

设置独立的材料样板间，材料样板按专业分类，整齐摆放，业主应安排专人负责材料样板的审查、确认、保管及建立台账等工作，材料样板将保存至工程竣工验收交付业主之日止。

4）进度、验收计划文件

进度、验收计划包括总进度计划、专项计划、纠偏计划（包含纠偏措施）等，由总包单位负责组织编制并向监理、业主报备。

5）施工组织设计、方案文件

施工组织设计、施工专项方案由总包单位组织编制，存在专业分包的，由专业分包单位编制并报总包审核，纳入总体施工组织设计及施工方案管理体系。其中，施工组织设计、危险性较大的分部分项工程施工方案报监理及业主审批，其余施工方案报监理审批即可，超过一定规模的危险性较大的分部分项工程施工方案报监理审批后还需按规定组织专项方案专家论证。

6）总承包方自行采购的工程材料文件

总承包方自行采购的材料、设备除符合国家有关规范标准外，必须符合双方协议约定的品牌、品质、产地、规格、型号、质量和技术规范等要求，必须向业主提供厂家批号、出厂合格证、质量检验书等证明资料。

6.8.6　环境管理

1. 城市街道更新环境管理

1）绿色施工管理

（1）规划管理

项目团队牵头组织识别工程施工过程中可能存在的浪费因素或可能节约的因素，并通过适当的方式进行充分评价，确定重大浪费因素（尤其针对施工中用水和用电），并据此制定目标及管理方案，从源头控制不利影响，最大限度地节约资源，并制定相关绿色施工管理制度。

进场后重点监控废品管理及废物利用情况，制定相应实施计划，确保能够"变废为宝"，实现经济效益价值。

（2）实施管理

通过节约教育和培训，提高管理人员的节约意识，加强人员安全与健康管理，共同实现节约目标。

① 绿色施工节约教育和培训的要求：

在工程实施过程中，加大"绿色施工"的教育力度，增强全员"绿色施工"的意识，提高全员综合素质，每季度在管理层内部组织开展一次"绿色施工"宣传及总结分析会议，再将会议精神传达至每个施工从业人员，使每个施工者和管理者都能从自身做起，自觉爱护施工现场的一草一木，节约用水、用电、用纸，不乱扔废弃物，保持现场环境整洁，这是实现"绿色施工"的基础。

施工现场的所有人员（包括各分包单位的从业人员）必须按要求由总承包管理部门对其进行绿色施工教育、培训和考核，宣传教育每周组织一次，培训和考核在装修阶段有新的专业队伍进场均对其进行单独的培训、交底和考核，只有经过教育培训并且通过考核的人员才能上岗。

按等级、层次和工作性质分别进行教育和培训，管理人员的重点是加强节约成本意识和提高施工管理水平，操作者的重点是加强节约成本意识和培养节约习惯。

绿色施工讲究施工过程中最大程度地保护自然环境，做到人与自然、人与城市和谐相处，加强施工现场人员安全与健康管理是绿色施工实施的基础。

② 绿色施工宣传和教育的形式：

张挂宣传横幅；

公布项目部节约方案；

张贴节约标语；

设立职工建议箱；

重要部位张贴友情提示，如办公室、卫生间、洗手池、食堂等；

每月组织开展一次以上学习本阶段绿色施工重点工作以及宣传相关法律、法规活动，分层次组织管理人员、劳动工人进行学习，使之认识绿色施工责任和义务，增强节约意识；

对发现浪费现象后进行针对性的教育。

2）节材与材料资源利用

（1）根据整体施工进度提前做好材料计划，合理安排材料的采购、进场时间和批次，减少库存，材料堆放整齐，一次到位，减少二次搬运。

（2）材料采购就地取材：除指定材料外，进口和国产的同一类材料，选择综合性价比较优的国产材料；外省与本地产的同一类材料，选择综合性价比较优的本地材料。

（3）建立严格的材料管理制度，按照合格供应商名册进行采购，验收采用材料员、计划申报人、材料使用人三方验收签字模式进行，仓库材料的领用执行限额领料制度。

（4）防水卷材、油漆及各类涂料基层必须符合要求，避免起皮、脱落。各类油漆及胶粘剂随用随开启，不用时及时封闭。

（5）贴面类材料在施工前，进行总体排版策划，减少非整块材的数量。

（6）装饰材料：石材根据实际排版下料，选择合适尺寸的荒料、毛板，提高出材率，节约材料。外墙 EPS 根据现场实际测量数据下料，避免因现场尺寸偏差造成材料浪费。

3）节水与水资源利用

（1）整个施工现场生产、生活用水均在水源处设置明显的节约用水标识。

（2）施工现场供水管网根据用水量设计布置，使得整个现场管径合理、管路简洁，同时，采取有效措施减少管网和用水器具的漏损。

（3）现场主要机具、设备、车辆冲洗用水设立循环用水装置。施工现场办公区、生活区的生活用水采用节水系统和节水器具，提高节水器具配置比率，临时用水使用节水型产品，安装计量装置，采取针对性的节水措施。

（4）加强用水管理，由行政后勤组每日检查水龙头，杜绝冒水、滴水、漏水现象。

（5）强调节约用水理念，如办公室每日喝剩的饮用水用于浇花等。

4）节能与能源利用

（1）节约能耗主要措施

① 针对现场用电量、用水量、耗油量制定目标计划，建立消耗台账，指定负责人，每月填写一次台账，每季度考核一次节能效果，奖罚挂钩，并通过公司网络进行全公司各项评比竞赛。

② 施工现场分别设定生产、生活、办公和施工设备的用电控制指标，定期进行计量、核算、对比分析，并有预防与纠正措施。

③ 在施工组织设计中，合理安排施工顺序、工作面，减少作业区域的机具数量，相邻作业区充分利用共有的机具资源。安排施工工艺时，优先考虑耗用电能低的或其他能耗较少的施工工艺，避免设备额定功率远大于使用功率或超负荷使用设备的现象。

④ 生活区每间寝室均安装限流装置，尽量节约用电，同时也保证生活区的正常用电，避免出现使用大功率电器而出现整体跳闸、断电等情况。

⑤ 现场安装水表、电表，随时了解用水、用电情况。经常检测现场供水阀门，杜绝跑、冒、滴、漏现象，对浪费能源的责任人实行惩罚制度，并公告处理结果。

（2）机械设备与机具

① 建立施工机械设备管理制度，实行用电、用油计量，完善设备档案，及时做好维护保养工作，使机械设备保持低耗、高效的状态。

② 选择功率与负载相匹配的施工机械设备，避免大功率施工机械设备长时间低负载运行。

③ 合理安排工序，提高各种机械的使用率和满载率，降低各种设备的单位耗能。

（3）生产、生活及办公临时设施

合理配置风扇、空调数量，规定使用时间，实行分段分时使用，节约用电。

5）节地与土地资源保护

（1）在总平面布置过程中，仓库、作业棚、相关材料堆场等布置将尽量靠近已有临时交通线路及外部永久交通路线，达到缩短运输距离的原则。

（2）临时办公室和生活用房采用经济、美观、占地面积小、对周边地貌环境影响较小，且适合于施工平面布置动态调整的定型箱式活动房。

（3）生活区及办公区除道路及堆场外其他地方，视条件尽可能多地种植花草树木，美化环境的同时避免土壤流失，同时也美化了工作环境。利用"草皮＋植树"绿化进行代替，满足了绿色施工节材与环境保护要求，同时达到了美化生活区的效果。

6）环境保护

（1）扬尘控制

① 设立空气监测试点，邀请环保单位定期进行监测，以便对现场进行管控，项目后期将持续定期监测。

② 制定定期洒水降尘制度，并由专人负责，以减少扬尘。

③ 其他具体措施：

对易产生扬尘的堆放材料采取覆盖措施；对粉末状材料封闭存放；场区内可能引起扬尘的材料及建筑垃圾搬运制定降尘措施，如覆盖、洒水等；浇筑混凝土前清理灰尘和垃圾时尽量使用吸尘器，避免使用吹风器等易产生扬尘的设备；机械剔凿作业时可用局部遮挡、掩盖、水淋等防护措施。

场内易扬尘颗粒建筑材料密闭存放，散状颗粒物材料进场后临时用密目网进行覆盖，控制此类一次进场量，边用边进，减少散发面积，用完后清扫干净。

禁止在施工现场焚烧油毡、橡胶、塑料、皮革等废弃物品以及其他会产生有毒、有害烟尘和恶臭气体的物质。

（2）噪声震动控制

① 施工现场根据《建筑施工场界噪声排放标准》GB/T 12523—2011 的要求制定降噪措施。每天 10：00、20：00 两个时间点对场区噪声量进行测量，并将观测数据按月绘制成曲线图进行分析。根据监测结果，将现场噪声控制在合理范围内。

② 运输材料的车辆进入施工现场，严禁鸣笛，装卸材料做到轻拿轻放。

③ 在施工过程中科学统筹、合理安排，合理调整施工时间，避免在中午等敏感时间使用切割机等噪声设备，避免夜间进行噪声较大的机械施工。

④ 对施工现场采用密目网进行围挡，作业层全封闭。

2. 既有建筑改造环境管理

1）加强对既有建筑的防护和利用

（1）文物保护建筑与历史优秀建筑的保护与利用

现阶段国内对既有建筑综合改造、再利用及实施现状，大致可分为三个类型，具体如下：

① 文物保护建筑与历史优秀建筑的保护与利用：

建筑是人类社会发展、变迁的见证，是时代的一面镜子，是凝固的历史，文物保护建筑与历史优秀建筑是前辈人民的智慧结晶，更是珍贵的不可再生资源，必须特别重视，予以保护，我国也制定了一系列的法律、法规和规程，加强了对文物保护建筑的法律保护。

② 既有城区综合改造更新：

既有城区综合改造更新一般包括既有居住区、既有公共建筑区、既有工业厂区改造三类，重在对成片既有居住区、既有公共建筑区、既有工业厂区进行综合规划、改造、更新，促进城市协调发展。

③ 单体建筑为主要对象的综合改造：

既有建筑改造的发展是以单体建筑为主要对象的结构性加固改造，提升为综合改造，进而发展为对既有城区进行的综合改造和城市更新。限于既有建筑业主产权及当前改造需求的零散性，以单体建筑为主要对象的综合改造仍然是目前阶段的重要领域。

（2）既有建筑再利用技术路线

既有建筑再利用主要指既有建筑的综合改造。既有建筑综合改造与新建建筑及城区有着截然不同的特点，新建建筑是"从无到有"的过程，项目实施相对单纯，而既有建筑综合改造则是"从有到有"的过程，受限条件多，必须以对现状建筑结构的检测鉴定为基础、关键，并贯穿改造的全过程。既有建筑再利用主要技术路线如下：

① 既有建筑基本档案建立：

由于诸多既有建筑存在技术资料不齐全甚至丢失的情况，在既有建筑改造前应首先建立基本档案，内容一般包括勘察报告、设计图纸、施工验收资料、使用历史情况、以往检测鉴定报告、历史维护改造资料等相关技术资料。有相关技术资料的应进行详细的现场查勘、确认技术资料和现场的差异性；遇到技术资料丢失部分，应及时进行补充建档勘察、建筑结构及设备等图纸测绘。

② 既有建筑改造前检测、评估：

综合考虑建筑现状、改造方式、功能需求等因素进行改造前检测、评估，对既有建筑各方面的性能现状进行全面检测、评估。主要包括对既有建筑改造前安全性能、耐久性能、抗震性能、节能性能、消防、设施性能等方面进行检测、评估。

③ 既有建筑改造内容可行性诊断、确定：

根据既有建筑改造前检测评估结果、改造要求，分析各项改造内容的可行性，确定改造方案。该项工作是既有建筑改造后续设计、施工、改造效果能否实施与实现的前提，必须经历对各项改造内容可行性进行充分的认识和反复论证的过程，才能起到事半功倍的效果，为此，在技术路线图中单列该项工作。

④ 既有建筑综合改造施工：

既有建筑综合改造施工是"从有到有"的过程，现场受限于原有建筑、周边毗邻建筑等，施工受限条件多、风险高，在坚持动态设计、动态检测、动态施工的同时，必须加强改造施工过程中的风险评估及项目管理。

⑤ 工程竣工与后期运维：

对于既有建筑综合改造工程而言，考虑后续使用年限、改造功能提升、加固项目较多、新材料、新技术、新工艺应用等因素，必须加强工程竣工后的运维管理。建议对工程规模较大、改造技术难度大、风险较高、文物保护及历史优秀建筑，高等级使用安全保障的项目，采取安全与能效管理智能化监测措施，建立智能化运维系统。

（3）既有建筑综合改造技术分析

根据当前既有建筑面临的突出问题和改造形成的多专业市场选择，既有建筑综合改造技术体系主要包括改造前各项性能评价技术、各专项改造技术、运维与监测技术等。

① 改造前各项性能评价技术：

既有建筑改造前各项性能评价对改造方案的制定具有重要作用，事先应根据拟改造的内容和需求进行相关内容的检测、评估、诊断、评价，对各方面性能现状进行了解，评估改造可行性。

当前，改造前各项性能评价技术主要包括建筑可靠性鉴定（包括安全性、使用性、耐久性检测鉴定）、抗震性能鉴定、节能检测评估、环境性能检测、消防检测评估、排水管道内窥检测评估、水电性能评估等。

② 既有建筑各专项改造技术：

既有建筑的综合改造是项综合的、复杂的系统工程，需要多项专业的配合。目前，形成的各专项改造技术包括：建筑结构安全与耐久性能改造技术、抗震加固技术、历史优秀建筑及文保建筑保护与修复技术、加装电梯改造技术、既有建筑拓展空间功能改造技术、建筑节能绿色与立面改造更新技术、给水排水及防水系统改造技术、电气与智能化系统改造技术等，如表6-43所示。

既有建筑专项改造技术　　　　　　　　　　表6-43

序号	专项技术	技术内容、方法选择	
1	建筑结构安全与耐久性能改造	地基与基础加固	主要包括纠倾加固，平移改造，托换加固，注浆加固，扩大基础、锚杆静压桩、树根桩、坑式静压桩、石灰桩、旋喷桩、灰土挤密桩、水泥土搅拌桩加固等

续表

序号	专项技术	技术内容、方法选择	
1	建筑结构安全与耐久性能改造	上部主体混凝土结构	主要包括增大截面法、置换混凝土法、体外预应力加固法、外包型钢加固法、粘贴钢板加固法、粘贴纤维复合材料加固法、预应力碳纤维复合板加固法、增设支点加固法、预张紧紧钢丝绳网片聚合物砂浆面层加固法、绕丝加固法、组合结构加固法、体系转换加固法，以及植筋与锚栓技术、裂缝修补技术等
		上部主体砌体结构	主要包括钢筋混凝土面层加固法、钢筋网水泥砂浆面层加固法、外包型钢加固法、外加预应力撑杆加固法、粘贴纤维复合材料加固法、钢丝绳网聚合物改性水泥砂浆面层加固法、增设扶壁柱加固法、砌体结构构造性加固法、砌体裂缝修补法等
		上部主体钢结构	主要包括增大截面加固法、焊缝补强加固法、节点连接加固法、粘贴纤维复合材料加固法、钢结构裂纹修复法、体系转换加固法
		耐久性修复方法	主要包括钢筋锈蚀修复，碱骨料反应防护、损伤修复，混凝土表面修复与防护，砌体结构风化修复与防护，木结构防腐、防虫，防火处理与修复法，木结构腐朽修复法等
2	抗震加固技术	砌体结构房屋	主要包括增设抗震墙、面层或板墙加固，包边角加固、支撑加固，增设圈梁构造柱等整体性加固等
		钢筋混凝土房屋	主要包括增设抗震墙、增强结构整体性加固措施，钢构套、钢筋混凝土套、粘钢及碳纤维加固，增强填充墙与结构连接措施等
		木结构房屋	主要包括减轻屋盖重力，加固木构架，加强构件连接，增设柱间支撑，增设抗震墙等
		其他技术	消能减震技术（包括位移型、加速度型消能器等），隔震加固技术等
3	历史优秀建筑及文保建筑保护与修复技术		主要包括局部性保护修缮，综合性保护修缮，特殊性修缮，及原状恢复技术，现状修复技术，外立面修缮，内部空间保护利用，室内装饰修缮，结构保护加固，设备更新、消防保护、节能及环保修缮技术等
4	加装电梯改造技术		主要包括加装电梯建筑布置与选型技术，加装电梯井道结构加固技术，加装电梯影响论证技术等
5	既有建筑拓展空间功能改造技术		主要有建筑增层改造技术、套建增层扩建技术、增设夹层改造技术、建筑开挖地下空间改造技术、抽柱大空间改造技术、承重墙拆除大开间改造技术等
6	建筑节能绿色改造更新技术		主要有围护结构节能改造（包括墙体、屋面、楼地面、门窗、遮阳系统等节能改造）、暖通空调节能改造、能耗监测技术等
7	给水排水及防水系统改造技术		主要有开挖修复、非开挖修复改造（包括穿插法、原位固化法、碎管法、折叠内衬法、缩径内衬法等）、防水系统更新技术等
8	电气与智能化系统改造技术		主要有电气改造更新技术、信息网络系统改造、增设智能化集成控制系统、配电在线安全监控系统技术、建筑设备智能化监控系统等

③ 运维与监测技术：

随着智能化监测技术及 BIM 技术的发展，既有建筑智能运维技术应运而生。现阶段，已实现物联网终端仪器的高度集成和监测数据的远程在线同步采集、智能化监测及运维知识资源库的建立、基于物联网和 BIM 技术的结构安全智能化监测系统，形成了互联网、大数据 BIM 技术、人工智能技术融合运用于既有建筑运维中。智能监测已应用于结构安全监测、能耗监测、给水排水监控、电梯与扶梯监测、室内外环境监测等领域，成为智慧城市的基础性工作。

（4）施工注意事项

① 对既有建筑和周围场地进行调查，对既有建筑及设施再利用的可能性和经济性进行分析，合理安排工期，提高资源再利用率。

② 加强对既有建筑及周围设施的防护

既有建筑中不能拆卸的大型设备和贵重物品要制定防护措施或安排专人看管，避免因改造施工被破坏，建筑物周边的古树名木要制定保护方案。及时了解、掌握工程周边的通信光缆等重要设施的分布情况并做好标识，加以重点保护。

因施工而需要拆除的植被，尽可能移植。造成的裸露地面，必须及时采取有效措施进行覆盖，对被破坏的植被及时恢复绿化，以避免土壤侵蚀、流失。

③ 施工现场应建立可回收再利用物资清单。既有建筑因加固改造施工需要拆卸的材料、设备及构配件，宜轻拆轻放。对可再利用物资登记造册，力争物尽其用，减少新材料的投入。

可回收再利用物资宜存放在不需加固改造施工、能够妥善保管的库房，避免材料的丢失，也可减少随改造施工场地的变迁来回倒运材料带来的物资损耗。

2）营造绿色施工环境

加固改造施工中，要确保作业环境的安全，加强操作工人的劳动保护。

（1）对拟拆除部位采用封闭式脚手架进行封闭，并设置雾炮。

（2）对既有建筑进行拆除、机械剔凿作业、钻孔施工、喷射混凝土及聚合物砂浆配置等高粉尘环境或有毒有害气体作业场所时，作业面局部应遮挡掩盖或采取水淋等降尘措施，操作人员应佩戴防护口罩或防毒面具。

（3）水钻施工时，既要注意降尘防护，也要注意调节好用水量，杜绝长流水现象，每天做到工完场清。

（4）焊接作业、拆除管路及注浆操作时，操作人员应佩戴防护面罩、护目镜及胶手套等个人防护用品；每个焊点均设置焊烟净化器。

（5）配置或使用含有有机溶剂型的材料时，必须通风良好，工作场地应严禁吸烟或用明火取暖，远离火源。

（6）施工操作时，作业人员应穿戴工作服、安全帽、防护口罩、乳胶手套、防护眼镜、安全带等所需劳动保护工具，并严禁在现场进食。

（7）作业环境应采取有效措施保持通风良好，现场应配备必要的消防器材。

（8）改造产生污水应采取集中收集方式进行处理，多级沉淀满足要求后才可进行排放。

（9）在作业现场，环境应保持清洁、无污染，有良好的通气。对于剔凿混凝土表面产生的大量渣土和小尘土，要及时予以清除。在混凝土粘合面打磨、糙化过程中应采取减小扬尘、降低噪声的措施。对使用的纤维复合材配套胶必须是无毒环保型的产品，且有供应商提供的权威部门检测认可的试验结论报告。

（10）使用手持电动工具（手电钻等）切割机时，应选择性能优良、噪声小的工具。

① 卸荷支撑体系搭拆和材料运输、装卸、加工时，防止不必要的噪声产生，最大限度减少施工噪声污染。

② 遵守有关场容及环境保护方面的管理制度，搞好现场卫生清洁，加强现场施工废料的管理，做到工完场清，保持场地干净。

③ 进入施工现场的各种施工机具、原材料、半成品等均按指定位置分类存放、堆放整齐，不得随意乱丢乱放。

3）选用环保加固材料

（1）优化设计，选用绿色材料，积极推广新技术、新工艺，促进材料的合理使用。

（2）粘贴用胶粘剂，应通过毒性检验，严禁使用乙二胺作改性环氧树脂固化剂，严禁掺加挥发性有害溶剂和非反应性稀释剂。

（3）溶剂型胶粘剂，其挥发性有机化合物和苯的含量，其限量应满足《民用建筑工程室内环境污染控制标准》GB 50325—2020 的相关规定。

（4）使用含有有机溶剂型的材料，切忌入口，防止吸入中毒。

（5）加固工程中胶粘剂、阻锈剂等主要成分是有机化学物质，应密封储存，远离火源，避免阳光直射，专人保管，严格实行限量领料。在其运输和使用时，应避免渗漏污染水土，施工现场存放的油料和化学溶剂应设有专门的库房，地面应做防渗漏处理。

4）妥善处理施工废弃物

（1）绿色拆除与资源化展望

① 从建材到构件层面分类拆除：

通常装修材料在混凝土结构拆除前可通过人工方式分类拆除并进行资源化处理。拆除时实现从建筑到构件层面的分类拆除可提高建筑固废资源化利用层次，分类拆除的同时必须考虑建材或构件的存放和运输问题，尤其是多高层建筑正向拆除时的场地需求和垂直运输条件会遇到较多限制，多数情况下会对构件进行破碎，资源化利用层次提高较为困难。此外为实现拆除到资源化的过渡，在分类拆除前应根据工程实际确定好具体的资源化处理方式和利用途径。

② 从构件无损拆除到建筑可拆装：

一般无损拆除是指拆除构件时对原有混凝土结构和其他构件没有损坏损伤，常常用于局部拆除和改造工程。为了更好地对拆除产生的建筑固废进行资源化处理，拆除造成的构件损伤也应当得到控制。现阶段，建筑可拆装分为结构和构件两个层次。结构层次是指可拆装的简单结构，如木结构和全螺栓连接钢结构建筑，关键技术在于结构系统简化和可拆卸节点设计。构件层次是指可拆除的标准化构件，如可拆装组合楼板和可更换剪力墙，关键技术在于标准构件设计和拆装构造。从构件无损拆除到建筑可拆装，可以更大程度上实现建筑固废在系统级和产品级层次上的资源化利用。

③ 从混凝土结构拆除到资源化：

随着中国城镇化速度的加快，建筑拆除仍无法完全按照绿色拆除理念进行施工方案的制定，单纯追求施工速度不可避免会对环境造成影响，也未能彻底实现对建筑固废的高效利用。针对传统拆除混凝土结构施工工艺的种种弊端，综合考虑拆除施工成本、环境影响因素，将绿色拆除与资源化技术紧密结合，是达到减少建筑垃圾量和提高废弃物资源化利用率的关键。

（2）城市更新施工废弃物处理

① 拆卸废弃物的处理：

加固改造施工剥离既有建筑被加固构件的装饰层，剔凿原结构至露出致密基层或拆除某些改造部位（件），都会产生大量的建筑垃圾，因此应做好拆除废弃物的处理。

优化施工方案，积极采取措施，尽量减少拆除工作量及施工固体废弃物的产生。

建筑物内施工垃圾的清运应采用密闭容器运输，严禁凌空抛洒，当多层高层建筑采用垂直垃圾道运输垃圾时，应检查并保持垃圾通道禁闭完好，避免扬尘。

施工现场易飞扬的细颗粒散装材料，应紧闭存放。施工垃圾应及时清运并适量洒水，防止对大气污染。材料运输时要防止遗撒、飞扬，卸运时采取码放措施，减少污染。

施工现场应设置封闭垃圾站，施工垃圾、生活垃圾应分类存放，拆除工程中产生的大量固体废旧物资应及时整理或回收，并按规定及时清运消纳。

② 加固废弃物的处理：

对于有使用时限要求的加固材料，应根据作业条件合理配置，物尽其用，减少废弃物的产生。

剩余的灌浆材料、废弃的油料和化学溶剂、施工中产生的固体废弃物应集中处理，严禁随意倾倒，严禁排入污水管线，防止造成水土污染。

施工现场严禁焚烧各类废弃物。

3. 废弃矿山修复环境管理

1）重大环境因素控制措施

（1）施工扬尘控制

① 扬尘源：现场土方作业扬尘、材料运输过程中撒漏。

② 管理目标：有效降尘，不影响现场作业，不影响周围居民生活。

③ 责任部门：安全部、工程部。

④ 主要控制措施：

a. 加大现场洒水力度，将每个区域的洒水任务具体到各个施工队伍。

b. 运输过程中保证车厢全覆盖，无撒漏。

c. 严格按照图纸和技术交底进行施工。

d. 所有进入施工现场的作业和管理人员必须佩戴防尘面罩。

（2）施工噪声排放

① 噪声源：机械作业。

② 管理目标：确保噪声达标排放，白天不超过 65dB，晚间不超过 55dB。

③ 责任部门：安全部、工程部。

④ 控制措施：

a. 对于噪声排放超标的机械安装消声器。

b. 夜间施工减少鸣笛。

c. 特殊作业岗位需佩戴耳罩。

（3）污水排放

① 污水源：生活污水等。

② 管理目标：符合排放标准。

③ 责任部门：安全部、综合办。

④ 控制措施：

a. 不得将非雨水类污水排入雨水管网。

b. 生活污水按要求排入污水网，不得随意排放。

2）节水节电措施

（1）生活办公区用水管理

① 对生活区用水进行计量管理。

② 设定办公生活的用水控制指标，定期进行计量、核算、对比分析，并有预防与纠正措施。

③ 制定有效的水质检测与卫生保障措施，确保避免对人体健康以及周围环境产生不良影响。

④ 对水表、水管等进行定期检查和维护，防止漏水。

⑤ 建立管理制度，杜绝长流水现象发生。

（2）生活办公区用电管理

① 对生活区用电进行计量管理。

② 优先使用国家、行业推荐的节能、高效、环保的电器。

③ 设定办公生活的用电控制指标，定期进行计量、核算、对比分析，并有预防与纠正措施。

④ 合理配置取暖、空调、风扇数量，规定使用时间，实行分段分时使用，节约用电。

⑤ 办公区外路灯合理设置照明时间，杜绝整夜亮灯。

（3）文明施工

① 统一领导，明确责任：按"谁施工，谁负责"的原则，实行统一领导，分工负责，实行分区包干制。由各区责任人负责本区的文明施工管理。

② 贯彻执行现场材料管理制度：

a. 严格按照施工图纸或现场管理人员安排堆放原材料、施工机具及废弃物。

b. 现场做到工完场清，余料要堆放整齐。

③ 落实现场机械管理制度：现场机械必须由现场责任工程师安排进行停放。

④ 施工现场场容要求：

a. 施工现场的办公室，按 CI 要求美化布置，设置"九牌一图"。

b. 现场要加强场容管理，要做到"五有""四净三无""四清四不见""三好"及现场布置做好"四整齐"，实现良好施工秩序。

c. 组织专人对于施工所用场地定期清扫、洒水，降低灰尘对环境的污染。

6.9 征拆及协调管理

6.9.1 概述

在城市更新工程中，城市街道更新工程的拆违与协调管理工作尤为突出，拆违及协调管理分为立面阶段拆违协调和平面交通疏导。

立面改造中老旧房屋存在的屋面违建、阳台违建、外凸防盗窗、晾衣架、雨棚、店招外扩等直接影响改造方案的实施，违建拆除后的房屋实际结构情况是施工图绘制的基础。违建能否拆除、拆除之后结构状况是否满足改造设计要求，是设计工作启动的要素之一，也是改造提升顺畅实施的基本条件。城市街道更新项目违建拆除工作量巨大，且涉及千家万户小业主的直接利益，是项目的重难点，明确责任单位、制定拆违清单、确定拆违工作流程是推进高效拆违的关键要素。

平面主要在交通疏导协调，立面、平面交叉施工，需占用大量的城市道路资源，为保障道路施工期间城市生活、生产的顺利进行，必须切实组织好交通疏导工作。交通疏导涉及优化道路施工方案、改善路网结构、保障公交优先通行、建设疏导道路、提高道路交通管理效率等方面，应制定综合的交通疏导方案。

6.9.2 外围协调关系网

项目实施过程中各阶段外围协调主要对接部门和协调推动事宜如表 6-44 所示。

外围协调对接部门及协调推动事宜　　　　　　　　表 6-44

单位类别	职能部门或单位	管理职能	协调推动事宜	对接阶段	重要程度
城管局	城市管理行政执法局	负责城市管理	便于自身开展拆违工作，同时依托其城市管理执法职能，推进拆违工作实施	项目进场	★★★★★
	市长热线平台	负责处理市民各种投诉	做好沟通、对接，有效地处理市民投诉问题	项目进场	★★★★
	数字城管平台	负责采集平面各种问题	做好沟通、对接，避免或减少平面问题，减少整改工作	平面施工阶段	★★★
	广告处	负责店招管理、审批	可以避免、减少店招施工返工现象	设计阶段	★★
	市政工程管理处	道路接收、养护单位	施工过程中做好对接、沟通，方便后期移交	平面施工过程	★★★
	设施处	负责道路沿线城市家具	拆除原有道路城市家具，需经过该部门同意，避免拆除过程中产生误会、纠纷	平面施工进场	★
	市城管支队	分管各区城管大队，负责城市管理执法	便于开展拆违工作，同时依托其城市管理执法职能，推进拆违工作实施	项目进场	★★★★★
	路灯管理处	负责沿线路灯管理	便于路灯迁改、更换、移交	平面施工	★★★
交管局	交通管理局	主管道路交通相关事务	围挡搭设、道路施工、交通导改报备单位	项目进场	★★★★★
	交警大队	交通疏解方案落实	施工过程中交通疏解方案落实、占道施工审批	项目进场	★★★★★
公安局	属地公安机关或派出所	维护社会秩序、消防等事务，打击违法犯罪	便于处理纠纷、社会不法分子闹事，协调偷盗违法行为处理	项目进场	★★★
	天网单位	负责沿线天网管理	便于天网拆改	平面施工阶段	★★
劳动局	人力资源社会保障局	处理工人讨薪、上访	便于解决劳动争议等问题	施工收尾阶段	★★
媒体单位	电视台等相关媒体	宣传作用	宣传造势，营造社会效应	项目中期	★★★

续表

单位类别	职能部门或单位	管理职能	协调推动事宜	对接阶段	重要程度
住房和城乡建设局	属地住房和城乡建设局	城市规划、建设和管理行政	施工许可、规划审批等证件办理；工程监督、质安站为下属管理部门	项目立项准备时期	★★★★
	档案馆	图纸、资料管理	改造楼栋调取原设计图纸、验收资料移交	设计阶段	★★★
	安监、质监站	项目实施安全、质量监督及验收管理	便于工程施工顺利进行，减少安全、质量问题整改，方便工程验收	项目进场	★★★★
医院	附近医院	治病防治，保障人民健康	应急救援及时就诊，突发事件处理	项目进场	★★★
园林局	属地园林绿化局	管理城市园林绿化	绿化改造报备、前期绿化工作协调及后期管养移交	平面施工阶段	★★★★
管线单位	属地军队通信管理处	国防通信管理	国防光缆问题处理	平面施工阶段	★★★★
	自来水公司	自来水管理	处理平面施工过程中可能存在的挖破水管问题	平面施工阶段	★★
	电信、移动、联通	沿线电缆线、井盖管理	可以借助政府部门或甲方给三个部门发函件，在平面施工过程中要求他们对道路沿线多巡视，避免损坏电缆线等问题	平面施工阶段	★★
	电力单位	供电服务及电力相关问题解决	进行新增变压器的安装、相关电力设施安装	项目进场	★★★
	燃气公司	燃气服务及相关设施管理	邻近区域施工报备、燃气排查及改线（因外墙施工部分入户燃气管需改迁）	进场施工阶段	★★★★
消防	消防大队	消防管理	会对施工现场进行消防监督，方便处理可能存在的火灾问题，消除社会负面影响	项目进场	★★★
被改造产权单位	街道办及社区	街道和社区综合事务管理	拆违协调等具体配合落实，实际改造中的居民层次社会单位配合	项目进场	★★★
	产权单位、物业、商户及小业主	改造房屋产权所属或使用权所属	沟通协调处理拆违及施工过程中相关问题	项目进场	★★★

续表

单位类别	职能部门或单位	管理职能	协调推动事宜	对接阶段	重要程度
其他相关单位	公汽公司	公共汽车管理	人行道电子屏施工协调、公交站台验收	平面施工阶段	★★★
	房屋鉴定机构	房屋结构性检测鉴定	鉴定检测老旧建筑结构稳定性以决定设计方案	项目准备阶段	★★★★
	市政及残联	道路收费停车场	协调收费停车场等问题	平面施工阶段	★★
	城市共享单车公司	共享单车	铺装施工带有车头的固定车座拆除协调	人行道铺装	★

6.9.3　拆违协调组织机构

大部分违建存在年代久远，其相关资料不齐全，并已固化成为居民日常生活中的一部分，在协调拆迁过程中将面临大量沿线商户、企事业单位、居民阻挠纠纷的情况。因房屋附属违建属于城管管辖范围，常用的解决办法是通过政府协调明确调度机制，由市城管局牵头，区委政府、城管支队、街道办和代建单位等组建拆违工作协调调度小组，由工作协调调度小组推进拆违工作，如图 6-50 所示。

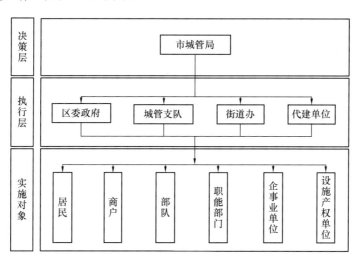

图 6-50　拆违工作协调调度小组

6.9.4　立面拆违流程及协调调度机制

1. 拆违流程

拆违运作模式为由城管局（城管委）牵头、街道办配合，项目部专人负责全程跟进，协同城管局建立"一日一协调、一周一调度"的调度机制，以高效、和谐的原则开展现场拆违及改造工作，如表 6-45 所示。同时，将沿线居民意见纳入设计考虑范围，切实履行了本工程城市环境提升、民生工程的项目定位。

项目拆违工作流程表　　　　　　　　　　　　　　　表 6-45

序号	工作流程	主要工作	责任单位
1	初步设计方案	初步明确违建拆除内容	设计单位
2	违建摸排	结合初步设计方案对现场情况进行摸排，形成违建拆除清单	建造单位、设计单位
3	违建拆除审批	每日召开指挥部调度会，上会讨论违建拆除清单，审批拆除项，并明确拆除时间	业主单位城管局
4	拆违宣传	对沿线相关单位、业主进行宣传	城管局建造单位
5	拆违实施	城管牵头，建造单位配合进行现场违建拆除	城管局建造单位
6	拆除后复核	拆除后结构检查，确定设计方案；无法拆除区域进行设计调整	设计单位建造单位

2. 协调调度机制

鉴于城市街道更新项目的特殊性质，协调类问题体量巨大，需要提前做好筹备工作，便于现场各类协调问题能够及时解决，制定协调机制框架。

1）居民类

发现问题（过程留痕）→项目部处理（进入销项）→所属社区进行配合（多次协调无果）→街办介入（仍无法处理）→上报至区政府（决策）。

此类问题主要以各街办为主，针对合理诉求进行协调，提前报备并采取销项制。

2）商户类

发现问题（过程留痕）→项目部处理（进入销项）→所属支队进行配合（多次协调无果）→大队介入（仍无法处理）→上报至城管局（决策）。

此类问题主要以城管局为主，针对合理诉求进行协调，提前报备并采取销项制，公建类问题余同。

3）其他类

项目部设置协调专岗，针对不同类别的问题进行对接。对于突发类事件项目部根据应急预案进行处理同时成立协调小组，指派专人进行全过程跟踪并及时上报进度情况。

4）会议类

由于项目所涉及的房屋及路线改造体量大，在工程全面铺开后每天上午召开协调会，针对现场出现的问题进行处理、逐一销项。针对难以解决且影响较大类问题，每周五召开调度会进行专项调度。

以上会议由项目部组织召开，城管局及区政府派专人参与，如有涉及其他单位的由项目部进行组织。

3. 常见违建分类

1）常见违建拆除分类

（1）防盗窗及晾衣架

沿线建筑外立面防盗窗及晾衣架现状陈旧，风格不统一，需拆除后统一样式，统一安装，如表 6-46 所示。

防盗窗及晾衣架　　　　　　　　　　　表 6-46

（2）店招牌匾

沿线商铺牌匾，风格不统一且影响立面改造施工，需拆除后统一样式，进行牌匾规整，如表 6-47 所示。

店招牌匾　　　　　　　　　　　表 6-47

（3）空调外机及空调罩

沿线建筑外立面空调外机安装位置杂乱，需统一充氟，规整排列位置，空调外罩现状陈旧，风格不统一，需拆除后统一样式，统一安装，如表 6-48 所示。

空调外机及空调罩　　　　　　　　　　　表 6-48

（4）立面管线

建筑立面管线杂乱无章，随意捆扎，既不美观也存在安全隐患，与城市发展不协调，需规整统一，如表 6-49 所示。

立面管线 表 6-49

（5）违建结构

为保证建筑立面整体改造效果，需对原有违建结构进行拆除，如表 6-50 所示。

违建结构 表 6-50

（6）建筑大字

根据整体设计原则及效果方案，建筑立面统一设计建筑大字，如表 6-51 所示。

建筑大字 表 6-51

（7）原有建筑幕墙及涂料

建筑外立面原有幕墙材料及涂料需先行拆除，再进行后续改造。

（8）原有泛光照明

建筑立面改造包括泛光照明改造，需对楼栋原有泛光照明进行拆除。

2）拆除物信息分类

针对沿线所有楼栋编制拆除物清单，根据违建与改造方案结合分析，分为三类情况进行统计协调：

（1）第一类为影响设计效果的违建，必须无条件拆除；

（2）第二类为不影响设计效果的违建，可通过设计效果暂时保留；

（3）第三类为影响架体或吊篮作业，导致施工安全系数降低的违建，由城管局协调拆除，并考虑赔偿措施。

4. 典型协调难点及解决办法

具体如表 6-52 所示。

典型协调难点及解决办法 表 6-52

序号	问题类别	问题描述	解决办法
1	防盗窗、晾衣架类	防盗窗、晾衣架拆除困难，住户一般以影响生活为由阻工严重	1）优先采用优化设计方案，考虑住户诉求，将防盗窗、晾衣架样式进行优化，并将优化设计方案报市委决策，形成决议，对住户进行宣传、协调，推动工程推进，满足住户要求； 2）对于违建类型，若协调无果，将协调城管支队、街道办进行拆违协调； 3）对于建筑背街面，可适当进行弱化处理
2		门、防盗窗、卷闸门拆除后，施工恢复期间存在偷盗现象，产生纠纷事宜	1）建议地弹门当天拆除当天恢复，做好相关安保宣传，提醒住户期间加大防盗保卫警惕性； 2）同当地派出所、公安等进行联系，加大片区巡逻执法力度，且拆除后恢复期间加大保安巡查力度、频率
3		拆违物品归属问题，防盗窗、晾衣架、卷闸门等违建拆除后需统一一样式恢复，拆除的物品归属不当易产生纠纷	提前同住户进行沟通协调，将拆违物品进行编号，分别归还给住户，若征得其同意，可由总包方代为处理
4	店招牌匾类	店招拆除后，一般商户会要求原样恢复，或按照商户要求进行恢复，但会造成整栋楼店招不协调，无法达到改造效果	拆除时需城管部门现场对商户说明，必须按照设计要求进行恢复。全国连锁、银行、医院或政府等大型机构部门店招牌匾应向设计院反映，保证整体改造效果的同时，保留其本身特征
5		店招施工完成后，会存在店面转让或商户自行更换店招现象	需联系政府相关管养部门提前介入，并对沿线商户做好宣传，更换店招必须报备、审批，未经同意私换店招须由管理单位进行拆除
6		部分店招拆完后会存在室内装修外露，施工期间存在被盗、渗水风险	提醒商户提高警惕，协调当地派出所加大巡逻力度，采用临时防雨布等措施防水，采用铁皮角钢等临时封堵
7		拆除与恢复时间间隔过长，影响商户营业，引起纠纷	合理进行施工工序穿插，可在完成上部立面改造后统一集中进行店招拆除替换，缩短店招施工工期

续表

序号	问题类别	问题描述	解决办法
8	空调外机及空调罩类	因空调老旧破损，空调机移机易损坏导致索赔	在空调移动开始之前先沟通甲方明确该事宜并对相关费用进行签证办理，过程中做好相关资料证据收集
9		移动过程中铜管长度不够，需增加；增加之后，制冷效果变差	1）事先沟通设计单位及专业空调队伍，对空调移动位置合理性进行确认，做好提前预防策划； 2）移动过程要求队伍选取专业空调施工人员，严格把控铜管材质和施工质量；若移动后确实效果变差，需做好相关协调安抚工作
10		空调移动位置对住户产生噪声影响，移动位置后排水、滴水是否产生不利影响	事先沟通设计单位及专业空调队伍，对空调移动位置合理性进行确认，做好提前预防策划，可以增加冷凝排水管集中进行排放，减少滴水
11		空调移动规整后，排列顺序变化，部分甚至被铝板包裹，住户无法找到自己空调外机位置，检修不便	施工前做好相关空调数量统计并进行有序规律排列，施工中外机采用铭牌标识标注外机所属单元楼层及房号
12		铝板外墙装饰施工完成，因住户新增诉求，需要增加空调外机，难以安装	施工前同住户等协调好，提前策划相关空调安装事宜，铝板施工完成后不予安装
13	立面管线类	铝板外墙装饰施工中，落水管道被包裹影响后期维修；天然气管道禁止被包裹	施工过程中发现破落水管尽量换新，进行包裹施工后中短时间无须维修；天然气管道采用格栅包裹，管道均需留好检修口
14		建筑外侧附着有强、弱电管线，散乱分布，极其不美观	铝板装饰中可以将其规整进行包裹，并设置检修口；真石漆墙面可以对其采用EPS线条包裹遮挡；燃气管线必须采用冲孔铝板，并设置检修口
15	违建结构类	屋顶违建花坛等拆除要求恢复	拆除时需城管部门现场对住户明确属于违建、不合法行为，出具书面意见明确不同意恢复，避免后期住户扯皮
16		部分违建设施，由于年代久远，被违建造方已经作为私人房屋进行精装修或出租等用途，协调拆除阻挠力度大，配合度差	1）调查该违建相关资料，是否办理批复手续，若已办理相关批复手续，将考虑赔偿事宜，若无任何批复资料，则需按违建进行协调拆除； 2）如果协调推进困难，同步考虑优化设计方案，或者调整改造实施方案，并向城管局及市委报备
17		屋面违建拆除导致原有防水层破损，产生渗水等质量问题	1）由设计院现场评估，确定违建拆除程度，以及后期防水加强设计方案； 2）建议协调政府部门请专人进行违建拆除，施工方负责施工推进，并做好过程记录，明确相关职责归口，与住户进行事先说明
18		屋面设施包括太阳能板、热水器、移动通信设备等拆除，部分设备陈旧易损坏，且拆除后需进行恢复	联系相关厂家进行设备专业拆除，完成后进行恢复，办理好相关资料及签证
19	建筑大字类	建筑大字拆除难度大，商户等要求进行恢复，但改造后考虑效果不同意恢复，产生纠纷	需城管部门进行协调或强行拆除，一般建筑大字安装是要报城管局广告处审批的，可以检查是否有手续，对无手续者拆除后可依法不予恢复
20	原有建筑幕墙及涂料	外墙剔凿、后置埋板施工过程存在漏水风险，住户会要求修复室内装修或赔偿	剔凿等施工完成及时进行单层防水涂料施工，进行临时防水

序号	问题类别	问题描述	解决办法
21	其他	部分产权单位会要求施工方签安全协议，避免因施工产生安全问题承担责任	建议协调不进行签署，必要的话可由分包签署负责
22		沿线商户会阻工搭设外架，因外架搭设会影响生意	外架上设置临时广告牌，协调社区、街办、城管对商户做思想宣传工作
23		拆违推进由城管局等政府部门牵头，实际拆除大多由我方负责，易产生拆违纠纷	需业主及城管局等下发正式要求我方配合的函件，明确拆违责任及拆违细节，解决拆违过程中责任归属问题

6.9.5　平面交通疏导

交通疏导通常按立面施工阶段和平面施工阶段划分，根据项目不同施工阶段，交通组织侧重点不同：

1）立面施工阶段

建筑立面临街一侧底部安全通道、临时材料堆场等需要占用人行道和局部非机动车道（有必要的情况），重点对行人进行交通引导。安全通道做好防护措施，确保居民出行安全有序。同时，材料进出场、大型起重设备作业过程中，存在临时占道的情况，对机动车同行造成一定影响，主要考虑道路车流量少的时段（夜间），临时布设交通疏导标识。

2）平面施工阶段

在立面施工转入平面施工期间，建筑立面底部安全通道拆除，恢复人行道使用功能，但机动车道、非机动车道、人行道、市政园林景观、交通附属设施需要按照施工部署启动施工，直接对城市主干道通行造成影响，需要采取有效的交通组织措施，缓解城市通行问题。

1. 交通组织原则

根据改造施工实际情况，结合国内外道路施工经验，分析城市道路施工期间占道施工对施工区域及其影响区域的交通影响情况，充分考虑现在有道路条件，由施工区到施工影响区的科学合理的施工交通组织方案，应遵循以下原则：

1）以人为本，重视安全原则

城市道路施工期间的交通组织方案，应充分考虑过路车辆及施工车辆，行人及施工人员的安全。要根据施工区实际情况，对施工区进行合理围挡、对交通线路进行合理优化、对公交站点进行合理配置。尽量做到以人为本，方便群众；又要确保各类人员安全。从而保障施工安全，车辆、行人安全通行。既能快速施工，又方便大多数人的出行。必要时，要安排交通协管人员对交通进行引导。对于制定的交通组织方案，要在项目施工前提前通过各种途径告知市民，并在相关路口、路段、车站张贴相关交通调整告示。

2）交通影响最小原则

在保证工程进度、质量的前提下，应本着占路时间最短、占路面积最少、影响交通最小的原则制定交通组织方案，对交通影响比较大的工序必须安排在交通低峰时间进行。对道路交通有很大影响的大型工程，在开工前应进行交通影响评估分析，并提出相关交通组织建议。

3）交通分离原则

首先，尽量做到行人与车辆分离，对过街行人可适当建立过街天桥、对施工人员可设施工人员专用通道，从而减少交通干扰，提高道路通行能力。其次，尽量做到施工车辆与社会车辆的分离，从而减少施工车辆对社会车辆的影响。

4）连续性与一致性原则

施工期间交通组织选择路线要尽量与施工之前保持一定的连续性与一致性。按照相关规范在施工影响区主要路口及主要路段内设置相应的施工标志和交通指引标志，并做到施工标志与交通指引标志的连续性与一致性的统一，在保证交通安全的前提下尽量保留原来的道路标志。施工区的安全设施应按相关规范设置，一定要注意连续性。

5）合理分流原则

占道施工期间，道路车道减少，要对过往车辆进行合理分流，才能尽量避免出现拥堵。对车辆分流可选择"占一还一"，即占用一个车道，要尽量开辟临时通道，或对路网中相邻道路扩容来实现分流要求；也可选择优化周边路网，将交通流量均分到周边路网。因交叉口是易出现交通瓶颈的节点，合理分流时一定要注意保证交叉口的通行能力。

2. 交通组织方法

改造施工期间，施工区域因行人及车辆的复杂性，必须进行周密的交通组织；施工影响区域因交通流大增，也需要进行行人车辆及公交、交叉口等方面较大范围的交通组织。不论是施工区还是影响区，交通组织均要结合道路施工期间交通组织原则，进行周密的组织。

1）施工区交通组织

城市道路施工区交通组织，主要是针对施工区域附近的交通进行组织。包括行人、施工人员、过路车辆、施工车辆的交通组织。施工区域的交通组织主要采用交通诱导及交通管制的交通措施，减少交通影响，增强通行能力。

（1）施工区域交通诱导。通过在施工区域周边及施工影响区域路段及交叉口设置鲜明的标志标线或路况信息发布装置对过往交通流进行诱导，使行人及车辆驾驶员提前、及时、详细、准确地了解和掌握施工区道路及交叉口的通行状况，以便提前合理地选择行车路线，对因施工带来的道路拥堵进行规避，减少过境车辆对施工区域周边路网的影响，降低其交通负荷。

（2）施工区域交通管制。公安机关交通管理部门根据法律、法规，对车辆和行人在道路上通行以及其他与交通有关的活动制定带有疏导、禁止、限制或指示性质的具体规定，交通管制措施一定要根据施工区具体情况制定，并能及时向市民通告。

（3）施工区域交叉口渠化设计。在施工区交叉口处采取拓宽入口车行道、增加入口车行道数量、设置交通岛、交通标志、施划交通标线等渠化措施，实现行人与机动车分流，引导或强制不同流向的车辆和行人各行其道，互不干扰，以此来提高交叉口的通行能力。

（4）调整信号相位及配时。在施工区交叉口处利用交通信号灯控制车辆和行人的通行，根据道路围挡、道路封闭情况，重新调整信号灯相位、配时时长；对施工区邻近区域的信号灯的相位、配时时长也进行相应调整使之与施工区的交叉口信号灯相互配合，促使交通流通过时更加有序、顺畅，从而增加交叉口的通行能力。对于封闭部分车道或道路的施工区，应进行细致安排，避免交叉口拥堵。

（5）采取一定的禁限措施。通过设置单行道、调整途经施工区域的公交线路、限制部分交叉口转向及调头、限制部分区域某时间段某类型的车辆进入、限制进入施工区域车辆的车速等，以减少社会车辆，特别是大型车辆进入施工区域，以此来减轻施工区域交通压力。

（6）施工区行人及非机动车强制性管理措施。为确保行人安全，并尽量避免行人与非机动车辆行驶产生影响，道路施工区域应对行人及机动车采取强制性管理措施。对行人及非机动车设置专行道；对行人过街设置过街天桥；合理控制信号灯，为行人过街提供安全保障；必要时可在交叉口及重要路段设交通引导员。综合以上措施，在保证行人及非机动车辆安全的前提，减少交通影响，提高通行能力。

2）影响区交通组织

通过最大限度地挖掘施工区域周边现有道路的潜力，并不能彻底解决道路施工带来的交通拥堵，在此基础上还要考虑施工影响区域内的交通分流能力，采取交通疏导的分流策略和交通总量控制措施对道路施工区域及其周边影响的交通进行合理组织，从而减轻和缓解相关道路乃至整个区域的交通压力。对于影响区域而言，交叉口是路网通行能力降低的节点，交叉口的通行能力一般要小于路段通行能力，故做好交叉口的交通组织，特别是信号组织，是组织好路网交通的关键。

施工影响区域的交通组织，即区域路网交通组织。做好区域路网交通组织，要先做好路网的交通流组织，再在此基础上进行信号组织。

路网交通流组织是根据施工影响区域城市布局、道路的服务对象、交通需求性质、OD分布及其他各类交通影响因素，确定路网交通流的分布、引导和控制方法；并对各重要节点进行分类，以便在路网饱和时仍能通过信号调控保持道路的畅通。

信号组织是在路网交通流组织的基础上，根据不同流量负荷水平所采用的不同信号控制方式。在路网不饱和的条件下，车流低峰时以信号的感应控制最为合理；车流平峰时采用信号多时段或自适应协调控制最为合理。在路网饱和的高峰时段，根据路网的交通流组织方案采用信号智能化控制，可以对交通流进行均匀分配。此时，对于影响区域内的单个交叉口而言，不要求交叉口最大通行能力，而是交叉口的最大流量调节作用，为的是保证路网交通负荷的均匀分布，不产生通行能力瓶颈节点。还可以采用信号绿波带技术，充分利用信号相位差来实现交叉口间的信号协调，使车辆行驶到交叉口时多遇到绿灯，从而达到增加交叉口及整个路网通行能力的目的。

具体做法有：

（1）交通流疏导。根据现状路网结构和道路交通功能，施工区域内主要有区域内部交通流和过境交通流。对于过境交通流采用交通引导措施，通过发布路况信息等手段，引导市民过境尽量绕行；在进入施工影响区的路段及交叉口设置交通标志，引导交通流提前分流。在高峰时段将施工道路所在道路的部分过境交通分流到与之平行的其他交通道路上，减轻施工区所在区域的交通压力。对于区域内部交通流，采用交通管制措施，依靠分流标志、标线的引导和交管人员的现场组织，强制出行者按规定路径出行。

（2）控制施工影响区域交通总量。交通疏导分流措施可以缓解施工区域道路的交通负担，但却使交通流量发生了迁移，使施工影响区域内其他道路的交通流量增大，有效的措施是在影响区内采取禁止过境车辆进入、区域内货车禁行、错峰出行、公交线网调整等交通管制措施对区域的交通总量进行控制。

对公交线网调整，要充分考虑区域内居民出行需求，根据实际情况进行调整。如改变公交线路的起终点、调整部分站点位置、改变公交车辆车型、适当调整公交发车频率等。

（3）交叉口渠化设计。通过交叉口渠化，对交通冲突进行分散，确保交通安全，改善交叉口交通状况，避免交叉口拥堵，进而改善影响区域路网的交通状况。

6.10 验收、移交、运维管理

城市街道更新项目多为政府性行为，涉及房建和市政多个专业的验收、移交工作，此外，施工主体完工后需移交对应政府部门进行日常的维护和运营，在验收、移交和运维管理方面较常规项目多有不同；既有建筑改造主要是对既有建筑进行功能和结构性改造，在验收完成需移交对应业主使用，基本同常规项目验收管理相似。因此，两种不同类型改造项目的验收、移交、运维管理分别从各自特点出发，分别讲述管理重点。

6.10.1 城市街道更新项目验收、移交及运维管理

1. 验收及移交概述

城市街道更新项目竣工验收、移交和运维管理在资料特点、验收流程、管理体系、移交对象等方面的特点如下：

（1）城市街道更新房屋底图不明确，设计方案确认复杂，与原始结构偏差大，过程变更多，竣工图绘制反尺及策划工作量大；

（2）项目战线长、工期紧，不同施工阶段管理侧重点不同，内部管理动态调整变化大，导致过程资料连续性不足，标准不统一；

（3）大型城市改造工程竣工验收难度大、周期长，移交接收单位众多，管养制度标准不完善，存在大量返修或管养不善的情况。

2. 验收管理

1）整体竣工验收思路

因旧改项目为房建＋市政工程类项目，改造内容涉及专业众多，竣工验收主要按专业进行，各个专业完成验收后进行竣工验收，各个专业内划分分部工程。

整体验收思路有两个重点：

（1）以专业为单元，在每个专业完成后，立即组织四方进行联合验收，避免各专业后期堆积、验收流程冗长的弊端；

（2）各个专业开始前及实施过程中提前与接收单位接洽，确定移交标准，提早移交，减少项目维保时间，降低成本。

2）各个专业验收流程

在现场施工完毕后，项目内部自检完成具备验收条件后，由质检部向监理提出验收申请，邀请代建单位、设计院代表至现场对已完工内容进行联合验收，并进行签字确认。

在进行工程验收时，要具备以下条件：

（1）所有分部工程已完建并验收合格；

（2）分部工程验收遗留问题已处理完毕并通过验收，未处理的遗留问题不影响单位工程质量评定并有处理意见；

（3）合同约定的其他条件。

验收整体流程如图 6-51 所示。

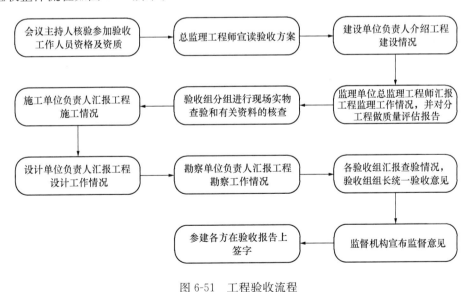

图 6-51 工程验收流程

3）各个专业细分流程及资料

（1）建筑装饰装修

① 验收流程及资料，如表 6-53 所示。

表 6-53

验收流程及材料

验收流程	建筑装饰装修完工→收集整理建筑装饰装修资料→监理方组织进行分部验收→存在问题进入销项清单→销项完成→签分部验收记录表	
项目	验收批次	资料准备
控制资料	水性涂料检验批	涂饰工程隐蔽验收记录、现场验收检查原始记录、水性涂料涂饰检验批质量验收记录、水性涂料涂饰报审、报验表
	一般抹灰检验批	抹灰工程隐蔽验收记录、现场验收检查原始记录、一般抹灰检验批质量验收记录、一般抹灰报审报验表
	金属幕墙检验批	幕墙工程隐蔽验收记录、现场验收检查原始记录、金属幕墙安装检验批质量验收记录、金属幕墙安装报审报验表、幕墙龙骨工程隐蔽验收记录、现场验收检查原始记录、金属幕墙龙骨安装检验批质量验收记录、龙骨安装报审、报验表
	石材幕墙检验批	幕墙工程隐蔽验收记录、现场验收检查原始记录、石材幕墙安装检验批质量验收记录、石材幕墙安装报审、报验表、幕墙龙骨工程隐蔽验收记录、现场验收检查原始记录、石材幕墙龙骨安装检验批质量验收记录、龙骨安装报审报验表
	进场复试报告	钢材汇总表及试验报告,幕墙用铝塑板、石材、玻璃、结构胶复试报告
	施工试验记录及监测文件	后置埋件抗拔试验报告、焊缝探伤检测报告、幕墙四性检测报告、节能性能检测报告

② 现场验收内容,如表 6-54 所示。

表 6-54

现场验收内容

核查批次	内容
金属门窗安装	安装牢固、执手、四联杆等
空调罩安装	膨胀螺丝数量、牢固等
石材、铝板墙面清洗	—
石材、铝板收边、收口	包括屋顶檐口、窗边是否漏打胶及其他
石材、铝板幕墙观感质量	—
真石漆观感质量	表面平整、颜色、架眼、分格条、外墙角、障碍物和其他
店招收边收口	外框平整、与建筑缝隙及其他

(2) 屋面防水

① 验收流程及资料如表 6-55 所示。

表 6-55

屋面防水验收流程及资料

验收流程	屋面防水完工→收集整理建筑装饰装修资料→监理方组织进行分部验收→存在问题进入销项清单→销项完成→签分部验收记录表
项目	资料准备
防水设计	设计图纸及会审记录、设计变更通知单和材料代用核定单
施工方案	施工方法、技术措施、质量保证措施
技术交底记录	操作要求及注意事项
材料质量证明文件	出厂合格证、质量检验报告和试验报告

中间检查记录	分项工程质量验收记录、隐蔽工程验收记录、施工检验记录、淋水或蓄水检验记录
施工日志	逐日施工情况
工程检查记录	抽样质量检验及观察检查
其他技术资料	事故处理报告、技术总结

② 现场验收内容如表 6-56 所示。

现场验收内容　　　　　　　　　　　　　　　　表 6-56

核查批次	内容
基层	基层应平整、牢固
保温层	厚度、含水率和表观密度应符合设计要求
防水层	卷材铺贴方法和搭接顺序应符合设计要求；涂膜防水层的厚度应符合设计要求；刚性防水层表面应平整、压光，不起砂、不起皮、不开裂；不得有渗漏或积水现象
保护层	浅色涂料保护层应涂刷均匀，无漏涂、露底现象，水泥砂浆、块材或混凝土应设置分隔缝，排水坡度要符合要求

（3）建筑电气

① 验收流程及资料，如表 6-57 所示。

建筑电气验收流程及资料　　　　　　　　　　表 6-57

验收流程	泛光照明完工→收集整理建筑电气资料→监理方组织进行分部验收→存在问题进入销项清单→销项完成→签分部验收记录表
项目	验收资料
控制资料	设计文件和图纸会审记录及设计变更与工程洽商记录
	主要设备、器具、材料的合格证和进场验收记录
	隐蔽工程检查记录
	电气设备交接试验检验记录
	电动机检查（抽芯）记录
	接地电阻测试记录
	绝缘电阻测试记录
	接地故障回路阻抗测试记录
	剩余电流动作保护器测试记录
	电气设备空载试运行和负荷试运行记录
	EPS 应急持续供电时间记录
	建筑照明通电试运行记录
	接闪线和接闪带固定支架的垂直拉力测试记录
	接地（等电位）联结导通性测试记录
	工序交接合格等施工安装记录

② 现场验收内容，如表 6-58 所示。

建筑电气现场验收内容　　　　　　　　　　　表 6-58

核查批次	内容
线管、电线安装	水平垂直、牢固、颜色、裸露及隐藏处理
电缆桥架及其盖板安装	安装规范、固定牢固
配电箱安装	安装牢固、接地、箱内线缆规范
灯具安装	角度、水平垂直、牢固、颜色及隐藏处理
回路测试	缺失、发热、漏电
漏电测试	是否漏电
节假日模式、节能模式	是否满足设计要求，强电正力系统安装
夜间灯光	是否有乱码、不亮，灯光是否均匀，是否与效果相符
主电源是否到位	—

（4）人行道

① 验收流程及资料，如表 6-59 所示。

人行道验收流程及资料　　　　　　　　　　　表 6-59

验收流程	人行道铺筑完工→收集整理人行道资料→监理方组织进行分部验收→存在问题进入销项清单→销项完成→签分部验收记录表
项目	验收资料
控制资料	设计文件和图纸会审记录及设计变更与工程洽商记录
	主要设备、器具、材料的合格证和进场验收记录
	隐蔽工程检查记录
	路基压实度检测记录
	砂垫层压实度检测记录
	砂浆强度复检记录

② 现场验收内容，如表 6-60 所示。

人行道现场验收内容　　　　　　　　　　　表 6-60

核查批次	内容
线管、电线安装	石材种类、排布与图纸匹配度（盲道、起坡口）
电缆桥架及其盖板安装	平整度、坡度、拼缝顺直、错台
配电箱安装	空鼓情况
灯具安装	观感质量
回路测试	边角收口
漏电测试	隐形井盖安装

（5）道路摊铺

① 验收流程及资料，如表 6-61 所示。

道路摊铺验收流程及资料 表 6-61

验收流程	道路摊铺完工→收集整理道路资料→监理方组织进行分部验收→存在问题进入销项 清单→销项完成→签分部验收记录表
项目	验收资料
控制资料	设计文件和图纸会审记录及设计变更与工程洽商记录
	主要设备、器具、材料的合格证和进场验收记录
	隐蔽工程检查记录
	路基压实度检测记录
	快干混凝土强度复检记录
	沥青设计配合比报告
	沥青验证配合比报告
	弯沉值检测报告

② 现场验收内容，如表 6-62 所示。

道路摊铺现场验收内容 表 6-62

核查批次	内容
沥青观感质量	检查是否有压痕、污染、麻面、裂缝、夹渣、松散、沥青油包及脱层等
沥青平整度、坡度	检查是否有凹坑、积水，检查整改后的平整及坡度质量
非机动车道	检查是否漏摊铺、打补丁
施工缝质量	检查摊铺机之间接缝，以及与通道口、匝道的接口是否存在错台等
侧分带、路缘石处沥青收口	检查是否错台、松散、漏摊铺
雨水井	检查平整度，以及周边是否下沉，检查坡度高差，确保井内垃圾清淘
检查井	检查井座加固是否符合设计要求，井与井座是否松动，是否周边下沉、松散、开裂， 检查与路面的高差，检查井盖是否破损，确保井内垃圾清淘

3. 工程移交

1）移交原则

由于城市街道更新项目移交管养工作尚无先例，各专业对接的接收管养单位众多。为加强移交管养及长效管养工作的组织领导，通常建议成立项目移交管养协调领导小组办公室，办公室设在市城管局，由局长担任办公室主任。协调领导小组办公室通过建立联席会议制度，协调处理移交管养有关事务。

通常采用以下三种模式：

模式一：根据属地管理、条块结合以及"谁接收、谁管养"的原则，由各相关城区及部门负责长效管养。

模式二：除建筑立面、环卫保洁、园林绿化、照明设施、交通安全设施由各相关城区及部门负责管养外，其余管养项目均由市城管局市政工程管理处牵头，由其成立专门机构负责管养。

模式三：除建筑立面、照明设施、交通安全设施由相关城区及部门负责管养外，其余管养项目全部采取服务外包模式，由市城管局对外招标，并探索形成长效管养机制，积累属地大型综合性项目工程的管理养护经验，转变城市治理思维、提升城市治理服务水平，整合城市治理资源。

2）移交流程

移交以各个专业为基本单元对外开展，各个专业应在完成验收后 10 日内开始对外移交工作。

（1）内部验收完成后，由指挥部向各个专业对应部门提出移交申请，明确施工内容、工程清单、改造标准，如图 6-52 所示。

移交申请表

设施项目		地 点	
提出单位		接收单位	
我方已完成_____施工内容，已完成验收工作，现提出移交申请。 具体工程量如下： 			
请于_____派人与我方人员进行现场走场，如有变化，请提前通知我方联系人。			
联系人：		联系方式：	
提出时间： 年 月 日			

图 6-52 移交申请表

（2）组织内部五方及管养单位负责人进行现场走场，核实移交申请相关内容。因道路、人行道、路灯、泛光照明、绿化等专业在施工完成后即投入使用，在移交前不可避免产生损坏等问题，对此类问题进行记录。

（3）对发生的问题进行整改，此部分整改可通过两种途径进行：一是督促队伍进行修复整改，办理相关费用；二是委托管养单位代为维修，签订维修协议（图 6-53），支付维修费用。

（4）问题整改完成后，由业主和管养双方签订移交协议（图 6-54）和维保协议，部分专业如绿化、装饰装修等在维保期内移交但仍由业主维保。

整体移交流程如图 6-55 所示。

工程设施维修委托协议书

设施项目		地 点	
委托单位（甲方）			
维修方（乙方）			

甲乙双方现明确＿＿＿＿＿＿附属设施责、权关系，经双方协商订立本合同。
一、工程名称：
二、工程概况：
三、协议内容：
四、费用及付款方式：
五、设施维修费用清单：

甲方委托人 签字：	乙方委托人 签字：
移交单位(公章)	监交单位(公章)

委托时间： 年 月 日

图 6-53 工程设施维修委托协议书

工程移交证书

工程名称		开工日期	
建设单位		竣工日期	
接收单位		移交时间	

移交范围：
本工程移交范围为 ＿＿＿＿ ，移交内容如下：

编号	项目名称	产品规格	单位	完成数量	施工位置

工程移交意见：
由＿＿＿＿＿组织有关单于＿＿年＿＿月＿＿日对移交工程现场验收，其验收结论为：合格，工程质量符合验收技术规范要求，同意移交管理。

施工单位	监理单位	建设单位	接收单位
年 月 日	年 月 日	年 月 日	年 月 日

图 6-54 工程移交书

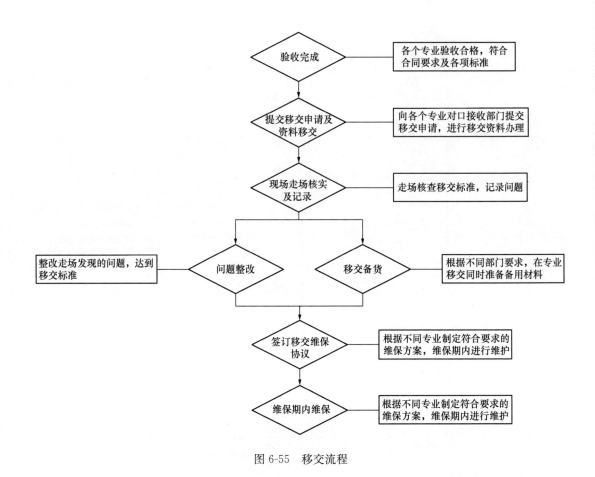

图 6-55 移交流程

3）移交标准

各专业移交管养部门及标准如表 6-63 所示。

各专业移交管养部门及标准　　　　　　　　　表 6-63

序号	管理专业	移交管养部门	移交管养标准
1	建筑立面管理	属地政府	沿线建筑立面无悬挑式铭牌、店招；无未经批准设置的店招、大型户外广告、LED屏等；无乱吊乱挂、乱贴乱画、垃圾广告；定期对空调罩、晾衣架、管线、穿孔铝板、干挂石材等进行安全检查；每年对建筑外立面进行清洗1～2次
2	建筑屋面管理	属地政府	强化巡查和执法力度，建筑屋顶无违法建筑物、构筑物，无擅自圈养家禽家畜，定期检修建筑屋顶（含坡屋顶）。在市城管局绿化部门指导下，鼓励在建筑屋顶进行美化、绿化、彩化提升
3	照明设施管理	属地城管局，一般由路灯管理处负责	加强城市照明管理工作，进一步提升道路照明标准化、精细化、亮化水平，为市民提供安全的照明环境，营造良好的宜居环境和城市形象
4	街面秩序管理	属地政府	沿线市容整洁、秩序井然、管理规范，无出店经营、占道摊点、乱堆乱放等违章行为

序号	管理专业	移交管养部门	移交管养标准
5	城市家具管理	属地城管局，属地公安局交管局，属地公交总公司，属地邮政管理局，属地政府	高标准管理养护、固化经验、以人为本，发挥好"城市家具"功能作业。花箱内草花按时令季节要求进行更换；"城市家具"每周清洗擦拭1~2次，确保干净整洁；"城市家具"需保证功能完备、安全运行；对"城市家具"定期、不定期进行巡查，发现缺失、损坏要及时更新、维修
6	环卫保洁管理	属地政府	以"马路本色"行动环卫作业质量标准为依据。全面推行道路"机械化清扫、人行道冲洗、快速流动保洁"作业机制，将"以克论净"考核办法由主次干道向背街小巷延伸。环卫保洁由平面向建构筑物立面延伸。推动全市容环境卫生管理不断向精细化、机械化、标准化、智能化转变，打造城市品牌
7	交通安全设施管理	属地公安局交管局	加强项目工程城市道路交通安全设施的管理，发挥城市道路交通安全设施的功能，保障交通安全和畅通，并保持清晰、醒目、准确、完好
8	立交桥管理	属地城管局，一般由属地市政工程管理处负责	加强立交桥设施的维护管理工作，提高城市桥梁养护水平，充分发挥桥梁设施功能，保障城市立交桥的完好、安全与畅通
9	城市道路管理	属地城管局、属地政府	加强道路维护管理工作，切实提高道路管理水平，充分发挥道路使用功能，确保道路的完好和正常运行
10	园林绿化管理	属地城管局、属地政府	加强园林绿化的维护管理工作，提高园林绿化的养护水平，营造良好的宜居环境和城市形象，打造国内一流的园林绿化景观
11	地下人行通道管理	属地城管局，一般由属地市政工程管理处负责管理养护	加强地下人行通道的维护管理工作，提高地下人行通道的养护水平，充分发挥地下人行通道设施的功能，保障地下人行通道的完好、安全和畅通

4. 运维管理标准

在各个专业完成后，在移交前需编制管养说明及指导手册，让接收方按照标准对接收内容进行管理维护。

具体各个专业管养标准内容如下：

1）城市道路管养

（1）管理目标

平顺美观、干净整洁、安全耐久。

（2）管理标准

① 总体标准

车行道平顺、人行道平整、路缘石整齐、占道围栏整洁有序。

② 道路占用、挖掘管理

道路占用、挖掘行政审批必须依法审批，严格按审批内容进行道路开挖，政府管理部门加强占道挖掘项目全过程监管。道路管理部门加大日常巡查力度，巡查中发现违章占道挖掘行为或与审批事项不符等情况，及时制止并上报，严肃追究施工单位责任。

鼓励采用非开挖技术进行管线施工，但必须在施工前对所在位置的地下管线进行详细调查。

③ 道路维护

路面必须进行定期检查，随时掌握其使用状况，分析损坏原因，及时进行经常性和预防性养护，保持路面处于完好状态。

巡查和检测：城市主次干路日常巡查要求宜1～2日一巡，常规检测应每年一次，结构强度检测应2～3年一次，并根据巡查和检测结果制定养护对策。

车行道：车行道路面平整、无积水，沥青路面无裂缝、坑槽、拥包、啃边等病害。

人行道：人行道面平整无积水，砌块无松动、残缺，相邻块高差及横坡符合设计要求。平缘石、立缘石稳定牢固、线形直顺；盲道上的导向砖、止步砖、缘石坡道位置安装正确、完好。修复人行道时应从整体上顾及视野范围内的统一和协调，应用同材质、同色彩、同规格的修复材料。修复材料除符合强度要求外，还应具有防滑、耐磨性能。

(3) 精细化管养要求

① 责任分工

市城管局负责全市城市道路设施维护管理的行业指导、督查检查以及由市人民政府确定的直接管理的道路设施的管理。区（市）县市政行政主管部门负责本行政区域内市直管设施以外的道路设施管理。

② 管理流程

发现（市政行政主管部门监督检查、日常巡查及检测、外部投诉）→受理→督办→处置（管理维护责任单位设置安全警示、探查问题性质、先期应急处置、制定维护方案、设施施工围挡、组织施工、验收清场）→反馈（管理维护责任单位将办理结果反馈城市市政行政主管部门、投诉人）→复核（市政行政主管部门进行核实）。

③ 管养要求

a. 行政审批管理：

占用、挖掘城市道路的行政许可管理要求：施工单位严格按照《城镇道路养护技术规范》CJJ 36—2016开挖修复要求施工，开挖修复应做到快速、坚实、平整，现场应清洁。工程结束后应当及时拆除障碍物，恢复道路设施功能。

非法占用、挖掘城市道路查处管理要求：施工单位严格按照《城镇道路养护技术规范》CJJ 36—2016修复要求施工，修复应做到快速、坚实、平整，现场应清洁。修复工程结束后应当及时拆除障碍物，恢复道路设施功能。

b. 车行道维护

修复沥青路面：

包括沉陷、坑槽、裂缝、拥包、车辙、麻面与松散等病害类型。按照标准修复路面平整、满足规范强度和抗滑指标。其中，快速路车行道维护作业中应以机械化施工为主，包括日常小维修作业，采用"快进快出"的修复方式进行道路养护维修。

修复水泥路面：包括破碎、坑洞、裂缝、板角与边角断裂、错台、唧泥、接缝料损坏、拱起、抗滑能力不足等病害类型。按照标准修复路面平整，满足规范强度和抗滑指标。

c. 人行道维护

病害类型：松动、错台、残缺、沉陷等。

要求：修复后的人行道道面平整、无积水，铺装美观。

d. 路基病害维护

病害类型：翻浆、崩塌、滑坡。

要求：修复后的路基应保持稳定、密实、排水性能良好，路基强度满足使用要求。

e. 路肩维护

病害类型：积水、沉陷。

要求：巡查发现问题后立即登记受理，立即采取警示、维护等临时措施，日常小修维护在启动整改之日起 3 日内完成修复并开放交通。中修、大修及改善工程根据道路等级、交通管制、季节因素及其他要求合理确定工期。

2）城市桥梁管养

（1）管理目标

安全可靠、整洁完好、规范有序。

（2）管理标准

① 总体标准

结构安全、设施完好、外观整洁、桥面平整、桥头平顺、排水通畅、行车舒适。

② 主要指标

a. 桥梁常规定期检测、结构性定期检测率达到 100％。

b. 病害桥梁整治率达到 100％。

c. 桥梁巡检率达到 100％。

（3）桥面设施的维护

① 桥面系统

桥面系统指上部结构中直接承受车辆、人群等荷载并将其传递到主梁（或主拱、主索）的整个桥面构造系统。

标准：桥面保持平整，结构完好、无破损、漏筋现象，伸缩装置完好、状态稳定。

② 上下部结构

上部结构：桥梁支座以上或无铰拱起拱线以上跨越桥孔部分的总称。

下部结构：支承桥梁上部结构并将其荷载传递至地基的桥墩、桥台和基础的总称。

标准：主梁、横梁、横向联系、支座、墩台、基础、挡墙等无破损、变形、沉降、位移等异常变化。

③ 附属设施

栏杆等设施、无障碍设施等应完好、牢固；排水系统设施完整，排水通畅；防撞墩、防撞栏杆、防护网等设施应结构完好、安全牢固；梁限载标志及交通标志设施等各类标志完好；无城市桥梁管理条例中的各类违章情况；桥梁声屏障设施安全可靠，无掉落松动现象，吸声孔无堵塞。

（4）桥梁保护区管理

① 立交桥安全保护区应定在以桥轴线为中线两侧各 30m 范围内。超宽或特殊结构桥梁应据实际情况确定安全保护区。

② 立交桥安全保护区内从事以下活动，应制定保护桥梁设施的安全防护方案，征得桥梁管理养护单位同意后方能进行：

a. 新建、改扩建或拆除建（构）筑物；

b. 基坑开挖、桩基础开挖、地基加固、爆破、钻探、打井、灌浆、顶管；

c. 敷设管线、采石取土；

d. 铁路、地铁施工及其他可能影响或危害城市桥梁设施的活动；

e. 堆放物资和倾倒废弃物。架设高压线缆、修建易燃爆物品储藏设施。

（5）桥梁超载管理

超载车辆需过桥时，须办理超限车辆过桥核准，经原设计单位或有资质单位进行安全验算，必要时采取技术工程措施，征得管理单位同意后方可过桥，在管理单位监督下，承运单位组织指挥过桥。

（6）桥梁附加静荷载管理

城市桥梁装饰、灯光装饰和绿化应统一安排、整体规划，不得影响桥梁检修保养和桥梁耐久性；不得危及桥梁车辆、行人的安全。

（7）精细化管养要求

① 责任分工

行业管理单位：市城管局负责全市城市桥梁设施维护管理的行业指导、督查检查以及由市人民政府确定的直接管理的桥梁设施。区（市）县市政行政主管部门负责本行政区域内市直管设施以外的桥梁设施管理。

② 管理流程

发现（市政行政主管部门监督检查、日常巡查及检测、外部投诉）→受理→督办→处置（管理维护责任单位设置安全警示、探查问题性质、先期应急处置、制定维护方案、设置施工围挡、组织施工、验收清场）→反馈（管理维护责任单位将办理结果反馈城市市政行政主管部门、投诉人）→复核（市政行政主管部门进行核实）。

（8）管养措施

① 修复桥面坑槽、破损

要求：修复后的桥面平顺、无跳车现象。

② 护栏或栏杆更换、修复

要求：修复后的线形直顺、外观颜色一致、锚固牢固。

③ 整治伸缩缝破损

要求：修复后的伸缩缝功能正常、混凝土保护带平整、止水带隔水良好。

④ 修复桥梁人行道破损

要求：修复后的人行道道面平整、无积水。

⑤ 整治泄水管（孔）破损、堵塞

要求：修复后的泄水管（孔）完好，排水通畅。

⑥ 整治栏杆破损、脏污、脱漆

⑦ 整治声屏障脏污、倾斜、松动、掉落

要求：修复、清洗后的声屏障要干净、有效、完整、安全牢固。

⑧ 整治防撞墩（防撞栏杆）破损、松动、脱落、变形

质量要求：修复后的防撞墩完好、无露筋裂缝。

⑨ 防护网破损、松动、缺件、脱落

要求：修复防护网应牢固、无破损，立柱无倾斜。

3）路桥环境卫生管理

（1）管理目标

着力推进清扫保洁作业"以克论净、深度保洁"，环卫作业单位集团化、作业标段规模化、作业方式机械化，实现环卫清扫保洁质量目标。

（2）道路清扫

① 清扫时间及频次

a. 清扫作业每日不少于 4 次。每日 05：00～07：00、19：00～21：00，每条车道全覆盖作业；09：30～11：30、12：00～15：30 双向左右两侧车行道、单向车行道两侧道路各增加作业 1 次；1～3 月，10～12 月适时增加作业次数，清理落叶和灰带。每日 7：00 前完成普扫作业，24h 不间断保洁。

b. 非机动车道、人行道、十字路口、绿化带花台、树池、桌椅、果屑箱（垃圾桶）、井盖表面等局部污渍清洗，其巡回保洁和快速巡检保洁每 15min 不少于 1 次。

c. 巡回保洁中发现的污渍污迹，在 20min 内实施处置。

d. 立交桥、人行天桥栏杆、隔离栏、隔离墩（桩）清洁除尘每日不少于 1 次。

② 作业方式

a. 主、辅道机械化作业率应达到 100％，非机动车道机械化作业率应达到 90％。

b. 机动车道、立交桥、高架桥、跨线桥、非机动车道、人行道、人行天桥、广场及栏杆、隔离墩（桩、墙）等环卫清扫保洁，适合机械清扫的，应当以大、中、小型吸尘车及扫地车或洗扫一体车作业为主，机械清扫作业时速不超过 5km；不适合机械清扫作业的，应匹配相应作业人员，实行人工清扫作业。人工清扫作业主要采用防尘软扫帚，避免产生扬尘。

c. 绿化带、花台、树池杂物清理，果屑箱清掏及外部保洁实行人工与机械相结合方式

作业。

③ 作业标准

a. 机动车道、非机动车道、人行道路面，无堆积物、无砖瓦土石、无果皮纸屑、无塑料袋、无烟蒂、无痰迹、无积泥积尘、无污水、无灰带等。绿化带、行道树池内无堆积物、无塑料袋、无纸屑等废弃物。果屑箱（垃圾桶）内垃圾及时清除、无满溢，箱体周围地面无抛撒存留垃圾、无污渍，箱体外观完好整洁。

b. 立交桥、人行天桥栏杆和隔离栏、隔离墩（桩、墙）、隔声墙（板）无积泥积尘。

（3）冲洗除尘

① 作业时间

a. 道路冲洗除尘作业应在每日 22：00～次日 06：00 进行，除应急处置外，原则上不得白天作业。

b. 机动车道每日冲洗除尘 1 次，非机动车道、路缘石隔日冲洗除尘 1 次，人行道和护栏基座地面每两周洗刷 1 次，随时清除锈迹、污垢、污渍。

c. 气温降至零度或零度以下，暂停作业。

② 作业方式

a. 道路冲洗除尘根据不同道路（区域）等级，制定清洗除尘方案。

所有道路（区域）应以冲洗除尘为主，冲洗作业时车辆时速不超过 5km，出水口与地面之间角度调至最佳冲洗位置，压力不小于 300kPa，开启警示灯或警示音乐（夜间禁用音乐）。

b. 道路冲洗除尘作业应当实行机械冲洗与人工辅助清扫相结合的方式，确保冲洗效果。

c. 道路冲洗除尘实行定人、定车、定时、定标、定责"五定"制度。作业单位应当将道路冲洗除尘班组责任人、项目经理、作业车辆、驾驶员、辅助人员等信息列入工作方案，明确作业时间、进度、范围、规范和责任。

d. 每条道路（区域）应有冲洗前的清晰图片（图片须显示作业日期、小时、分钟以及周边明显参照物），冲洗作业过程及冲洗后的效果资料。

4）城市家具管养

（1）管理目标

平顺美观、干净整洁、安全耐久。

（2）管理标准

① 家具维护：家具必须进行定期检查，随时掌握其使用状况，分析损坏原因，及时进行经常性和预防性养护，保持家具处于完好状态。

② 巡查和检测：城市主次干路日常巡查要求宜 1～2 日一巡，常规检测应每年一次，结构强度检测应 2～3 年一次，并根据巡查和检测结果制定养护对策。

③ 垃圾桶清理时间及频次：清理作业每日不少于 4 次。每日 05：00～07：00、19：00～21：00 作业。

（3）精细化管养要求

① 责任分工

a. 行业管理单位：市城管局负责全市城市家具设施维护管理的行业指导、督查检查以及由市人民政府确定的直接管理的家具设施的管理。区（市）县市政行政主管部门负责本行政区域内市直管设施以外的家具设施管理。

b. 管理维护责任单位：由市城管局牵头指定。

② 管理流程

发现（市政行政主管部门监督检查、日常巡查及检测、外部投诉）→受理→督办→处置（管理维护责任单位设置安全警示、探查问题性质、先期应急处置、制定维护方案、设施施工围挡、组织施工、验收清场）→反馈（管理维护责任单位将办理结果反馈城市市政行政主管部门、投诉人）→核实（市政行政主管部门进行核实）。

5）园林绿化管养

（1）1月份：全年中气温最低的月份，绿地树木处于休眠状态。

冬季修剪：全面展开对落叶树木的修剪作业；对大小乔木的枯枝、伤残枝、病残枝及妨碍架空线和建筑物的枝杈进行修剪。

行道树检查：及时检查行道树绑扎、立桩情况，发现松绑摇桩等情况时立即整改。

防治虫害：冬季是消灭园林害虫的有利季节。可在树下疏松的土壤中挖集刺蛾的虫蛹、虫茧集中烧死。1月中旬的时候，介壳虫开始活动，但是这时行动迟缓，我们可以采取刮除树干上的幼虫的方法。冬季防治害虫有事半功倍的效果。

绿地养护：绿地花坛等要注意挑出杂草，草坪切边，防冻浇水。

（2）2月份：气温有所上升，但是树木仍处于休眠状态。

养护基本和一月份相同。

修剪：对大小乔木的枯枝、伤残枝、病残枝进行修剪。月底前把各种树木修剪完。

防治虫害：继续以介壳虫、刺蛾为主进行防治。

（3）3月份：气温继续上升，中旬以后开始萌芽，下旬有些树木开始开花。

植树：春季是植树的有利时机。土壤解冻后立即抓住时机种树。植大小乔木前做好规划设计，事先挖好坑，做到随挖随种随浇水。种植灌木也一样，种植完立即浇透水一遍。

春灌：春季雨水多，但也常出现干旱风多，水分蒸发量大、不下雨的情况下对绿地及时浇水保持土壤湿润。

施肥：土壤解冻后对植物施用积肥并结合灌水以便植物充分吸收水肥。

防治病虫害：本月是防治病虫害的关键时刻。一些苗木如福建茶、大红花等出现了煤污病、卷叶螟，要及时防治（采用喷洒杀螟松等药剂防治），防治刺蛾可以继续采用挖蛹的方法。

（4）4月份：气温继续上升，树木均萌芽开花展叶开始进入生长旺盛期。

继续种树：四月上旬应抓紧时间种植萌芽晚的树木，对死亡的灌木应及时拔除补种，对新种的树木要充分浇水。

灌水：对养护绿地及时进行浇水。

施肥：对草坪、灌木结合灌水追施速效氮肥，或根据需要进行叶面喷施。

修剪：剪除冬春干枯的枝条，及修剪常绿绿篱。

防治病虫害：介壳虫在第二次蜕变后陆续转移到树皮裂缝、树洞、树干、墙角等处分泌白色蜡质薄茧化蛹。可以用竹扫把扫除，然后集中深埋或浸泡，或用杀螟松等农药防治；天牛开始活动了，可以采用嫁接刀或钢丝挑出幼虫，注意伤口要越小越好；以及其他病虫害的防治工作。

绿地内养护：注意大型绿地内的杂草及攀缘植物的挑除。对草皮进行挑草和切边工作。

草花：为了迎接五一做好替换冬季草花，注意做好浇水工作。

其他：做好绿化护栏油漆、清洗、维修等工作。

（5）5月份：气温急剧上升，树木生长迅速。

浇水：树木展叶盛期，需水量大，应适时浇水。

修剪：修剪残花，行道树进行第一次剥芽修剪。

防治病虫害：继续以捕捉天牛为主。刺蛾第一代孵化，但尚未达到危害的程度，根据养护区内的实际情况做出相应措施。由介壳虫和蚜虫引起的煤污病也进入了盛发期，五月中下旬喷洒10～20倍的松脂合剂及三硫磷乳剂1500～2000倍用以防治病害和虫害。

（6）6月份：气温高。

浇水：植物需水量大，要及时浇水不能看天吃饭。

施肥：结合松土除草、施肥浇水以达到最好的效果。

修剪：继续对行道树进行剥牙工作，对绿篱、球类及部分花灌木实施修剪。

排水工作：有大雨天气应注意低洼处排水工作。

防治病虫害：六月中下旬，刺蛾进入孵化盛期，应及时采取措施，现基本采用杀螟松乳剂500～800倍液喷洒，继续对天牛进行人工捕捉，同是木本花卉出现的白粉病、青桐木虱等要及时防治。

做好树木防汛台前的检查工作，对松动、倾斜的树木进行扶正、加固及重新绑扎。

（7）7月份：气温最高，中旬以后会出现大风大雨天气。

移植常绿树：雨季期间，水分充足，可以移植针叶树和竹类，但要注意天气变化，一旦碰到高温要及时浇水。

排涝：大雨过后要及时排涝。

施追肥：在下雨前干施氮肥等速效肥。

行道树：进行防台风修剪，对与电线有矛盾的树枝一律修剪，并逐个检查，发现松垮、不稳定立即扶正绑紧。事先做好劳力组织、物质材料、工具设备等方面的准备，并随时派人检查，发现险情及时处理。

防治病虫害：继续对天牛刺蛾进行防治。防治天牛可采用杀螟松等注射，然后封住洞口，也可达到很好的效果。

（8）8 月份：仍气温较高，常有大暴雨。

排涝：大雨过后，对积洼积水处要及时排涝。

行道树防台工作：继续做好行道树的防台工作。

修剪：对绿篱进行造型修剪。

中耕除草：杂草生长旺盛，要及时除草，可结合除草进行施肥。

防治病虫害：捕捉天牛为主，注意根部的天牛捕捉。潮湿天气要注意白粉病及腐烂病，要及时采取措施。

（9）9 月份：气温有所下降，为迎国庆做好相关的工作。

修剪：行道树三级分叉一下剥芽。绿篱造型修剪。绿地内除草，草坪切边，及时清理死亡树，枯枝病残枝，做到树木青枝绿叶，绿地干净整齐。

施肥：对长势较弱、枝条不够充实的树木，应注意追施磷钾肥。

草花：迎国庆，草花更换，选择颜色鲜艳的草花品种，注意浇水要充足。

防治病虫害：穿孔病为发病高峰期，采用多菌灵防治侵染。天牛开始转向根部危害，注意根部天牛的捕捉。同时也要注意螟虫类的害虫防治。

节前做好各类绿化设施的检查工作。

（10）10 月份：气温开始下降，下旬进入初冬，有的树木开始落叶，陆续进入休眠。

做好秋季植树的准备，下旬耐寒树木一落叶就可以开始移植。

绿地养护：及时去除死树，绿地草皮做好切边工作，生长不良的要施肥。

浇水：此时气候较干燥，要及时浇水保持土壤湿润。

防治病虫害：继续对天牛、螟虫类介壳虫、蚜虫等进行防治。

（11）11 月份：土壤开始夜冻日化，进入隆冻季节。

浇水：此时土壤易板结，应及时浇水。

修剪：对绿篱进行造型修剪，同时及时清理干枝叶、黄叶、枯枝等。

松土：遇到板结的土壤要松土，增加土壤的通透性。

（12）12 月份：气温较低，开始冬季养护工作。

冬季修剪：对常绿乔木、灌木进行修剪。

消灭越冬害虫。

做好明年调整工作准备：待落叶植物落叶后，对养护区进行观察，绘制要调整的方位。

6.10.2　既有建筑验收与交付管理

改造工程大多前期报建手续不完善，甚至不办理，图纸未完善，边设计、边施工、边调整，故该类项目竣工多为内部四方验收：即建设单位、监理单位、设计单位、施工单位。

1. 结构加固分部分项划分

根据《建筑结构加固工程施工质量验收规范》GB 50550—2010，建筑结构加固子分部工程、分项工程划分如表 6-64 所示。

建筑结构加固子分部工程、分项工程划分　　　　　　表 6-64

分部工程	子分部工程	分项工程
建筑结构加固	混凝土构件增大截面工程	原构件修整、界面处理、钢筋加工、焊接、混凝土浇筑、养护
	局部置换混凝土工程	局部凿除、界面处理、钢筋修复、混凝土浇筑、养护
	混凝土构件绕丝工程	原构件修整、钢丝及钢构件加工、界面处理、绕丝、焊接、混凝土浇筑、养护
	混凝土构件外加预应力工程	原构件修整、预应力部件加工与安装、预加应力、涂装
	外粘或外包型钢工程	原构件修整、界面处理、钢构件加工与安装、焊接、注胶、涂装
	外粘纤维复合材工程	原构件修整、界面处理、纤维材料粘贴、防护面层
	外粘钢板工程	原构件修整、界面处理、钢板加工、胶接与锚固、防护面层
	钢丝绳网片外加聚合物砂浆面层工程	原构件修整、界面处理、网片安装与锚固、聚合物砂浆喷抹
	砌体或混凝土构件外加钢筋网-砂浆面层工程	原构件修整、钢筋网加工与焊接、安装与锚固、聚合物砂浆或复合砂浆喷抹
	砌体柱外加预应力撑杆加固	原砌体修整、撑杆加工与安装、预加应力、焊接、涂装
	钢构件增大截面工程	原构件修整、界面处理、钢部件加工与安装、焊接或高强度螺栓连接、涂装
	钢构件焊缝补强工程	原焊缝处理、焊缝补强、涂装
	钢结构裂纹修复工程	原构件修整、界面处理、钢板加工、焊接、高强度螺栓连接、涂装
	混凝土及砌体裂缝修补工程	原构件修整、界面处理、注胶或注浆、填充密封、表面封闭、防护面层
	植筋工程	原构件修整、钢筋加工、钻孔、界面处理、注胶、养护
	锚栓工程	原构件修整、钻孔、界面处理、机械锚栓或定型化学锚栓安装

2. 施工过程验收

现场施工过程中，由专人收集整理资料，现场施工完毕后，项目内部自检具备验收条件后，由质检部向监理提出验收申请，邀请建设单位、设计院代表至现场对已完工内容进行联合验收，并进行签字确认。而后将资料交付建设单位及公司，并安排专门位置存放交付档案馆部分资料，便于后续各项手续完成后，进行正式竣工验收，完成竣工备案。

3. 竣工验收前的准备

1）收尾工程验收控制

收尾工作的最大特点就是零散、纷繁复杂，甲方组织编制销项表，将未完成的工作一并统计汇总，每天组织召开销项会议，落实销项工作。根据现场实际完成情况及时调整销项项目，组建工程移交推进工作组，负责已完工项目的移交，已完工项目资料的归档。要根据项目实际情况，根据设计图纸、相关法律法规以及施工合同的要求，确保完成项目施工前设定的质量目标。

2）技术资料的整理归档

技术资料和文件的整理归档是项目验收的依据，从工程施工开始，资料就要保存，后面归档才会比较容易。在验收的时候，按照分部工程、分项工程及检验批进行划分整理和顺序检查，并按要求归档。

加固工程技术资料提供情况如下：

开工报告、审批手续、施工组织设计、工程设计、变更洽商、原材料、半成品、成品质量文件、物资试验报告、施工试验报告、预检记录、隐检记录、施工日志、技术交底、检验批质量验收记录、分项工程质量验收记录、分部工程质量验收记录。

3）竣工预验收

预验收是指工程在最后验收之前进行的几次提前验收。一是为了加快收尾工作的完成，二是为了发现问题可以提前补修。

4. 竣工验收程序

验收作为工程项目质量控制的关键环节，首先是施工单位自评，接着是设计单位、监理单位、建设单位和质量监督部门对项目施工不同阶段的工程质量按要求进行检验，判断其是否合格。

施工完成后，建设单位应组织各参建方（施工单位、监理单位、设计单位等）共同进行验收。在实施验收之前，首先要做好的工作是，以需要加固的关键部位为对象，对其展开严格的现场检测，分析和判断其能够发挥的加固作用，为最终工程质量的验收工作提供详实的、必要的依据。

5. 运维管理

改造工程加固的结构、构件应定期检查其工作状态，宜每隔 10 年检查一次且第一次检查时间不应迟于 10 年。到期后若重新进行的可靠性鉴定认为该结构工作正常仍可继续延长其使用年限。四方验收过程中，也需定期检查明确责任，避免后期纠纷。

在与业主单位确定施工界面及进行分包单位招标时，应尽量避免不同单位的工序交叉，以便于后期维保时的责任划分。

施工前及施工过程中对施工部位做好影像记录，施工完成后及时组织监理验收，签署验收单；不同单位界面交接部位施工时做好工程交接单，为后期维保溯源做好准备。

在日常施工过程中，项目安排人员对已完工部位日常巡视，发现破坏部位及时向生产、商务和技术部门汇报，划分维修责任，编制维修措施，及时组织人员进行维修。

在工程交付前组织人员进行全面巡查,按照工程类型的交付标准逐一巡查、调试,发现问题及时维修。

工程交付后的维修分为两个阶段:第一阶段为交付后的三个月,此阶段项目抽调专人和专业检修队成立保修工作组留驻现场,确保能及时发现和解决问题;第二阶段为一直到工程保修年限,此阶段保修工作组撤离但仍依照相关规定和义务承担该工程的质量保障责任,做到及时检修,确保该工程的质量保障。

在工程交付时,为业主单位提供《建筑工程使用说明书》《用户使用及维修手册》等文件,以方便业主和最终使用用户的使用和维修。

在施工进行过程中及整个工程的保修期间,项目部将进行跟踪服务,进行定期、不定期的质量回访活动,广泛收集信息,促进质量改进和强化质量保证。

6.10.3 废弃矿山修复验收与交付管理

1. 验收条件

(1)施工单位按照经评审、批准的设计文件和施工合同要求,已全面完成了各项工程内容。

(2)各单位、分部、分项工程,均已由施工单位进行了自检,隐蔽的分部、分项工程已通过中间验收,且都符合设计、合同和有关规范的要求。

(3)各类工程结构,均按设计要求通过了现场试验检测,涉及结构安全的试块(件)、种子发芽率以及相关材料已按规定进行了见证取样检测,有真实、齐全的测量数据和文字记录。

(4)验收必备的技术资料和相关图件已经齐备,并按要求进行了整理。验收必备的技术资料主要包括:

① 投标文件和中标通知。

② 施工组织设计。

③ 定位测量、放线记录。

④ 原材料出厂合格证书及进场检(试)验报告、基质配合比实验报告。

⑤ 施工试验、见证取样检测报告。

⑥ 施工记录。

⑦ 隐蔽工程验收记录。

⑧ 工程质量事故和事故处理记录。

⑨ 设计变更和工程变更洽商记录。

⑩ 单位、分部、分项工程质量检验评定资料。

⑪ 竣工图。

⑫ 工程竣工报告。

⑬ 工程监理报告。

⑭ 工程预决算书。

2. 验收依据

（1）有效的施工图纸及说明，包括设计和监理单位签发的设计变更通知。

（2）施工合同。

（3）上级主管部门批准的设计任务书。

（4）国家或行业施工验收规范、专业技术规范和质量评定标准。

（5）政府颁发的有关法规与技术标准要求。

（6）边坡稳定性治理工程、绿化效果监测成果。

3. 验收程序及相关规定

1）验收程序：

（1）施工单位组织专业技术人员对照依据和标准，对完成的工程进行全面认真地自查自检，自认工程已符合要求、具备交验条件时，可向项目承担单位申请工程竣工验收，同时递交工程竣工报告。

（2）根据整治工程特点，验收一般分两步进行：

第一步：在完成边坡稳定性治理和地面土地整治与复垦工程之后、生态环境治理之前进行，主要对完成的各单位工程进行验收。

第二步：在对边坡植被停止人工养护（不再浇水、施肥和病虫害防治）满一年后进行，主要对治理后的边坡稳定性、植被生长、绿化景观效果等方面进行综合评价和验收。

（3）验收合格后，由验收方签发工程竣工验收意见，之后可转入工程交接、收尾工作。

（4）项目承建单位在验收合格 30d 内，将工程竣工验收报告和有关文件，报当地国土资源管理部门备案。

2）验收形式可根据工程性质分步、分阶段进行资料验收和现场验收，隐蔽工程以资料验收为主。

3）资料验收采取审阅、核对、验证的方法，验收时主要注意：

（1）资料所列数据、图表和有关结论，是否与工程实际相符。

（2）资料是否完整，是否与有关规定、要求相符。

4）工程现场验收，采用直观检查的方法，实测、核查关键数据等，检验其质量和数量、功能和性能。

5）正式竣工验收，采取会议形式进行。应先听取施工单位汇报施工情况、自检结果和准备工作，监理单位汇报监理工作情况。随后，验收组织分组进行竣工验收资料审查和工程现场验收。

6）验收方在听取各验收成员对工程检查情况的汇报，听取勘查、设计、施工、监理、质监单位的意见，经专家、成员认真讨论后，应形成明确的工程验收意见。若同意验收，应办理工程竣工验收证明书。若未能通过验收，应将存在问题通知监理单位和施工单位，限期整改后再进行复验。

7）工程竣工验收前，项目承担单位可根据合同确定的金额预留工程质量保证金，通过竣工验收、质量合格后支付。

第7章 案例分析

7.1 南昌八一大道综合改造

7.1.1 原道路概况

南昌市"阳明路—八一大道（南至坛子口）"建筑立面综合改造工程位于南昌市青山湖区、东湖区与西湖区维合交错的中心地带，北起阳明路，沿八一大道往南至井冈山大道。

其立面部分路段沿线共有建筑 189 栋，其中现代建筑 106 栋，普通建筑 46 栋，简欧建筑 16 栋，折中建筑 10 栋，新中式建筑 1 栋，在建建筑 10 栋。道路沿线建筑色彩较混乱，部分建筑和色彩较突兀，整条街缺乏特色。

其平面上城市基础设计较为匮乏，主要体现为城市慢行系统缺失、路灯照明缺失、侧分带及观赏花池缺少、交通安全标识等缺少以及因为地铁轨道施工和大流量车辆带来的路面病害等，除此之外，街面布局混乱，环卫设施及城市景观缺少，整体城市功能较差。具体如图 7-1 所示。

图 7-1 改造前街道图

7.1.2 改造工程设计概况

1. 整体改造风格定位

结合南昌的历史文化、地缘因素、政策指引以及目前城市的建筑现状，建筑改造风格采用分段组团定位原则。

（1）红色历史风貌段为苏联风格融合中式及现代元素的折中主义，体现庄重、沉稳、厚重的纪念性空间感受。

（2）都市现代风貌段除新建高层建筑外的其他建筑，低、多层建筑需进行改造，形成协调统一的早期现代式建筑风格。

（3）文化宜居风貌段以现代风格为主，采用简约欧式搭配现代主义的形式，进行以改善、提升为主的建筑风貌微改造。

（4）传统中式风貌段与滕王阁历史文化街区协调，采用传统中式风格，对建筑立面进行整体重塑，大力改善沿线建筑风貌。

在道宽允许的情况下加建骑楼形式构筑物，形成外廊，遮阳防雨，提供良好的步行环境，形成连续完整的街道街面和有城市文化特色的共享空间。

2. 立面设计概况

1）建筑立面材质及风格

（1）建筑材质：以石材、铝锰硅装饰板为主要材质；以真石漆、玻璃幕墙为辅助材质。

（2）建筑色彩：以浅米色、浅驼色、浅褐色等高亮度低彩度的暖色系为街道主导色彩；以浅灰色、棕色为辅助色。

2）泛光照明设计

以暖色系为主，采用静态光源，塑造庄重、典雅夜间风格，以勾勒建筑轮廓和线条为主。

3）店招设计

对每条街道的店招位置、材质及色彩进行统一规划整理，店招尺寸、凸出墙面空间、店招形式等均需统一规划一个活动区间，既避免个别店招格外突出，影响整体效果，又防止店招形式完全一致，千篇一律，丧失个性化效果。

3. 平面设计概况

1）屋面设计

（1）修缮原有防水功能，改善其防水隔热功能。

（2）塑造屋顶造型，提高建筑视觉感。

2）道路设计

主要治理道路病害，提升完善道路设施功能，修缮因轨道施工带来的道路通病，改善排水功能。

3）人行道设计

增加城市慢行系统，满足行人通行需求，同时结合八一文化，塑造典型铺装。

4）园林绿化改造

增加机非隔离带，点缀景观植被，迎合月季满城理念，打造多层次街道山水小品景观。

5）城市家具改造

增加基础设施，同时艺术品植入建筑空间环境的高度融合，以城市文化为主，地方区域文化为辅。

6）强弱电改造

强弱电下地，整理街道空间，同时减少架空安全隐患。

7.1.3　施工组织

1. 改造区段划分

本工程改造路段包括八一大道段和阳明路段，其中八一大道段全长 3.8km，阳明路段全长 2.0km，本书以八一大道段为例介绍。

根据整体施工部署，八一大道段分为八一大道北段、示范段及井冈山大道段三个标段。改造区段划分如表 7-1 及图 7-2 所示。

改造区段划分　　　　　　　　　　　　　　　　表 7-1

序号	工区划分	沿线距离	建筑楼栋	铝板面积	真石漆面积	清洗面积
1	一工区（八一大道北段）	1.7km	39 栋单体	18 栋 10 万 m²	13 栋 4.4 万 m²	8 栋
2	二工区（示范段）	1.3km	37 栋单体	17 栋 7 万 m²	14 栋 3 万 m²	6 栋
3	三工区（井冈山大道）	0.8km	32 栋单体	13 栋 7 万 m²	18 栋 2.4 万 m²	1 栋

2. 组织管理机构模式

本工程管理组织机构建立"公司管总、总包主建、工区主战"的管理机构，公司层面负责项目定位、战略方向，总包管理层负责资源供应、对外协调，各工区负责现场施工的具体实施。

针对本工程工期紧张、资源需求量大、外围环境复杂、深化设计工作量大等特点，项目部增设计划部、物资总监、外协部、设计部等岗位和部门，在组织机构及人员配置层面扫除现场施工生产的障碍。具体如图 7-3 及图 7-4 所示。

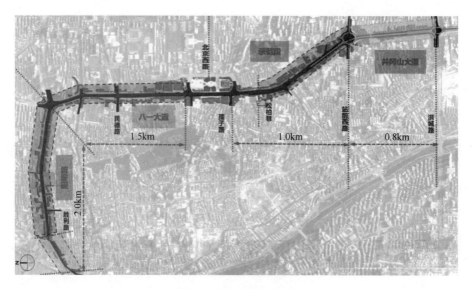

图 7-2　分区分段划分图

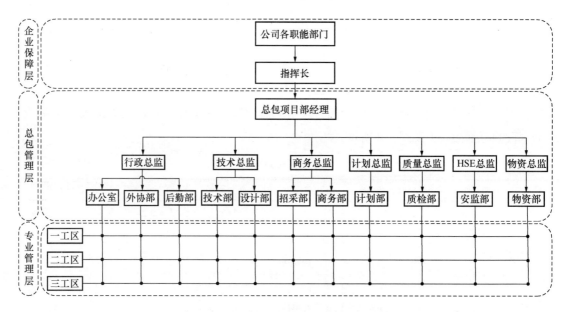

图 7-3　项目立面改造阶段管理组织机构图

3. 整体施工部署

项目的总体部署：八一大道改造项目工期紧张，施工楼栋多，故采用平行施工的模式开展现场施工，材料、劳动力、设备等资源全部满铺投入。整体施工顺序为先立面，后屋面、平面，建筑立面施工周期最长、工程量占比最大，且在项目总体改造效果影响中处于核心地位。施工部署流程如图 7-5 所示。

整体施工流程细分为几个阶段：

1）店招、违建拆除阶段

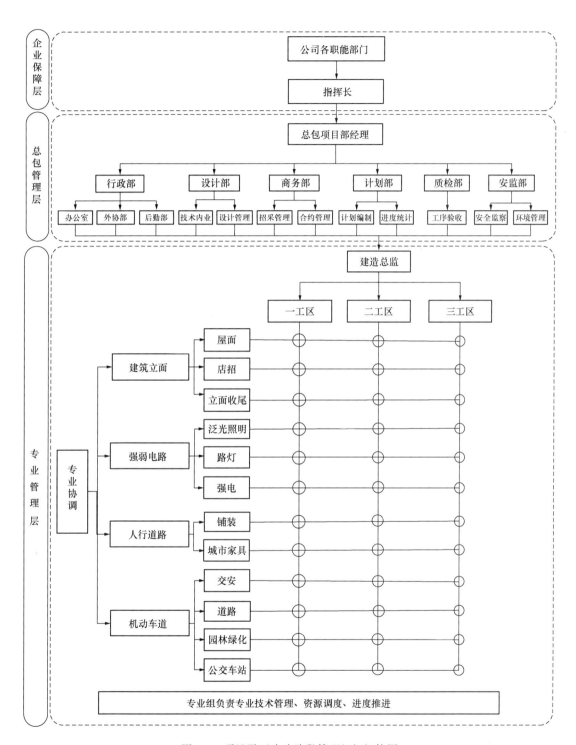

图 7-4　项目平面改造阶段管理组织机构图

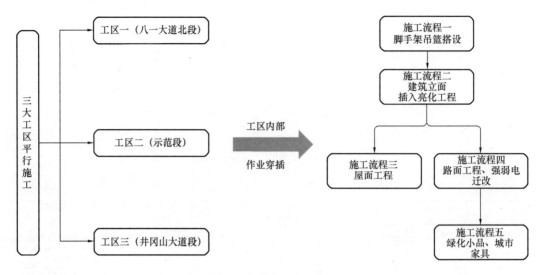

图 7-5　施工部署流程图

拆除物主要分为九大类，分别是防盗窗及晾衣架、牌匾、空调外机及空调罩、立面管线、违建结构、建筑大字、雨棚、原建筑幕墙、原泛光照明设备。违建拆除前先安排专职协调员进行违建排查，编制相关专项施工方案，再与相关责任人协商沟通，通过搭设活动脚手架或钢管扣件式脚手架进行违建拆除，违建拆除完成后及时清运垃圾。

2）外架搭设及吊篮安装阶段

外架搭设及吊篮安装前先对作业区域（地面、楼面、屋面）进行排查，判断外架搭设及吊篮安装的可行性，并初步计算钢管架料及吊篮设备的数量，编制相关专项施工方案，组织施工技术交底，最后现场进行外架搭设及吊篮安装，验收通过方可使用。

3）外立面施工阶段

外立面施工主要包括五大部分，分别为真石漆施工、石材幕墙施工、铝板幕墙施工、泛光照明施工及立面清洗。施工前先根据设计单位出具的相关图纸进行深化设计，并根据设计单位提供的效果图及材质表进行石材、铝板、真石漆、空调罩、空调格栅、泛光照明灯具及管线等选样定样。再根据深化设计图进行立面施工，幕墙施工过程中穿插泛光照明管线预留预埋，并根据设计效果要求进行空调移机。幕墙工程施工完成后再进行泛光照明灯具安装，并调试合格。

4）平面施工阶段

平面施工主要包括强弱电改迁、市政道路、园林绿化、人行道路及城市家具等。此阶段专业多、内容杂、工序穿插较为频繁。其中市政道路施工前期主要进行交通疏解及打围工作，园林绿化、人行道路及城市家具施工前需首先完成设计出图及选材定样工作。此阶段首先进行强弱电改迁及市政道路，先后插入人行道路破除铺装及园林绿化工作，最后进行城市家具安装。

5）收尾阶段

收尾阶段主要包括立面及平面两大部分，立面部分主要进行石材铝板清洗、吊篮拆除、脚手架拆除、架料及吊篮设备退场、店招安装，幕墙工程施工完成后要用专用清洗剂对幕墙表面进行全面清洗，再进行吊篮、脚手架拆除，拆除后的架料设备及时组织退场，再根据设计效果要求使用活动架对店招进行安装。平面部分主要是拆除围挡、恢复交通，同时对被破坏的成品进行整改恢复。

4. 施工总平面布置

八一大道项目属全开放式施工属性，施工过程中与城市正常运营同步交叉，与政府职能部门、城市管理部门和居民群众存在诸多协调配合事宜。因施工期间，人行道路采取半封闭措施，为确保车辆、行人安全顺利通过施工区域，交通疏导方案按照"严禁堵塞、减少干扰、确保畅通"的总方针组织。

施工期间应保持道路的畅通，通过布设必要的围挡、警示标识及施工标志、行车标志组织引导交通。落实好施工期间的交通秩序维持工作，安排专人管理负责，设必要的交通指挥岗。一旦发现问题要及时组织处理，出现抢道堵车现象应立即有专人指挥，不可由司机自由行驶。同时应加强施工车辆、施工人员与交通车辆之间的交通安全管理。

交通疏导方案需获得市政工程行政主管部门和公安交通部门的批准后，方可实施。

针对以上内容，交通疏导采取以下原则：

（1）交通指挥人员必须做好车辆行驶的有关指示标志工作，在保证交通安全的前提下，以缓解阻塞为最终原则。

（2）做到安全、文明、美观，要求采用统一特制的围挡，并设置有效的交通指示设施。

（3）做好夜间的交通指示，要配备足够的各种安全标志和警告标志的设置。

（4）加强施工人员的安全教育，以及交通意识教育。

（5）遵守南昌市有关市容卫生管理规定，保证场地整洁和畅通。

（6）禁止乱堆放建筑材料，做到设施摆设整齐、有序。

（7）协助交警部门搞好交通组织工作，确保施工安全与有效引导交通流量。

（8）施工地段有明显告示，夜间有红色警示灯和慢行灯。

（9）不同区域设置交通指挥岗，派专职人员协助交通警察疏导施工路段车辆、行人，并维护交通安全设施的正常使用。

（10）随时掌握施工进度情况及交通部门所在的单位、住户要求，以及调整施工方案，并恳请过往司机、行人对施工给予谅解。

（11）积极做好"净、畅、宁"工作，做到废土、垃圾及时清理、及时运走，保护路面干净畅通。

（12）夜间施工作业应在不影响居民休息的情况下进行。

（13）多个点位同时施工，尽量选取车流量较小时段施工，材料运输及堆放快运快清，施工总平面图的绘制及布置原则如图 7-6～图 7-11 所示。

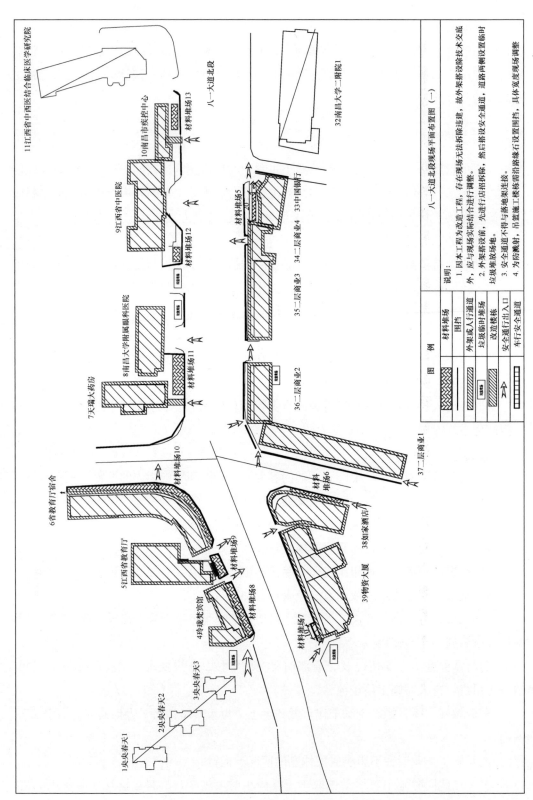

图 7-6　八一大道北段现场平面布置图（一）

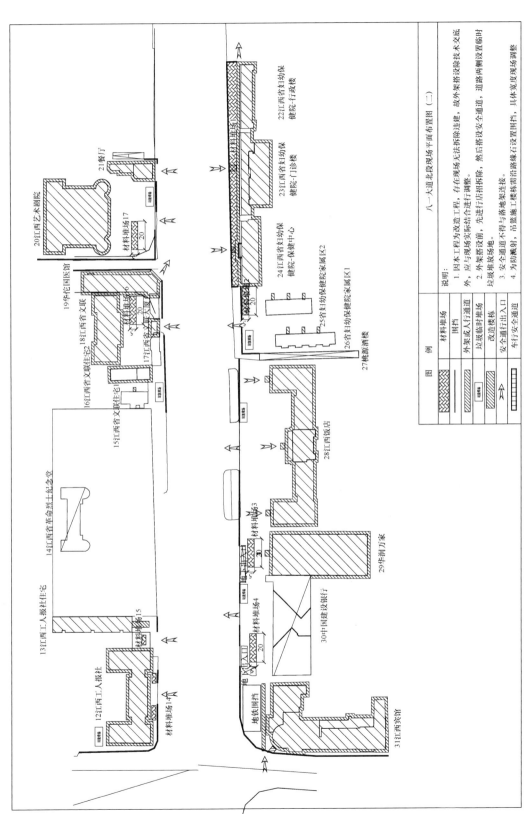

图 7-7 八一大道北段现场平面布置图（二）

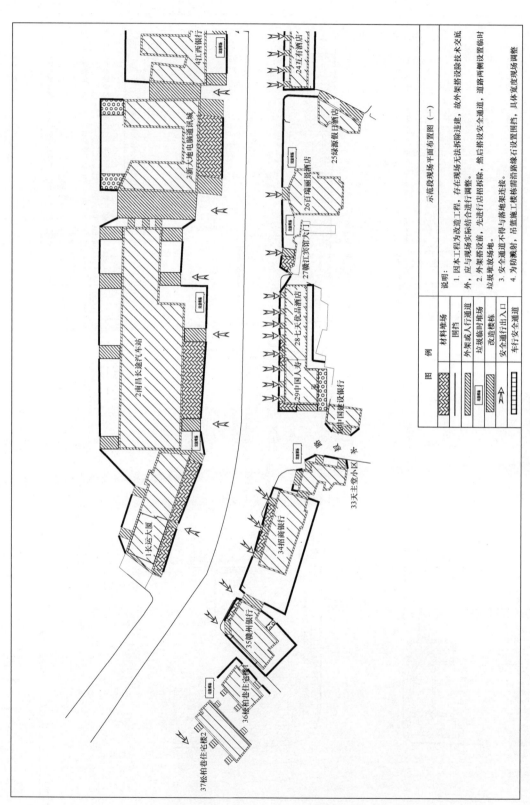

图 7-8 示范段现场平面布置图（一）

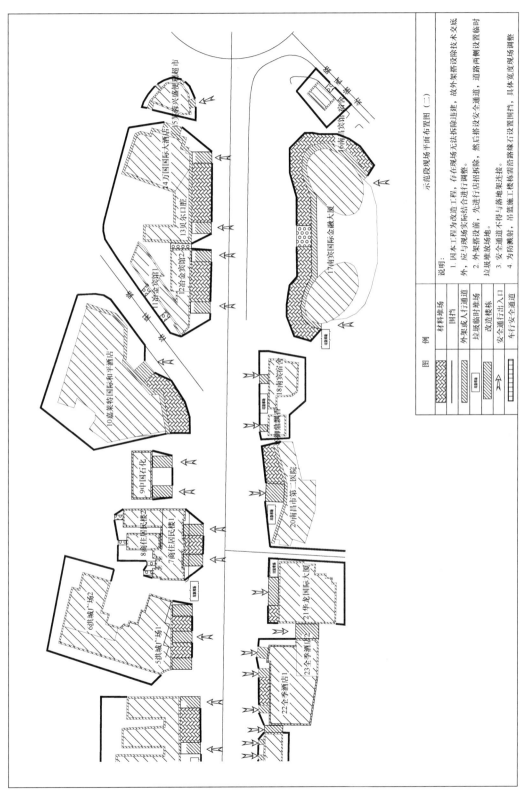

图 7-9 示范段现场平面布置图 (二)

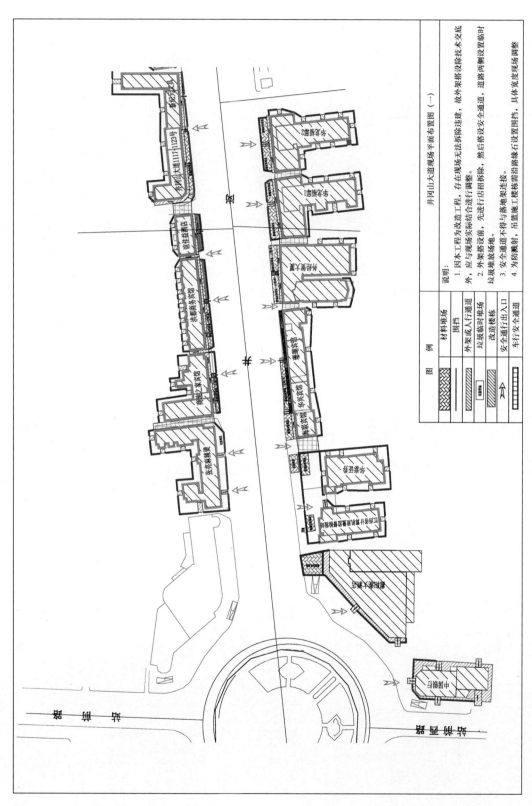

图 7-10 井冈山大道现场平面布置图（一）

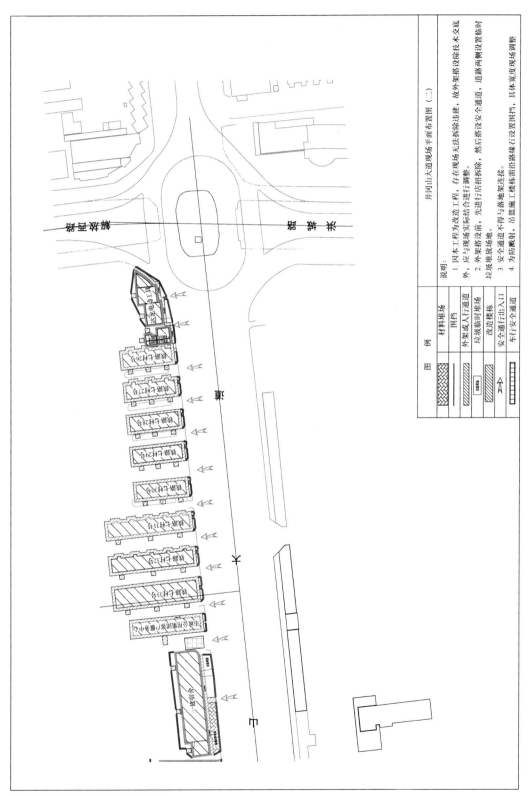

图 7-11 井冈山大道现场平面布置图（二）

5. 施工总平设施布置方法

示范段及井冈山大道段设施具体布置如表 7-2 所示。

示范段及井冈山大道段设施具体布置 表 7-2

交通情况	该类点位	措施详图
①停车位需迁改; ②沿建筑立面外廊搭设脚手架及安全通道、安全通道设置双层硬质封闭; ③占用部分非机动车道处设置围挡,需占用施工封闭区域,安全通道与围挡间区域为施工封闭区域、封闭区域两侧设置指示牌及专人引导行人走安全通道	3 商旅之家宾馆、4 洪都商务宾馆、5 诣佳益酒店、27 华兴宾馆、长运大厦(两栋)、南昌长途汽车站、新大地电脑通信城、江西银行、洪城广场 1、洪城广场 2、商住居民楼 1、商住居民楼 2、中国台化、嘉莱特国际和平酒店、冶金宾馆 1、冶金宾馆 2、贝尔口腔、万国际大酒店、美蓉兴盛便利超市	
①停车位需迁改; ②沿建筑立面外廊搭设脚手架及安全通道、安全通道设置双层硬质封闭; ③沿人行道外侧路缘石设置围挡、安全通道与围挡间区域为施工封闭区域,封闭区域两侧设置指示牌及专人引导行人走安全通道	2 张亮麻辣烫、6 井冈山大道 1117-1123 号、7 新纪元文具、8 一建宿舍、9 市政公用集团客户服务中心、10-17 铁路七村 26-33 栋、19 井冈山大道 1061 号、18 井冈山大道 1063 号、20 达龙电动工具、23-24 华龙福郁、26 珊瑚宾馆、28 海瑚宾馆	

续表

交通情况	该类点位	措施详图
①停车位需迁改； ②沿建筑立面外廊搭设脚手架及安全通道，并设置出入口垂直安全通道。安全通道设置双层硬质封闭； 沿非机动车道隔离带设置围挡。需占用非机动车道与围挡两侧设施工封闭区域，封闭区域两侧设置指示牌及专人引导行人走安全通道。楼梯底层公用区域面积足够，根据现场需求搭设围挡，无需占用道路	25 外经贸大厦，31 都阳湖大酒店，30 江西省计算机质量监督检验站，29 华泰证券，南昌宾馆一宿舍，南宾国际金融大厦，御鼎飘香，南昌市第二医院，华龙国际大度，全季酒店 1，全季酒店 2，互有酒店，绿源假日酒店，百瑞丽景酒店，赣江宾馆大门，七天优品酒店，中国人寿，中国建设银行，锦江之星，新视界眼科，天主堂小区，招商银行，赣州银行，松柏巷住宅楼 1，松柏巷住宅楼 2	
①停车位需迁改； ②沿建筑立面外廊搭设脚手架及安全通道，并设置出入口垂直安全通道。安全通道设置双层硬质封闭； ③沿人行道外侧路缘石设置围挡，安全通道与围挡间区域为施工封闭区域，封闭区域两侧设置指示牌及专人引导行人走安全通道	4 玲珑宾馆，5 江西省教育厅，6 省教育厅宿舍，7 天瑞大药房，8 省人大宿舍，9 江西省中医院，10 南昌市疾控中心，11 江西省附属眼科医院，临床医学研究院，12 江西省工人报社，13 江西工人报，中医院，14 江西省革命烈士纪念堂，15 江西省文联住宅，16 江西省文联住宅 2，17 江西省文联大门，18 江西省文联，19 华佗国医院，20 江西艺术剧院，21 餐厅，22 江西省妇幼保健院行政楼，23 江西省妇幼保健院门诊楼，24 江西省妇幼保健院保健中心，25 省妇幼保健院家属区 1，26 省妇幼保健院家属区 2，27 桃源酒城，32 南昌大学二附院 1，33 中国银行，34 二层商业 1，35 二层商业 3，36 二层简业 2，37 二层商业 2，38 如家酒店，39 物资大厦 1	
①停车位需迁改； ②沿建筑立面外廊搭设脚手架及安全通道，并设置出入口垂直安全通道。安全通道设置双层硬质封闭； ③沿非机动车道隔离带设置围挡。安全通道与围挡两侧设施工封闭区域，封闭区域两侧设置指示牌及专人引导行人走安全通道	28 江西饭店，29 华润万家，30 中国建设银行，31 江西宾馆	

7.1.4 重难点分析

施工重难点分析具体如表 7-3 所示。

施工重难点分析 表 7-3

序号	类别	特点、重难点	简要分析	对　策
1	组织管理	EPC 模式下的总承包管理与协调是本工程管理的重点与难点	项目包含设计、采购、施工三大部分,如何高效协同各参与单位按时、保质保量完成既定的工程目标是关键所在	① 强化组织架构管理。总包管理层设置一名项目经理,下设计划总监、行政总监、设计总监、合约总监、工程总监(技术负责人),并组建 EPC 项目管理团队,形成企业保障层、总包管理层、专业管理层三个层级的管理架构,并采用长期合作的供应商作为本工程的配套单位。统筹全公司资源,协调设计、采购、施工、验收等各个环节,强化设计与施工结合,成立设计、深化设计一体化的设计团队,建立具有丰富经验的采购团队,采购计划合理,采购周期可控,采购与设计联动,满足施工所需接口等参数要求,做到材料设备采购准确。 ② 健全管理制度。规范流程,通过各类制度,明确各部门之间职责,同时明确各部门之间联动机制及流程,全面实现总包对设计、采购、施工、验收等的管理。 ③ 建立协调解决机制。专业责任人包保责任制,协调解决实施过程中各单位、各专业间工作界面、工序移交等问题
2		项目工期紧张	① 城市街道更新期间,对市民正常生活存在较大影响,通常八一大道项目施工周期均极端紧张。 ② 八一大道项目的启动、实施与城市的大型活动有重大联系,存在启动突然、实施过程压缩较短、完工日期锁死等特点。 ③ 八一大道项目启动突然、超紧张工期对项目管理资源的应激性、劳务物资资源的短期集中投入提出了较高要求	① 加强完成节点进度。项目部应注意政治指令产生的强制性进度节点将导致一系列抢工情况发生。比如城市为迎接国家级检查须提前完成部分改造内容展示形象进度。 ② 保障物资资源。项目部应注意物资资源组织,必要时以合同条款对分包单位资源配置条件进行要求。 ③ 优化架构保证。组建高效管理组织架构,应对超紧张工期下的管理挑战。 ④ 平行分区施工。分区管理,各区之间平行管理,同时铺开并施工以达到缩短工期的目的
3	设计管理	设计依据缺失,设计准备工作量较大	改造建筑物年代久远,产权单位及建筑物使用名称变动较大,无法获取原建筑设计图纸	① 摸排调查到位。提前调查沿线建筑使用单位,获取产权单位联系方式及建筑物原始名称,通过原始名称到当地档案馆调取原设计图。 ② 结构鉴定作依据。正式开工前,储备房屋鉴定单位资源,对无法调取原设计图楼栋进行房屋鉴定,作为设计指导依据

续表

序号	类别	特点、重难点	简要分析	对　策
4	设计管理	设计流程复杂、技术管理繁杂	① 有别于传统新建项目的"先设计后施工""按图施工"等设计图纸原则，本项目设计、施工的先后关系为：方案设计→现场施工→问题反馈→设计补充→施工推进→绘制竣工图→反推施工图，八一大道项目施工过程中无确切施工图纸，设计现场反馈及时性对施工推进影响大，无图纸施工对现场管理人员技术要求高。 ②八一大道项目兼具基础设施项目与房建项目特点，具有基础设施类项目战线长、单体多的特点，内业技术人员无法对现场每栋单体情况详细了解，传统房建项目的技术人员管方案、管技术的方式无法满足八一大道项目技术指导生产的效果；同时，该类项目相较房建类项目具有工艺工序多、立面工序交叉频繁等的特点，现有管理模式下的工长推进现场技术工作难度大	① 通过保证专业分包招标与设计同步进行实现成本控制。在出图之前与业主、设计院充分沟通，提倡通过设计出具的"做法与材料选型表"组织招标，化解无图纸招标带来的成本风险。 ② 完善总分包一体化机制。充分利用分包队伍技术力量，并落实一体化管理，缓解现场技术服务工作压力。 ③ 落实方案可行性。考虑施工方案编制量大，且部分方案内容可算性意义强于可行性，为指导现场施工，技术交底与施工方案同步进行，交底重点强调可行性、安全性和经济性。 ④ 贴切编制支撑资料。项目属定额项目，施工措施费为本项目重要创效点，为确保结算资料闭合，需针对每栋楼编制外架、材料转运、施工降效等结算支撑方案。 ⑤ 完善内业资料。区别于传统项目技术资料体系，老旧城区立面改造项目需优化完善技术内业资料体系，尤其注意外围对接、设计变更版块过程资料。 ⑥ 多学习多吸收。边学习边管理，"拿来主义"解决技术瓶颈。针对幕墙工程、城市家具、公共艺术、道路工程等跨专业施工内容，通过建立专业培训、实地考察、观摩交流等多种学习通道，快速提升专业业务能力，做好现场技术支撑。 ⑦ 随时培训培养。加大项目培训力度，增强"责任工程师"理念，拒绝"保姆式管理"技术服务模式，提升现场问题处理效率，培养现场复合型人才
5	协调管理	接口协调管理是难点	① 本工程前期施工准备阶段，违建物拆除、交通疏解、管线迁改等涉及政府部门及权属单位多。 ② 沿线与正在施工的地铁站及在建建筑重合，与多个施工单位的协调配合是难点	① 完善协调机构。建立接口管理机构及接口管理方案，根据接口类型，分别由专职领导牵头对接。 ② 加强对口协调。项目部配合业主及沿线其他施工单位协调，互相提供双方施工图纸，以便协调接口处理方案。 ③ 加强宣传。通过制作展板、宣传册、广播、网络等手段，提前对沿线产权单位及使用单位进行宣传，获取支持
6	招采管理	EPC 模式下大量的设备及物资采购，如何保障其按计划到场是采购管理的难点。材料设备的采购准确度也是采购管理的重点	项目含有大量的设备及物资采购，如何保障其按计划到场是采购管理的难点。 材料的准确度在采购中至关重要，保证各专业之间接口正确、性能合理	① 利用公司优势。充分利用公司总部集采平台、区域集采中心为本项目服务，快速、高效、保质、低价地完成采购任务。 ② 专人专用。总承包管理部设置专人和专职部门（采购部）负责采购工作。 ③ 制定采购计划。结合项目实施计划，确定各项物资及设备进场时间，以倒排计划的形式，综合考虑招标、下单、排产、生产、运输等时间，编制物资采购计划，指导项目采购工作。 ④ 专人到场监督。定期派专人到供应商加工、生产车间进行现场督察，确保物资与设备投入加工、生产，保证各项物资及设备按照物资采购计划实施。 ⑤ 编制指导书。设备物资招标前编制招标材料设备技术规格书，确保材料设备接口、参数等技术指标正确

序号	类别	特点、重难点	简要分析	对　策
7	现场施工	商铺多，路口多，交通疏解是难点	本工程地处南昌市中心，商业密集，车流量大，交通节点较多，涉及较多交叉口，社区、学校、医院等出入口众多，交通疏解难度大	① 编制专项方案。提前对沿线交通使用状况进行调查，编制交通疏解专项方案。 ② 请求外围配合。与交管局进行联动，对于即将施工的区域提前7d进行宣传，取消路幅较窄路段的停车泊位，并借助交管局力量进行排查控制。 ③ 宣传告知。提前利用广告、传单等形式进行沟通，告知沿线单位项目推进情况；对沿线重点单位进行调查，在满足施工的情况下，预留出口，采取钢板覆盖、临时恢复等形式满足出行需求。 ④ 全面打围。对路幅较窄部位采用全断面打围、社会车辆绕行的措施，减少施工车辆与社会车辆交叉点
8		管线迁改是难点	工程沿线有给水、排水、电力、电信、燃气、电缆等相关管线，周边环境非常复杂，施工过程中涉及大量管线迁改及保护工作，在施工顺利进行的前提下确保管线通畅是工作的重点和难点；管线的迁改和施工对道路改造施工进度影响重大	① 做好前期摸排。实施阶段做好现场详细调查、管线探挖工作，并且与设计管线图进行对照，形成完善的具有指导现场施工能力的资料。 ② 需求业主配合。施工准备阶段，向业主提供完善的管线迁改需求计划及工期时间要求。 ③ 做好外围单位协调工作。施工阶段做好与管线权属单位的现场协调，掌握现场管线实际情况，项目部最大限度地为管线迁建施工提供工作面
9	安全文明施工	敞开式施工现场，全透明施工、曝光率高	改造期间，施工场区内商户、医院、机关均正常经营，高处作业与市民生活出行立体交叉进行，安全管理风险不可控。老旧城区电线私搭乱接情况普遍，立面改造焊接过程中，消防安全隐患极大。老旧城区交通拥堵严重，且无围墙保护，物资进场困难，进场后物资安保困难。施工现场全透明，所有施工行为、安全管理情况均在市民监督下进行，应急救援预案极为关键	① 编制导改方案。联合交管单位踏勘确认现场客观因素，编制交通导改方案报送交管单位审批。 ② 宣传告知。提前宣传疏导路线及导改时间，提醒广大市民周知。 ③ 做好签证管理。交通疏导措施作为措施性方案报业主方审批，配合现场签证办理。 ④ 制定措施性方案。鉴于现场客观条件，项目部采取的材料进退场措施、堆场设置、运距分析编入措施性方案报业主方审批，配合现场签证办理
10		施工安全防护措施是重点	本工程施工过程中存在大量高空作业，且施工期间商铺正常营业、行人及车辆正常通行，施工期间安全防护措施是重点	① 完善安全体制。加大安全管理人员投入，同时建立安全生产责任体系。 ② 做好现场封闭管理。做好施工现场与通行道路的分隔，防止行人进入施工现场。 ③ 做好方案可行工作。认真做好危险性较大分部分项工程的方案研讨及论证工作，保证方案的安全可行性。 ④ 制定安全应急机制。建立安全事故应急预案，遇事故快速适当解决

续表

序号	类别	特点、重难点	简要分析	对　策
11	安全文明施工	文明施工管理是难点	① 本工程位于城市中心，人员密集，且周围居民小区、商铺较多，对绿色施工的要求较高。 ② 施工过程中施工机械产生噪声较大。 ③ 施工过程中临时措施材料较多，产生一定的建筑垃圾。 ④ 施工机械多、管理人员及工人较多，生活用电、用水量大，损耗大	① 完善管理机构。高度重视文明施工管理，建立健全文明施工管理机构、管理制度，设专人专班负责文明施工。 ② 运用新技术。运用四新技术减少能源、资源的浪费。 ③ 做好解释、宣传工作。 ④ 制定现场定期清洗制度。 ⑤ 对于有噪声及扬尘的作业，施工过程中采用纤维彩条布及镀锌钢板进行封闭处理
12	移交管养	移交管养是区别其他普通项目的不同点	不同于常规项目，品质管理集中于建造阶段，旧改项目验收移交周期长，良好的管养方案降低长期运维成本，是合作共赢的必要基础，而国内未有系统完整的街道管养方案	① 细分管养专业。根据所施工专业，制定切实可分的管养专业，分门别类，优化各专业运维措施。 ② 明确管养部门。提前对接政府各个管养部门，明确各移交管养单位，提前接洽，做好前期铺垫工作。 ③ 制定管养标准。制定短期管养标准，便于移交前的管养维护，制定长效管养手册，指导移交后接管部门管养

7.1.5　案例分析总结

项目在 10 个月内顺利完成了阳明路—八一大道—井冈山大道沿线共计 5.8km 的建筑立面、城市道路、园林绿化、夜景灯光、城市家具等九大专业的综合整治提升（图 7-12），如期实现"为国庆献礼"的履约目标。

图 7-12　南昌八一大道改造后街景（一）

图 7-12 南昌八一大道改造后街景（二）

7.2 鹰潭市综合改造

7.2.1 工程概况

具体如表 7-4 所示。

工程概况   表 7-4

工程名称	鹰潭市城市功能与品质提升（一期）工程
项目地点	鹰潭市胜利路、梅园大道、龙虎山大道、林荫路—沿江路、火车站广场及周边
建设内容及规模	本工程位于鹰潭市月湖区信江两侧的老城片区及信江新区。主要建设内容及规模：鹰潭中心广场，鹰潭站周边节点改造 21 栋既有建筑整修 10.2 万 m²，梅园大道西起军民路东至鹰东大道，沿线全长 1.9km；胜利路西起五湖路东至军民路，沿线全长 5.1km；龙虎山大道北起于鹰东大道，南止于 320 国道，沿线全长 12.4km；林荫路—沿江路（交通路至鹰东大道段）沿线全长 4.1km。社区改造主要包括东湖家园社区、立新社区、杏南社区、龙祥社区等多个社区。小巷主要包括：拥政路、爱民路、上清宫路、正一观路、古玩街、立新巷、欣新路、育新路、如意巷、东风巷等。鹰潭市第一小学、第二中学周边增加与胜利路关联的口袋公园及便民设施改造
涉及专业	建筑立面装饰工程、泛光照明工程、绿化景观提升工程、交通工程、道路工程、城市家具更新工程、城市导向系统工程、管线工程、污雨水整治工程等全方位改造
参建单位	建设单位为南昌市政公用集团，监理单位为江西中昌工程咨询监理有限公司，由中国建筑股份有限公司、天津市市政工程设计研究院成立 EPC 联合体
合同金额	项目总投资：18.3 亿元。资金来源：由市投资公司出资
工期目标	项目建设周期为 12 个月
质量目标	合格

7.2.2 改造工程设计概况

1. 设计定位

1）胜利路

功能定位：延续鹰潭老城记，体现鹰潭道都文化的老城主街；

形象定位：慢城新貌、道韵自然；

风格定位：建筑优雅新中式，景观现代商业，夜景精致靓丽；

色彩定位：玉脂白、长城灰为主色调，原木色、水墨黑为辅助色。

2）梅园大道

功能定位：探寻鹰潭工业历史，体验铜都文化，联通贵溪城区的文化通廊；

形象定位：工业新风，创客新城；

风格定位：建筑现代工业风格，景观极简精致，夜景灵动智能；

色彩定位：暖白色、棕色为主色调，飞机灰、水墨黑为辅助色。

3）龙虎山大道

功能定位：展现鹰潭城市形象的景观门户大道、迎宾大道；

形象定位：舒朗大气、高端现代；

风格定位：建筑简约现代，景观动感时尚，夜景恢弘大气。

2. 设计方向

将新技术、新材料以及新设备运用到城市改造当中，使城市基本功能得到完善与改进，让城市更顺应现代化科技发展的方向，将高新技术等体现在城市功能之中，提高市民生活标准与城市竞争力。

3. 设计创新点

1）设计方法：建筑增强现代与艺术美感，道路功能重塑，计算机模拟。

2）设计理念：探寻鹰潭工业历史，体验铜都文化，结合鹰潭物联网试点城市建设，引入海绵城市建设。

7.2.3 施工组织

本工程配备专业管理人员对施工合同涉及的各专业进行管理，使管理深入基本作业班组，保证整个工程的实施处于控制之中，确保相应工程工期、质量目标的实现。

本着结构合理、精干高效的原则，选择综合素质高的优秀管理人员组成的项目管理团队，实行项目经理负责制，在企业保障层的指导下，实行 EPC 总承包管理。具体如图 7-13 所示。

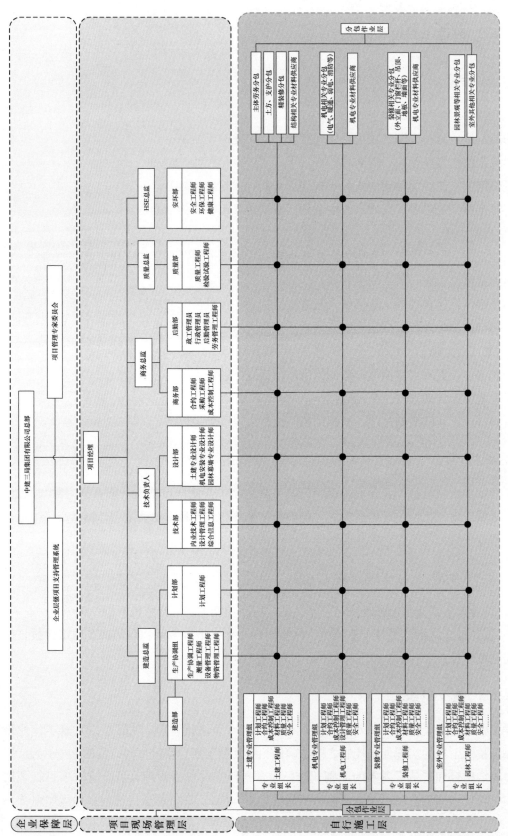

图 7-13 施工总承包管理组织机构图

1. 分区分段划分

本工程共划分六大工区，其中火车站广场及周边为第一工区，梅园大道为第二工区，胜利路为第三、四工区，龙虎山大道为第五、六工区，工区之间展开平行施工。具体如图 7-14 所示。

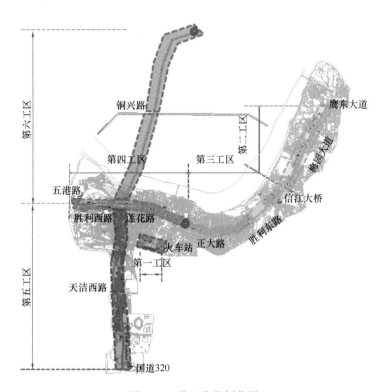

图 7-14　分区分段划分图

2. 施工部署安排

施工部署安排具体如图 7-15～图 7-17 所示。

7.2.4　重难点分析

根据拟定 EPC 实施方案、现场踏勘情况及我司类似工程施工经验，对本工程特点、重难点部分的认识和拟采取的对策如表 7-5 所示。

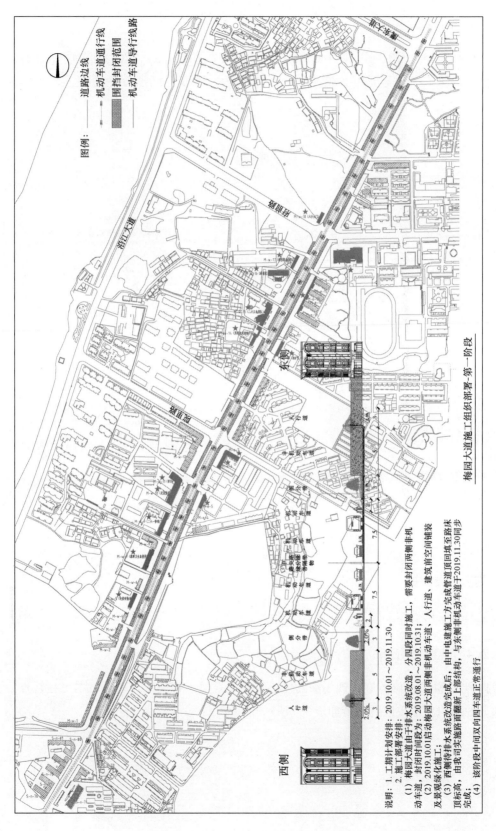

梅园大道施工组织部署 第一阶段

图 7-15　梅园大道施工部署

说明：1. 工期计划安排：2019.10.01～2019.11.30。
2. 施工部署安排：
（1）梅园大道由干排水系统改造，分四段同时施工，需要封闭两侧非机动车道，封闭时间段为：2019.08.01～2019.10.31；
（2）2019.10.01启动梅园大道两侧非机动车机动车道、人行道，由中电建施工方完成管道顶回填至路床及景观绿化施工；
（3）西侧待排水系统改造完成后，由中电建施工方完成管道顶回填至路床顶标高，由我司实施路面翻新2019.11.30同步完成；
（4）该阶段中间双向四车道正常通行

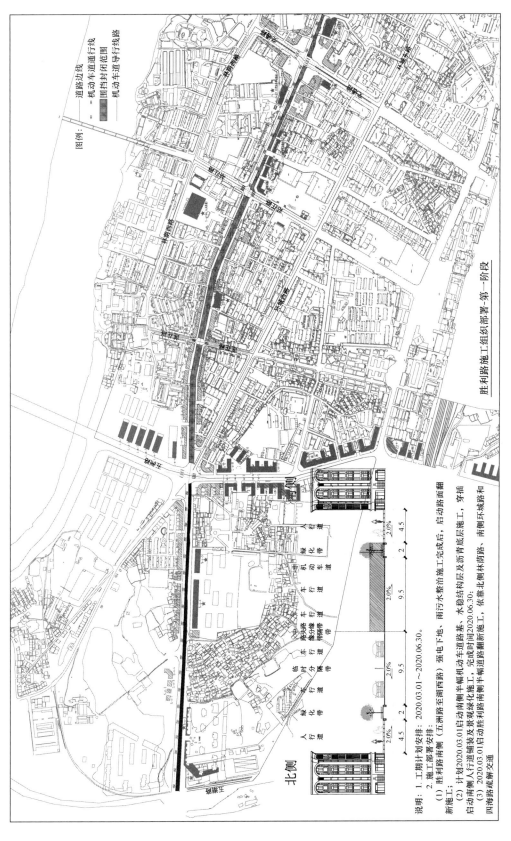

图 7-16　胜利路施工部署

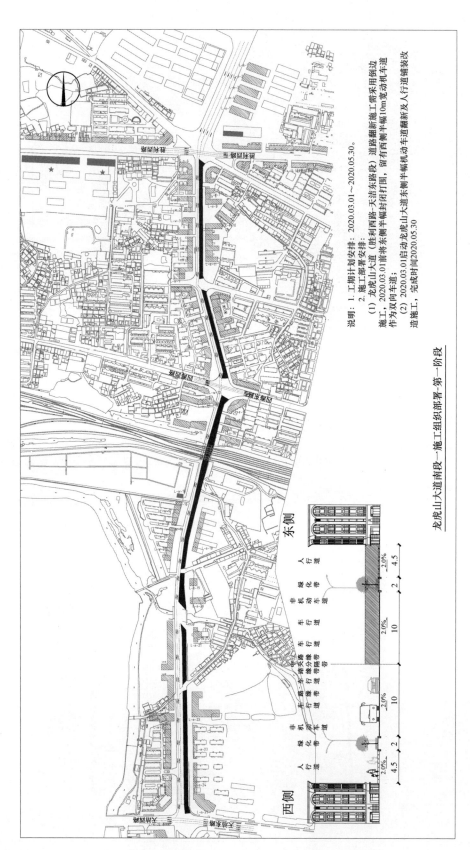

图 7-17　龙虎山大道施工部署

重难点分析 表 7-5

序号	特点、重难点	简要分析	对　策
1	EPC 模式下的总承包管理与协调是本工程管理的重点与难点	项目包含设计、采购、施工三大部分，如何高效协调各参与单位按时、保质保量完成既定的工程目标是关键所在	（1）总包管理层设置一名项目经理，下设建造总监、行政总监、设计总监、合约总监、技术总监（技术负责人），并在全公司范围内抽调精干管理力量组建 EPC 项目管理团队，形成企业保障层、总包管理层、专业管理层三个层级的管理架构，确保完成既定工程目标。统筹全公司资源，协调设计、采购、施工、验收等各个环节，强化设计与施工结合，成立设计、深化设计一体化的设计团队，建立具有丰富经验的采购团队，采购计划合理，采购周期可控，采购与设计联动，满足施工所需接口等参数要求，做到材料设备采购准确。 （2）健全各项总承包管理制度，规范流程，通过各类制度，明确各部门之间职责，同时明确各部门之间联动机制及流程，全面实现总包对设计、采购、施工、验收等的管理。 （3）建立协调解决机制，专业责任人包保责任制，协调解决实施过程中各单位、各专业间工作界面、工序移交等问题
2	设计依据缺失，设计准备工作量较大	改造建筑物年代久远，产权单位及建筑物使用名称变动较大，无法获取原建筑设计图纸	（1）提前调查沿线建筑使用单位，获取产权单位联系方式及建筑物原始名称，通过原始名称到当地档案馆调取原设计图。 （2）正式开工前，储备房屋鉴定单位资源，对无法调取原设计图楼栋进行房屋鉴定，作为设计指导依据
3	EPC 模式下大量的设备及物资采购，如何保障其按计划到场是采购管理的难点。材料设备的采购准确度也是采购管理的重点	项目含有大量的设备及物资采购，如何保障其按计划到场是采购管理的难点。材料的准确度在采购中至关重要，保证各专业之间接口正确、性能合理	（1）充分利用公司总部集采平台、区域集采中心为本项目服务，快速、高效、保质、低价地完成采购任务。 （2）总承包管理部设置专人和专职部门（采购部）负责采购工作。 （3）结合项目实施计划，确定各项物资及设备进场时间，以倒排计划的形式，综合考虑招标、下单、排产、生产、运输等时间，编制物资采购计划，指导项目采购工作。 （4）定期派专人到供应商加工、生产车间进行现场督察，确保物资与设备投入加工、生产，保证各项物资及设备按照物资采购计划实施。 （5）设备物资招标前编制招标材料设备技术规格书，确保材料设备接口、参数等技术指标正确
4	商铺多，路口多，交通疏解是难点	本工程地处鹰潭市中心，商业密集，车流量大，交通节点较多，涉及较多交叉口、社区、学校、医院等出入口众多，交通疏解难度大	（1）提前对沿线交通使用状况进行调查，编制交通疏解专项方案。 （2）与交管局进行联动，对于即将施工的区域提前 7 天进行宣传，取消幅较窄路段的停车泊位，并借助交管局力量进行排查控制。 （3）提前利用广告、传单等形式进行沟通，告知沿线单位项目推进情况；对沿线重点单位进行调查，在满足施工的情况下，预留出口，采取钢板覆盖、临时恢复等形式满足出行需求。 （4）对路幅较窄部位采用不断面打围、社会车辆绕行的措施，减少施工车辆与社会车辆交叉点
5	施工安全防护措施是重点	本工程施工过程中存在大量高空作业，且施工期间商铺正常营业、行人及车辆正常通行，施工期间安全防护措施是重点	（1）加大安全管理人员投入，同时建立安全生产责任体系。 （2）做好施工现场与通行道路的分隔，防止行人进入施工现场。 （3）认真做好危险性较大分部分项工程的方案研讨及论证工作，保证方案的安全可行性。 （4）建立安全事故应急预案，遇事故快速适当解决

续表

序号	特点、重难点	简要分析	对　策
6	文明施工管理是难点	（1）本工程位于城市中心，人员密集，且周围居民小区、商铺较多，对绿色施工的要求较高。 （2）施工过程中临时措施材料较多，产生一定的建筑垃圾。 （3）施工机械多，管理人员及工人较多，生活用电、用水量大	（1）高度重视文明施工管理，建立健全文明施工管理机构、管理制度，加大文明施工投入，设专人专班负责文明施工。 （2）运用四新技术减少能源、资源的浪费。 （3）做好解释、宣传工作。 （4）制定现场定期清洗制度。 （5）对于有噪声及扬尘的作业，施工过程中采用纤维彩条布及镀锌钢板进行封闭处理
7	接口协调管理是难点	（1）本工程前期施工准备阶段，违建物拆除、交通疏解、管线迁改等涉及政府部门及权属单位多。 （2）沿线与正在施工的建筑重合，与多个施工单位的协调配合是难点	（1）建立接口管理机构及接口管理方案，根据接口类型，分别由专职领导牵头对接。 （2）项目部配合业主和沿线其他施工单位协调，互相提供双方施工图纸，以便协调接口处理方案。 （3）通过制作展板、宣传册、广播、网络等手段，提前对沿线产权单位及使用单位进行宣传，获取支持
8	管线迁改是难点	工程沿线有给水、排水、电力、电信、燃气、电缆等相关管线，周边环境非常复杂，施工过程中涉及大量管线迁改及保护工作，在施工顺利进行的前提下确保管线通畅是工作的重点和难点	（1）实施阶段做好现场详细调查、管线探挖工作，并且与设计管线图进行对照，形成完善的具有指导现场施工的资料。 （2）施工准备阶段，向业主提供完善的管线迁改需求计划及工期时间要求。 （3）施工阶段做好与管线权属单位的现场协调，掌握现场管线实际情况，项目部最大限度地为管线迁建施工提供工作面。 （4）编制详细可行的管线协调及保护措施

7.2.5 案例分析总结

1. 鹰潭站及周边、中心广场

对鹰潭站及周边区域、中心广场等进行了立体空间提质改造升级，重塑立面形象，采用现代化的装饰风格，使市容观感统一协调，满足居民对城市观感的需求（表7-6）。

改造前后效果 　　　　　　　　　　　　　　　　　　　　表 7-6

改造区段	改造前形象	改造后形象照片
中心广场—邮电大楼组团		

改造区段	改造前形象	改造后形象照片
中心广场—国贸商厦组团		
火车站站前广场		

2. 梅园大道、 沿江路、 胜利路等

对城市道路进行翻新改造，采用沥青玛蹄脂高标准改造，机非分离，设置彩色透水混凝土步道，使交通更加有秩序，步道使城市居民有更好的跑步健身体验。具体如图 7-18 及图 7-19 所示。

图 7-18　梅园大道改造形象

图 7-19   沿江路改造形象

3. 市民服务中心、 梅园公园停车场

对原有停车场进行改造，采用智慧停车设施，提升城市停车便捷性，满足城市居民对出行停车的基本需求。具体如图 7-20 所示。

图 7-20   市民中心停车场改造形象

7.3   北京市某大楼装修改造工程

7.3.1   原建筑改造

某工程设计建造于 1977 年，地上五层，地下一层，在 1994 年进行了一次整体的加固改造，并加建一层后变为地上六层，结构形式为砖混结构，内部空间由承重砖墙分隔，总建筑

面积约为 5289.7m²。具体如图 7-21 所示。

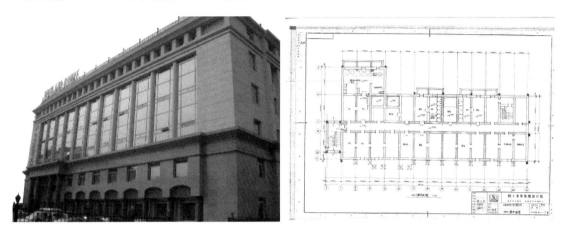

图 7-21　建筑外立面与原建筑平面示意图

原建筑结构楼板为预制空心楼板，内墙为 470mm 厚砖墙，功能上多为小隔间办公室，改造后整体结构形式为：钢框架—中心支撑体系，楼层数不变，将原内部结构全部重建，改造后的建筑用于会客会议、娱乐休闲及私人居住等。

但由于地处文物保护区受规划等限制，要求保留原结构外墙。具体如图 7-22 所示。

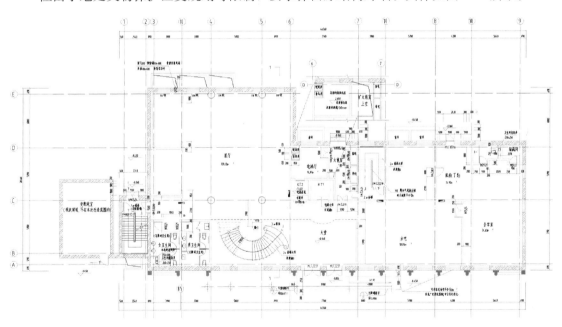

图 7-22　原建筑结构图

7.3.2　改造工程结构设计概况

参见表 7-7。

设计概况   表 7-7

持力层	采用第〈4〉层卵石层	承载力标准值	350kPa
桩基	采用人工挖孔桩，桩长≥12m。本工程桩基安全等级为二级，桩基设计等级为甲级。桩设计承载力标准值不小于 4200kN		
结构形式	钢框架—中心支撑		
主要结构	梁： GL1：H 400×300×16×25； GL2：H 550×300×16×25； GL3：口 500×300×25； GL4：口 400×200×20； GL5：H400×200×10×16； GCL1：H400×300×16×25 GCL2：H300×200×8×12； GGL1：H200×100×6×8		
	板：地下一层顶板，板厚 150mm。 首层至屋面层顶板采用闭口压型钢板，型号为 YJ46-200-600，厚度 1.0mm，板厚为 130mm； 出屋面层顶板采用闭口压型钢板，型号为 YJ46-200-600，厚度 1.0mm，板厚为 120mm		
	柱： GZ1：口 400×400×25； GZ2：口 400×550×30； GZ3：口 400×550×20； GZ4：口 300×300×20		
	墙：200 厚加气混凝土砌块		
抗震设防等级	三级	人防等级	无人防
混凝土强度等级及抗渗要求	基础：基础垫层采用C15，桩采用 C30。承台采用 C35（抗渗等级 P6），防水底板采用 C35（抗渗等级 P6）	墙体：地下室外墙采用 C35 防水混凝土（抗渗等级 P6）	其他：　　　　　无
	梁：钢梁	板：楼承板采用 C35 混凝土	
	柱：钢柱	楼梯：楼梯	
特殊结构	钢结构、组合楼板		

改造后整体结构形式为：钢框架—中心支撑体系，由于地处文物保护区受规划等限制，要求保留原结构外墙。

7.3.3　施工流程

具体如图 7-23 所示。

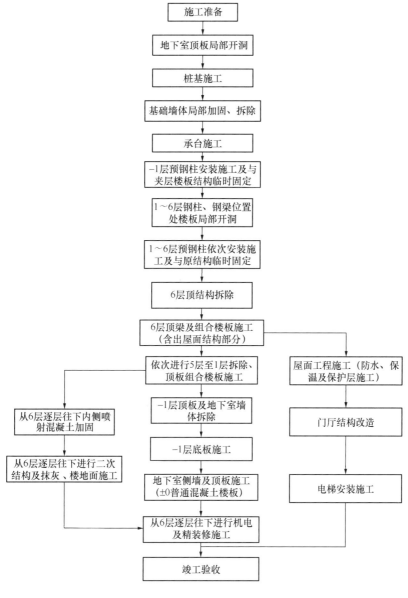

图 7-23　施工流程

7.3.4　改造重难点及应对措施

具体如表 7-8 所示。

施工重难点分析 表 7-8

序号	施工重难点	重难点分析	施工对策
1	人工挖孔桩施工	1）在原建筑结构地下室中进行人工挖孔桩施工，施工条件差。 2）土方、渣土、钢结构安装运输困难。 3）人工挖孔桩在原结构基础以下施工，对原结构地基与基础的保护难度大。 4）由于原结构中纵横墙多，对桩基的测量定位困难	① 将首层楼板局部开洞，渣土及土方直接提升至首层，减少二次转运。 ② 钢筋笼分段安装，采用直螺纹套筒进行连接，保证连接质量。 ③ 人工挖孔桩开挖原结构基础以下时，采取信息化施工，按照对周边建筑、管线及基坑边坡等部位进行应力、应变的监测。 ④ 高度关注周边建筑及道路的安全情况。 ⑤ 针对人工挖孔桩可能发生的险情，编制人工挖孔桩安全专项施工方案，配备应急设备及材料，保障地下室施工安全。 ⑥ 选择有丰富深基坑经验的桩基队伍进行施工
2	深化设计	1）钢结构、机电安装、室内精装、厨房、酒窖等专业单位图纸深化设计协调量大。 2）外墙加固要结合现场实际外墙的情况，进行加固节点深化	① 建立深化设计小组，按照工期要求，制定深化设计图纸出图及提资进度，满足现场实际施工需求。 ② 委托有资质的深化设计单位，配合完成相应的深化设计内容。 ③ 加强钢结构、加固改造等专业知识的培训，提供项目管理人员对分包的管理水平和能力
3	工期进度管理	1）本工程拆除量大，材料运输困难，现场渣土堆放场地有限，合理高效组织渣土外运是保证工期的关键因素之一。 2）本工程功能复杂，专业分包和指定分包单位众多，对工程后期进度提出较高的要求。 3）业主要求结构改造工期包含桩基 5 个月，工期紧张	① 合理安排现场钢结构材料进场、渣土外运出场等计划，各个专业材料运输及运输车辆要经过总包统一部署。 ② 合理安排流水施工作业，必要时对关键线路进行优化处理，可采取增加劳动力及使用水锯等先进技术加快拆除施工速度。 ③ 钢结构钢柱满足现场运输及吊装的前提下，分两层一节，减少现场焊接量，加快钢结构施工工期。 ④ 实行工程总承包管理模式，践行单一管理责任，提高项目管理效率
4	多专业立体交叉作业，工程总承包协调管理	本工程为改造项目，拆除、加固、钢结构、主体等专业分包众多，多专业、多工种的交叉管理、立体作业情况多，总承包单位的界面管理、协调管理将是重点之一	① 建立完善的总包管理体系，制定专项管理制度。制定深化设计接口、工作面接口、工序接口、调试与验收接口的各项制度与流程。 ② 制定总承包专项管理制度及奖罚措施，总包对各专业分包安全管理、质量控制等管理执行一票否决制。 ③ 设专职项目副经理负责管理协调，对作业界面划分、汽车式起重机等设备进行统一协调和运能调配，确保各专业单位协同施工
5	系统综合调试	本工程专业多，系统复杂，机电系统调试技术要求高，调试工作量大；各系统之间相互关联，联动调试组织实施难度大	① 指派资深专业工程师组成机电专家顾问组，到现场负责指导整个综合机电调试。成立机电调试组，调试组骨干人员固定，并参与整个施工过程，充分了解系统及对应的现场施工情况。 ② 配置先进的试验仪器设备，邀请设备厂家现场指导调试。进行联动调试时，与其他各系统的承包商加强沟通与合作，确保整个机电系统的联动调试效果。 ③ 调试前，组织各专业编制详细的调试方案，如空调管网冲洗、送配电系统调试等专项方案，并报业主现场工程师和监理工程师审核，批准后方可实施调试
6	钢骨混凝土柱施工	本工程地下室钢柱采用型钢骨混凝土组合结构柱，柱最大高度为 4m 左右	① 选择经验丰富的钢结构施工队伍协助进行节点的深化设计，并报送设计及业主。 ② 提前编制施工方案并对现场施工队伍进行方案交底

7.3.5　本工程改造工艺总结

本工程是采用钢框架—中心支撑体系替换原砖混框架体系的一项改造工程。工程设计考虑先支撑加固，后拆除替换的改造思路将楼内结构替换，同时保留了外墙及外立面装饰。

工程最危险的地方在于钢结构与老旧结构结合加固是否能够抵抗拆除作业对原砖混结构的振动扰动。所以，本类型改造工程施工需着重注意以下几点：

（1）遵循先支撑、加固，将原外墙结构与钢结构有效连接后，再拆除梁板、墙柱的施工顺序。

（2）此类老旧砖混结构内墙，在拆除时需保留 2m 范围内与外墙连接的内墙，在该楼层其他位置墙柱全部拆除完成后最后拆除，可以起到稳固外立面砖墙的作用。

（3）此类改造工程由于类型独特，设计对此类改造做法经验少，需在施工前全面考察改造建筑（建筑构造大多与图纸资料无法全部吻合），模拟施工碰撞，对钢筋、管线、钢结构交叉作业节点多角度考虑施工难度，尽早提出深化意见。

7.4　武汉香格里拉改扩建工程

7.4.1　原建筑概况

项目建设地点为湖北省武汉市江岸区建设大道与高雄路交界处西南角。前期工程计划为单栋二十二层五星级酒店，以及单栋二十六层综合办公楼。其中一期酒店已竣工并投入使用，综合办公楼基础工程在前期已施工完毕，综合办公楼结构已经施工到地下室顶板面，上部未继续施工。根据建设要求，二期工程将原计划二十六层办公楼改建为二十三层综合楼，在原已施工基础上继续改造并完成上部工程建设。本工程整体分为原有地下室改建及地上办公楼扩建两个部分。

本工程包含地下、地上两部分，其中地下为两层（在原已施工构筑物上拆除加固改造）、地上为二十三层（新建），四层裙房。

7.4.2　改造工程设计概况

本工程地下室改造主要包括建筑及结构拆除、结构加固、建筑及结构改建、机电系统拆除、机电系统改造、初装修、精装修等内容。

1. 建筑专业主要改造概况

改造主要目的和范围是将地下室以墙体相隔的房间改造为停车场，主要工作内容：①隔墙予以拆除；②局部地坪层（主要厚度≥1m）清除或标高修改；③增补局部室内防水（如电梯坑）。

具体如图 7-24 及图 7-25 所示。

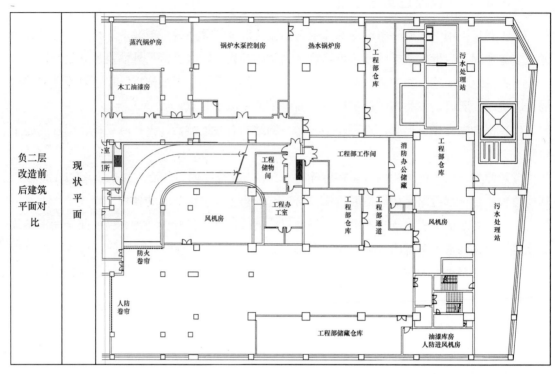

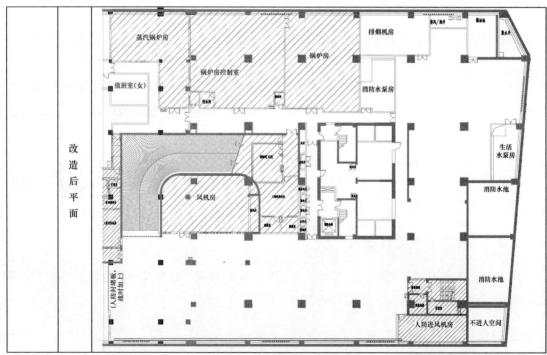

图 7-24 负二层改造建筑平面对比图

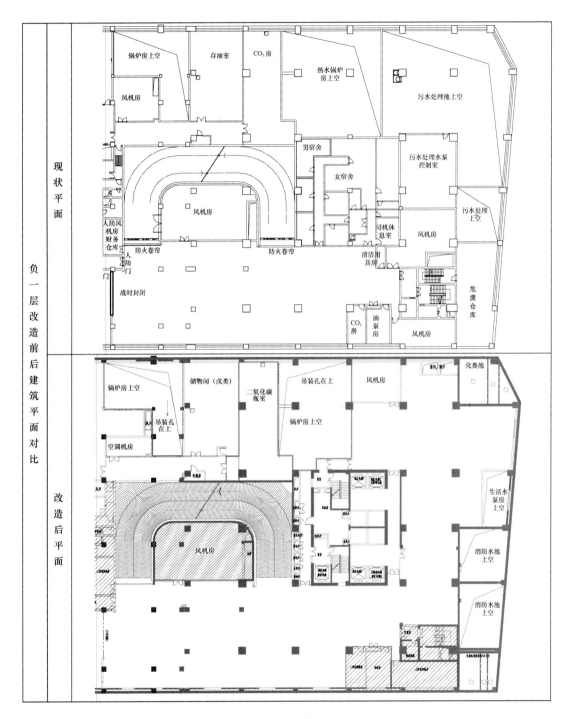

图 7-25　负一层改造建筑平面对比图

2. 运营区地下室局部改造

根据业主所提供的招标文件补充资料中《地下室改造拆除内容》及《香格里拉大酒店办公楼扩建工程（二期）地下室改造工程分期方案》要求，地下室运营区（即原一期酒店下方地下室）有局部区域因功能改变，需要拆除其墙体和部分构件。具体如图 7-26 所示。

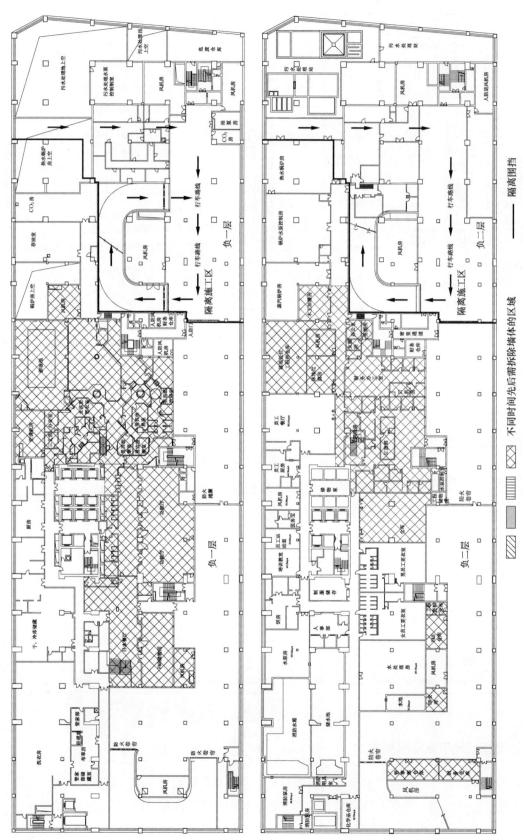

图 7-26 运营区改造建筑平面示意图

3. 结构主要改造概况

结构主要加固内容包括但不限于：①粘钢；②碳纤维加固；③植筋；④灌浆料加大截面。

结构主要改造内容包括但不限于：①核心筒范围的竖向结构及楼面结构拆除重建；②局部混凝土墙拆除；③局部新增混凝土墙；④负一层楼面局部梁板拆除重建；⑤地下室顶板局部梁板拆除重建；⑥植筋。

结构主要拆除工艺或工序包括但不限于：①无损切割；②施工缝界面处理。

具体如图 7-27～图 7-31 所示。

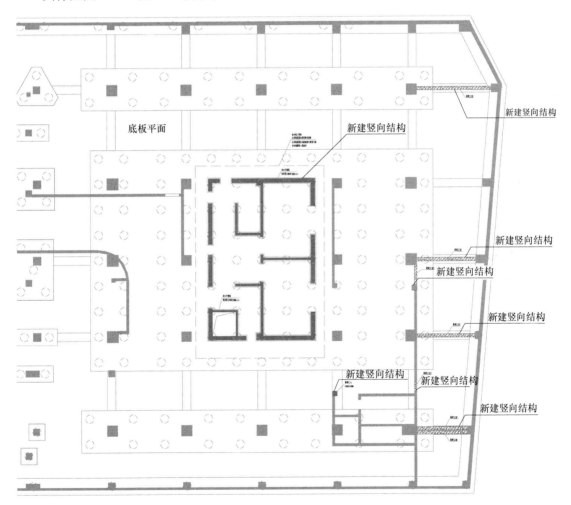

图 7-27　底板结构平面图

4. 其他专业改造概况

具体如表 7-9 所示。

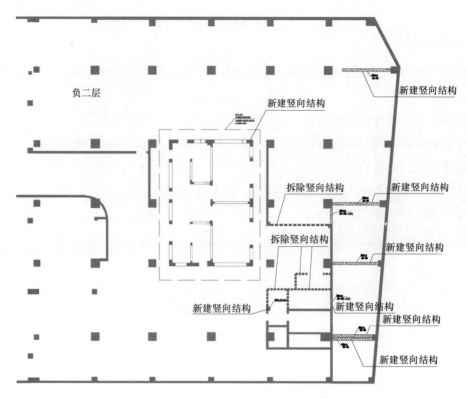

图 7-28　负二层竖向结构改造平面图

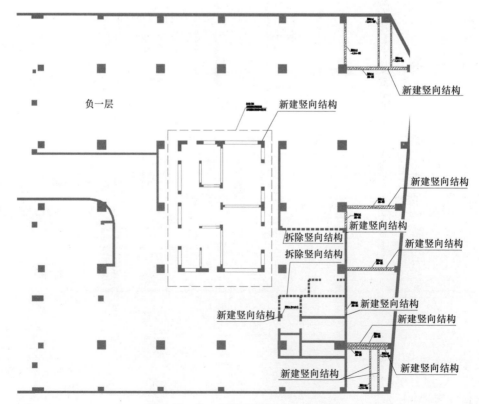

图 7-29　负一层竖向结构改造平面图

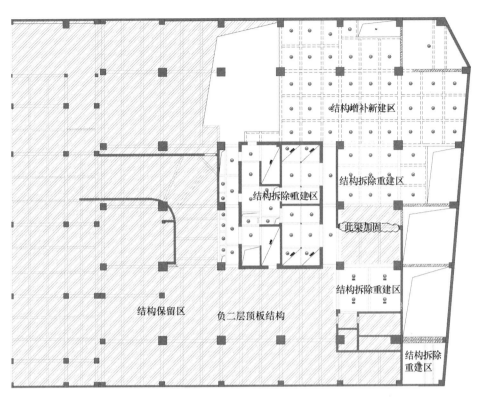

图 7-30　负二层顶板梁板改造平面图

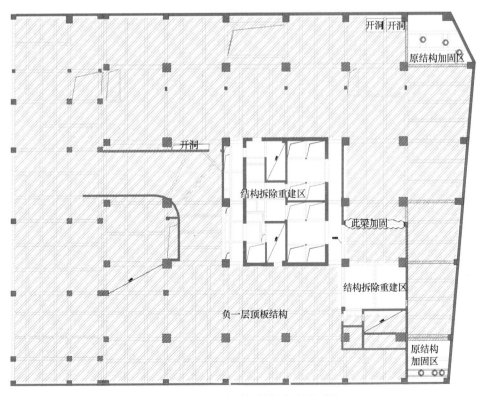

图 7-31　地下室顶板梁板改造平面图

其他专业改造概况   表 7-9

改造部位	改造内容
给水排水	排水管道拆改，给水管道拆改
消防	消防管道拆改，消防喷淋主管封堵
油管	地下室油管拆改
化粪池	化粪池出水管、污水管、排风管拆改，污水设备拆改
电气	消防电系统拆改
通风	空调风系统拆改

7.4.3 施工组织

1. 总体施工流程

具体如图 7-32 所示。

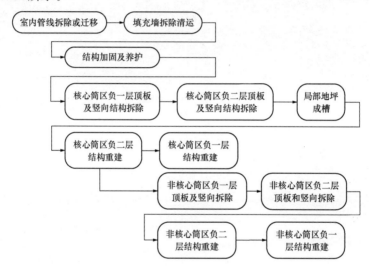

图 7-32　主要工作流程图

2. 地下改造阶段主要工况图

主要施工工况具体如图 7-33～图 7-38 所示。

3. 运营区平面布局改造部署

根据业主的进度要求，运营区地下室改造时间安排在二期地下室土建工作完成后。在此施工期间，利用人防卷帘处的隔离围挡开设门洞，将拆除废渣经二期车道运输至场外，该门洞由专职岗亭值守，仅在施工作业时间开启，并禁止无关人员出入。

运营区改造分四批次进行，各批次施工时间段如表 7-10 所示。

施工时间段   表 7-10

	批次	施工时间短	工期	备注
运营区	第一批	2017.07.23～2017.09.20	60d	涉及结构构件拆改
地下室	第二批	2017.10.06～2017.11.19	45d	涉及结构构件拆改
改造	第三批	2017.12.05～2017.12.19	15d	
	第四批	2018.01.04～2018.02.02	30d	涉及结构构件拆改

各批次拆改平面图具体如图 7-39～图 7-42 所示。

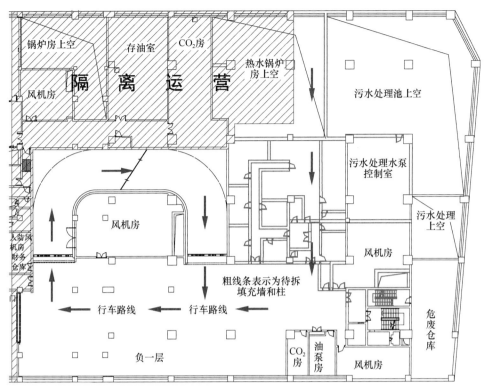

图 7-33　负一层管线及填充墙拆除平面示意图

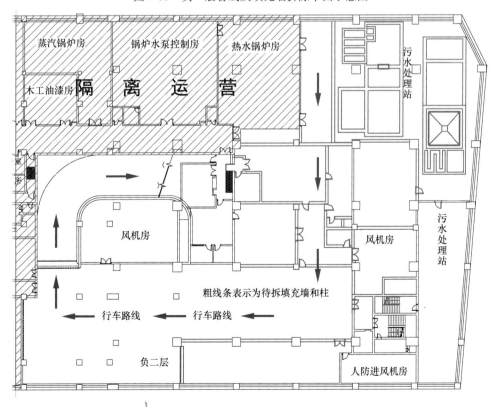

图 7-34　负二层管线及填充墙拆除平面示意图

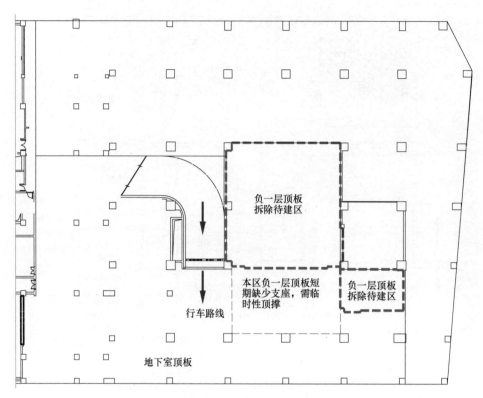

图 7-35　负一层局部竖向与顶板结构拆除时平面示意图

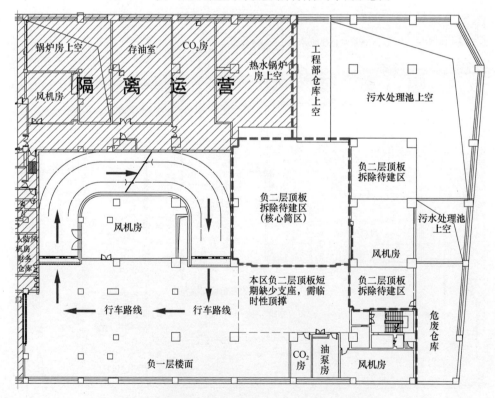

图 7-36　负二层局部竖向与顶板结构拆除重建时对地下两层影响工况图（一）

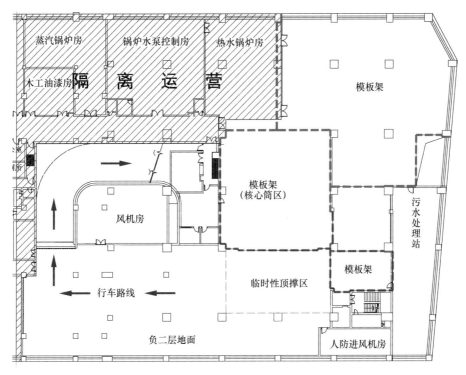

图 7-37　负二层局部竖向与顶板结构拆除重建时对地下两层影响工况图（二）

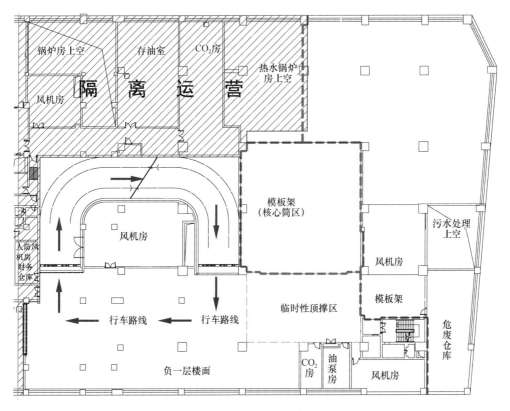

图 7-38　负二层局部竖向与顶板结构重建时对负一层影响工况图

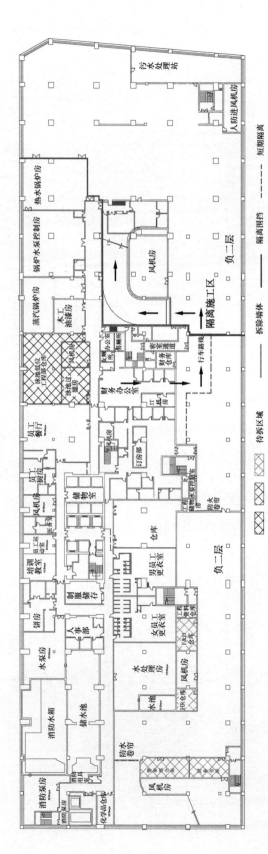

图 7-39 运营区第一批改造平面图

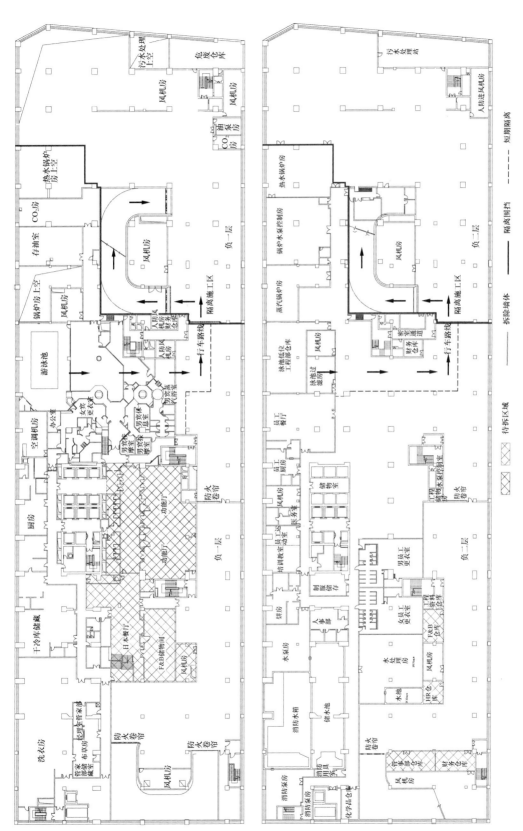

图 7-40　运营区第二批改造平面图

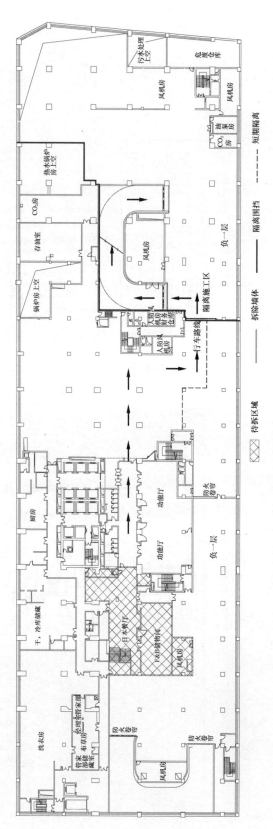

图 7-41 运营区第三批改造平面图

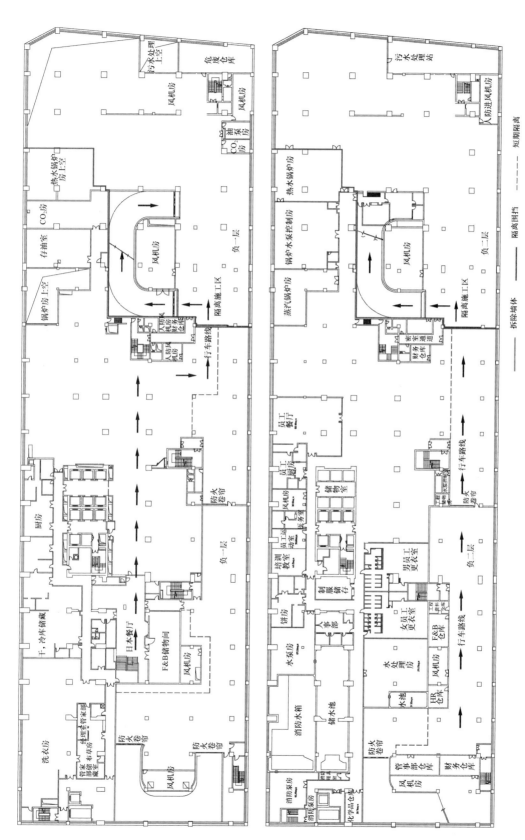

图 7-42　运营区第四批改造平面图

7.4.4 重难点分析

具体如表 7-11 所示。

工程更新改造重难点分析表　　　　　　　　　　表 7-11

序号	分类	工程重难点	对策分析
1	保证酒店正常营业	本工程与现有香格里拉大酒店毗邻，且共用整体地下室，部分裙楼也与原建筑物直接连接，保证施工期间不影响现有酒店的正常营业，最大化地减少施工对其产生的不利干扰将是本工程施工环境保护管理工作重点	① 地下室和地上均采取围挡措施，使施工区域与使用区域完全隔离，施工出入口设置岗亭和门禁，对进出人员严格管理限制；项目东南侧留设专用的酒店入口车道，保证车辆能正常进入酒店。 ② 对于毗邻或处于施工区的服务于酒店设备设施以及公共设施搭设必要的防护棚进行隔离，确保其正常功能。 ③ 进场后与酒店管理方做好沟通，协商确定施工车辆的作业时间，尽量避开营业高峰时段，合理划定周边可用于施工车辆行走作业的线路，并配置专职疏导人员管理施工车辆的作业，减少可能的对酒店进出的拥堵。 ④ 对于噪声明显的机械作业部位设置噪声隔离措施，如混凝土泵车隔声棚、切割作业区隔声棚等；尽量减少夜间施工，采取措施隔离光污染
2	地下室防渗漏	局部地下室顶板为拆后重建，消防水池隔墙等需要有防渗要求的混凝土结构为新建，施工缝处极易出现渗漏，此类防渗漏应作为本工程质量控制重点之一	① 拟定施工缝处理专项方案，详细确定施工缝处理各工序的操作工艺，例如界面凿毛、界面处理、采用微膨胀抗渗混凝土、涂刷水泥基渗透结晶、施工缝处防水层加强、设置必要的疏水措施等。 ② 组织专项交底会，针对各部位的施工缝处理及相关要求对管理人员及班组、工人进行交底。 ③ 该工序实施过程中，应明确现场旁站监督责任人，严格履行检查过程和验收程序
3	施工总平面管理	现场场地极为狭窄，围墙与地上结构边界距离近；临道路方向有大量市政管线，限制了车辆行驶和泊位，现场内不能形成完整的环路。可用于布置材料场地的空间有限	① 利用我单位管理区域优势，就近解决工人住宿用地问题。 ② 合理规划道路和设置工地大门，疏导车辆进出。 ③ 在提前办理相关手续的前提下，临时利用周边城市道路，合理调配利用时间，合理安排材料吊装及混凝土浇筑。 ④ 合理安排施工顺序，利用地下室顶板及未施工区域作为材料堆场加工场。 ⑤ 详细编制材料进场计划，按照需求先后分批进场，最大化地减少材料在现场的积留时间，降低对场地使用浪费。 ⑥ 充分利用现有车道，用于地下室材料运输
4	周边环境复杂	本工程处繁华地段，周边车流人流量大，紧邻居民小区、高层建筑物、城市主干道和地铁线，其中地下室外墙距地铁隧道不足 15m，且周边各类管线密布	① 与第三方监测单位共同建立健全周边环境监测预警系统，及时监测周边建筑物变形情况。 ② 将毗邻建筑物业单位纳入预警管理体系，提高应急速度。 ③ 提前制定应急预案，缩短反应周期。 ④ 专人每天巡视，建立巡查台账，对不明水源要分析原因，查找根源。 ⑤ 编制专项的地下室结构改造方案，拟定措施最大化降低地下室侧壁变形，从而减少对周边环境影响

续表

序号	分类	工程重难点	对策分析
5	地下室改造工序繁杂	地下室改造涉及面积较大。其中负一层楼板拆改面积超过1000m²，占二期地下室范围约40%，影响范围较大。 待拆设施或构件较多，拆除涉及的专业繁多。 改造区重建构件工序繁多	① 做好改造流程和分区的部署。 ② 做好本工程图与原竣工图以及原建筑物对比，找出需要拆除的机电设备管线、人防构件、地坪层、填充墙、混凝土墙、梁板等各专业类型的设施构件，并针对不同专业拟定详细的拆除交底、标注拆除范围，确定拆除方法等。 ③ 改造或加固范围内涉及原结构的剔槽、截面剔凿、多种型号植筋、焊接、结构尺寸加大浇筑，施工前，结合施工图编制改造专项施工方案，并进行技术交底
6	安全管理	现场与周边道路距离近，防高空坠物等安全隐患尤为重要，材料调运需最大化地限制在围墙内，减少对场外产生干扰和安全隐患。 楼体高，楼内作业人员多，施工过程中无正式消防设施可用，高层消防应急难度大。 塔楼施工和裙楼施工上下交叉作业多，安全防护要求高	① 实施安全垂直监管体系，安全监督管理部直接对我司总部负责，受公司安监部垂直领导，设立项目安全总监，配足专职安全员，充分赋予安全员监督管理权力，促进安全一票否决制。项目部成立安全生产领导小组，对项目安全实施统一管理。 ② 成立大型设备管理小组，对大型设备直接协调和管理，对设备操作人员进行定期培训，对设备进行定期保养，确保设备安全运行。 ③ 塔楼分段设置多道悬挑防护棚，外架底部严格设置硬质防护，对高空坠物隐患进行隔离。 ④ 合理部署，尽量错开上下交叉作业，若无法错开时，设置安全员全程监督。 ⑤ 塔吊在覆盖周边建筑物的回转范围内采取限位措施，材料堆场及卸车区域根据限位范围适时调整。 ⑥ 建立高层临时室内消防给水系统

7.4.5　案例分析总结

（1）由于前期投标过程中，业主提供的一期竣工图纸、机电图纸等资料不全，且进场前对现场实际情况的踏勘不全面，导致现场结构拆除过程中存在许多与业主提供的拆除图纸不一致的结构和设施。由此增加合同外的现场工作量，且部分与图纸不符的区域需等待业主及设计单位确定做法后方可实施，加剧工期压力，现场资源调配难度增大。

（2）由于污水池区域、人防防倒塌棚架等施工安排顺序不合理，导致后续施工工序无法进行，影响相关验收工作。

（3）由于现场植筋施工质量，及部分梁存在植筋钢筋位置超出设计截面范围的情况，导致后续钢筋绑扎及灌浆料浇筑后梁截面大于设计截面。导致梁底净空高度降低，影响机电管线安装高度。

（4）由于原混凝土结构表面不平整未及时处理，直接在不平整的结构表面进行粘钢加固，且粘钢加固用的螺栓未按照设计要求调整螺杆长度，导致粘钢完成面存在高低不平的情况，影响后续装饰装修施工。

7.5 武汉化工厂老厂区改造装修项目 (一期) EPC 总承包工程

7.5.1 工程概况

武汉化工厂老厂区旧址位于武汉市硚口区京汉大道及轻轨 1 号线以北,毗邻南洋烟厂及特一号小区,由武汉市一轻工业设计所于 1992 年设计,并于 1993 年 6 月竣工,是汉口老工业区的历史见证。目前该工厂处于闲置状态,总用地面积约 2.8 万 m^2,拟改造一期用地 8500 m^2,位于项目用地地块南侧,项目拟打造成华中最大的工业设计中心、工业设计资源的整合平台以及工业转型的龙头。

本工程改造主体主要为 1 号楼,1 号楼为 4 层钢筋混凝土框架结构,外围轴网尺寸为 20.4m×69.6m,柱距 6m×6m,建筑高度约 24.7m,无地下室,基础形式为筏板基础,建筑面积约 5679 m^2,原使用功能为香皂车间。

根据招标文件及合同文件要求,1 号楼属于夹层及外扩式改建,通过顶层增加楼层、中间层增加夹层、南侧增加大厅、外立面造型调整改造以及内部装修改造等来达到改造装修及后期使用要求,改造后 1 号楼建筑面积约 1.14 万 m^2,增加面积 5721 m^2,楼层由原来 4 层变为 5 层,其中每层均含 1 个夹层,建筑总高度约 31.8m。具体如图 7-43 及图 7-44 所示。

图 7-43 改造前原貌

图 7-44 改造后效果

7.5.2　结构改造工艺情况

根据设计图纸，1 号楼新增夹层、新增楼层、外立面造型改造以及新增大厅均采用钢结构施工，并且楼层数增加后，为确保原结构安全，对原结构主要受力构件及地基进行加固，加固方式主要为粘钢加固和锚杆静压桩加固。具体如表 7-12 所示。

结构改造工艺情况　　　　　　　　　表 7-12

结构主要设计内容（含加固改造）	1）对不满足现行要求的楼梯等进行改造加固。 2）对不满足现行要求的基础、基础梁进行改造加固。 3）原楼层间增加 4 个夹层，原屋面上增加 2 个标准层，原结构南侧增加 2 层裙房（均采用钢结构）。 4）根据检测报告与现场实际情况对梁底露筋腐蚀做处理。 5）根据检测报告与现场实际情况对碳化构件作防碳化处理
结构设计使用年限	本工程已使用 25 年，加固部分设计使用年限为 30 年，加固后工程使用年限为 25 年，与原结构一致。当改造工程使用年限超过结构设计使用年限后，应重新进行房屋结构鉴定检测
新增基础概况	新增钢结构大厅及室外钢楼梯基础均为钢筋混凝土独立基础，其中大厅部位独立基础采用地梁相连。独立基础截面尺寸为 3.0m×3.0m、2.7m×2.7m、2.1m×2.1m，基础埋深标高普遍为 −2.2m，开挖深度≤3.0m。基础混凝土强度等级为 C30，基础垫层混凝土强度等级为 C15。 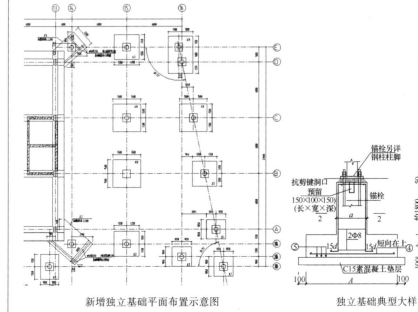<div align="center">新增独立基础平面布置示意图　　　　独立基础典型大样</div>

续表

地基加固概况	本工程地基采用锚杆静压桩加固补强，锚杆静压桩选用《钢筋混凝土锚杆静压桩图集》（12ZG206）中的 MZHa-S30，MZHb-J30，桩身截面尺寸为 300mm×300mm，桩身混凝土强度等级为 C30。桩端之间采用锚接接桩，桩有效长度为 14m，要求桩尖进入持力层（3-1 层）深度不小于 3m，锚杆静压桩单桩竖向承载力特征值 Ra 应满足≥300kN，实际压桩时压力不应小于 $1.70Ra$，桩长低于设计长度时，最终压桩力应按 $2.0Ra$ 控制。 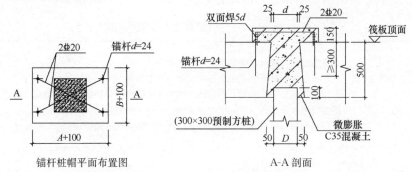 锚杆桩帽平面布置图　　　　　　　A-A 剖面
结构加固概况	本工程结构加固主要为混凝土框架柱加固，加固处理根据结构鉴定报告按混凝土平均强度 C20 进行验算，对柱采取外包型钢的方式进行加固，对局部框架柱采用增大截面法进行加固。柱子加固所使用的钢板材质为 Q345 型钢，钢筋为 HRB400 级钢筋，焊条型号应与被焊钢材的强度相适应，增大截面所用混凝土为微膨胀 C30 混凝土。 根据柱截面形式，分为方柱加固和圆柱加固，加固大样分别如下图所示。 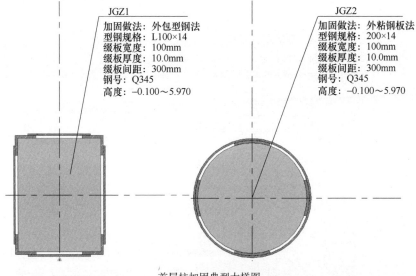 首层柱加固典型大样图
钢结构概况	本工程裙房部分结构形式为门式钢架结构，顶部两层结构形式为钢框结构，内部楼层新增夹层结构形式为钢框结构，钢材材质主要为 Q345 钢材。其中钢柱主要截面有箱 300×300×12×12、箱 300×400×12×12、圆管 457×12 以及 HM300×200，通过预埋锚栓、后置埋件与独立基础和原有结构相连；钢梁主要为焊接工字钢和热轧 H 型钢，截面尺寸有 H350×150×6×6、H350×180×6×10、H350×200×6×10、H250×150×6×6 等，与原有结构通过"后置埋件＋连接板"方式连接，与钢柱通过"连接板＋高强螺栓"方式连接。 新增楼板为"压型钢板＋混凝土"组合楼板，选用 YXB51-226-678 1.0mm 厚压型钢板，铺设方向与次梁垂直。压型钢板上混凝土楼板厚度为 110mm，楼板混凝土强度等级为 C30，内配 ϕ8@200、ϕ6@150 受力筋以及 ϕ10 构造钢筋。 钢结构平面布置详见结构施工图，钢结构典型节点以及压型钢板组合楼板节点如下所示。

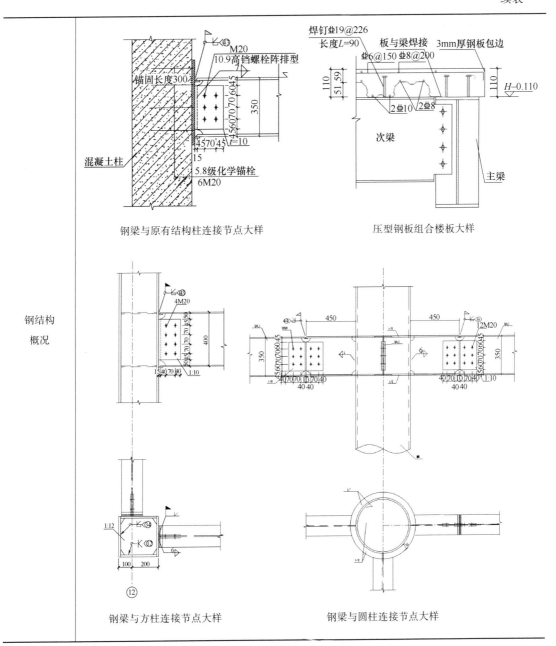

钢结构概况

钢梁与原有结构柱连接节点大样

压型钢板组合楼板大样

钢梁与方柱连接节点大样

钢梁与圆柱连接节点大样

7.5.3　施工重难点及应对措施

1. 总承包管理难度大

本工程为 EPC 总承包，涵盖建筑、结构、装饰工程、给水排水、电气、智能化、消防、通风与空调、电梯、室外配套工程等专业，包括设计、采购、施工总承包管理，总承包管理难度较大。

解决对策：

在总承包管理中，需要做好本工程设计的协调服务工作，并在施工过程中，发挥专业配套能力和总包管理实力，推行目标管理、跟踪管理、平衡协调管理，积极处理好各方关系，协调施工现场各类资源的合理配备，重点实施：

（1）深入了解业主提供的设计方案文本，保证平面布局及立面效果的前提下，在材料、结构布局以及机电安装等方面进行方案优化。

（2）彻底转变设计管理理念，加强与各参与方的沟通力度，从思想措施、组织措施、控制措施以及合同措施四个方面加强设计管理能力，控制设计风险，保证项目顺利进行。

（3）适当开展设计优化与创新，配合业主实施新技术、新成果、新科技，满足标准及所有要求的同时节约成本。

（4）充分发挥雄厚的综合施工技术优势，选配技术素质高、战斗力强的结构施工队伍，高质量地完成任务。

（5）制定合理完善的总承包管理制度，并与专业分包队伍签订总承包管理协议，做到管理过程中有章可循，强化管理。

2. 本工程属加固改造工程，不确定因素多

本工程为20世纪80年代所建厂房，钢筋混凝土框架结构、自然地基筏板基础，80年代设计规范与现行规范差别较大；本次改造含夹层共新增6层。改造工程施工工艺及现场安全管理均与新建工程不同。结构的加固方案与施工成为本工程实施重难点之一。

解决对策：

（1）设计前进行现场详勘，并根据勘测结果制定切实可行的加固设计方案。

（2）根据设计方案编制切实可行的工程施工组织设计及施工方案，制定加固施工先后顺序、措施。

（3）现场加固作业人员选用专业技术工种，严格按相关技术规程进行操作。

（4）制定安全防护方案并严格落实到位，做好现场施工安全防护。

（5）关注气象条件等异常情况对结构安全的影响，例如刮大风时，采取加固稳定措施。

3. 钢结构深化设计难度大

难点分析：本工程结构设计简单，但由于其属于二次加固改造项目，故实际施工情况可能与原设计图纸存在误差，导致深化设计精度控制难度大，深化设计稍有偏差就会对制作安装质量、进度带来影响。

对策分析：

（1）施工前期认真分析原设计图、原竣工图和现有图纸，找出中间误差。

（2）进场后认真检查施工区域钢梁，认真对比实际结构与图纸结构的匹配性。

（3）仔细统计相应区域钢柱钢梁的节点，特别是连接板板厚、长度，牛腿预留长度，螺

栓孔数量等信息，确保深化设计的高效率和准确性。

4. 钢结构吊运难度大

难点分析：室内主体钢结构无法使用塔吊等常规吊装设备，钢构件吊装、垂直水平运输难度较大。

对策分析：

（1）对于本次改造工程，所有新增钢梁拟采用汽车式起重机垂直运输至相应安装楼层，根据钢构件设计规格计算单根钢构件理论重量，采购额定起重能力为 2t 的起重叉车用于构件楼面水平转运。

（2）南侧新增大厅钢柱钢梁采用 50t 汽车式起重机吊运，满足吊装要求。

5. 项目涉及内容多，工期紧

本工程为 EPC 总承包，涵盖建筑、结构、装饰工程、给水排水、电气、智能化、消防、通风与空调、电梯、室外配套工程等专业，涉及拆除及新建两部分施工，合同工期为 150d（含设计、采购及施工），总工期特别紧张。

解决对策：

（1）做好图纸设计过程中与图纸审查单位的沟通工作，在过程中对图纸进行优化，减少图纸审查时间，保证现场及早施工。

（2）做好设计与施工的协调，在设计过程中，安排施工技术人员进行过程跟踪，配合设计单位做好图纸过程中的会审，减少图纸完成之后的图纸会审工作量，保障现场正常施工。

（3）合理安排施工工作，依托公司优厚实力，做好施工所需人力、物力、资源的安排，保障本工程持续、顺利地施工。

（4）对各专业工程施工进行统筹管理，合理安排各专业工程的插入施工时间，做好各工序之间的衔接工作，保证工期的实现。

7.5.4 垂直运输管理

综合考虑本工程改造楼栋原结构概况及改造概况，本工程改造施工期间垂直运输采用汽车式起重机和施工电梯两种方式，具体情况如下：

（1）查看结构现状及改造后图纸，选取外立面均匀、无突出部位设置 SC200/200 型双笼施工电梯，施工电梯基础落在室外地坪上，标准节附墙通过在外边梁上设置对穿螺杆固定在外边梁上。

（2）原结构建筑高度 24.7m，改造后建筑高度 31.8m，楼层内加层及顶层加层钢结构均采用汽车式起重机起吊运输，汽车式起重机型号根据建筑高度及起吊半径选取。其中楼层内加层钢构件除采用汽车式起重机垂直运输外，平面运输采用在楼层内设置柴油液压叉车，叉车将钢构件运输至安装位置后升高架构梁，将钢构件升至安装标高进行安装。叉车型号需结合钢梁重量及楼板承载力进行选取。

7.5.5 本工程改造注意要点

（1）本工程原有建筑物建成年代久远，建造期间施工技术不成熟，留存图纸仅有手绘蓝图，与现场结构实体也存在一定差异。因此，在本工程设计阶段应联合设计人员对拟改造建筑物进行仔细核查，将原有结构概况摸排清楚，结合手绘蓝图绘制 CAD 版底图，用于改造后结构与功能设计图纸绘制。

（2）改造工程结构加固的设计依据为原有建筑物结构检测报告以及抗震鉴定报告，一般情况下在改造工程设计之前建设单位就会提供原有建筑物结构检测报告以及抗震鉴定报告。因此，在施工之前要向建设单位索要结构检测报告以及抗震鉴定报告，用以核实改造设计图纸是否满足要求，进而是否能对结构加固改造设计优化。

（3）改造工程应遵循"先拆除、再加固、后改造"原则进行，目前行业上结构加固工艺有增大截面法、表面粘钢法、纤维材料粘结法。对于墙、柱结构，主要采用增大截面法、表面粘钢法；对于梁结构，主要采用表面粘钢法；对于板结构，主要采用纤维材料粘结法。从施工效率、难易以及利润角度，表面粘钢法优于增大截面法，因此对于有增大截面法的结构加固设计，应尽量跟建设单位、设计院沟通，更改为表面粘钢法。

（4）针对工期紧的项目，结构加层或水平式扩建，优先选用钢结构形式，施工便捷、效率高。但改造工程中钢结构与原有结构连接通常情况下是按后植筋设置钢锚板，而改造工程年代久远，施工期间的混凝土拌制工艺落后，在 20 世纪 80 年代还处于混凝土人工拌制阶段，混凝土结构耐久性差。在后植筋的时候，必须保证植筋质量，尤其是在悬挑部位，如植筋部位在梁柱接头处，除植筋外，还应在梁柱结构采用钢板全包，与钢结构锚板焊接成整体，从而整体受力。

（5）做好商务创效策划。改造工程往往通过两个方面来进行商务创效：一是找出原有建筑物结构与设计图纸上的差异，利用设计疏漏提出变更程序；二是分析建设单位需求，与建设单位沟通能否提升交付标准，从而达到变更目的。

7.6 武商摩尔城局部改造

7.6.1 工程概况

武商摩尔城 2011 年 9 月 29 日投入使用，原停车楼地上 12 层，层高 3.4m，地上总建筑面积 24541.9m²，机动车停车位 662 辆，业主根据经营需要，拟将停车楼改为商业用房，楼层标高与原有武商广场、武汉国际广场平齐。改造后地上 8 层，层高为 5.1m（首层 6m），地上总建筑面积 17225.6m²，建筑高度维持现状不变。

7.6.2 改造概况

1. 拆除概况

停车楼板面需与相邻商业接平，总层数调整为 8 层。所需拆除楼层为 12B、11B、11A、10A、9B、8B、8A、7A、6B、5B、5A、4A、3B、2B、物业办公室及坡道，新增部分楼板采用桁架楼承板，拆改具体如图 7-45 所示。

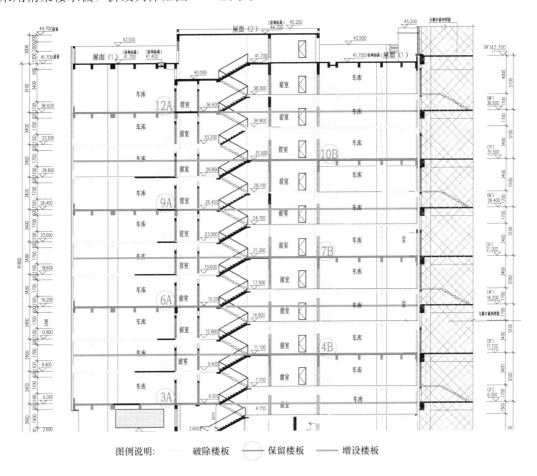

图例说明：　破除楼板　保留楼板　增设楼板

图 7-45　局部拆改图

计划采用无损切割进行拆除，部分区域拆除混凝土需保留钢筋，拆除使用机械主要为切割机、绳锯、墙锯、水钻、风镐等。板面主要使用切割机拆除，部分转角及坡道斜面等不便使用切割机。结构梁使用绳锯进行切割，水钻进行辅助。

2. 加固概况

1）墙柱加固

钢结构楼板处墙柱加固：在混凝土柱新增钢结构楼板处 1.2m 范围内进行结构加固，混凝土柱外包厚度为 32mm 的钢板，钢板与混凝土柱之间通过规格为 M24 的化学锚栓固定。层间墙柱结构加固：混凝土柱四角安装规格为 L110×7 的等边角钢，角钢之间每隔 400mm 焊接一块规格为 5mm×100mm 的缀板，灌注结构胶。

2）结构梁加固

结构梁加固方式主要包括，加大截面尺寸，梁面粘钢，加 U 形箍（含碳纤维、钢板），梁底粘钢加 U 形箍。加大截面：加大截面尺寸主要包括梁面加高、梁底加高、梁侧加宽、梁侧加宽梁底加高、梁局部加高。梁面粘钢：本工程梁面粘钢主要为梁柱节点处、梁梁节点处。梁底粘钢：部分结构梁采用粘钢方式进行加固。为保证新老结构共同受力，增加结构可靠性，本工程截面加大梁采用加 U 形箍压条方式进行加固。U 形箍材质包括钢板和碳纤维复合材，压条为配套压条。

3）结构板加固

本工程板面加固主要为屋面及其余板面零星部位，加固选用板面粘钢，钢板尺寸为 100×3/4/5。

3. 钢结构概况

本工程钢结构施工主要包括楼层钢梁、钢筋桁架楼承板。钢结构工程量约 600t，施工面积约 7000m²。

钢梁：新增钢结构钢材材质为 Q345B。钢框架梁主要采用 H 型钢截面，最大截面尺寸为 H16×（900～500）×350×28，最大重量 1.82t。

桁架楼承板：钢筋桁架楼承板分布在停车楼改造后钢结构梁平面区域，采用 TD3－70 钢筋桁架楼承板。钢筋桁架楼承板厚度 100mm。

4. 混凝土结构概况

本工程混凝土主要为桁架楼承板面层混凝土，二层新增外挑弧形屋面等，梁截面加大（梁底加高、梁侧加宽（楼板不破除））等部分考虑工期及质量，采用 Ⅳ 类灌浆料进行浇筑，其余使用混凝土浇筑。

7.6.3 施工组织

1. 第一阶段：结构拆除阶段

结构拆除阶段主要工作内容如下：
（1）停车楼需拆除区域二构；
（2）停车楼原外幕墙拆除；
（3）停车楼外脚手架搭设；
（4）停车楼原消防系统拆除；

（5）停车楼需拆除梁板拆除；

（6）停车楼需拆除楼梯拆除；

（7）停车楼新增扶梯、钢楼梯洞口拆除。

2. 第二阶段：改造加固阶段

改造加固阶段主要工作内容如下：

（1）结构柱加固；

（2）转换梁拆除及新增框架柱施工；

（3）保留板面面层，装饰层拆除；

（4）屋面新增设备基础及管井施工；

（5）改造楼梯施工。

3. 第三阶段：新建及装饰装修施工阶段

新建及装饰装修施工阶段主要工作内容如下：

（1）钢结构楼板及面层混凝土施工；

（2）新增设备管井等施工；

（3）砌体及粗装修施工；

（4）公区精装修施工；

（5）水电暖通安装；

（6）外幕墙施工。

4. 第四阶段：竣工收尾阶段

各阶段施工完成，进行技术、组织、资料等方面的准备，加紧配套收尾、清洁卫生和成品保护工作，加紧各项交工技术资料的整理，确保具备工程竣工验收的各项条件。竣工验收包括以下几个方面：竣工验收准备、移交竣工资料、组织现场验收。

7.6.4 施工重难点及应对措施

1. 外脚手架工程

为保证工程进度及结合现场实际情况，部分区域需保留通道，且脚手架搭设高度较大，搭设存在一定难度。

由于本工程地处闹市，为外围因素考虑，业主要求施工电梯布置于外架与结构之间，使用外架将施工电梯隐藏，电梯外围脚手架稳固存在一定困难。

本工程楼层拆除情况复杂，可保留楼层较少，外侧均为悬挑结构，边柱中心与结构边缘间距为 4.3m，拉结点长度较大，外脚手架与结构拉结存在一定难度。

1）钢结构门架及立杆

本工程外架共设置 4 处钢门架作为基础，门架使用 28a 工字钢制作，钢柱底部设置 1500×600×30 钢板，为稳固考虑，钢板与基础接触部位使用灌浆料填缝密实，而后使用混凝土浇筑 1.7×0.7×0.3 墩台。立杆采用双立杆。考虑冲孔铝板安装，立杆纵向间距 1500mm，架体顶部 7.2m 采用单立杆双排脚手架。具体如图 7-46 及图 7-47 所示。

图 7-46　门架安装实施图　　　　　　　　图 7-47　双立杆外立面示意图

2）钢丝绳卸载

考虑本工程脚手架高度较大，搭设高度为 43.4m，除采用钢管抱柱外，A 区、B 区均选择 2 层将保留楼层设置钢丝绳斜拉钢管进行卸载。A 区为 9A/12A，B 区为 4B/10B。根据计算结果，A 区首次卸载采用 A16 钢丝绳，第二次卸载采用 A18 钢丝绳，B 区两次卸载均采用 A22 钢丝绳。

2. 结构拆除

1）结构板拆除

板面拆除主要采用切割机进行切割，本工程板面宽度方向宽度为 1.605～2.175m，板面大部分为单向板，板面切割分段直接沿长向分段切割，短边方向不再分段。本工程板厚主要为 120mm，板最大宽度为 2.175m，为施工安全、操作方便及转运等考虑，切割宽度按照单块 700mm 进行控制。拆除步骤如下：

根据原结构施工图于板面弹线，确定板面边线。

根据板面尺寸及板厚，确定分段，对结构板长向进行分段，并弹线。

板面切割首先沿外侧长边方向进行切割，而后根据弹线，沿短向逐条切割。

具体如图 7-48 所示。

短边方向均切割完后，于切割楼板板底布置轮胎缓冲，对最后切割段逐块切割落板。落板后及时使用叉车或农用车下楼至指定位置堆放。

2）结构梁拆除

结构梁主要使用绳锯进行切割，为避免切割过程中，结构梁一端切断后，另一锚固端形

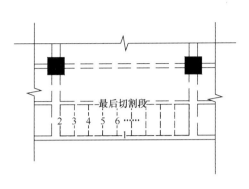

图 7-48　结构板拆除

成悬挑梁，另一端柱或主梁承受荷载突变，对结构产生不利影响，且为施工安全考虑，结构梁拆除前，需于梁底搭设支撑架，用以支撑结构梁自重，结构梁两侧同步拆除，结构梁切断后，使用叉车从支撑架空隙将梁抬出，结构梁按照单块 1t 进行控制，钢筋混凝土容重按照 2500kg/m³ 进行考虑。

具体如图 7-49 所示。

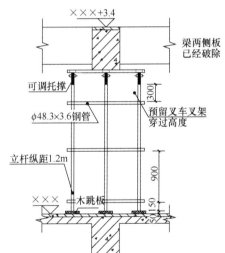

图 7-49　结构梁拆除

外围悬挑梁外侧无法支设立杆，于梁底及结构内侧搭设支撑架，并使用 18 号钢丝绳穿过外围悬挑梁，抱柱斜拉，避免切割及下梁过程中，结构梁晃动引发危险。

3. 结构加固

结构柱包钢穿楼板部分：由于结构包钢需形成整体，穿楼板区域需对柱与楼板交接区域进行破除，而楼面上在进行上层原保留主梁拆除，污水可能穿过破除洞口进入下一层，且包钢施工过程中焊接火花将穿过楼板进入下一层，施工过程中加强与钢构协调，于拆除主梁区域使用降尘用消防水带充满水，两端使用钢丝封堵，环绕切割区域挡水，避免污水乱窜，焊接时下部安排专人看火，焊接完成后临时使用砂浆＋模板对洞口进行临时封闭。

钢筋连接部分：梁截面加高加宽纵向跨度约 7.2m，两端植筋进入两侧墙柱，若使用直螺纹套筒，无法保证两端钢筋能对接连接，纵筋采用双边焊连接，为避免植筋胶受热变性，端头区域用冰水浸透毛巾敷盖，确保焊接不对植筋胶造成影响。

部分梁截面加高，或者梁两侧加宽（楼板保留），混凝土浇筑困难，且无法保证密实（部分梁截面加高仅 5cm），经与业主及设计院沟通，采用Ⅳ类灌浆料进行浇筑，于上部楼板开凿灌浆口及透气口，仅梁底加高部分支模时设置喇叭口，灌浆料浇筑过程中敲击模板进行振动。

部分梁加固方式为对原混凝土进行破除，新增钢筋重新浇筑混凝土，为保证结构板安全，于结构板底部搭设反顶架，避免结构板下挠。

部分临边及悬挑部分增加挑板（新增宽度较小），模板支设难度较大，经与业主及钢构沟通，使用镀锌板替代模板，镀锌板底部增设三角支撑及纵向钢构件与结构固定，用以托承浇筑混凝土时的自重荷载及施工荷载。

4. 垂直及水平运输

由于工程地处闹市，布置双笼施工电梯 1 台，考虑新增扶梯 1 处，提前将扶梯洞口进行拆除，于屋面安装卷扬机 1 部，用于尺寸较大构件转运。钢梁等大型构配件利用 100t 汽车式起重机夜间时间吊运至楼层。在楼层内利用液压叉车进行转运。

7.6.5 反思与总结

1. 前期原始资料收集部分

停车楼建成后，已多次进行改造，导致前期图纸与现场存在较多不符情况，后期进场后应及时沟通建设单位及设计单位，对前期资料完整提资，便于现场整体把控。

2. 主梁拆除部分

为结构安全考虑，设计院要求主梁需待邻近钢结构加固完成后再行拆除，12/11 层照此执行，考虑剩余主梁后期切割及垃圾转运难度较大，与业主及设计院沟通建模计算，部分主梁可随大面进行拆除，减小后期工作难度，后期过程中应加强与设计沟通，明确施工难度，协商找寻最佳解决方案。

3. 对商业经营环境影响部分

由于拆除使用绳锯及切割机均涉及明水，梁板拆除均在二次结构拆除之后进行，原商业外墙布置有窗户等，污水和拆除粉尘噪声等均易流窜至邻近正在经营商业区域，切割碎块等存在通过变形缝高坠风险，需事先做好预控，考虑措施阻拦污水及粉尘，做好降尘措施及变形缝封闭。

4. 碳纤维加固部分

本工程部分梁采用梁底加高或者梁侧加高方式进行处理，材料选用水泥基灌浆料，由于施工期间气温较低，碳纤维加固要求阳角部位需打磨圆角，由于工期紧张，强度上升速度较慢，前期现场打磨后，部分出现崩角情况，后期模板拼装过程中，内部安装 PVC 圆角条，现场实施情况良好。

5. 原梁柱端修补部分

原设计说明拆除结构梁与柱接头部位使用灌浆料修复，由于灌浆料流动性较大，封堵困难，经邀请设计院现场实地查看，明确施工难度，变更为修补砂浆，减小后期工作难度，推动工程进度加快。

6. 钢结构加固部分

部分钢柱为整体包钢，由于原结构存在少量偏差，前期工期紧张，按照图纸尺寸进行下料，特别是圆柱包钢，为减少现场焊接量，分为两个半圆（180°），现场实施过程中出现现场拼装不上或存在一定空隙情况，加大现场工作量，后期均现场实际测量再在加工厂下料，圆柱包钢钢板分为 3 段（120°），并结合现场尺寸进行弯折。

7. 新增外挑板部分

部分临边及悬挑部分增加纯混凝土外挑板，模板支设难度较大，使用镀锌板替代木模板，镀锌板底部增设三角支撑及纵向钢构件与结构固定，用以托承浇筑混凝土时的自重荷载及施工荷载。现场实施情况良好。

8. 钢结构安装部分

每层工作面出来以后，应该立即投入足够的劳动力，进行混凝土柱包钢加固、钢梁吊装等工序，这是业主对工期的要求，也是结构稳定性对施工的要求。但施工之前，没有对现场施工难度作出充分的估计，投入劳动力不够，钢构件供应不及时，导致现场施工进度没有达到预期。

9. 工序衔接部分

安装插入时间稍早，由于楼层作业面有限，安装风管于楼层堆码，同时加固/拆除/钢构等作业内容均在同一作业面展开，施工过程中存在较多作业面协调问题。

7.7 天津银行后台运营中心大楼维修改造项目

7.7.1 原建筑概况

天津银行后台运营中心大楼维修改造项目位于天津市河西区友谊路 15 号，用地西临友谊路，与国鑫大厦、友谊商厦、鑫银大厦相邻，北侧为增进里小区，东南侧为增强里社区。

天津银行后台运营中心大楼为一类建筑高层建筑。建筑共分为主楼、附楼、配楼三部分，通过裙房连接，占地面积 4520m²，总建筑面积 34969.66m²。层数为地上 29 层，地下 3 层（地下 2 层加夹层）。

建筑改造后总建筑面积 37321.53m²，改造后建筑高度 98.44m（屋顶结构面距离室外自然地坪高度）。改造后层数：地上 28 层，地下 3 层（地下 2 层加 1 层夹层）。

7.7.2 拆除改造概况

本工程拆除内容主要包括：

（1）顶部钢结构塔尖拆除；

（2）外幕墙拆除；

（3）内部装修、机电拆除（拆除至结构层）；

（4）二次结构拆除；

（5）裙楼外挑结构拆除；

（6）25 层及以上主体结构拆除至核芯筒。

本工程改造及加固内容主要包括：

（1）内部结构加固（截面增大、粘钢等）；

（2）25～28 层新建结构（内缩部分补齐结构）；

（3）大厅新建钢结构；

（4）外立面新建幕墙；

（5）内部新建机电安装、二次结构、精装修。

具体如图 7-50 所示。

7.7.3 施工组织

1. 施工流水段的划分

根据施工部署总体安排，考虑到工期节点及工程量等因素，在整体空间上将本工程划分为 A、B、C、D 四个区。

主楼从楼层平面形状内缩处划分为 A1 和 A2 两个分区，其中 5～22 层为 A1 区，23～

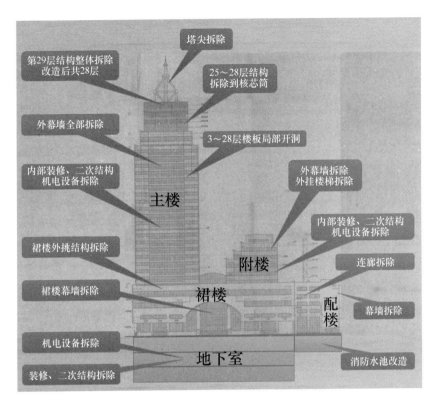

图 7-50　天津银行拆改概况示意图

顶层为 A2 区；附楼、裙楼、地下室整体划分为 B 区，裙楼为 B1 区，共 4 层（含 5 层阳光房），附楼 5~10 层为 B2 区，共 6 层，地下室为 B3 区；连廊为 C 区；配楼为 D 区。具体如表 7-13 及图 7-51 所示。

项目分区一览表　　　　　　　　　　　　　　　　　表 7-13

序号	分区		部位
1	A	A1	主楼 5~24 层
2		A2	主楼 25~顶层
3	B	B1	裙楼及阳光房
4		B2	附楼 5~10 层
5		B3	地下室
6	C	—	连廊
7	D	—	配楼

2. 施工工艺流程

参见图 7-52。

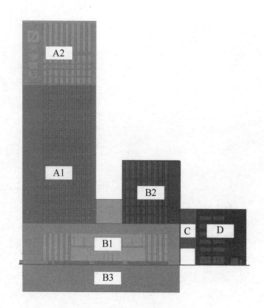

图 7-51　施工分区示意图

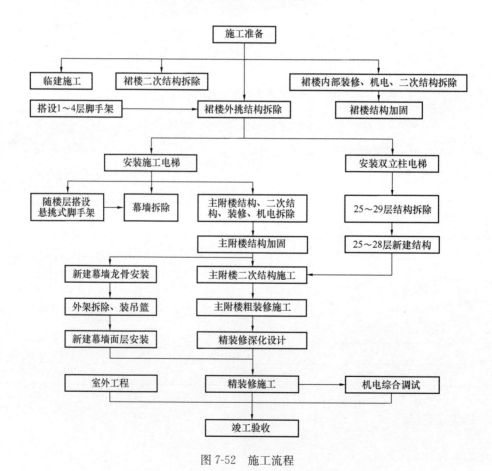

图 7-52　施工流程

7.7.4 重难点分析

具体如表 7-14 所示。

施工重难点分析 表 7-14

序号	特 点	应对措施
1	缺少现状图纸,仅有现状建筑结构平面图,且现有建筑内部已经过多次装修改造,仅有的建筑结构平面图也存在较多错漏,对施工组织和工程量统计影响极大	① 实地逐层考察,标注做法。 ② 根据现场情况编制技术规格书,明确每条清单项的拆除方法,划分拆除界限
2	本工程需要拆除至结构层,主要拆除机电、装修、二次结构、幕墙等。 拆除材料种类多且杂乱,利旧分类难度较大	① 拆除之前要求业主明确所有利旧项清单,防止施工过程中的损坏。 ② 施工前编制详细方案,明确拆除顺序,根据材料种类分类堆码
3	现场场地极为狭窄,无法形成环形道路,没有材料堆放场地	考虑在楼内设置堆场,1 楼大厅设置材料转运场地,材料拆除后,分类、计量、堆码,达到一定量后,晚上集中转运,尽量减少材料堆放
4	材料垂直运输	本工程高度 98.4m,共 29 层,材料转运难点主要在竖向垂直运输。 ① 前期考虑利用室内电梯,共计 6 部,选用其中 5 部电梯作为材料运输通道,另外一部电梯井道作为垃圾通道。拟选用定型化垃圾通道,提高垃圾转运效率。 ② 中后期设置 1 部施工电梯,1 台双柱式升降平台,作为材料运输主要通道
5	无法安装塔吊 1) 本工程地处友谊路一侧,周边管线情况极为复杂,且项目缺少地下管线分布图,施工塔吊基础可能影响地下管线。 2) 项目地处繁华地段,人流、车流较大,塔吊大臂有可能悬于友谊路上空,可能对周边居民、来往车辆行人造成安全隐患,引起投诉等。 3) 综上所述,本项目安装塔吊难度及影响极大,且不利于施工组织	项目采用双立柱施工升降机替代传统塔吊作为垂直运输的主要工具。 双立柱升降机参数为 6m×2.5m×2.8m,能满足常规施工材料的垂直运输需要
6	主楼上部存在内凹结构,需要将结构整体拆除至核芯筒,再进行新建结构,施工难度较大	① 施工前制定专项内凹结构拆除方案,划分详细的结构拆除区域,确保现场有序施工。 ② 搭设封闭式悬挑脚手架,底部搭设硬质防护,确保施工安全
7	受缺少原有结构图纸影响,部分区域设计图纸尚未出图,且后期幕墙、精装需要深化设计,深化设计体量较大	① 积极与设计单位沟通,在施工之前明确设计图纸。 ② 提前开展深化设计相关工作,预留充足时间进行深化
8	本工程工期较为紧张,且项目处市中心地区,环保及安全文明施工要求高,将在一定程度上影响工效	① 合理布置工序穿插及相关验收。 ② 措施上多采用环保且不扰民的机械设备及施工工艺,积极配合政府的环保检查且加大投入力度,避免不必要的停工降效
9	安全文明措施要求高	改造项目存在一定的危险性,且拆改施工极易产生大量扬尘,项目安全文明施工要求较高。项目紧邻天津市政府、市环保局等,外部检查压力大

7.7.5 案例分析总结

本工程的主要施工内容之一为楼内部分结构的拆除改造，大部分原结构保留，因此对拆除后垃圾清运工作有很高的要求。本项目采用定型化垃圾通道，可以避免频繁倒运拆除垃圾对既有结构的影响，很大程度可以降低扬尘，减少环境污染。且运输垃圾的效率约为普通电梯的5～10倍，仅垃圾运输一项，累计节约工期60d。

本项目紧邻天津市政府及市环保局，拆改施工极易产生大量扬尘，项目环保监管力度极大，每天有2～5次外部单位检查。为此，项目采取了以下措施：

（1）增加扬尘控制层数。采用围挡喷淋＋钢板网防尘层＋2道密目网防尘层＋外架喷淋＋内部临边密目网防尘层。

（2）结构拆除采用静力切割。多采用绳锯、水锯等静力拆除工艺，减少风镐、液压钳等机械的使用，尽可能减少扬尘和噪声。

（3）强化现场洒水。在现场多个角度搭建扬尘检查设施，安排专人定时定量洒水，确保现场处于低扬尘状态。在垃圾堆放区域、垃圾转运区域，强化洒水频次，确保废弃物在清运时处于湿润状态。

（4）加强洗车池管理。安排专人管理自动洗车机，并建立车辆清洗台账，确保驶出项目的车辆全部清洗到位。

（5）加强扬尘监管。项目现场设置扬尘在线监测仪器，项目部专人负责在APP内实施监控所在站点的空气质量指数，根据数据情况实时调整现场施工内容。

7.8 徐州园博园宕口修复项目

7.8.1 工程概况

项目位于徐州市铜山区吕梁园博园项目毛山头村东侧，龟山西南方向，原有山体经开采后形成宕口，坡顶有松动岩石，开采临空面岩体裸露，基本无植被附着，坡面节理裂隙较发育，坡面有浮石，山体陡峭，高低落差较大，存在崩塌隐患。根据实际情况决定采取对现状边坡进行削坡开挖、爆破清理、设置主动防护网等措施保持边坡的稳定。具体如图7-53所示。

7.8.2 宕口修复概况

治理区为朝向南侧的采石宕口，根据现状划分为3个区段（J-K、K-L、L-M）。具体如图7-54所示。

（1）J-K段边坡，坡高约为1～18m，边坡稳定性为稳定，局部坡段风化较严重，堆积碎石，存在危岩体坠落、滑塌的隐患，该段边坡高差不大，边坡南端及豁口两侧岩体风化严

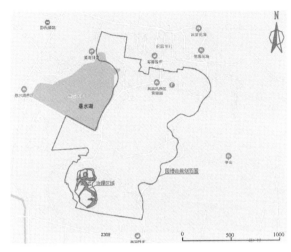

图 7-53　项目区位位置　　　　　　　　　　图 7-54　A3 区段定位图

重，采用地形整理消除滑塌危害危岩体，整体采用机械结合人工清除坡面危岩体。具体如图
7-55 所示。

图 7-55　治理区 A3 区 J-K 段削坡示意图

（2）K-L 段边坡，边坡稳定性为稳定，坡面风化较严重，坡脚堆积风化物，存在危岩体
坠落的隐患，该段边坡高差不大，采用机械结合人工清除坡面危岩体。

（3）L-M 段边坡，坡高约为 4～62.8m，稳定性为基本稳定，存在危岩体坠落、崩塌的
隐患，根据现状调查、地形修测，该段边坡西侧与相邻岩体处存在裂缝，采用角度约 50°削
坡，削坡完成后并清除坡表由削坡残留的浮石；边坡开采后局部留下退台式陡崖，退台式平
台标高约 82～95m，宽约 5～9m，平台中间在剖面处存在危岩体，未连贯，对该处边坡削坡
后留设平台，平台东部 82～95m 标高，西部渐渐下行至边坡宕底。具体如图 7-56 所示。

为满足消险的目的，整体坡面采用主动防护网加固。

主动防护网采用 SNS 型，$\phi16$ 横向支撑绳和 $\phi16$ 纵向支撑绳，排布间距为 3.0m×3.0m
正方形模式，内网为 DO/08/300/2.5m×2.5m 型钢丝绳网，同时，在钢绳网下铺设 SO/

图 7-56　治理区 A3 区整体治理示意图

2.2/50 型格栅网。

锚杆锚固深度：总体锚固深度应超过破碎岩土体 2m 以上，设计锚杆长度 5.0m，采用 2φ16 钢绞线，若在施工过程中达到设计深度仍不符合总体锚固深度，应继续向下延伸。

锚孔孔径：φ70mm；锚固剂：纯水泥浆，水灰比 0.5。锚杆入射角：垂直坡面，约 10°～30°，根据坡面倾角适当调整。锚杆设计抗拔力：90kN。试验段完成后做相应拉力试验。

L-M 段边坡高约为 4～62.8m，应搭设脚手架进行锚杆钻孔施工。

7.8.3　施工组织

1. 施工规划

因工期紧任务重，根据施工规划首先进行 J-K、K-L 区段坡面危岩体清理，L-M 段边坡削坡、锚杆、主动防护网、种植孔及附属（水沟、挡水墙、防护栏）等施工。

具体施工时序如下：坡面危岩体清理→削坡→脚手架搭设→锚杆施工→种植孔施工→主动防护网安装→附属施工。

2. 施工道路布置

削坡施工从西侧区域进入山顶施工区，根据地形现状，对道路采用机械碎石、植被平整。能够满足施工通行及材料运输要求。

3. 临电与照明布置

施工临时用电电源由场区现有供电接入。现场用电按照三级配电两级保护、三相五线制配电原则为施工和生活供电。现场配备 1 台 150kW 的发电机组作为应急电源。

施工用电从就近的变压器下线接取，施工现场设配电柜，设备和照明用电从配电柜接取。前期供电系统施工完成前，现场采用 50kW 发电机供电。

4. 施工临时供水

施工临时用水自场区现有供水点接入，自接驳点每隔 30m 设一个支管接口并加设阀门，支管为 φ50mm 的橡胶管通至各施工点。

5. 削坡及主动防护网施工

1）削坡及主动防护网设计要求

L-M 段边坡，坡高约为 4～62.8m，稳定性为基本稳定，存在危岩体坠落、崩塌的隐患，根据现状调查、地形修测，该段边坡西侧与相邻岩体处存在裂缝，采用角度约 50°削坡，削坡完成后并清除坡表由削坡残留的浮石；边坡开采后局部留下退台式陡崖，退台式平台标高约 82～95m，宽约 5～9m，平台中间在剖面处存在危岩体，未连贯，对该处边坡削坡后留设平台，平台东部 82～95m 标高，西部渐渐下行至边坡宕底。

为满足消险的目的，整体坡面采用主动防护网加固。主动防护网采用 SNS 型，φ16 横向支撑绳和 φ16 纵向支撑绳，排布间距为 3.0m×3.0m 正方形模式，内网为 DO/08/300/2.5m×2.5m 型钢丝绳网，同时，在钢绳网下铺设 SO/2.2/50 型格栅网。

2）施工工艺流程

测量放线→坡面危岩体清理→削坡清坡→脚手架搭设→确定孔位→钻机就位→调整角度→钻孔→清孔→安装锚杆→注浆→种植孔施工格→支撑绳安装→栅网安装→钢丝绳网安装→验收。

3）削坡施工顺序与工艺流程

削坡采用机械与爆破相结合的方式进行，自上而下逐步推进 70% 机械钻孔静态爆破作业，20% 人工清理小型机具辅助作业，10% 机械钻孔爆破作业。为了后续挂网施工的安全，削坡后要进行坡面清理。清理的废石运至设计指定的地点。

削坡施工工艺流程：

测量放线→机械削坡开挖→开挖石料的堆存、处理和利用→爆破削坡→清渣→边坡检查、处理与验收→特殊问题处理。

6. 脚手架工程施工

1）搭设方法

对 L-M 段边坡进行脚手架搭设，本工程脚手架搭设采用 φ48 钢管，扣件采用铸铁扣件，主要用于锚杆钻孔操作平台和种植孔操作平台。施工时，顺边坡坡面向上搭设双排架。搭设规格：步距 2m，立杆间距 2m，小横杆间距 2m，搭设时，须配合施工进度，一次搭设高度为一个平台斜坡，每搭完一步脚手架后，应校正步距、纵距、横距立杆垂直度。操作平台铺满 50mm 厚竹跳板，外圈设 300mm 高挡脚板，并按安全规范要求设置安全防护网。

因锚杆钻孔与防护网施工工艺及脚手架搭设要求不同，故在进行防护网施工时，原来搭设的钻孔脚手架须拆除，防护网主要采用人工安装。

锚杆系统施工采用双排脚手架，架体除支撑马道面上的双排立杆，还需在立杆与大横杆的交点处增设撑杆，垂直撑于坡面上；另外，为保证锚杆钻孔的入射角（设计为 15°），需在脚手架靠近坡面一侧钻孔位置增设大横杆，调整角度以固定锚杆钻机。

2）搭拆一般要求

底座、垫板均应准确地放在定位线上，垫板采用厚度 50mm 的木垫板。

立杆接长除顶层顶部可采用搭接外，其他各层各部接头必须采用对接扣件连接；相邻立杆的对接扣件不得在同一高度内，且应符合下列规定：

两根相邻立杆的接头不应设置在同步内，同步内隔一根立杆的两个相隔接头在高度方向错开的距离不小于 50mm；各接头中心至主接点的距离不宜大于步距的 1/3。

搭接长度不应小于 1m，应采用不少于 2 个旋转扣件固定，端部扣件边缘至杆端距离不应小于 100mm。

开始搭设立杆时，应每隔 1.5m 设置一根抛。

纵向水平杆搭设应符合下列规定：

（1）纵向水平杆宜设置在立杆内侧，其长度不宜大于 2m。

（2）纵向水平杆接长宜用对接扣件，也可采用搭接。

（3）纵向水平杆的对接扣件应交错布置，各接头至最近主接点的距离不宜大于纵距的 1/3。

（4）搭接长度不应小于 1m，应等间距设置 3 个旋转扣件固定，端部扣件的边缘至杆端距离不应小于 100mm。

（5）纵向水平杆应作为横向水平杆的支座，用直角扣件固定在立杆上。

（6）在封闭型脚手架的同一步中，纵向水平杆应四周交圈，用直角扣件与内外角部立杆固定。

横向水平杆搭设应符合下列规定：

主接点必须设置一根横向水平杆，用直角扣件扣接且严禁拆除。主接点处两个直角扣件的中心距不应大于 150mm。

作业层上非主节点处的横向水平杆，宜根据支撑脚手板的需要等间距设置，最大间距不应大于纵距的 1/2。

脚手架必须设置纵、横向扫地杆。纵向扫地杆应采用直角扣件固定在距底座上皮不大于 200mm 处的立杆上。横向扫地杆也应采用直角扣件固定在紧靠纵向扫地杆下方的立杆上。当立杆基础不在同一高度时，必须将高处的纵向扫地杆向低处延长两跨与立杆固定，高低差不应大于 1m。

脚手架拆除时，拆除的管件要派专人接递传送，严禁下抛。在未到拆除层时，任何拉结紧固杆件均不能解除。

拆除过程中，应在地面设置危险区并做安全警戒，派专人看护；严禁任何人员在施工时进入危险区域。凡已松开连接的杆配件应及时拆除运走，避免误扶和误靠已松脱连接的杆件。

7. 锚杆施工

1）施工流程

施工工艺流程如图 7-57 所示。

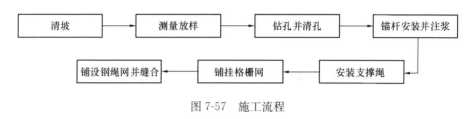

图 7-57　施工流程

2）锚杆孔测量放线

按设计图纸要求在锚杆施工范围内，起止点用仪器设定固定桩，中间视条件加密，并保证在施工阶段不得损坏，其他位置以固定桩为准钢卷尺丈量，全段统一放样，孔位误差不得超过＋50mm，测定的孔位点，埋设半永久性标志，严禁边施工边放样。

竖梁的具体长度可以根据实际边坡高度确定，但锚杆的位置须按等分坡面的长度进行放样，放样期间可适当调整，如遇既有坡面不平顺或特殊困难场地时需经设计、监理单位认可，在确保坡体稳定和结构安全的前提下，适当放宽定位精度或调整锚孔定位。

3）钻孔设备安装

（1）利用 φ48mm 钢管脚手架杆搭设操作平台，检测脚手架，应满足相应承载力和稳固条件。

（2）平台用锚杆与坡面固定，钻机用三角支架提升到平台上（也可通过小型起吊设备吊至平台）。

（3）根据坡面测放孔位，准确固定安装钻机，并严格进行机位调整，确保锚杆孔开钻就位纵横误差不超过＋50mm，高程误差不超过＋100mm，钻孔倾角符合设计要求，倾角误差允许＋1°，方位允许误差＋2°，锚杆与水平面夹角 20°。

（4）钻机要求水平、稳固，施钻过程中应随时检查。

4）钻进方式

钻孔要求干钻，为防止对周边环境的影响，以确保锚杆施工不至于恶化边坡岩体的工程地质条件确保孔壁的粘结性能。

钻孔速度根据使用钻机性能和锚固地层严格控制，防止钻孔扭曲和变径；造成下锚困难或其他意外事故。

5）孔径孔深

设计锚孔直径 70mm，孔口偏差≤±100mm，孔深允许偏差±200mm。为确保锚杆孔直径，要求实际钻头直径不得小于设计孔径 3mm。为确保钻孔深度，要求实际钻孔深度大于设计深度 500mm 以上。

6）锚杆孔清理

钻进达到设计深度后，不能立即停钻，要求稳钻 1~2min，防止孔底尖灭，不能达到设计孔径。钻孔孔壁不能有沉渣及水体黏滞，必须清理干净，在钻孔清理完后，使用高压空气（风压在 0.2~0.4MPa）将孔内岩粉及水体清除出孔外，以免降低水泥砂浆同岩体土层的粘结强度，除相对坚硬完整岩体锚固外，不得采用高压水枪冲洗，若遇锚孔有承压水流出，待水压水量变小后方可下按锚筋及注浆，必要时在周围适当部位设置排水孔处理。

7）锚杆孔检验

锚杆孔钻孔结束后，须经现场监理检验合格后，方可进行下道工序。孔径孔深检查一般采用设计孔径、钻头和标准钻杆在现场监理旁站的条件下验孔，要求验孔过程中的钻头平顺推进，不产生冲击和抖动，钻具验送长度满足设计锚杆孔深度，退钻要求顺畅，用高压吹验不存在明显飞溅尘渣及水体现象。同时要求复查锚孔孔位、斜度和方位，全度锚孔施工分项工作合格后，即可认为锚孔钻造检合格。

8）锚杆体制作及安装

锚杆杆体采用 2 根 φ16 钢丝绳制作，沿锚杆轴线方向每隔 12m 设置一组钢筋定位器。锚杆尾端防腐采用刷漆、涂油等防腐措施处理，锚杆端头应与格构梁钢筋焊接，如与框架钢筋、箍筋相干扰，可局部调整钢筋、箍筋的间距，竖、横主筋交叉点必须绑扎牢固。

安装前，要确保每根锚杆顺直，除锈、除油污，安装锚杆体前再次认真核对锚孔编号，确认无误后再用高压风吹孔，人工缓慢将锚杆体放入孔内，用钢尺量测孔外露出的锚杆长度，计算孔内锚杆长度（误差控制在＋50mm 范围内），确保锚固长度。

制作完整的锚杆经监理工程师检验确认后，应及时存放在通风、干燥之处，严禁日晒雨淋。锚杆在运输过程中，应防止钢筋弯折以及定位器的松动。

9）注浆

常压注浆作业从孔底开始，实际注浆量一般要大于理论的注浆量，或以孔口不再排气且孔口浆液溢出浓浆作为注浆结果的标准。如一次注不满或注浆后产生沉降，要补充注浆，直至注满为止。注浆压力为不小于 0.4MPa，注浆量不得少于计算量，压力注浆时充盈系数为 1.1~1.3。注浆材料为水灰比 0.5 的水泥净浆。注浆压力、注浆数量和注浆时间根据锚固体的体积及锚固地层情况确定。注浆结束后，将注浆浆管、注浆枪和注浆套管清洗干净，同时做好注浆记录。

8. 植生孔施工

1）设计方案

设计种植孔直径 0.15m，深度 0.5m，采用装土植生袋填充。

2）施工工艺

测量放线→打孔→清孔→安装植生袋→验收。

采用手持钻机钻孔开挖进行施工，按照设计孔径进行破碎。开孔结束后进行清孔，清孔后进行植生袋的安装。

9. 山体防护网安装施工

施工工艺流程：

安装支撑绳→格栅网安装→钢丝绳网安装。

1）纵横支撑绳安装

钢丝格栅用钢丝除特殊设计时以设计为准外，应满足下列规定：

（1）钢丝绳材质强度不宜低于 1770MPa 的高强度钢芯钢丝绳；热镀锌防腐处理等级不低于 AB 级；

（2）钢丝绳公称直径选用 16mm；

（3）钢丝绳质量性能应符合国家标准《重要用途钢丝绳》GB/T 8918—2006）的要求；

（4）安装纵横向支撑绳，张拉紧后两端各用 2～4 个（支撑绳长度小于 15m 时为 2 个，大于 30m 时为 4 个，其间为 3 个）绳卡与锚杆外露环套固定连接。

2）格栅网安装

（1）从上向下铺挂格栅网，格栅网间重叠宽度不小于 5cm，两张格栅网间的缝合以及格栅网与支撑绳间用 $\phi1.5$mm 钢丝进行扎结，当坡度小于 45°时，扎节点间距不得大于 2m，当坡度大于 45°时，扎节点间距不得大于 1m（有条件时本工序可在前一工序前完成，即将格栅网置于支撑绳之下）；

（2）从上向下铺设钢绳网并缝合，缝合绳为 $\phi8$mm 钢绳，缝合绳两端各用两个绳卡与网绳进行固定连接。格栅底部应沿斜坡向上敷设 0.5m 左右，为使下支撑绳与地面间不留缝隙，用一些石块将格栅底部压住。

3）钢丝绳网的安装

钢绳网编制用钢丝绳及其安装缝合用缝合绳的选用除特殊设计时以设计为准外，一般均应满足下列规定：

（1）材质强度不应低于 1770MPa 的 6×7＋IWS 结构类型的高强度钢芯钢丝绳；

（2）钢丝绳公称直径 8mm；

（3）必须采用镀锌量大于 150g/m^2 的热镀锌钢丝绳；

（4）钢绳网采用菱形网孔编制方式，网孔尺寸采用 300mm×300mm 规格，单张网块尺寸设计为 3m×3m 规格；

（5）施工前，应认真检查和处理防护作业区的危石，施工机具应布置在安全地带。钢丝绳网的就位方法宜根据现场施工场地、机具（起吊滑轮组、钢绳网、粗麻绳、葫芦、梯子等）、人力条件以及经验和习惯而定，一般宜采用以下方法：用一根起吊绳（钢丝绳或专门准备的粗麻绳）过钢丝绳上缘第三排左右网孔，一端固定在邻近钢柱的顶端，另一端穿过悬挂固定于上支撑绳上的起吊滑轮组并使尾端垂落到地面附近；

（6）拉动起吊绳尾端，直到钢丝绳网上缘上升到上支撑绳水平为止，再用绳卡将网与上支撑绳暂时进行松动连接，同时也可将网与下支撑绳暂时连接以确保缝合时更为安全，此后起吊绳可以松开抽出；

（7）重复上述步骤直到全部钢绳绳网暂时挂到上支撑绳为止，并侧向移动钢丝绳网使其位于正确位置；将缝合绳按单张网周边长的 1.3 倍截短，并在其中点作上标志；钢丝绳的缝合：从上向下铺设钢丝绳网并缝合，缝合绳为 $\phi 8mm$ 钢绳，缝合绳与四周支撑绳进行缝合并预张拉，缝合绳两端各用两个绳卡与网绳进行固定连接。

4）施工控制要点

（1）钢绳网的铺挂质量检查应满足设计要求。

（2）缝合绳外观和手动感受上应无明显松动，否则应重新张紧。

（3）每张钢绳网相对周边与构成其挂网单元的支撑绳或钢丝绳网间的缝合绳绕向、松紧度应基本一致，否则应作调整。

（4）钢丝格栅的固定方式、尺寸和叠置宽度应满足设计施工要求。

（5）对设计要求紧贴钢丝绳网的钢丝格栅，不应有大于 $1m^2$ 的明显悬空存在，不满足要求的可增补局部扎结处。

（6）固定绳卡应牢靠。

（7）外观鉴定。

表面平整，防护的表面平顺，无脱落现象。

7.8.4 重难点分析

1）坡面锚杆施工是重点

（1）分析

边坡整形结束后对坡面锚杆施工，是保证治理效果的体现，是本项目的施工重点。

（2）解决办法

① 卡钻

对于卡钻的原因主要有两个方面：一是围岩裂隙发育、岩体破碎、成孔过程中碎岩块塌落；二是风化岩中含较多大粒径的石英砂砾，空压机送风难以将碎屑吹出导致碎屑堆积。当设计锚杆长度较大时，钻杆由于接长在自重作用下本身产生一定挠曲，这种挠曲非常容易导致埋钻。卡钻可导致钻机动力设备停机，由于处理繁琐，大幅降低工效，处理不及时还有可能导致整套钻具被埋置无法取出，造成较大的经济损失，技术上还因为埋置钻具的障碍，导致该处锚杆无法按设计孔位施钻。

对策：在通过破碎基岩时，钻进速度宜慢，每钻进 30~50cm 即拔管后退，多次反复清理孔壁，使孔壁围岩趋于稳定；另采用大功率空压机，使孔内保持较大风量及风压，利于岩屑的清除，防止渣土的堆积。

② 锚杆制作安装

重点在于锚杆自由段制作及对中支架的安装。锚杆自由段包裹一般采用波纹管，波纹管材料应取柔性材料并不易脆裂，自由段锚筋表面最好作润滑处理，以防止摩擦撕裂外包管材，外包管材两端以钢丝扎紧，并以黑胶带缠实，防止水泥浆渗入。

锚杆对中支架应根据杆材选用，对中支架直径比成孔直径小 4～6cm，对中支架安装应牢固不易脱落，以确保注浆时杆材为浆体包裹。

③ 锚杆注浆

注浆效果直接影响到锚杆的抗拔力。目前设计多采用二次注浆，施工中注浆的控制要点为浆体水灰比、注浆压力及注浆饱满度。另锚杆设计应避免通过高承压水层、地下水流速较大的土层、地下土洞溶洞较发育的地层，这些情况下注浆难以达到饱满效果，锚杆拉力难以满足设计要求。

④ 锚杆张拉

锚杆张拉后的杆材松弛、土层徐变均不可避免，两者均会造成锚杆预应力损失。施工中应采取措施使这种损失降为最小，目前最有效的手段为补偿张拉（即重复张拉），补偿张拉选在下一层土方开挖后进行，或发现预应力损失明显较大时进行。另外，张拉时严格按设计要求分级张拉，采用跳张法（隔一拉一）等可以不同程度地减小锚杆张拉后的预应力损失。

2）崖壁平台留设是难点

（1）分析

对边坡中部留设安全平台，由于现场为采石遗留边坡，坡面本身存在松散破碎岩体，加之该平台存在挖方和填方两种基础形式，施工起来难度较大，为本项目实施的难点。

（2）解决办法

① 必须严格按预定挖石方案顺序进行开挖，不得任意改变；

② 石方开挖时要有专人指挥，要随时测量开挖深度，避免超挖；

③ 在挖石方过程中要加强监测，如发现异常，要立即停止开挖，会同建设、设计、监理及其他质量监督部门进行研究，严禁冒险施工；

④ 石方开挖到设计标高要求后，要及时跟进后续工作，减小对坡面的影响；

⑤ 在挖石方技术交底的同时，进行书面安全生产技术交底，交底和被交底双方签字认可，以确保安全生产施工。

7.8.5 案例分析总结

本次方案设计在消除地质灾害隐患的基础上，综合考虑园博园整体规划理念、山体形态修复等进行生态修复治理设计，具体目的如下：

（1）消除地质灾害隐患：采用坡面加固措施，将治理区内存在的或潜在的崩塌、崩滑等地质灾害得到有效治理，彻底消除治理区地质灾害隐患，保证治理区边坡稳定。

（2）根据园博园整体规划进行地形整理：根据治理区的地质条件和空间位置，确定合理的边坡形态，最大限度地恢复可用资源，依据相关规划，合理制定治理措施，做到地质环境治理与整体规划协调并举。

（3）进行山体修复和生态保护：配合园林景观设计单位，将地灾消险与山体、生态修复相结合，在充分保护现有山体植被，避免对现有生态环境再破坏的基础上，布置合理的消险措施，达到对山体修复和生态保护的目的。

本次宕口修复治理，能有效地保护和改善矿山地质环境及生态环境，为第十三届中国（徐州）国际园林博览会提供建设用地，有效地防止了地质灾害发生、环境污染及生态破坏，将废弃宕口与园博园建设理念相结合，为徐州市增加新的城市形象，促进了经济社会和环境的协调发展。